普通高等教育电子电气基础课程系列教材

模拟电子技术基础

第2版

主编　沈任元
参编　王海群　刘桂英　陈　平　成叶琴
主审　劳五一

机械工业出版社

本书内容共 10 章，分别是电子系统基础知识、半导体二极管及其基本应用电路、双极型晶体管及其放大电路、场效应晶体管及其基本放大电路、集成运算放大器及其应用、负反馈放大电路、功率放大电路、有源滤波器、波形发生和变换电路、直流稳压电源。每章均配有相关实验。

本书可作为高等院校电气类、电子信息类、自动化类、计算机类和其他相近专业本科、高职高专的"模拟电子技术"课程教材和教学参考书，也可供从事电子技术工作的工程技术人员学习参考。

本书配有的电子课件和课外阅读材料等内容，请登录 http：// www.sdju.edu.cn/网络服务/课程中心/模拟电子技术基础。

图书在版编目（CIP）数据

模拟电子技术基础/沈任元主编. —2 版 . —北京：机械工业出版社，2020. 6
（2025. 1 重印）
普通高等教育电子电气基础课程系列教材
ISBN 978- 7- 111- 65220- 5

Ⅰ.①模…　Ⅱ.①沈…　Ⅲ.①模拟电路-电子技术-高等学校-教材
Ⅳ.①TN710. 4

中国版本图书馆 CIP 数据核字（2020）第 052433 号

机械工业出版社（北京市百万庄大街 22 号　邮政编码 100037）
策划编辑：王玉鑫　责任编辑：王玉鑫
责任校对：张晓蓉　封面设计：张　静
责任印制：张　博
北京雁林吉兆印刷有限公司印刷
2025 年 1 月第 2 版第 5 次印刷
184mm×260mm · 19. 25 印张 · 520 千字
标准书号：ISBN 978- 7- 111- 65220- 5
定价：49. 80 元

电话服务　　　　　　　网络服务
客服电话：010-88361066　机 工 官 网：www.cmpbook.com
　　　　　010-88379833　机 工 官 博：weibo. com/cmp1952
　　　　　010-68326294　金 书 网：www.golden-book.com
封底无防伪标均为盗版　机工教育服务网：www.cmpedu.com

写给同学们的话

随着现代科学技术的高速发展，电子技术有着越来越广泛的应用，现代信息化的社会也对电子技术提出了更高的要求。模拟电子技术和数字电子技术同属于电子技术，而模拟电子技术是知识性、实践性很强和极具复杂性的实用技术，学习起来会有一定的难度，同学们普遍感到困难。如何能顺利入门和学以致用，成为初学者最为关注的问题。

模拟电子技术基础课程是电类专业的重要核心基础课，课程的学习效果会直接影响后续课程的学习和工科学生基本素质的形成。我们的课程教学是按照理论与实践紧密相结合的方法，采用精讲多练的教学策略，并在教学活动中确立你们为学习主体的地位，建立一种教与学相结合、学与用相结合、动手与动脑相结合的教学模式，为把你们培养成国家急需的创新型、实用型、复合型人才打好基础。

实用的模拟电子电路几乎都需要进行通电调试才能达到预期的目标，因而既要有理论知识又要掌握电子电路的测试方法。实验教学是我们教学体系中的一个重要环节，它具有的直观性、实践性、综合性，是使理论知识向实践能力转化的重要途径，实验是帮助你们深化理解和记忆知识的有效方法。本书实验的内容紧密配合理论教学，你们不但要动手，而且还要动脑，把所学到的理论知识灵活地运用到发现、分析、解决实际问题中，当你们能对实验中碰到的问题，开始用理论知识来进行思考和解释时，理论知识的掌握会得到升华，更会感觉到理论知识不枯燥也不复杂，兴趣也会越来越高。通过实验还能引发主动思考，你们通过深入钻研实验现象以及实验结果的各种分析，独立思考、分析问题和解决问题的能力会越来越强。你们在进入实验室之前要预习实验内容，利用便携式电子电路实验箱完成电路的搭建和必要的测试，进入实验室后教师会检查每个学生搭建的电路和工作情况，并提问有关实验预习的内容。在排除电路故障后，你们再使用实验室的仪器仪表进行电路的有关测试，教师会做全程现场指导。我们提供的课外阅读材料是可以根据理论学习和实验的需要自主选择的。安排的深度实验只提供实验目的、实验要求和实验原理等，自己确定做哪些有深入研究的实验。富有灵活性和挑战性的深度实验任务是为了从独立思考、探索把事儿做得更好的角度出发，培养你们提出问题和分析问题的能力，养成科学严谨的工作作风、开拓创新的精神，为你们提供一个体验探究的全过程。安排的课外实验是要求你们利用课余时间，结合课内的理论课学习自行搭建、测试电路，完成电路验证，增加动手的机会，增强独立解决实验中碰到的各种问题的能力。

你们要有做事认真负责、尊重事实、注意调查研究的务实精神，有不满足现状、追求更高更好的创新意识，养成不畏艰难、精确细致、严谨踏实、讲求效率的工作态度，练就自己的真本事。

我们希望你们通过自己的努力，亲手能做成功各个实验，把每一次困难和挫折，成为你思考和探求的起点，享受到做学习主人的乐趣，相信自己一定能学好模拟电子技术，能够培养出自己学习电子技术的基本能力，让模拟电子技术课成为你们喜欢的一门课程。

编　者

前　言

　　为了适应应用型本科人才培养的要求和电子科学技术的发展，我们在"模拟电子技术基础"课程的教学要求和总结教学实践的基础上编写了这本理论和实验合一的教材，采用更紧密的"教、学、做"教学理念，在传统的传递知识型学科教学的基础上，通过"教、学、做"，学生能学会学习，把被动接受学习转向主动探究性的学习，对学生在信息化时代的学习和工作更具有意义和富有实际价值。

　　本书的主要特色：

　　（1）本课程教学参照了教育部课程教学指导委员会制订的模拟电子技术课程教学基本要求，并根据应用型本科培养的人才要求，从学习模拟电子知识必要的完整性出发，编写了这本理论和实验合一的教材。本书适当降低了理论的深度和难度，加强了动手实验的体验，目的是充分掌握模拟放大的本质，更深刻地理解电路原理和特性，能更从容地应用集成电路，使学生能掌握分析电子电路的方法，来应对电子技术的飞速发展，用提高学习效率的办法来克服课时少、内容多的矛盾。

　　（2）本书也注意到与后续专业课的区别，书中一般只讨论典型、局部性电路的工作原理和应用，学生通过几张综合性的电子电路图的阅读，力图从电子系统的角度了解模拟电子单元电路在系统中的功能，从而能更接近实际应用来学习单元电路。

　　（3）理论教学与实验教学紧密配合，将理论知识点融入实验中，书中安排了15个实验，每个实验按2~3学时数设计，其中基础实验11个，深度实验1个，课外实验3个，学生也可以自主设计实验。设法改变原来的课程实施过于强调接受学习、死记硬背的状况，鼓励学生形成积极主动的学习态度，主动参与和充分交流，乐于探究，勤于动手，阅读更多的学习材料；培养学生更新知识的能力，在实验中提升学生发现问题、分析和解决问题的能力，使学生能够学以致用，符合应用型本科人才培养的要求。

　　（4）基础性实验主要是完成验证理论教学的电子电路工作原理和基本应用，学生可以按实验的步骤进行操作。增设的深度实验要求学生对知识能融会贯通，结合理论课程中讲述的个别有实际意义和有深入研究的问题，自己独立选择实验电路、测试电路、改进电路，完成实验数据的记录和实验总结。

　　（5）与本书配套的《常用电子元器件简明手册》中选编了各种用于模拟电路的典型元器件的参数，便于在实验时查用。本书附录中电子仪器的面板图是用来对照阅读电子版仪器说明书的（在课外阅读材料中）。

　　本书注重理论与实验合一，理论教学参考学时数为52~64，实验参考学时数为14~42，有关章节内容可根据各校专业要求及学时情况酌情调整。采用"教、学、做"合一的教学法来学习模拟电子技术基础课，需要理论课教师与实验指导教师密切配合。本书可作为高等院校理工科电类各专业"模拟电子技术"及相关课程的教材，也可供有关工程技术人员自学和参考。

　　参加本书编写工作的编者有王海群（第7章）、成叶琴（第2、3、4章）、刘桂英

（第 5、6 章）、陈平（第 8、9、10 章）、沈任元（第 1 章、附录、各章实验等），全书由沈任元、王海群统稿。华东师范大学劳五一教授担任主审，他认真审阅了全书，并提出了宝贵的修改意见。编写过程中得到了上海电机学院领导、教师、学生的支持帮助，在此一并表示深深的谢意。

由于编者教学经验和学术水平有限，书中难免存在一些疏漏之处，敬请读者批评指正，请把你们的意见和建议告诉我们。编者 E-mail：renyuan@ ciyiz. net。

编　者

模拟电子电路常用文字符号一览表

一、文字符号的一般规定

1. 电压和电流

U_B，I_B	大写字母、大写下标，分别表示基极的直流电压、电流值
U_b，I_b	大写字母、小写下标，分别表示基极的交流电压、电流有效值
u_B，i_B	小写字母、大写下标，分别表示基极的电压、电流瞬时值（含有直流分量）
u_b，i_b	小写字母、小写下标，分别表示基极的交流电压、电流瞬时值
Δu_B，Δi_B	分别表示基极的电压、电流瞬时值的变化量
$\dot{U}$，$\dot{I}$	正弦交流电压、电流
ΔU，ΔI	分别表示直流电压、电流的变化量

2. 电源电压

V_{CC}	晶体管集电极电源电压
V_{BB}	晶体管基极电源电压
V_{EE}	晶体管发射极电源电压
V_{DD}	MOS 管漏极电源电压
V_{SS}	MOS 管源极电源电压
V_{GG}	MOS 管栅极电源电压、晶闸管门极电源电压

3. 器件

VD	二极管
VL	发光二极管
VS	稳压管
V	晶体管、场效应晶体管
VT	晶闸管
A	放大器
S	开关
SB	按钮
T	变压器
KA	继电器

二、基本符号

1. 电压和电流

U_B	基极对地电压
U_C	集电极对地电压
U_E	发射极对地电压
U_{BC}	晶体管的基集极间电压
U_{BE}	晶体管的基射极间电压
U_{CE}	晶体管的集射极间电压
U_{CES}	晶体管的集射极间饱和电压降
$U_{(BR)CEO}$	基极开路晶体管的集射极间击穿电压
$U_{(BR)EBO}$	集电极开路晶体管的射基极间击穿电压
U_i	输入电压
U_{IC}	共模输入电压
U_{ID}	差模输入电压
U_{IDM}	最大差模输入电压
U_{Id}	净输入电压
U_L	负载电压
U_o	输出电压
$+U_{O(sat)}$	运算放大器正饱和输出电压
$-U_{O(sat)}$	运算放大器负饱和输出电压
U_{GD}	栅漏电压
U_{GS}	栅源电压
$U_{GS(off)}$	夹断电压
$U_{GS(th)}$	开启电压
U_{RM}	二极管反向工作峰值电压
U_{OC}	开路电压、共模信号输出电压
U_{OD}	差模信号输出电压
U_R	基准、参考电压
U_S	信号源电压
U_Z	稳压管的稳定电压
U_{TH}	阈值电压、门限电压
I_B	基极电流
I_C	集电极电流
I_E	发射极电流
I_{BQ}，I_{CQ}，I_{EQ}	基极、集电极、发射极静态电流
I_D	漏极电流
I_S	源极电流
I_{DSS}	饱和电流
I_{BS}	临界饱和基极电流
I_{CS}	临界饱和集电极电流
I_{CBO}	发射极开路集基极间反向电流

I_{CEO}	基极开路集射极间反向电流	L	通用电感
I_{CM}	集电极最大允许电流	**4. 频率**	
I_F	二极管最大整流电源、反馈电流	f	频率通用符号
I_i	输入电流	f_{BW}	通频带
I_L	负载电流	f_T	晶体管的特征频率
I_o	输出电流	f_β	晶体管的截止频率
I_{Id}	净输入电流	f_H	放大电路的上限截止频率
I_N	集成运算放大器反相输入端电流	f_L	放大电路的下限截止频率
I_P	集成运算放大器同相输入端电流	f_o	谐振频率、中心频率
I_R	基准电流、二极管反向电流	f_p	滤波电路的通带截止频率
I_Z	稳压管稳定电流	f_n	滤波电路的特征频率
2. 功率		f_m	最高工作频率
P	功率通用符号	ω	角频率通用符号
p	瞬时功率	**5. 器件、电路的引出端**	
P_C	集电极功率损耗	b	晶体管基极
P_{CM}	集电极最大允许功率损耗	c	晶体管集电极
P_E	直流电源提供的功率	e	晶体管发射极
P_V	晶体管耗散功率	s	MOS 管源极
P_O	输出功率	g	MOS 管栅极、晶闸管门极
P_{Omax}	最大输出功率	d	MOS 管漏极
P_{ZM}	稳压管最大耗散功率	N	集成运算放大器反相输入端
3. 电阻、电容、电感		P	集成运算放大器同相输入端
R	通用电阻	**6. 参数符号**	
RP	电位器	$\bar{\beta}$	共发射极直流电流放大倍数
R_T	热敏电阻	β	共发射极交流电流放大倍数
R_B	基极偏置电阻	α	共基极交流电流放大倍数
R_C	集电极电阻	g_m	晶体管的低频跨导
R_E	发射极电阻	A	放大倍数通用符号
R_F	反馈电阻	A_f	闭环放大倍数
R_i	输入动态电阻	A_u	交流电压放大倍数
r_{be}	基极、发射极间等效动态输入电阻	A_I	电流放大倍数
r_{ce}	集电极、发射极间等效动态输出电阻	A_P	功率放大倍数
R_L	负载电阻	A_{uc}	共模电压放大倍数
R_L'	等效负载电阻	A_{ud}	差模电压放大倍数
R_o	输出动态电阻	A_{um}	中频区电压放大倍数
R_S	信号源电阻	A_{up}	有源滤波电路的通带电压放大倍数
r_z	稳压管的动态电阻	A_{us}	考虑信号源内阻的源电压放大倍数
R_{iD}	运算放大器开环输入电阻	C_{TV}	稳压管温度系数
C	通用电容	S	脉动、相对稳压系数
C_{bc}	晶体管基集极间电容	γ	纹波因数
C_{be}	晶体管基射极间电容	η	效率、单结晶体管的分压比
C_o	放大电路输出端的电容	θ	相位角、导通角
C_i	放大电路输入端的电容	φ	辅助角、相位角

$\Delta\varphi$	附加相移	S_T	稳压温度系数
τ	时间常数	S_I	负载调整率、电流调整率
S_R	纹波抑制比	K_CMR	共模抑制比
S_U	稳压系数	F	反馈系数通用符号

目　　录

第1章　电子系统基础知识

通过本章学习，你能了解什么是电信号，什么是模拟信号，什么是电子信息系统，什么是放大电路，常用放大电路的性能指标有哪些。通过 3 个实用例子来了解电子电路的组成和实现的功能。

1.1　电信号

1.1.1　信号

信号是随时间变化的某种物理量，是信息的载体。这些变化的物理量中含有的信息，人们可以通过听觉、视觉或其他触觉能感受到变化。信号在电子系统中就是指这些随时间作变化的电压或电流，其变化的幅度、频率和相位中都可以包含有信息，电信号成为信息的表现形式。在现代信息社会中电信号无时无刻、无所不在地存在于信息的发生、传递、分析、加工和交换中。

1.1.2　模拟信号和数字信号

信号按照在时间上的取值不同，可以分成连续的或离散的。在自然界中，大多数信号的变化在一定范围内是连续变化的，如压力、温度、流量、声音信号等物理量，在时间和量值上连续变化的信号称为模拟信号，又称作模拟量。各种传感器是将一种形式的物理能量变化转换成电压或电流的能量变化的器件，电信号容易传输和控制，因而目前电信号应用最广泛。例如传声器就能将声音的变化转换成电压的变化，声波越强所产生的电动势越大，声波越弱电动势越小，传声器的输出电压也随之变化，经过模拟信号放大电路等处理，耳朵就能听到更大的声音了。

另一种信号是数字信号，这种在时间上是离散的、量值上只有高或低两值的信号就是逻辑数字信号，又称作数字量。图 1-1a ~ d 是典型的模拟信号，图 1-1e ~ g 是典型的数字信号。一般波形图用横轴表示时间，纵轴表示电压或电流，在数学描述上可将它表示为时间 t 的函数，即 $u = f(t)$ 或 $i = f(t)$。

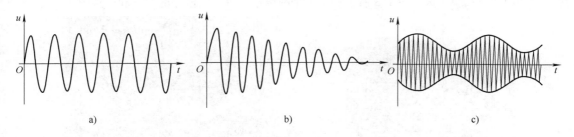

a)　　　　　　　　　　b)　　　　　　　　　　c)

图 1-1　模拟信号和数字信号

a）正弦信号　b）衰减的振荡信号　c）调幅信号

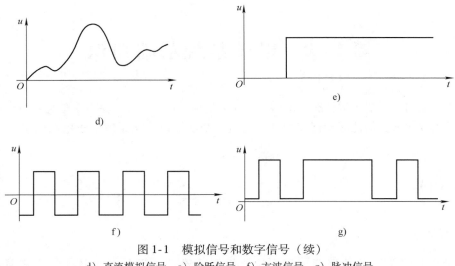

图 1-1 模拟信号和数字信号 （续）

d）直流模拟信号 e）阶跃信号 f）方波信号 g）脉冲信号

1.2 电子信息系统

1.2.1 电子信息系统的组成

电子信息系统是指相互关联的含有若干电子器件的单元电路构成的，并相互发生作用、互相依存，具有特定功能的电路整体。这种电子信息系统包含有信号的传输、信号的处理和控制。表示电子信息系统的功能结构框图如图1-2所示。

来自传感器或信号发生器的电信号，根据需要经过隔离、连接、滤波、阻抗变换等电路，将信号进行分离提取处理，再进行放大、

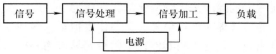

图 1-2 电子信息系统的功能结构框图

运算、分配、比较、采样保持等加工。为了达到控制对象所需要的执行动作，一般还需进行功率放大来驱动负载（如电动机、扬声器、显示器、电阻等）所要求的电信号。

1.2.2 模拟电子电路的组成

用来处理模拟信号的电子电路简称为模拟电路，通常由电子器件、电路元件、连接导线、电源、信号源和负载等组成。图1-3所示的是一个两声道功率放大电路的实样和电路图。

a) b)

图 1-3 两声道功率放大电路的实样和电路图

a）实样 b）电路板实物图

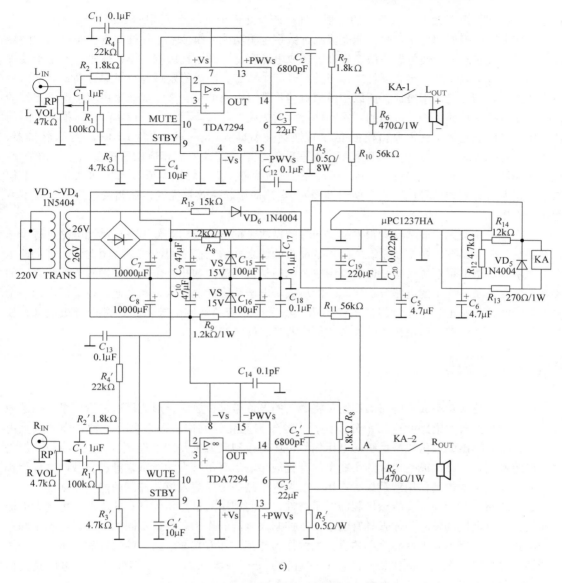

图 1-3　两声道功率放大电路的实样和电路图（续）

c）电路图

在这个电路中，我们除了看到一些电阻、电容、开关、接插器、扬声器符号以外，还有电子器件符号：晶体管、集成电路等。为了便于对电路工作原理的理解、分析、制作和调试，电路图上都标有确定的型号、规格和参数，有许多导线把这些元器件连接成一个确定的网络组成电路。对本电路中的元器件、电路结构、工作原理、分析方法等有关知识在后续章节中都会学习到。

图 1-3c 中的两声道功率放大电路中有两组扬声器的符号，能放出左（L）、右（R）两个声道的音频信号。输入信号来自音频信号源（可以是计算机声卡、MP3 等的输出），其中 TDA7294是高保真音响用的集成功率放大电路，它的作用是通过功率放大来驱动大功率的扬声器发声。μPC1237HA 是保护集成电路，当任何一声道功率放大器出现异常，电路输出的中点电位（图中A 点）漂移偏离 0V 时电路能翻转到保护状态，继电器 KA 释放，避免扬声器受到冲击。输入端

47kΩ 的电位器 RP 是改变输入信号的大小，通过调节此音量电位器得到所需要的音量大小。

数字电路用来处理数字信号，能完成某种数字逻辑功能。模拟信号往往要求模拟电路中的器件工作在放大状态，会使电路灵敏度较高，造成电路容易受到干扰影响，模拟信号又不便于处理和存储。而数字电路的特点是器件工作于关或开两个状态，因而稳定性好、可靠性高，数字信号便于处理和存储，又便于集成，所以用模拟电路与数字电路的结合来完成原来由模拟电路工作的任务，能发挥各自的优势，电路的功能和性能大大提高，并且体积减小、成本降低。模拟电路的数字化处理已成趋势，这需要由模拟-数字转换器（Analog – to – Digital Converter，模-数转换器、A-D 转换器或 ADC）实现。如果负载要求处理后的数据尚需还原成相应的模拟量时，则由数字-模拟转换器（Digital – to – Analog Converter，数-模转换器、D-A 转换器或 DAC）来实现。目前模拟电路还保持着处理信号速度快（实时性强）、电路简单、高效等优点，在相关应用中起着不可替代的作用。

一个电子系统无论简单或者很复杂，通常的做法是把系统按功能分出各个单元电路，每个单元电路是一个子系统，各个子系统之间用带箭头的线来表示它们之间的关系，用框图来表示整个电子系统。分析电子系统时也是通过框图中表示的信号的流向和相互作用来把握各子系统之间的关系，再深入子系统中的电路分析研究，能形成对电子系统的全面认识和掌握。在进行设计一个电子系统时，开始也总是先设想框图的结构，然后按照需要达到的技术指标进行分级设计、校验、测试，经过调整，用最优化的方案才形成所需要的电路图。

1.3　放大电路

电压、电流或功率放大电路的作用是将微弱的电信号进行放大，形成可以进行记录、控制或检测的电信号。放大电路的应用十分广泛，在电气自动化控制中，通常会有各种各样的放大电路，把传感器输出的微伏或毫伏级的电压信号，作为控制放大电路中的能源（直流电源），使得这个能源按输入的微伏或毫伏级的小能量的变化规律输出有足够大的能量来推动负载。这种用小能量来对大能量的控制作用就是放大作用。放大电路是一个受输入信号控制的能量转换器。

放大电路中有能够实现能量控制的电子器件，我们利用的是晶体管具有的小电流控制大电流的作用，也有利用场效应晶体管具有的小电压控制大电流的作用。根据不同的电子器件和不同形式的电路，要采用不同极性和大小的直流电源作为能源，并有其他电路元件保证放大电路中的核心器件（晶体管、场效应晶体管）工作时一直保证处于放大状态，电子器件和放大电路是我们在以后学习中重点要掌握的内容之一。

运算放大器是高性能的放大器，是模拟集成电路最主要的通用基本单元，也是最有用的模拟集成电路，运算放大器其应用早已远远超出数学运算的范围，器件本身也已发展到很高的水平。图 1-4 是运算放大器的符号，它有两个输入端，一个输出端，有关运算放大器的应用也是我们在以后学习中重点要掌握的内容之一。

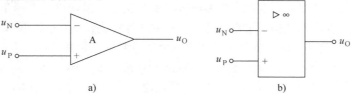

a)　　　　　　　　　　　b)

图 1-4　运算放大器的符号

a）常用符号　b）国标符号

1.4　放大电路的框图和性能指标

　　学习放大电路的性能指标也是学习模拟电路中重点要掌握的内容之一，因为不同形式的电路放大信号的能力是不同的。放大电路的性能指标是有关放大电路的定量描述，还可以进行测试，通常在放大电路的输入端加上一个适当的正弦波电压信号，然后来测量放大电路中的重要有关电量。

1.4.1　放大电路的框图

　　图 1-5 是放大电路的框图，在小信号模型电路中的电压和电流用相量表示正弦量，其参考方向如图中所示。从输入电压 $\dot{U}_\mathrm{i}$ 端口看进去，可看到放大电路有一个等效的输入电阻 R_i；从输出电压 $\dot{U}_\mathrm{o}$ 端口看进去，放大电路是由一个等效的输出电阻 R_o 和电压源 $\dot{U}'_\mathrm{oo}$ 串联组成的。图中 $\dot{U}_\mathrm{s}$ 是正弦波信号源电压，R_s 为信号源内阻；$\dot{I}_\mathrm{i}$ 为信号源输入到放大电路的电流，称为输入电流；$\dot{I}_\mathrm{o}$ 是输出到放大电路负载 R_L 的电流，称为输出电流；$\dot{U}_\mathrm{o}$ 是输出到负载 R_L 的电压，称为输出电压。

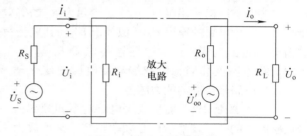

图 1-5　放大电路的框图

1.4.2　放大电路的性能指标

　　（1）电压放大倍数 $\dot{A}_\mathrm{u}$　定义为放大器输出电压 $\dot{U}_\mathrm{o}$ 与输入电压 $\dot{U}_\mathrm{i}$ 之比，是衡量放大电路电压放大能力的重要指标，又称电压增益，即

$$\dot{A}_\mathrm{u} = \frac{\dot{U}_\mathrm{o}}{\dot{U}_\mathrm{i}} \tag{1-1}$$

　　如果输出量用 $\dot{X}_\mathrm{o}$（$\dot{U}_\mathrm{o}$ 或 $\dot{I}_\mathrm{o}$）与输入量用 $\dot{X}_\mathrm{i}$（$\dot{U}_\mathrm{i}$ 或 $\dot{I}_\mathrm{i}$）表示，放大倍数 $\dot{A}$ 即

$$\dot{A} = \frac{\dot{X}_\mathrm{o}}{\dot{X}_\mathrm{i}} \tag{1-2}$$

　　因此共有 4 种形式的放大倍数。除了电压放大倍数，还有电流放大倍数，是输出电流 $\dot{I}_\mathrm{o}$ 与输入电流 $\dot{I}_\mathrm{i}$ 之比，即

$$\dot{A}_\mathrm{i} = \frac{\dot{I}_\mathrm{o}}{\dot{I}_\mathrm{i}} \tag{1-3}$$

　　互阻放大倍数是输出电压 $\dot{U}_\mathrm{o}$ 与输入电流 $\dot{I}_\mathrm{i}$ 之比，即

$$\dot{A}_\mathrm{r} = \frac{\dot{U}_\mathrm{o}}{\dot{I}_\mathrm{i}} \tag{1-4}$$

　　互导放大倍数是输出电流 $\dot{I}_\mathrm{o}$ 与输入电压 $\dot{U}_\mathrm{i}$ 之比，即

$$\dot{A}_\mathrm{g} = \frac{\dot{I}_\mathrm{o}}{\dot{U}_\mathrm{i}} \tag{1-5}$$

应当指出，在实测放大倍数时，必须用示波器观察到输出端的波形，只有在输出不失真的情况下，得到的测试数据才有实际意义。

（2）输入电阻 R_i　输入电阻 R_i 是从放大电路输入端看进去的等效电阻。放大电路对信号源来说，是一个负载，这个负载电阻（load resistance）也就是放大器的输入电阻 R_i，定义为输入电压 U_i 有效值和输入电流 I_i 有效值之比，即

$$R_i = \frac{U_i}{I_i} \tag{1-6}$$

在相同的信号源输入时，R_i 越大，I_i 越小，表明放大电路从信号源索取的电流越小。R_i 可以通过分析计算或实际测量求得。

（3）输出电阻 R_o　对负载来说，放大电路相当于一个信号源。运用戴维南定理，可将放大器等效为空载时的输出电压为 U'_{oo}、内阻为 R_o 的等效信号源，如图1-5所示。若输出电阻 R_o 趋于 0 时，放大电路的输出 U_o 近似等于 U'_{oo}，其成为恒压源；若输出电阻 R_o 趋于 ∞ 时，放大电路的输出成为恒流源，放大电路输出电阻 R_o 越小，表明负载内阻变化时，负载端输出电压的变化越小，放大电路带负载的能力越强。

（4）通频带 BW　衡量放大电路对不同频率信号适应能力的一项技术指标是频率响应，又称放大电路的频率特性。图1-6是某一放大电路的频率响应曲线，称为幅频特性。图中的 A_{um} 是中频区电压放大倍数，信号频率下降或上升而使电压放大倍数下降到中频区 A_{um} 的 0.707 时，所对应的频率分别为下限截止频率 f_L 和上限截止频率 f_H，它们之间的频率范围称为通频带 BW，即

$$BW = f_H - f_L \tag{1-7}$$

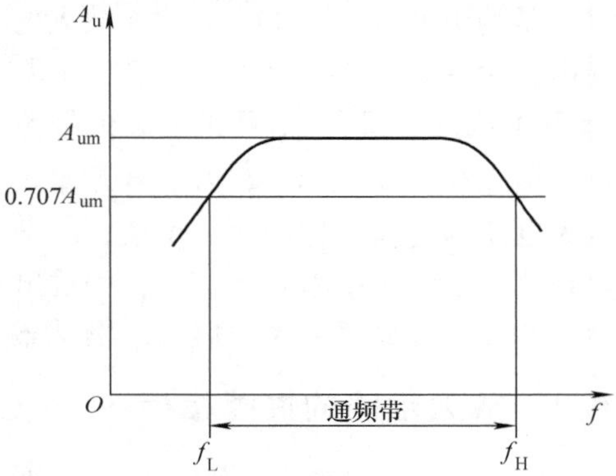

图1-6　放大电路的频率响应曲线

（5）总谐波失真　由于在放大电路中有晶体管的非线性特性，在输出端的输出信号就不单纯是有与输入信号完全相同的成分，还包括了谐波成分的信号，这些多余出来的谐波成分与实际输入信号的对比，用百分比来表示就称为总谐波失真（Total Harmonic Distortion，THD）系数。其表达式为

$$THD = \frac{\sqrt{U_2^2 + U_3^3 + U_4^4 + \cdots}}{U_1} \times 100\% \tag{1-8}$$

式中，U_1 为基波分量的有效值；U_2，U_3，U_4，…为各次谐波波分量的有效值。

THD 数值越小，表明放大电路的品质越高。高保真的音频放大器，在额定功率输出时的 THD 可以做到小于 0.01%，我们可以用失真度仪来测量非线性失真系数。

（6）最大不失真输出电压 U_{omax}　放大电路的最大不失真输出电压是在输出信号总谐波失真不超过标称额定值失真度时的最大电压 U_{omax}。

1.5　级联放大电路

在实际应用中，放大器的输入信号都较微弱，为了推动负载工作，必须由多级放大电路对微弱信号进行连续放大，方可在输出端获得必要的电压幅值或足够的功率。图1-7为多级放大电路的组成框图，其中的输入级和中间级主要用作电压放大，可将微弱的输入电压放大到足够的幅

度。后面的输出级（output stage）用作功率放大，满足输出负载所需要的功率。

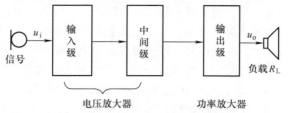

图 1-7　用作音频功放的多级放大电路的组成框图

1.6　放大电路的反馈

反馈是把放大电路的输出中的一部分能量送回输入电路中，能得到增强或减弱输入信号的效应。增强输入信号效应的称为正反馈；减弱输入信号效应的称为负反馈。正反馈常用来产生振荡；负反馈有稳定放大、改变输入输出阻抗、减少失真、展宽频带等优点，因而放大电路总是引入不同形式的负反馈来改善特定的性能。反馈在放大、振荡、稳压等电路中有广泛应用。图 1-8 是引入反馈的音频功放组成框图，其中 u_f 是

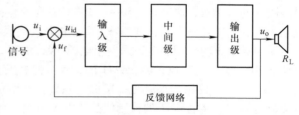

图 1-8　有反馈的音频功放组成框图

反馈电压，u_{id} 是输入电压 u_i 与反馈电压 u_f 比较作用后的净输入电压。没有反馈存在的系统称为开环系统，有反馈存在的系统称为闭环系统。

1.7　计算机仿真

随着电子技术、计算机技术及制造技术的飞速发展，电子设计进入了计算机辅助设计（Computer Aided Design，CAD）的时期，使电子设计自动化（Electronic Design Automation，EDA）真正进入了实用阶段。EDA 技术有了越来越强的功能，改变了单靠硬件调试来达到设计和测试电路的手工过程。

各种实用的 CAD 软件应运而生，常用的能设计和测试电路的有 PSpice、Proteus 和 Multisim 等，还有主要能完成电路原理图与印制电路板设计的 Protel 和 OrCAD 等。它们大都可以在 Windows 下运行模拟电路、数字电路的设计和仿真，打开整个操作界面就是一个完备的电子实验工作台，一般具有电子技术基础知识的人员，通过上机练习就可学会基本操作。因为电路仿真软件能在创建电路、选用电子元器件和测试仪器时可以直接从屏幕图形中选取，而且测试仪器的操作面板与实际仪表很相似，这与在实验室工作时的情形很相近。在电路的整个设计过程中都可以仿真查看和分析其性能指标，能及时发现设计中存在的问题并加以修正，特别是能看到各个元器件的变化对电路性能的影响，从而能更好地完成电路设计任务，提供了一种简单的方法来学习和研究电路的性能。工作人员掌握此软件的使用，可以不受实验室的时间、地点、仪器设备和元器件品种、数量的限制。

常用的 Multisim V10，相对于其他 EDA 软件，具有更加形象直观的人机交互界面，已建立了各类元器件设计数据库模块，对数-模电路的混合仿真功能也毫不逊色，几乎能够 100% 地仿真出

真实电路的结果，并且在仪器仪表库中还提供了高性能的数字式万用表、函数发生器、功率表、双踪示波器、波特仪、字发生器、逻辑分析仪、逻辑转换仪、失真度分析仪等仪器仪表。提供建模精确的电源库、基本元件库、晶体管库、模拟集成器件库、TTL 数字器件库、CMOS 数字器件库、混合器件库、指示器件库，以及由其他器件等组成的电路图进行仿真测试，特别是软件中提供的直流工作点分析、交流瞬态分析、傅里叶分析、噪声分析、参数扫描分析、温度扫描分析、极点-零点分析和用户自定义分析，运行速度既快又直观，这为我们进一步理解电子电路、拓展思路和提高实践操作能力提供了方便的途径，成为工程技术人员的好助手。

1.8　应用电路介绍

应用一：鱼缸水温自动加热电路

养热带鱼要保持鱼缸水温在 24～25℃。图 1-9 是一个简单的自动加热电路。其中 LM35D 是检测温度的传感器，温度在 －50～＋150℃温度变化范围内，它能以 10mV/℃的线性变化与温度成正比例的电压量输出，精度为 ±1℃，最大线性误差为 ±0.5℃。LM35D 在电路中起到了温度变化转换成电压的作用。电路采用单电源 5V，所以 25℃时对应输出电压约为 250mV；通过调节电位器 RP，集成运算放大器 μA741 的 3 号引脚电压变化范围为 156～312mV，对应温度控制范围约为 16～31℃。要保持水温在 25℃时，只要调节电位器输出在 250mV，当水温低于 25℃时，通过集成运算放大器 μA741 的控制使晶体管 V 导通，继电器 KA 通电吸合，KA-1 触点闭合，加热器通电加热，红灯亮。水温升高至 25℃后，集成运算放大器 μA741 能控制晶体管 V 截止，绿灯亮，继电器 KA 失电，加热器停止加热，这样能使水温保持在设定温度 25℃左右。

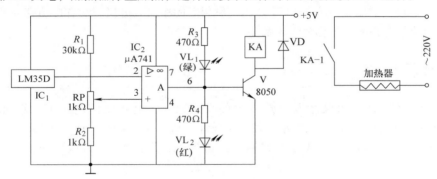

图 1-9　鱼缸水温自动加热电路

应用二：自动感应节能灯电路

图 1-10 是使用热释电人体红外传感器的自动感应节能灯电路。人来灯亮，人离开几十秒后自动熄灭。当有人来时，通过传感器把检测到人体所辐射出的红外线的信号转换成 0.1～10Hz、1mV 左右的微弱电压输出。经过集成运算放大器 LM324（内部包括 4 个单元 U1A、U1B、U1C、U1D）放大、比较等处理后，晶体管 V 导通，双向晶闸管 VT 被触发导通，220V 交流电压经过 EL 灯发光。当人离开后，电路通过 RP 和 C_2 电容的作用还会维持一段时间灯才会熄灭。电路中的光敏电阻 R_g 能够在白天自动控制灯一直不亮。我们在学完第 5 章集成运算放大器及其应用后就能分析这个电路的控制原理了，再学完第 8 章有源滤波器、第 10 章直流稳压电源后就能分析这个直流电源电路的滤波和稳压的工作原理了。在练习题中有相关问题的讨论。

由于本电路有 220V 电源电压直接接入电路，整个电路板带高压电，因此调试电路时要特别注意安全。

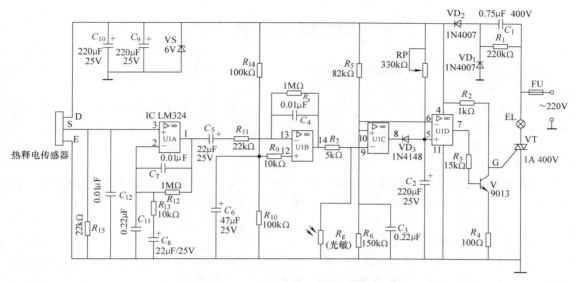

图 1-10　自动感应节能灯电路

本 章 小 结

学习电子技术从认识信号和电子系统开始，可以居高临下地理解电路的功能、电路的结构和器件的作用，对深入认识电路工作原理是会有所帮助的。

模拟电子系统结构组成简单，但由于模拟信号复杂、输出负载多样、功能要求不同，会使模拟电子电路变化无穷。后面的第 2 章和第 3 章都是先从学习电子器件开始，然后介绍各种重要的典型电路工作原理，会学到模拟电子技术的分析方法，这些是学习模拟电子最基础、最重要的部分，已经到了学习模拟电子入门的关键处，期待你的用心努力。

思考题与习题

1-1　什么是电子电路的放大作用？

1-2　哪些是我们在以后学习模拟电路中重点要掌握的内容？

1-3　试对照图 1-2 电子信息系统的框图和图 1-10 自动感应节能灯电路图，分别写出信号、信号处理、信号加工、负载和电源的具体组成部分。（以元器件为核心）

本 章 实 验

实验1.1　常用电子仪器的提高使用

1. 实验目的和任务

1）熟悉双通道函数发生器（信号源）、双通道交流毫伏表、数字示波器和直流稳压电源的用途和主要指标。

2）掌握上述仪器、仪表的基本规范操作使用，熟悉进一步的操作使用。

2. 实验仪器和器材

双通道函数/任意波形发生器 DG1000（DG1022）；双通道交流毫伏表 DF2172B；数字示波器 DS1052E；直流稳压电源 XJ-30.2.2；万用表（指针式或数字式）。

3. 实验和实验预习内容

（1）实验预习内容

1）阅读课外材料的双通道函数发生器、双通道交流毫伏表的用途和主要指标，阅读仪器使用说明，参照教材附录中仪表的面板标志图，复习仪器使用步骤和方法。

2）从网络上查找电子仪器、仪表资料，了解其功能和用途。

（2）实验内容

1）用交流毫伏表和数字示波器测量双通道函数/任意波形发生器 DG1022 的正弦波输出电压，在数字示波器上观察一个或两个完整稳定的电压波形，测量并将操作位置和读出的数值记录于表 1-1 中。

表1-1　双通道函数发生器输出电压的测量

DG1022 输出信号调节	正弦波输出频率和 电压	100Hz 2V(V_{PP})	4kHz 50mV(V_{RMS})	100Hz 2V(V_{PP}、偏移2V)
DF2172B 交流毫伏表	电压刻度			
	读数			
DS1052E 示波器	垂直档位 V/div			
	水平档位 t/div			
	耦合方式	交流	交流	直流
输出波形图				
测算值	电压峰-峰值/V			
	电压有效值/V			
	频率/Hz			
（　）型万用表	电压满度/V			
	读数/V			

仪器仪表连接如图 1-11 所示。

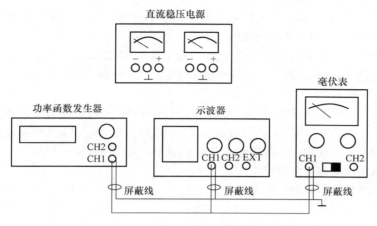

图 1-11　仪器仪表连接

2）用直流稳压电源 XJ-30.2.2 分别输出 +12V、±6V、+5V（限流 80mA）电压，测量并将操作位置和读出的数值记录于表 1-2 中。

表 1-2　直流电压的测量

直流输出电压		+12V	±6V[1]	+5V[2]
直流稳压电源 XJ-30.2.2	电源控制开关			
	电流调节			
示波器垂直档位		V/div	V/div	V/div
被测电压光迹偏移基准电平线的格数		div	div	div
计算直流电压值		V	V	V
（　　）型万用表（直流电压档）读数		V	V	V

① 要求输出端不与机壳接地端相接。

② 要求作为稳压源使用时有限流 80mA 功能，分别接上输出负载 100Ω（用两个 51Ω 电阻串联）和 51Ω 电阻试一试。

3）用数字示波器测量双通道函数/任意波形发生器 DG1022 的方波输出电压，在数字示波器上观察一个或两个完整稳定的电压波形，测量并将操作位置和读出的数值记录于表 1-3 中。

表 1-3　双通道函数发生器输出电压的观察

DG1022 输出信号调节	方波输出频率输出电压	1kHz	1kHz
	占空比	2V(V_{PP})　50%	2V(V_{PP})　20%
DS1052E 示波器	垂直档位 V/div		
	水平档位 t/div		
	输出波形图		
	输出电压幅值/V		
测算值	上升时间 t_r 输出波形图	$t_r =$ 触发模式：	
	下降时间 t_f 输出波形图	$t_f =$ 触发模式：	

矩形脉冲上升（前沿）时间 t_r 是指电压由 $0.1U_m$ 上升到 $0.9U_m$ 所需的时间，下降时间 t_f 是指电压由 $0.9U_m$ 下降到 $0.1U_m$ 所需的时间。

4）用数字示波器测量双通道函数/任意波形发生器 DG1022 的 $f = 1\text{kHz}$、$U_{RMS} = 10\text{mV}$ 的正弦波输出电压，要在数字示波器上观察到两个完整稳定、清晰的电压波形。

4. 附加题

1）试一试用数字示波器显示信号输入 CH1 的电压峰峰值、CH2 的频率测量值。

2）试一试把数字示波器显示的信号输入 CH1、CH2 波形以 bmp 位图文件存储在 U 盘中。

3）试一试用数字示波器录制信号输入 CH1 的波形，并以 100 帧/s 回放。

4）试一试数字示波器键盘锁定功能。

5）试一试打开数字示波器的频率计功能。

5. 实验报告和思考题

1）列出表 1-1、表 1-2、表 1-3 的内容。

2）简要写出双通道函数发生器、双通道交流毫伏表、数字示波器、直流稳压电源、万用表的用途。

3）毫伏表档级位置在过小的电压刻度时，指针偏转会很大，甚至出现"打针"现象，为什么？如何避免？

4）在使用交流电压表测量电压时，都有一个允许的频率测量范围，请写出 DF-2172 型毫伏表和万用表的允许测量信号频率响应范围。

5）要用数字示波器测量、观察稳定和清晰的低频小信号的正弦波电压波形，需注意哪些设置？

实验 1.2 模拟电子系统电路认识

1. 实验目的

1）了解模拟电子系统电路。

2）掌握放大电路的输入电压和输出电压的测量和电压放大倍数计算方法。

3）熟悉独立在图书馆或网络上查找本实验中所用的集成音频功放 LM386 的特性以及应用资料的方法。

2. 实验仪器和器材

电子电路实验箱；函数发生器；示波器；万用表；LM386；CD4051；MP3 播放器；100kΩ 电位器；8Ω 3W 电阻；220μF 电解电容；470μF 电解电容等。

3. 实验内容

1）按照图 1-12 集成音频功放 LM386 的引脚图组建功率放大电路，如图 1-13 所示。

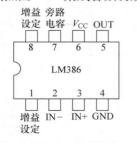

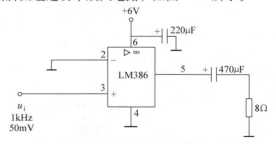

图 1-12　集成音频功放 LM386 的引脚图　　　　图 1-13　功率放大电路图

2）调节函数发生器，使输入信号 u_i 为正弦信号，参数如图 1-13 所示。用示波器同时观察输入、输出信号，并绘制输入-输出电压波形图（注意观察两个信号的相位关系）。用毫伏表记录输入、输出的电压有效值，计算电压放大倍数 $A_u = U_o/U_i$，将实测和计算结果填入表 1-4 和图 1-14 中。

表 1-4　电压放大倍数

DG1022 型 函数/任意波形发生器	正弦波输出信号频率 f 和电压 U_i（有效值）	1000Hz 50mV
DF2172B 型交流毫伏表	输入电压 $U_i =$ 　　　　mV	输出电压 $U_o =$ 　　　　V
计算电压放大倍数 $A_u\left(\dfrac{U_o}{U_i}\right)$		$A_u =$

3）将功放电路的 2 号引脚和 3 号引脚对换，用示波器同时观察输入、输出信号，并绘制输入-输出电压波形在图 1-15 中。（注意观察两个信号的相位关系）。

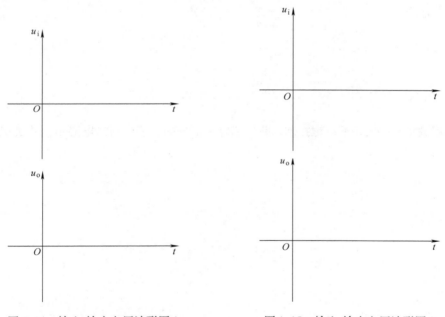

图 1-14　输入-输出电压波形图 1　　　　图 1-15　输入-输出电压波形图 2

4）按图 1-16a、b 组建传声器放大器输出电路和 MP3 的耳机输出通过音频信号线输出，分别接入功率放大电路的输入端，用示波器同时观察输入、输出信号，看到示波器上有输出信号后，把功率放大电路的输出端的 8Ω 电阻换成 8Ω 扬声器，这时能听到你的讲话声音或是来自 MP3 的乐声。传声器与扬声器保持一定距离，以免引起啸叫，调节输入信号的大小，以聆听到扬声器的声音舒适为准。

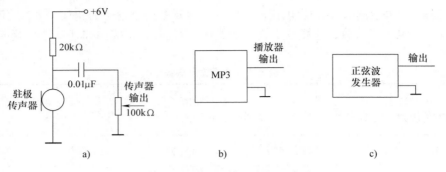

图 1-16　3 路电压信号输出电路图

a）传声器输出　b）MP3 输出　c）正弦波输出

5）用 8 选 1 的 CD4051 型模拟开关实现传声器、MP3 和正弦波 3 路输出电压信号的选择功能，画出电路图，并实现此模拟信号的控制功能。

6）应用数字电路实现用一键控制 3 路模拟电压信号的功能，画出电路图，并实现此模拟信号输出的控制功能。

4. 实验报告和思考题

1）画出带信号的控制功能的功率放大的电子系统框图。

2）画出带信号的控制功能的功率放大的电路图。

3）查阅其他的 LM386 应用电路（至少两个）。

4）小结实验中的问题及解决办法。

第 2 章　半导体二极管及其基本应用电路

半导体（semiconductor）器件是在 20 世纪 50 年代初发展起来的，由于具有体积小、重量轻、使用寿命长、输入功率小、功率转换效率高等优点，被广泛应用于家电、汽车、计算机及工控技术等众多领域。

本章的学习任务就是要在了解半导体的特殊性能——单向导电性的基础上，进一步认识半导体二极管器件。能够理解 PN 结的形成及其单向导电性，掌握半导体二极管器件的结构特点和工作原理，在技术能力上掌握正确测试半导体器件的好坏及极性的判别方法，并能看懂由这些半导体器件作为核心元件构成的简单电子线路图。

2.1　半导体基本知识

半导体的导电能力虽然介于导体和绝缘体之间，但是却能够引起人们的极大兴趣，这与半导体材料本身存在的一些独特性能是分不开的。同一块半导体，在不同外界情况下其导电能力会有非常大的差别，有时像地地道道的导体，有时又像典型的绝缘体。利用半导体的这些独特性能，人们研制出各种类型的电子器件。

半导体的导电能力受温度、光照、掺杂等多种因素影响：

（1）热敏特性　温度升高，大多数半导体的电阻率下降。例如，有些半导体的导电能力受环境温度影响很大。半导体材料锗，温度每升高 10℃ 它的电阻率就会减少到原来的一半左右。由于半导体的电阻率对温度特别灵敏，利用这种特性就可以做成各种热敏元件。

（2）光敏特性　许多半导体受到光照辐射，电阻率下降。硫化镉，在没有光照时，电阻高达几十兆欧，受到阳光照射时，电阻可降到几十千欧。利用这种特性可制成各种光电元件。

（3）掺杂特性　在纯净的半导体中掺入微量的某种杂质（impurity）后，它的导电能力就增加几十万甚至几百万倍。例如，在半导体材料硅中掺入百万分之一的硼后，其电阻率就从大约 $2 \times 10^{3}\,\Omega\cdot m$ 减少到 $4 \times 10^{-3}\,\Omega\cdot m$ 左右。利用这种特性就可制成各种不同用途的半导体器件，如半导体二极管、晶体管、晶闸管、场效应晶体管等。

2.1.1　本征半导体

在半导体物质中，目前用得最多的材料是硅和锗。在硅和锗的原子结构中，最外层电子的数目都是 4 个，因此被称为四价元素，如图 2-1 所示。

天然的硅和锗材料是不能制成半导体器件的，必须经过高度提纯工艺将它们提炼成纯净的单晶体。单晶体的晶格结构是完全对称，原子排列得非常整齐，故常称为晶体，纯净的半导体就是我们所称的本征半导体（intrinsic semiconductor），其结构示意图如图 2-2 所示。图中单晶硅中每一个原子的最外层价电子，都两两成为相邻两个原子所共有的价电子，每一对价电子同时受到两个原子核的吸引而被紧紧地束缚在一起，组成了共价键结构（covalence key structure）。图中套住两个价电子的虚线环表示共价键，单晶体中的各原子靠共价键的作用紧密联系在一起。

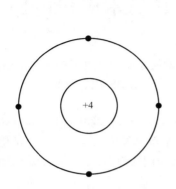

图 2-1　硅和锗原子的简化模型

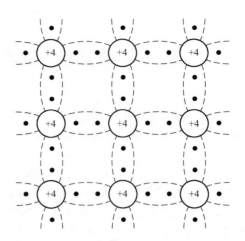

图 2-2　单晶体共价键结构示意图

常温下单晶体中的束缚价电子难以脱离共价键成为自由电子，因此本征半导体的导电能力很弱。从共价键整体结构来看，每个单晶硅原子与相邻的 4 个价电子构成 4 个共价键，很像绝缘体的"稳定"结构。也正是由于这种结构，本征半导体中的价电子没有足够的能量是不易脱离共价键的。

实际上，共价键中的 8 个价电子并不像绝缘体中的价电子那样被原子核束缚得很紧。当温度上升或受光照时，共价键中的一些价电子以热运动的形式不断从外界获得一定的能量，少数价电子因获得的能量较大，而挣脱共价键的束缚，成为自由电子（free electronics），同时在原来的共价键的相应位置上留下一个空位，称为空穴（empty cave），如图 2-3 的 A 处为空穴，B 处为自由电子，显然，自由电子和空穴是成对出现的，所以称它们为电子—空穴对。把在光或热的作用下，本征半导体中产生电子—空穴对的现象，称为本征激发。

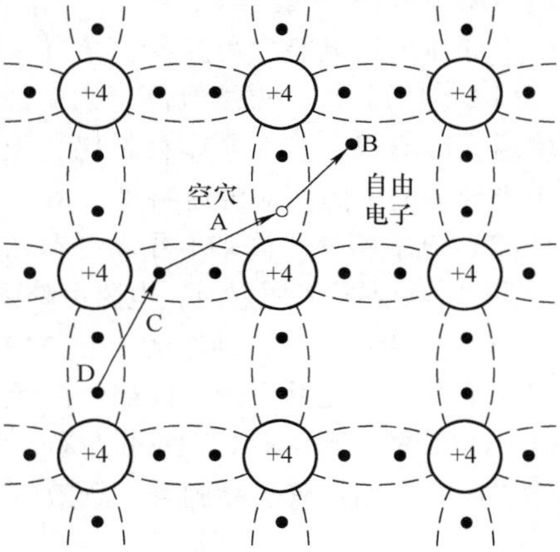

本征激发产生的自由电子会在电场的作用下定向运动形成电流，因此它构成本征半导体中的一种载流子——电子载流子。

图 2-3　本征激发现象

那么当共价键中由于失去一个价电子而出现一个空穴时（如图 2-3 中 A 处），与其相邻的价电子很容易离开它所在的共价键填补到这个空穴中来，使该价电子原来所处的共价键中出现一个空穴（如图 2-3 中 C 处），这样空穴便从 A 处移至 C 处。

同样，空穴又可从 C 处移至 D 处，因此，空穴似乎可以在半导体中自由移动，这实质上是价电子填补空穴的运动。在电场作用下，大量的价电子依次填补空穴的定向运动形成电流，为区别于自由电子的运动，把这种价电子填补空穴的运动叫"空穴运动"。而空穴相当于一个单位的正电荷，它所带电量与电子相等，符号相反。

可见，在本征半导体中存在两种载流子：带负电的自由电子和带正电的空穴。而金属导体中只有一种载流子——自由电子，这是两者的一个重要区别。在本征激发中，半导体中的电子—空穴对不断地产生，同时当它们相遇时又重新被共价键束缚，电子—空穴对消失，这种现象称为"复合"。在一定的温度下，激发和复合虽然不断地进行，但最终将处于动态平衡状态，半导体中的载流子浓度保持在某一定值。由于本征激发产生的电子—空穴对的数目很少，因此本征半导体的导电能力很弱。

2.1.2　杂质半导体

在本征半导体中按极小的比例掺入高一价或低一价的杂质元素之后，就构成杂质半导体。一般按百万分之一数量级的比例掺入杂质，半导体的导电能力将大大增强，且掺入的杂质越多，其导电能力越强，这就是半导体的掺杂特性。按掺入的杂质的不同，杂质半导体可分为 N 型半导体和 P 型半导体两大类。

1. N 型半导体

在四价元素晶体中掺入微量的五价元素，如磷、砷、锑等。组成共价键时，多余的一个价电子处于共价键之外，束缚力较弱而成为自由电子。由于这种杂质原子能放出电子，因此称为"施主杂质"。同时杂质原子变成带正电荷的离子。显然掺入的杂质越多，杂质半导体的导电性能越强，这种掺杂所产生的自由电子浓度远大于本征激发所产生的电子—空穴对的浓度，所以杂质半导体的导电性能远超过本征半导体。在这种杂质半导体中自由电子浓度远大于空穴浓度，其半导体的导电能力主要依靠自由电子，所以称其为 N 型半导体（N-type semiconductor）或电子型半导体。

2. P 型半导体

在四价晶体中掺入微量的三价元素，如铝、硼、镓等，三价原子在与四价原子组成共价键时，因缺少一个电子而产生一个空穴，很容易吸引邻近的价电子来填补，于是杂质原子变为带负电荷的离子，而在邻近的四价原子处出现一个空穴，由于这种杂质原子能吸收电子，因此称为"受主杂质"。在这种杂质半导体中，空穴浓度远大于自由电子浓度。因为这种半导体的导电主要依靠空穴，所以称其为 P 型半导体（P-type semiconductor）或空穴型半导体。

一般情况下，由于杂质半导体中的多数载流子的数量远大于少数载流子数量，因此，杂质半导体的导电能力比本征半导体的导电能力强几十万倍。

需要指出的是：不论是 N 型还是 P 型半导体，虽然都有一种载流子占多数，但多出的载流子数目与杂质离子所带的电荷数目始终相平衡，即整块杂质半导体既没有失去电子，也没有得到电子，整个晶体仍然呈中性。

为突出杂质半导体的主要特征，在画 P 型或 N 型半导体时，常常只画多子和离子成对出现，如图 2-4 所示。

2.1.3　PN 结及其单向导电性

杂质半导体的导电能力虽然比本征半导体大大增强，但单一的 N 型半导体或 P 型半导体只能起电阻的作用，但是，当我们采用不同的掺杂工艺，在一块完整的半导体硅片的两侧分别注入三价元素和五价元素，使其一边形成 N 型半导体，另一边形成 P 型半导体，那么在两种半导体的交界面上就会形成一个 PN 结，PN 结能够使半导体的导电性能受到控制，它是构成各种半导体器件的基础。

1. PN 结的形成

半导体中有电子和空穴这两种载流子，当这些载流子作定向运动时就形成电流。半导体中的载流子运动有漂移运动和扩散运动两种方式，相应地也就有漂移电流和扩散电流这两种电流。由

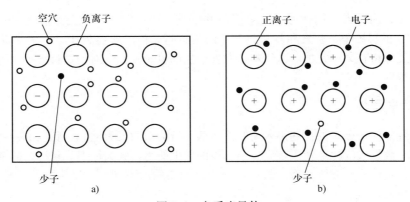

图 2-4 杂质半导体

a）P 型半导体 b）N 型半导体

于浓度差别而产生的运动称为扩散运动，扩散的结果使 N 区的多子复合掉 P 区多子，在 P 区和 N 区的交界处只留下了干净的带杂质离子区，这些带电离子不能任意移动，称为空间电荷区，形成了内电场，如图 2-5a 所示。在内电场作用下，少子产生的漂移运动如图 2-5b 所示。

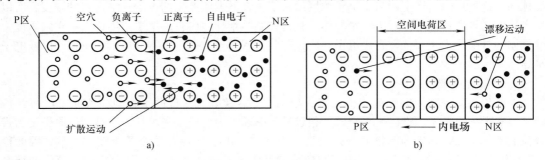

图 2-5 PN 结的形成过程

a）多子的扩散运动 b）少子的漂移运动

在 PN 结形成的过程中，多子的扩散和少子的漂移既相互联系，又相互矛盾。初始阶段，扩散运动占优势，随着扩散运动的进行，空间电荷区不断加宽，内电场逐步加强；内电场的加强又阻碍了扩散运动，使得多子的扩散逐步减弱。扩散运动的减弱显然伴随着漂移运动的不断加强。最后，当扩散运动和漂移运动达到动态平衡时，将形成一个稳定的空间电荷区，这个相对稳定的空间电荷区被称作 PN 结。

若在 PN 结两端接上外加电源，称为 PN 结被偏置了。由于偏置电压的作用，动态平衡遭到破坏，当外加电压极性不同时 PN 结将显示出其单向导电的性能，PN 结的单向导电性是构成半导体器件的主要工作机理。

2. PN 结的正向导通

PN 结加上正向电压称为正向偏置。正向偏置的 PN 结是 P 区加电源正极、N 区加电源负极。此时，外部电场的方向是从 P 区指向 N 区，显然与内电场的方向相反，这时外电场驱使 P 区的空穴进入空间电荷区抵消一部分负空间电荷，同时 N 区的自由电子进入空间电荷区抵消一部分正空间电荷，结果使空间电荷区变窄，内电场被削弱。内电场的削弱使多数载流子的扩散运动得以增强，形成较大的扩散电流（有多子的定向移动形成，即所谓常称的电流）。在一定范围内，外电场越强，正向电流越大，PN 结对正向电流呈低电阻状态，这种情况就称为 PN 结正向导通。PN 结的正向导通作用原理图如图 2-6 所示。

3. PN 结的反向截止

PN 结加上反向电压称为反向偏置。反向偏置的 PN 结是 P 区加电源负极、N 区加电源正极。

此时，外部电场的方向与内电场的方向一致，同样会导致扩散与漂移运动平衡状态的破坏。外加电场驱使空间电荷区两侧的空穴和自由电子移走，使空间电荷区变宽，内电场继续增强，造成多数载流子扩散运动难于进行，同时加强了少数载流子的漂移运动，形成由 N 区流向 P 区的反向电流。但由于常温下少数载流子恒定且数量不多，故反向电流极小，而电流小说明 PN 结的反向电阻很高，通常可以认为反向偏置的 PN 结不导电，基本处于截止状态，这种情况就称为 PN 结反向阻断。PN 结的反向阻断作用原理图如图 2-7 所示。

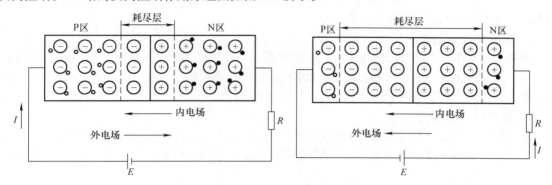

图 2-6　PN 结的正向导通作用原理图　　　　　图 2-7　PN 结的反向阻断作用原理图

当外加的反向电压在一定范围内变化时，反向电流几乎不随外加电压的变化而变化。这是因为反向电流是由少子漂移形成的，在热激发下，少子数量增多，PN 结反向电流增大。换句话说，只要温度不发生变化，少数载流子的浓度就不变，即使反向电压在允许的范围内增加再多，也无法使少子的数量增加，这时反向电流趋于恒定，因此反向电流又称为反向饱和电流。

PN 结的上述"正向导通，反向阻断"作用，说明 PN 结具有单向导电性。

4. 结电容

由于 PN 结的一侧是正电荷，另一侧是负电荷，在 PN 结空间电荷区的区域内是电中性的，使 PN 结会呈现出一个带有不同电荷的平板电容器，这称为 PN 结的电容效应。PN 结的电容量不是常量，除了与本身工艺有关还与外加电压、电流有关。结电容数值一般都很小，通常只有几皮法至几十皮法。由于结电容的存在，当信号频率较高时，PN 结会失去单向导电性。

2.1.4　PN 结的反向击穿

PN 结处于反向偏置时，在一定的电压范围内，流过 PN 结的电流很小，但电压超过某一数值时，反向电流会急剧增加，这种现象称为 PN 结反向击穿。

反向击穿又分为热击穿和电击穿，热击穿由于电压很高、电流很大，消耗在 PN 结上的功率相应很大，极易使 PN 结过热而烧毁，即热击穿过程不可逆。电击穿包括雪崩击穿和齐纳击穿，对于硅材料的 PN 结来说，击穿电压大于 7V 时为雪崩击穿，小于 4V 时为齐纳击穿。在 4V 与 7V 之间，两种击穿都有。

雪崩击穿是一种碰撞的击穿，齐纳击穿是一种场效应击穿，两者均属于电击穿。电击穿过程通常是可逆过程，当加在 PN 结两端的反向电压降低后，PN 结仍可恢复到原来的状态，而不会造成永久损坏。利用电击穿时电流变化很大，但 PN 结两端电压变化却很小的特点，人们研制出工作在反向击穿区的稳压管。

当反向电压过高，反向电流过大时，PN 结的结温不断升高，如果反向电流一直增大下去，结温一再持续升高，PN 结就会发生热击穿而造成永久损坏。热击穿能够损坏 PN 结，应避免发生。

2.2 半导体二极管

2.2.1 二极管的结构与类型

将 PN 结加上相应的电极引线和管壳，就成为半导体二极管（简称二极管）。按结构分，二极管有点接触型、面接触型和平面型三种。

1. 点接触型二极管

点接触型是用一根细金属丝和一块半导体熔焊在一起构成 PN 结的，因此它的特点是 PN 结面积小，结电容也很小，因此不能通过较大电流，但其高频性能好，故一般适用于高频和小功率的电路中，也用作数字电路中的开关器件，如图 2-8a 所示。

2. 面接触型二极管

面接触型二极管一般用合金制成较大的 PN 结，由于其结面积较大，因此结电容也大，故可允许通过较大电流（可达上千安培），但其工作频率低，因此，一般用作大功率低频整流器件，如图 2-8b 所示。

3. 平面型二极管

这类二极管采用二氧化硅作保护层，可使 PN 结不受污染，而且大大减少了 PN 结两端的漏电流。平面型二极管的质量最好，批量生产中产品性能比较一致，如图 2-8c 所示。平面型二极管结面积较小的适合作高速开关管，结面积较大的则作大功率整流管。

二极管符号如图 2-8d 所示，符号中的三角形箭头表示二极管加上正向电压导通时电流的方向。

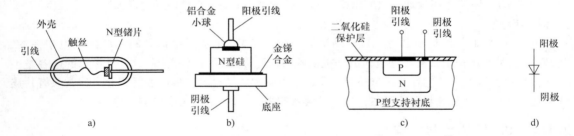

图 2-8　半导体二极管的结构类型及电路符号

a) 点接触型　b) 面接触型　c) 平面型　d) 二极管符号

2.2.2 二极管的伏安特性

二极管最主要的特性就是单向导电性，可以用伏安特性曲线来说明。所谓伏安特性曲线就是电压与电流的关系曲线，如图 2-9 所示。

1. 正向特性

当二极管的正向电压很小时，几乎没有电流通过二极管。正向电压超过某数值后，才有正向电流流过二极管，这一电压值称为死区电压。硅管的死区电压一般为 0.5V，锗管则约为 0.2V。

二极管的正向电压大于死区电压后，有较大的正向电流通过二极管，称为二极管导通。正向电流随着电压的增加而迅速增大。硅二极管电流上升曲线比锗二极管更陡。硅管导通时的电压一般为 0.6 ~ 0.8V，锗管则约为 0.2 ~ 0.3V。

2. 反向特性

当二极管加上反向电压时，只有极小的反向电流流过二极管。在同样的温度下，硅管的反向电流比锗管小得多，锗管是微安级（μA），硅管是纳安级（nA）。

二极管的反向电流具有两个特点：一个是它随温度上升而增长很快；另一个是只要外加的反向电压在一定范围之内，反向电流基本不随反向电压变化。

3. 反向击穿特性

当反向电压高到一定数值时，反向电流将突然增大，二极管失去单向导电性，这种现象称为电击穿。发生击穿时的电压 U_{BR} 称为反向击穿电压（breakdown voltage）。如果二极管的反向电压超过这个数值，而没有适当的限流措施，会因电流大、电压高，将使二极管过热而造成永久性的损坏，这就是热击穿。

4. 温度对特性的影响

由于半导体的导电性能与温度有关，所以二极管的特性对温度很敏感，温度升高时二极管正向特性曲线向左移动，反向特性曲线向下移动，如图 2-10 所示。变化的规律是：在室温附近，温度每升高 1℃，正向电压减小 2 ~ 2.5mV，即温度系数约为 −2.3mV/℃；温度每升高 10℃，反向电流约增大一倍，击穿电压也下降较多。

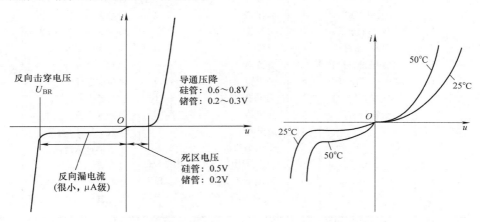

图 2-9　二极管的伏安特性曲线　　　图 2-10　温度对二极管特性的影响

2.2.3　二极管的使用常识

1. 二极管的型号

国家标准（GB 249—1989）规定，国产半导体器件的型号由五部分组成：

第一部分	第二部分	第三部分	第四部分	第五部分
用阿拉伯数字表示器件的电极数目	用汉语拼音字母表示器件的材料和极性	用汉语拼音字母表示器件的类别	用阿拉伯数字表示序号	用汉语拼音字母表示规格号

例如，硅整流二极管 2CZ52A

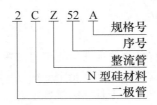

对于组成型号的各部分的符号及其意义，见表2-1。

表2-1　半导体器件型号组成部分的符号及其意义

第一部分		第二部分		第三部分				第四部分	第五部分
用阿拉伯数字表示器件的电极数目		用汉语拼音字母表示器件的材料和极性		用汉语拼音字母表示器件的类别				用阿拉伯数字表示序号	用汉语拼音字母表示规格号
符号	意义	符号	意义	符号	意义	符号	意义		
2	二极管	A	N 型，锗材料	P	普通管	D	低频大功率管 $(f_o < 3\,\mathrm{MHz}, P_c \geq 1\,\mathrm{W})$		
		B	P 型，锗材料	V	微波管				
		C	N 型，硅材料	W	稳压管	A	高频大功率管 $(f_o \geq 3\,\mathrm{MHz}, P_c \geq 1\,\mathrm{W})$		
		D	P 型，硅材料	C	参量管				
3	三极管	A	PNP 型，锗材料	Z	整流管	T	半导体闸流器（可控整流器）		
		B	NPN 型，锗材料	L	整流堆				
		C	PNP 型，硅材料	S	隧道管	Y	体效应器件		
		D	NPN 型，硅材料	N	阻尼管	B	雪崩管		
		E	化合物材料	U	光电器件	J	阶跃恢复管		
				K	开关管	CS	场效应器件		
				X	低频小功率管 $(f_o < 3\,\mathrm{MHz}, P_c < 1\,\mathrm{W})$	BT	半导体特殊器件		
						FH	复合管		
				G	高频小功率管 $(f_o \geq 3\,\mathrm{MHz}, P_c < 1\,\mathrm{W})$	PIN	PIN 器件		
						JG	激光器件		

2. 二极管的主要参数　器件的参数是器件特性的定量描述，是合理选择和正确使用器件的依据。二极管有以下一些主要参数：

（1）最大整流电流 I_F　I_F 指管子长期工作时所允许加的最大正向平均电流，由 PN 结的面积和散热条件所决定。实际应用时，流过二极管的平均电流不能超过这个数值，否则，将导致二极管因过热而损坏。

（2）最高反向工作电压 U_{RM}　指管子工作时所允许加的最高反向电压，超过此值二极管就有被反向击穿的危险。通常手册上给出的最高反向工作电压 U_{RM} 约为击穿电压 U_{BR} 的一半。

（3）反向电流 I_R　指二极管未被击穿时的反向电流值。I_R 越小，说明二极管的单向导电性能越好。I_R 对温度很敏感，使用二极管时要注意环境温度不要太高。

（4）最高工作频率 f_M　主要由 PN 结结电容的大小决定。信号频率超过此值时，结电容的容抗变得很小，使二极管反偏时的等效阻抗变得很小，反向电流很大。于是，二极管的单向导电性变坏。

（5）二极管使用注意事项

1）加在二极管上的电流、电压、功率以及环境温度等都不应超过规范中所允许的极限值。

2）整流二极管不应直接串联或并联使用。如需串联使用时，每个二极管应并联一个均压电阻，其大小按 100V（峰值）70kΩ 左右计算。若需并联使用时每个二极管应串联 10Ω 左右的均流电阻，以免个别元件过载。

3）二极管在容性负载线路中工作时，额定整流电流值应降低 20% 使用。

4）二极管在三相线路中使用时，所加的交流电压需比相应的单相线路中降低 15%。

5）在焊接二极管时最好用 45W 以下的电烙铁进行，并用镊子夹住引线根部，以免烫坏 PN 结。

6）二极管的引线弯曲处应大于外壳端面 5mm，以免引线折断或外壳破裂。

7）对于功率较大，需要附加散热器时，应按要求加装散热器并使之良好接触。

8）在安装时，二极管应尽量避免靠近发热元件。

3. 二极管的直流电阻和交流电阻

（1）直流电阻 R_D　指加在二极管上的直流电压 U_D 与流过管子的直流电流 I_D 之比，即

$$R_D = \frac{U_D}{I_D}$$

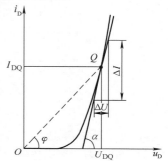

图 2-11　二极管直流电阻和
交流电阻

例如，在图 2-11 中，二极管工作点 Q 的电压与电流分别为 U_{DQ} 和 I_{DQ}，则其直流电阻为

$$R_D = \frac{U_{DQ}}{I_{DQ}} = \frac{1}{\tan\varphi}$$

显然，R_D 与点 Q 有关，这种元件的参数随工作电压和电流变化的现象是非线性元件特有的性质。R_D 在工程计算中用处不大，但可说明二极管的单向导电性的好坏，平时用万用表欧姆档测出的二极管电阻值就是直流电阻 R_D。一般二极管的正向 R_D 约为几十欧至几百欧，反向 R_D 为几千至几百千欧。正、反向 R_D 差别越大，说明二极管单向导电性越好。

（2）交流电阻（动态电阻）r_d　指在工作点 Q 附近，电压变化量 ΔU 与电流变化量 ΔI 之比（见图 2-11），即

$$r_d = \frac{\Delta U}{\Delta I} = \frac{1}{\tan\alpha}$$

r_d 与工作点 Q 有关，通常正向交流电阻 r_d 为几欧至几十欧。注意只能用来计算变化量。

r_d 的近似公式：$r_d = \dfrac{1}{g_d} \approx \dfrac{U_T}{I} = \dfrac{26\text{mV}}{I}$（$U_T$ 是温度的电压当量，常温（$T = 300\text{K}$）下，$U_T = 26\text{mV}$）。

例如，当 Q 点 $I = 1.3\text{mA}$ 时，得

$$r_d = \frac{26\text{mV}}{1.3\text{mA}} = 20\Omega$$

2.2.4　二极管的分析方法

由二极管组成的电路是非线性电路，它的分析方法有：图解分析法和模型分析法等。在工程中通常采用模型分析法。在此介绍二极管的几种常用且较简单的模型，它是在特定条件下，将非线性的二极管伏安特性进行分段线性化处理，从而可以用某些线性元件组成的电路（模型）来

近似代替二极管,把非线性的二极管转化为线性电路来求解。

1. 理想模型

当二极管的正向电压降和正向电阻与外接电路的等效电压和等效电阻相比均可忽略时,可用图 2-12a 中与坐标轴重合的折线近似代替二极管的伏安特性,这样的二极管称为理想二极管,它在电路中相当于一个理想开关,只要二极管外加正向电压稍大于零,它就导通,其管电压降为 0V,相当于开关闭合,如图 2-12b 所示。当反偏时,二极管截止,其电阻无穷大,相当于开关断开,如图 2-12c 所示。为与实际二极管相区别,其电路符号及等效模型如图 2-12 所示。

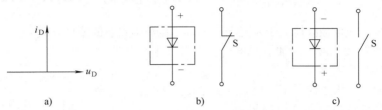

图 2-12 理想模型

a) *U-I* 特性 b)、c) 电路符号及等效模型

2. 恒电压降模型

当二极管的正向电压降与外加电压相比不能忽略,而正向电阻与外接电阻相比可忽略时,可用图 2-13a 所示的伏安特性曲线和模型来近似代替实际二极管,该模型由理想二极管与电压源 U_F 串联构成,它与理想模型的区别,仅在于它的正向电压降不再认为是零,而是接近实际工作的某一定值 U_F,且不随电流而变。对于硅二极管的 U_F 通常取为 0.7V,锗二极管取为 0.2V。不过,这只有当流经二极管的电流近似等于或大于 1mA 时才是正确的。显然,这种模型较理想模型更接近实际二极管。

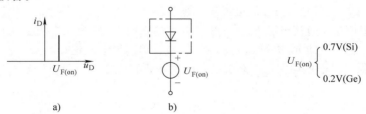

图 2-13 恒电压降模型

a) *U-I* 特性 b) 电路符号

3. 小信号模型

以上两种模型,适用于研究较大范围的电流、电压关系(包括确定二极管的工作点),称为大信号模型。

如果在二极管电路中,除直流电源外,再引入幅值很小的交流信号,则二极管两端的电压及通过它的电流将在某一固定值(直流量)附近作微小变化。如果只研究这一电压微变量与电流微变量之间的关系时,我们可以用特性曲线在该固定值处的切线来近似代替这一小段曲线,如图 2-14a 所示,该切线的斜率的倒数,即为二极管在该固定值处的动态(微变)电阻 r_d。所以,可用 r_d 来近似代替二极管电阻,称为二极管的小信号模型(或微变模型),如图 2-14b 所示。微变电阻 $r_d = \mathrm{d}u/\mathrm{d}i$,通常由 PN 结方程求出,$r_d \approx \dfrac{U_T}{I} = \dfrac{26\mathrm{mV}}{I}$,$I$ 为通过二极管的直流电流,可见 I

不同时 r_d 不同；r_d 也可以从 $U\text{-}I$ 特性曲线上作图求得。

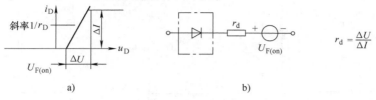

图 2-14　小信号模型

a）$U\text{-}I$ 特性　b）电路符号

例 2-1：如图 2-15 所示，试分别用二极管的理想模型、恒电压降模型计算回路中的电流 I_D 和输出电压 U_O。设二极管为硅管。

解：首先要判断二极管 VD 是导通还是截止。为此，可假定移去二极管，计算连接二极管两端处的电位 V_a 和 V_b，由图 2-15 可知

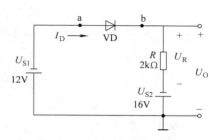

图 2-15　例 2-1 电路图

$$V_a = -12V \qquad\qquad V_b = -16V$$

因为 $V_a > V_b$，且 $V_a - V_b > U_D = 0.7V$，故在理想模型和恒电压降模型中，二极管 VD 均导通。

（1）用理想模型　由于二极管 VD 导通，其管电压降为 0V，所以

$$I_D = \frac{U_R}{R} = \frac{-U_{S1} + U_{S2}}{R} = \frac{(-12+16)}{2}mA = 2mA \qquad U_O = -U_{S1} = -12V$$

（2）用恒电压降模型　由于二极管 VD 导通，$U_D = 0.7V$，故

$$I_D = \frac{U_R}{R} = \frac{-U_{S1} + U_{S2} - U_D}{R} = \frac{(-12+16-0.7)}{2}mA = 1.65mA$$

$$U_O = I_O R - U_{S2} = (1.65 \times 2 - 16)V = -12.7V$$

例 2-2：已知电路如图 2-16 所示，试求电路中电流 I_1、I_2、I_O 和输出电压 U_O 的值。

解：假设二极管截止，$U_P = 15V$，$U_N = \dfrac{3}{1+3} \times 12V$

$=9V$

因为 $U_P > U_N$，所以二极管导通，设等效为 0.7V 的恒压源。

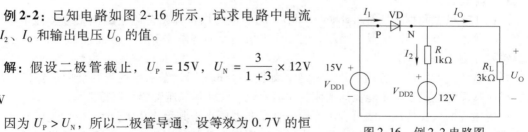

图 2-16　例 2-2 电路图

$$U_O = V_{DD1} - U_F = (15 - 0.7)V = 14.3V, \qquad I_O = \frac{U_O}{R_L} = \frac{14.3}{3}mA = 4.8mA$$

$$I_2 = \frac{U_O - V_{DD2}}{R} = \left(\frac{14.3 - 12}{1}\right)mA = 2.3mA, \quad I_1 = I_2 + I_O = (4.8 + 2.3)mA = 7.1mA$$

例 2-3：已知图 2-17a 所示电路中，$U_{S1} = 6V$，$u_{S2} = 0.2\sin 3140t \ V$，$R_S = 1k\Omega$，硅二极管设为恒压源模型，试求流过二极管的电流 i_D。

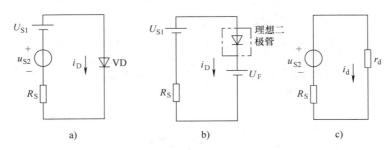

图 2-17　例 2-3 电路图

a）电路　b）计算 I_D 的电路　c）计算 i_d 的电路

解： 首先令 $u_{S2} = 0$，利用二极管的恒压源模型，求二极管的直流工作电流 I_D（计算电路如图 2-17b 所示），得

$$I_D = \frac{U_{S1} - U_F}{R_S} = \frac{(6 - 0.7)\,\text{V}}{1\,\text{k}\Omega} = 5.3\,\text{mA}$$

二极管的动态电阻

$$r_d \approx \frac{U_T}{I_D} = \frac{26\,\text{mV}}{5.3\,\text{mA}} = 4.9\,\Omega$$

令 $U_{S1} = 0$，利用二极管的微变模型，求流过二极管的交流工作电流 i_d（计算电路如图 2-17c 所示），得

$$i_d = \frac{u_{S2}}{R_S + r_d} = \frac{0.2\sin 3140t\,\text{V}}{(1 + 4.9 \times 10^{-3})\,\text{k}\Omega} \approx 0.2\sin 3140t\,\text{mA}$$

所以，流过二极管的电流　$i_D = I_D + i_d = (5.3 + 0.2\sin 3140t)\,\text{mA}$

以上列举了应用二极管的几种常用模型来分析二极管电路的例子。可见，模型分析法简单明了，它虽然存在一定的近似性，但是只要模型选择合理，分析结果所带来的误差在工程上还是允许的，这种分析方法将在第 3 章分析晶体管放大电路时获得进一步的应用。

2.2.5　特殊二极管

1. 硅稳压管

硅稳压二极管简称稳压管（zener diode），它是一种用特殊工艺制造的面结合型硅半导体二极管，与普通二极管不同的是，稳压管的工作区域是反向齐纳击穿区，故而也称为齐纳二极管，电路符号如图 2-18a 所示。

稳压管的伏安特性与普通二极管相似，如图 2-18b 所示，图示稳压管的反向击穿区比较陡直，说明其反向电压基本不随反向电流变化而变化，这就是稳压管的稳压特性。

由稳压管的伏安特性曲线可看出：稳压管反向电压小于其稳压值 U_Z 时，反向电流很小，可认为在这一区域内反向电流基本为零。当反向电压增大至其稳压值 U_Z 时，稳压管进入反向击穿工作区。在反向击穿工作区，通过管子的电流虽然变化较大（常用的小功率稳压管，反向工作区电流一般为几毫安至几十毫安），但管子两端的电压却基本保持不变。利用这一特点，把稳压管接入如图 2-19 所示的稳压管稳压电路，其中 R 为限流电阻，R_L 为负载电阻，在输入电压 U_I 超过稳压管的 U_Z 时，能使稳压管击穿，负载电压就能稳定在 U_Z。即当输入电压波动时或负载电阻 R_L 在一定范围内变动时，稳压管可保证负载两端的电压基本不变。

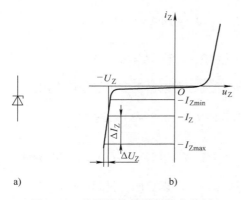

图 2-18　稳压管的符号与伏安特性
a）电路符号　b）伏安特性

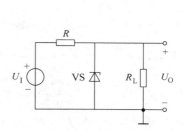

图 2-19　稳压管稳压电路

　　稳压管与其他普通二极管的最大不同之处就是它工作在反向击穿区，由于二极管反向击穿可逆，当去掉反向电压时稳压管也随即恢复正常。但任何事物都不是绝对的，如果反向电流超过稳压管的允许范围，稳压管也同样会发生热击穿而损坏。因此实际电路中，为确保稳压管工作于可逆的齐纳击穿状态而不会发生热击穿，稳压管使用时一般需要串联限流电阻，以确保工作电流大于最小稳定电流 I_{Zmin}，又不超过最大稳定电流 I_{Zmax}。

　　描述稳压管特性的主要参数包括稳定电压 U_Z 和最大稳定电流 I_{Zmax} 等。

　　（1）稳定电压 U_Z　U_Z 是稳压管正常工作时的额定电压值。由于半导体生产的离散性，手册中的 U_Z 往往给出的是一个电压范围值。例如，型号为 2CW18 的稳压管，其稳压值为 10～12V。这种型号的某个管子的具体稳压值是这范围内的某一个确定值。

　　（2）最大稳定电流 I_{Zmax}　稳压管的最大允许工作电流。在使用时，实际工作电流不得超过该值，超过此值时，稳压管将出现热击穿而损坏。

　　（3）稳定电流 I_Z　I_Z 是击穿电压等于 U_Z 时稳压管稳定工作电流的参考数值。

　　（4）耗散功率 P_{ZM}　反向电流通过稳压管的 PN 结时，会产生一定的功率损耗使 PN 结的结温升高。P_{ZM} 是稳压管正常工作时能够耗散的最大功率。它等于稳压管的最大工作电流与相应的工作电压的乘积，即 $P_{ZM} = U_Z I_{Zmax}$。如果稳压管工作时消耗的功率超过了这个数值，管子将会损坏。常用的小功率稳压管 P_{ZM} 一般约为几百毫瓦至几瓦。

　　（5）动态电阻 r_Z　r_Z 是稳定管端电压变化量与相应电流变化量之比，即 $r_Z = \dfrac{\Delta U_Z}{\Delta I_Z}$。稳压管的动态电阻越小，则反向伏安特性曲线越陡，稳压性能越好。稳压管的动态电阻一般在几欧至几十欧之间。

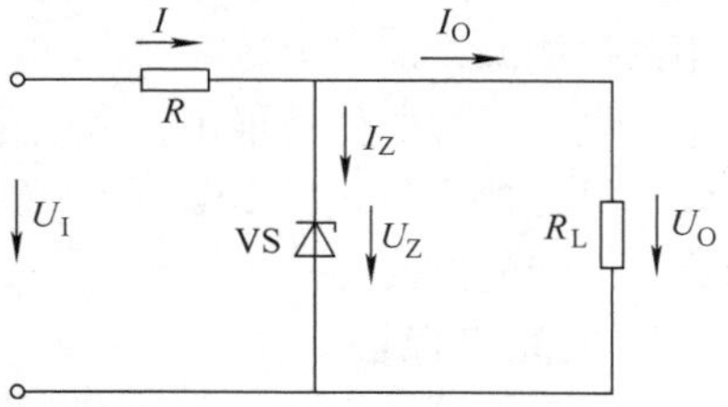

　　例 2-4：电路如图 2-20 所示。稳压管技术数据为：稳压值 $U_Z = 6V$，$I_{Zmax} = 12mA$，$I_{Zmin} = 2mA$，$R_L = 2k\Omega$，输入电压 $U_I = 9V$，限流电阻 $R = 300\Omega$。若负载电阻变化范围为 1.5～4kΩ，是否还能稳压？若输入变化范围为 8～10V，是否还能稳压？

图 2-20　例 2-4 电路图

　　解：负载电流 $I_O = \dfrac{U_O}{R_L} = \dfrac{U_Z}{R_L} = \dfrac{6}{2} mA = 3mA$，$I = \dfrac{U_I - U_Z}{R} = \dfrac{9-6}{R} V = \dfrac{3}{0.3} mA = 10mA$

$$I_Z = I - I_O = (10 - 3) mA = 7mA。$$

$R_L = 1.5\text{k}\Omega$ 时，$I_O = \dfrac{6}{1.5}\text{mA} = 4\text{mA}$，$I_Z = I - I_O = (10 - 4)\text{mA} = 6\text{mA}$；

$R_L = 4\text{k}\Omega$ 时，$I_O = \dfrac{6}{4}\text{mA} = 1.5\text{mA}$，$I_Z = I - I_O = (10 - 1.5)\text{mA} = 8.5\text{mA}$。

负载电阻虽然变化，但 I_Z 仍在 12mA 和 2mA 之间，所以稳压管仍起稳压作用。

$U_I = 8\text{V}$ 时，$I = \dfrac{U_I - U_Z}{R} = \dfrac{2}{0.3}\text{mA} = 6.7\text{mA}$，$I_Z = I - I_O = (6.7 - 3)\text{mA} = 3.7\text{mA}$；

$U_I = 10\text{V}$ 时，$I = \dfrac{U_I - U_Z}{R} = \dfrac{4}{0.3}\text{mA} = 13.3\text{mA}$，$I_Z = I - I_O = (13.37 - 3)\text{mA} = 10.3\text{mA}$。

输入电压虽然变化，但 I_Z 仍在 12mA 和 2mA 之间，所以稳压管仍起稳压作用。

2. 光电二极管

光电二极管（photodiode）也是一种 PN 结型半导体器件，可将光信号转换成电信号，广泛应用于各种遥控系统、光电开关、光探测器，以及以光电转换的各种自动控制仪器、触发器、光电耦合、编码器、特性识别、过程控制、激光接收等方面。光电二极管的电路符号及伏安特性如图 2-21 所示。

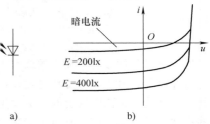

图 2-21　光电二极管的电路符号和伏安特性
a) 电路符号　b) 伏安特性

光电二极管工作在反向偏置下。在无光照时，与普通二极管一样，反向电流很小（一般小于 $0.1\mu\text{A}$），该电流称为暗电流，此时光电管的反向电阻高达几十兆欧。当有光照时，产生电子—空穴对，统称为光生载流子；在反向电压作用下，光生载流子参与导电，形成比无光照时大得多的反向电流，该反向电流称为光电流，此时光电管的反向电阻下降至几千欧至几十千欧。光电流与光照强度成正比。如果外电路接上负载，便可获得随光照强弱而变化的电信号。

光电二极管是一种光接收器件。它的管壳上有一个玻璃窗口以便接受光照，当光线辐射于 PN 结时，提高了半导体的导电性。

光电二极管用途很广，有用于精密测量的从紫外到红外光的光电二极管，有用于一般测量的可见光至红外光的光电二极管。精密测量二极管的特点是高灵敏度、高并列电阻和低电极间电容，以降低和外接放大器之间的噪声。光电二极管还常常用作传感器的光电器件，或将光电二极管做成二极管阵列，用于光电编码，或用在光电输入机上作光电读出器件。大面积的光电二极管可用来作能源，即光电池。

光电二极管的种类很多，多应用在红外遥控电路中。为减少可见光的干扰，常采用黑色树脂封装，可滤掉 700nm 波长以下的光线。光电二极管制作成长方形的管子时，往往做出标记角，指示受光面的方向。

3. 发光二极管

发光二极管（light emitting diode）是一种光发射器件，能把电能直接转换成光能。与普通二极管一样，发光二极管的管芯也是由 PN 结组成，具有单向导电性。在发光二极管中通以正向电流，可高效率地发出可见光或红外辐射，发光的颜色主要取决于制造它所用的材料。目前发光二极管可以直接发出红、黄、蓝、绿、青、橙、紫、白色的光。

发光二极管的电路符号和伏安特性如图 2-22 所示。

发光二极管具有体积小、工作电压比普通二极管的大（$1.6 \sim 2.2\text{V}$）、工作电流小（几毫安至 30mA）、发光均匀稳定且亮度比较高、响应速度快、寿命长以及价格低廉等优点，被广泛用

作电子设备的通断指示灯或快速光源、光耦合器中的发
光器件、光学仪器的光源和数字电路的数码及图形显示
的七段式或阵列式器件等领域。

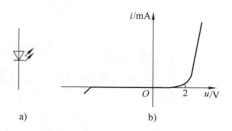

　　随着近年来发光二极管发光效能逐步提升，充分发
挥发光二极管的照明潜力，已将发光二极管作为发光光
源，发光二极管无疑为近几年来最受重视的光源之一。
一方面凭借其轻、薄、短、小的特性，另一方面借助其
封装类型的耐摔、耐震及特殊的发光光形，发光二极管

图 2-22　发光二极管的电路符号和
伏安特性
a）电路符号　b）伏安特性

的确给了人们一个很不一样的光源选择，但是在人们考
虑提升发光二极管发光效能的同时，如何充分利用发光
二极管的特性来解决将其应用在照明时可能会遇到的困难，目前是各国照明厂家研制的目标。有
资料显示，近年来科学家开发出用于照明的新型发光二极管灯泡。这种灯泡具有效率高、寿命长
的特点，可连续使用 10 万小时，比普通白炽灯泡长 100 倍。

2.3　整流电路

　　二极管具有单向导电性，因此可以利用二极管的这一特性组成整流电路，将交流电压变为单
向脉动电压。在小功率直流电源中，经常采用单相半波、单相桥式整流电路。

2.3.1　单相半波整流电路

1. 电路组成及工作原理

　　图 2-23 为单相半波整流电路。电路中用变压器 T 将电网的正弦交流电压 u_1 变成 u_2，设

$$u_2 = \sqrt{2}U_2\sin\omega t$$

式中，U_2 为变压器二次侧的交流电压有效值。

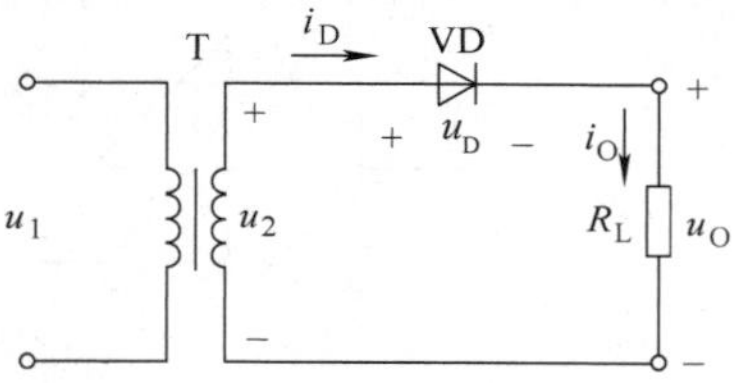

　　在 u_2 的正半周二极管 VD 因正向偏置而导通，有电流流
过二极管和负载。若不计二极管正向导通电压，则负载电压
等于变压器二次电压，即

$$u_0 = u_2 = \sqrt{2}U_2\sin\omega t \qquad (0 \leqslant \omega t \leqslant \pi)$$

图 2-23　单相半波整流电路

　　在 u_2 的负半周时，二极管反向偏置而截止，因此二极管电流和负载电流均为零。此时，二
极管两端承受一个反向电压，其值就是变压器二次电压，即

$$u_D = u_2 = \sqrt{2}U_2\sin\omega t \qquad (\pi \leqslant \omega t \leqslant 2\pi)$$

　　在图 2-24 中画出了整流电路中各处的波形图。这种电路利用二极管的单向导电性，使电源
电压的半个周期有电流通过负载，故称为半波整流电路。半波整流在负载上得到的是单向脉动直
流电压和电流。

2. 负载上的直流电压和电流的计算

　　直流电压是指一个周期内脉动电压的平均值。半波整流电路为

$$U_{O(AV)} = \frac{1}{2\pi}\int_0^{2\pi} u_0 \mathrm{d}(\omega t) = \frac{1}{2\pi}\int_0^{\pi}\sqrt{2}U_2\sin\omega t\mathrm{d}(\omega t) = \frac{\sqrt{2}}{\pi}U_2 = 0.45U_2 \qquad (2\text{-}1)$$

负载的电流平均值为

$$I_{O(AV)} = \frac{U_{O(AV)}}{R_L} = 0.45\frac{U_2}{R_L} \tag{2-2}$$

3. 二极管的选择

流经二极管的电流 I_D 与负载电流 $I_{O(AV)}$ 相等，故选用二极管要求其

$$I_F \geqslant I_D = I_{O(AV)} \tag{2-3}$$

由图 2-23 可见，二极管承受的最大反向电压就是变压器二次绕组交流电压 u_2 的最大值，即

$$U_{RM} \geqslant \sqrt{2}U_2 \tag{2-4}$$

根据 I_F 和 U_{RM} 计算值，查阅有关半导体器件手册，选用合适的二极管型号使其额定值要大于计算值。

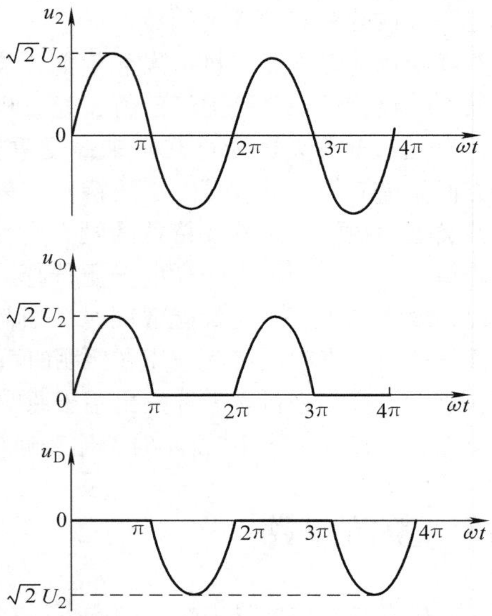

2.3.2 单相桥式整流电路

1. 电路组成及工作原理

单向桥式整流电路由 4 个二极管接成电桥形式，因此称为桥式整流电路，图 2-25 所示为单向桥式整流电路的常见画法。

设变压器二次绕组电压 $u_2 = \sqrt{2}U_2\sin\omega t$，波形如图 2-26所示。由图 2-25a 所示电路分析：4 个二极管两两轮流导通，因此正、负半周内都有电流流过 R_L。

图 2-24　半波整流电路波形图

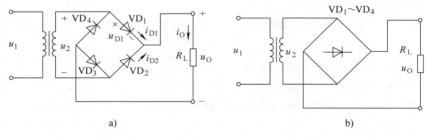

a)　　　　　　　　　　　　　　b)

图 2-25　单向桥式整流电路的常见画法

a）原理电路　b）简化画法

在 u_2 的正半周，VD_1、VD_3 导通，VD_2、VD_4 截止；在 u_2 的负半周 VD_2、VD_4 导通，VD_1、VD_3 截止。这样，在负载 R_L 上得到的是一个全波整流电压。

2. 负载上的直流电压和电流的计算

显然，桥式整流电路的输出电压为半波整流电路输出电压的两倍，因此，桥式整流电路的输出电压平均值为

$$U_{O(AV)} = 2\frac{\sqrt{2}}{\pi}U_2 \approx 0.9U_2 \tag{2-5}$$

桥式整流电路中，由于每只二极管只导通半个周期，故每只二极管的平均电流仅为负载电流的一半，即

$$I_D = 0.45\frac{U_2}{R_L} \tag{2-6}$$

在 u_2 的正半周，VD_1、VD_3 导通，将它们看作短路，这样，VD_2、VD_4 就并联在 u_2 两端，承受的最大反向峰值电压 U_{RM} 为

$$U_{RM} = \sqrt{2} U_2 \qquad (2\text{-}7)$$

同理，在 u_2 的负半周，VD_2、VD_4 导通，将它们看作短路，这样，VD_1、VD_3 就并联在 u_2 两端，承受的最大反向峰值电压 $U_{RM} = \sqrt{2} U_2$。二极管中通过的电流和它们承受的电压如图 2-26 所示。

3. 整流二极管的选择

二极管的最大整流电流

$$I_F \geqslant \frac{1}{2} I_{O(AV)} \qquad (2\text{-}8)$$

二极管的最大反向电压，按其截止时所承受的反向峰值电压有

$$U_{RM} \geqslant \sqrt{2} U_2 \qquad (2\text{-}9)$$

例 2-5：已知负载电阻 $R = 80\Omega$，负载电压 $U_{O(AV)} = 110V$。现采用单相桥式整流电路，试选择整流二极管的型号和电源变压器二次电压的有效值。

解：（1）负载电流 $\quad I_{O(AV)} = \dfrac{U_{O(AV)}}{R_L} = \dfrac{110}{80}A = 1.4A$

（2）每只二极管通过的平均电流 $\quad I_D = \dfrac{1}{2} I_{O(AV)} = 0.7A$

（3）变压器二次电压的有效值为 $\quad U_2 = \dfrac{U_{O(AV)}}{0.9} = \dfrac{110}{0.9}V = 122V$

于是二极管的最大反向工作电压为 $\quad U_{RM} = \sqrt{2} U_2 = \sqrt{2} \times 122V = 172.5V$

查阅常用电子器件简明手册可选用 1N4004 二极管或选用 3N 系列硅整流桥 3N249，其最大整流电流为 1A，最大反向工作电压为 400V。

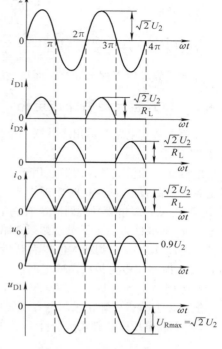

图 2-26　桥式整流电路电压、电流波形

2.4　滤波电路

2.4.1　滤波的概念

整流电路的输出电压是脉动的直流电压，含有较大的谐波成分，不适合电子电路使用。为使其适用于电子电路，需要用滤波器将交流成分滤除，使脉动直流电压变为平滑的直流电压。

常用的滤波器一般有电容滤波器、电感滤波器和 π 形滤波器等。

利用储能元件电容两端的电压（或通过电感中的电流）不能突变的特性，滤掉整流电路输出电压中的交流成分，保留其直流成分，达到平滑输出电压波形的目的。

脉动电压是一种非正弦的变化电压。按电路理论分析，它是由直流分量和许多不同频率的交流谐波分量叠加而成的。为了衡量整流电源输出电压脉动的程度，常用脉动系数 S 和纹波因数 γ 来表示。

脉动系数为 S $\quad S = \dfrac{负载上最低次谐波分量的幅值}{直流分量}$

纹波因数为 γ $\quad \gamma = \dfrac{负载上交流分量的总有效值}{直流分量}$

脉动系数 S 便于理论计算，而纹波因数 γ 便于测量。

2.4.2 桥式整流电容滤波电路

在桥式整流电路的输出端并联一个大电容即构成一个包含滤波环节的桥式整流滤波电路，如图 2-27 所示。

电容滤波的桥式整流电路适用于小电流负载电路，其滤波原理可用电容充放电原理说明。并联电容后，假设在 $\omega t = 0$ 时接通电源，则当 u_2 由零逐渐增大时，二极管 VD_1、VD_3 导通，由图 2-27a可见，二极管导通时除了有一个电流 i_0 流向负载以外，还有一个电流 i_C 向电容充电，电容电压 u_C 的极性为上正下负。如果忽略二极管的内阻，则在二极管导通时输出电压 u_0 等于变压器二次电压 u_2。u_2 达到最大值以后开始下降，此时电容上的电压 u_C 也将由于放电而逐渐下降。当 $u_2 < u_C$ 时，二极管被反向偏置而截止，于是，u_C 以一定的时间常数按指数规律下降，直到下一个正半周当 $u_2 > u_C$ 时，二极管又导通，输出电压 u_0 的波形如图中实线所示。

根据以上分析可知，采用电容滤波后，有如下几个特点：

1）负载电压中的脉动成分降低了许多。

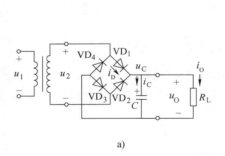

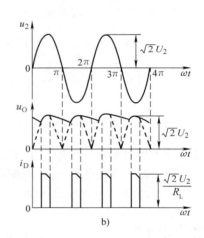

图 2-27 含有电容滤波的桥式整流电路

a）电路 b）电压、电流波形

2）负载电压的平均值有所提高。在 R_L 一定时滤波电容越大，输出电压平均值 $U_{O(AV)}$ 越大。工程估算时可按下式进行

$$\left.\begin{array}{l} U_{O(AV)} = 1.0 U_2 \text{（半波）} \\ U_{O(AV)} = 1.2 U_2 \text{（全波）} \end{array}\right\} \tag{2-10}$$

为使滤波效果良好，一般取时间常数的值大一些，通常选取

$$\tau = R_L C \approx (3 \sim 5) T/2 \tag{2-11}$$

式中，T 为交流电源电压 u_2 的周期。

考虑电网电压的波动，电容 C 的耐压选为 $(1.5 \sim 2) U_2$，电解电容的正负极性要正确接入电路中。

3）在含有电容滤波的桥式整流电路中，由于滤波电容 C 充电时的瞬时电流很大，形成了浪涌电流，浪涌电流极易损坏二极管。因此，在选择二极管时，必须留有足够电流裕量。一般可按 $2 \sim 3$ 倍的输出电流来选择二极管。

例 2-6：桥式整流的电容滤波电路，如图 2-28 所示。若 $u_2 = 100\sin 314t$ V，负载电阻 $R_L = 51\Omega$。

（1）选取滤波电容 C 的大小；（2）估算输出电压和电流的平均值；（3）选择二极管参数。

解：（1）变压器输出电压为工频电压，因此周期 $T = 0.02\mathrm{s}$，应选择滤波电容数值方程为

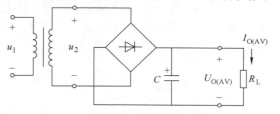

$$C \geqslant \frac{(3 \sim 5)0.02}{2R_L}$$

$$C \approx 600 \sim 1000\mu\mathrm{F}$$

由于滤波电容的数值越大，时间常数越大，滤波效果就越好的缘故，可选取 $1000\mu\mathrm{F}/160\mathrm{V}$ 电解电容作为电路的滤波电容。

图 2-28　单相桥式整流的电容滤波电路

（2）输出电压的平均值　$U_{O(AV)} \approx 1.2U_2 = (1.2 \times 0.707 \times 100)\mathrm{V} \approx 84.8\mathrm{V}$

输出电流的平均值　$I_{O(AV)} = \dfrac{U_{O(AV)}}{R_L} = \dfrac{84.8}{51}\mathrm{A} \approx 1.66\mathrm{A}$

（3）二极管承受的最大反向电压应等于变压器二次电压的最大值，即等于 $100\mathrm{V}$。二极管的平均电流应等于输出平均电流的 $1/2$，即等于 $(1.66/2)\mathrm{A} \approx 0.83\mathrm{A}$。

选择二极管参数时，要留有裕量，将上述计算值再乘以一个安全系数，一般选取二极管的反向峰值电压为二极管反向电压的 2 倍，应选取 $200\mathrm{V}$。

桥式整流电路加入滤波电容后，二极管只在电容充电时才导通，导通时间不足半个周期，致使平均值加大，且滤波电容越大，二极管的导通时间越短，在很短的时间内流过一个很大的电流，即前面讲到的浪涌电流，为防止二极管由于浪涌电流而损坏，选择二极管的最大整流电流为二极管平均电流的 $2 \sim 3$ 倍，即

$$I_F = 3I_D = (3 \times 0.83)\mathrm{A} \approx 2.5\mathrm{A}$$

因此，本例应选择 $U_{RM} = 200\mathrm{V}$，$I_F = 2.5\mathrm{A}$ 的整流二极管（如型号为 2CZ56D 或 1N5402 的硅整流二极管）。

2.4.3　其他滤波电路

1. 桥式整流电感滤波电路

电感滤波的桥式整流电路一般适用于低电压、大电流的负载电路，在整流电路与负载电路之间串接一个电感线圈 L，就构成一个含有电感滤波环节的桥式整流滤波电路，如图 2-29 所示。

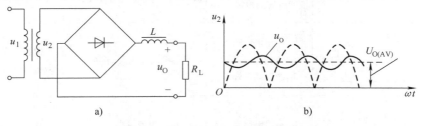

图 2-29　单向桥式整流的电感滤波电路
a）电路　b）波形

桥式整流电感滤波电路中，若忽略电感线圈的电阻，根据电感的频率特性可知，频率越高，电感的感抗值越大，对整流电路输出电压中的高频成分电压降就越大，而全部直流分量和少量低频成分作用在负载电阻上，从而起到了滤波作用。频率越高电感越大，滤波效果越好。

采用电感滤波后，延长了整流管的导通角，因此避免了过大的冲击电流。在理想电感条件下，$U_{O(AV)} \approx 0.9U_2$。

2. π形桥式整流滤波电路

上述电容滤波器和电感滤波器都属于一阶无源低通滤波器，滤波效果一般。若希望获得更好的滤波效果，则应采用二阶无源低通滤波器，如图2-30所示。

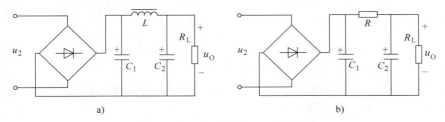

图2-30 π形桥式整流的电感滤波电路

a）π形 LC 滤波　b）π形 RC 滤波

图2-30a 所示的是 π形 LC 滤波器的桥式整流滤波电路，由于电容对交流的阻抗很小，电感对交流的阻抗很大，因此，负载上谐波电压很小；如果负载电流较小时，可采用如图2-34b 所示的 π形 RC 滤波器的桥式整流滤波电路，但 RC 整流滤波电路由于其电阻要消耗功率，所以电源的损耗功率较大，致使其效率较低。

这些滤波电路的特点和使用场合归纳在表2-2中，可供选用参考。

表2-2　各种滤波电路的比较

形　　式	电　路	优　点	缺　点	使用场合
电容滤波		1. 输出电压高 2. 在小电流时滤波效果较好	1. 负载能力差 2. 电源接通瞬间因充电电流很大，整流管要承受很大正向浪涌电流	负载电流较小的场合
电感滤波		1. 负载能力较好 2. 对变动的负载滤波效果较好 3. 整流管不会受到浪涌电流的损害	1. 负载电流大时扼流圈铁心要很大才能有较好的滤波作用 2. 输出电压较低 3. 变动的电流在电感上产生的反电动势可能击穿半导体器件	适宜于负载变动大，负载电流大的场合。在晶闸管整流电源中用得较多
Γ形滤波		1. 输出电流较大 2. 负载能力较好 3. 滤波效果好	电感线圈体积大，成本高	适宜于负载变动大，负载电流较大的场合
π形 LC 滤波		1. 输出电压高 2. 滤波效果好	1. 输出电流较小 2. 负载能力差	适宜于负载电流较小，要求稳定的场合

（续）

形　式	电　路	优　点	缺　点	使用场合
π 形 RC 滤波		1. 滤波效果较好 2. 结构简单经济 3. 能起降压限流作用	1. 输出电流较小 2. 负载能力差	适宜于负载电流小的场合

2.5　应用电路介绍

应用一：二极管在仪表输入回路中起保护作用的电路

在工厂车间经常存在高强度的电火花造成的干扰电压，它们与有用信号迭加在一起被送到某些检测控制仪表的放大器输入端。其幅值有时达几十伏以上。如果不采取抗干扰措施，会引起仪表的误动作。

在图 2-31 中，两只二极管反向并联组成了简单而有效的钳位电路，它们将干扰信号钳制在 0.7V 以内，使放大器免于被击穿，在干扰消失后对于需要接收的有用信号，其幅值只有几个毫伏，小于这两个二极管的死区电压，所以不影响放大器的正常工作。

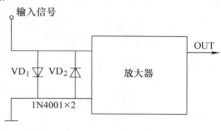

图 2-31　二极管保护电路

应用二：二极管用于电感性负载的续流

当直流回路中的某些诸如继电器、电磁铁、直流电动机等电感性负载突然被切断电源时，由于铁心中的磁通迅速减小，将在线圈中产生很高的感应电动势，可能在开关 S 的两触点间产生很大的火花或使器件如晶体管、晶闸管等造成过电压击穿，造成永久性损坏。由楞次定律可知，感应电流所产生的磁通是阻止主磁通变化的，所以感应电流的方向与原来的电流方向一致，如图 2-32 所示。

如图所示的接法，使续流二极管 VD 在续流期间处于正向偏置导通状态，把反向电动势以续电流的形式释放掉，从而保护了其他元器件不被损坏。"续流二极管" VD 由于在电路中起到了续流的作用而得名。而在 S_1 闭合时 VD 处于反向偏置状态，无电流流过 VD，不影响电感性负载的正常工作。

应用三：欠电压保护电路

某些电路或器件不允许长期工作于电压过低的情况下，利用稳压管可避免这种现象的产生。图 2-33 所示的输入电压 U_I 超过稳压管击穿电压时，VS 击穿导通，继电器 KA 得电，触点 KA_1 闭合。电源通过 KA_1 向负载 R_L 供电。当输入电压过低，达不到稳压管击穿电压 U_Z 时，继电器失电。触点断开。这样保证负载上得不到比 U_Z 还低的工作电压。

应用四：限幅电路

限幅电路及输入、输出波形图如图 2-34 所示。串联限幅的输出电压波形是输入电压波形中高于稳压管击穿电压的部分，可用来抑制干扰脉冲，也可用以鉴别输出电压的幅值。并联限幅的输出电压是输入波形中低于击穿电压的部分，可整形和稳定输出波形的幅值。

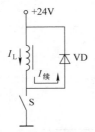

图 2-32　续流二极管保护电路

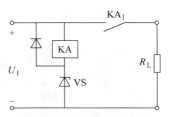

图 2-33　欠电压保护电路

应用五：交流电源指示灯

图 2-35a 中发光二极管 VL 在开关 S 闭合后发光，作为 220V 交流电源的工作指示灯，R 起限流作用。如果没有 VD，将引起 VL 反向击穿，二极管 VD 须选用最高反向工作电压大于 $\sqrt{2} \times 220V$。流过 VL 的电流为半个正弦波。

也可将 VD 与 VL 并联如图 2-35b 所示，此时 VD 两端的反向电压只有 1.7V，可选用 1N4148 或 1N4001 等反向击穿电压低的二极管。

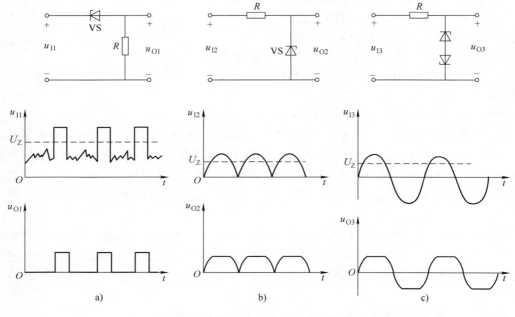

a)　　　　　　　　　　　b)　　　　　　　　　　　c)

图 2-34　限幅电路及输入、输出波形图

a) 串联限幅电路　b) 并联限幅电路　c) 双向限幅电路

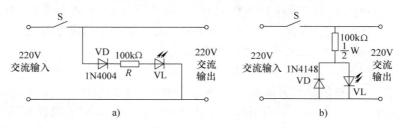

a)　　　　　　　　　　　　　　　　b)

图 2-35　电源指示灯

a) VD 与 VL 串联方式　b) VD 与 VL 并联方式

本 章 小 结

1. 在纯半导体中掺入不同的有用杂质，可分别形成 P 型和 N 型两种杂质半导体。

2. PN 结的重要特性是单向导电性，它是构成各种半导体器件的基础。单个 PN 结加上封装和引线就构成二极管，二极管的伏安特性体现了这种单向导电性。二极管正偏时，PN 结导通，表现出很小的正向电阻；二极管反偏时，PN 结截止，反向电流极小，表现出很大的反向电阻。

3. 二极管的主要用途就是用作整流器件。整流二极管的主要参数有最大整流电流、最高反向工作电压、反向电流、最高工作频率等。

硅稳压管、光敏二极管、发光二极管都属于特殊二极管。

常用整流电路有单相半波、桥式等多种电路。

4. 经整流输出的是单方向的脉动电压，含有交流成分，通过滤波电路，负载上能得到比较平滑的直流电压。交流成分相对于直流成分（平均值）的比值，通常用脉动系数 S 或纹波系数 γ 表示。通常用的滤波元件有电容和电感。电感 L 和电容 C 都有储能作用，这种储能作用表现在电容 C 有阻止其两端电压波动的能力，所以用作并联滤波器；电感 L 有阻止流过它的电流变化的能力，所以用作串联滤波器。电感 L 和电容 C 及它们组成的复式滤波电路可使滤波效果进一步提高。

思考题与习题

2-1　填空题

（1）利用半导体的＿＿＿＿特性，制成杂质半导体；利用半导体的＿＿＿＿特性，制成光敏电阻；利用半导体的＿＿＿＿特性，制成热敏电阻。

（2）PN 结加正向电压时＿＿＿＿，加反向电压时＿＿＿＿，这种特性称为 PN 结＿＿＿＿特性。

（3）二极管最主要的特点是＿＿＿＿，使用时应考虑的两个主要参数是＿＿＿＿和＿＿＿＿。

（4）半导体二极管加反向偏置电压时，反向峰值电流 I_R 越小，说明二极管的＿＿＿＿性能越好。

（5）理想二极管正向电阻为＿＿＿＿，反向电阻为＿＿＿＿，这两种状态相当于一个＿＿＿＿。

（6）稳压管工作在伏安特性的＿＿＿＿，在该区内的反向电流有较大变化，但它两端的电压＿＿＿＿。

（7）整流电路的作用是＿＿＿＿＿＿＿＿，核心元器件是＿＿＿＿。

（8）滤波电路的作用是＿＿＿＿＿＿＿＿＿＿，滤波电路包含有＿＿＿＿元件。

（9）单相半波整流和单相桥式整流相比，脉动比较大的是＿＿＿＿，整流效果好的是＿＿＿＿。

（10）在单相桥式整流电路中，如果任意一个二极管反接，则＿＿＿＿，如果任意一个二极管虚焊，则＿＿＿＿＿＿。

2-2 选择题

（1）二极管的导通条件是（　　）。

A. $U_D > 0$ 　　　　B. $U_D >$ 死区电压 　　　　C. $U_D >$ 击穿电压

（2）硅二极管的正向电压在 0.7V 的基础上增加 10%，它的电流（　　）。

A. 基本不变 　　　　B. 增加 10% 　　　　C. 增加 10% 以上

（3）当温度升高时，二极管的反向饱和电流将（　　）。

A. 增大 　　　　B. 不变 　　　　C. 减小

（4）二极管电路如图 2-36 所示，$+V_{CC} = 12V$，二极管均为理想器件，则输出电压为（　　）。

A. 0V 　　　　B. 3V 　　　　C. 6V 　　　　D. 9V

（5）二极管电路如图 2-37 所示，二极管均为理想器件，则输出电压为（　　）。

A. $-2V$ 　　　　B. 0V 　　　　C. 4V 　　　　D. $-10V$

（6）稳压管电路如图 2-38 所示，稳压管 VS_1 的稳压值为 9V，VS_2 的稳压值为 15V，输出电压 U_0 等于（　　）。

A. 15V 　　　　B. 9V 　　　　C. 24V

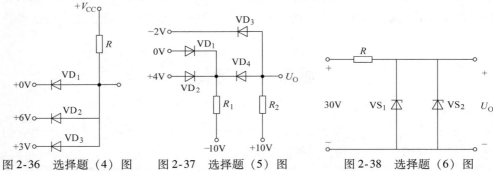

图 2-36 选择题（4）图　　　图 2-37 选择题（5）图　　　图 2-38 选择题（6）图

（7）理想二极管桥式整流和电阻性负载电路中，二极管承受的最大反向电压为（　　）。

A. 小于 $\sqrt{2}U_2$ 　　　　B. 等于 $\sqrt{2}U_2$ 　　　　C. 大于 $\sqrt{2}U_2$

（8）图 2-39a、b 所示为 2 个整流电路，变压器二次电压 $u_2 = \sqrt{2}U_2\sin\omega t$，负载电压 u_0 的波形如图 2-39c 所示，符合该波形的电路是（　　）。

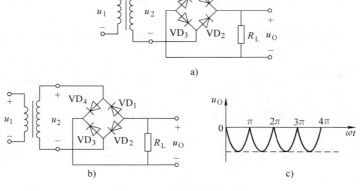

图 2-39 选择题（8）图

2-3　判断题

（1）在 N 型半导体中如果掺入足够量的三价元素，可将其改型为 P 型半导体。　　（　　）

（2）在二极管的反向截止区，反向电流随反向电压增大而增大。　　（　　）

（3）如果稳压管工作电流 $I_Z < I_{Zmax}$，则管子可能被损坏。　　（　　）

（4）桥式整流电路中，流过每个二极管的平均电流相同，都只有负载电流一半。　　（　　）

2-4　二极管电路如图 2-40 所示，设二极管导通电压降为 0.7V，试判断图中二极管是导通还是截止？并求输出电压 $U_{O1} \sim U_{O6}$。

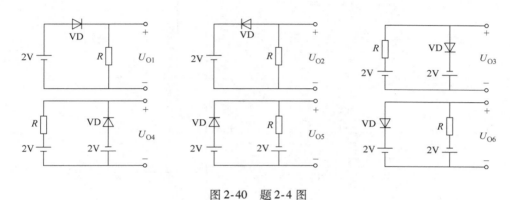

图 2-40　题 2-4 图

2-5　二极管电路如图 2-41 所示，设二极管导通电压降为 0.7V，试判断图中二极管是导通还是截止？并求输出电压 $U_{O1} \sim U_{O3}$。

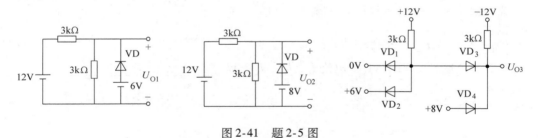

图 2-41　题 2-5 图

2-6　电路如图 2-42 所示，设 $E = 6V$，$u_i = 10\sin\omega t$ V，二极管的正向电压降忽略不计，试在图中分别画出 $u_O（u_{O1} \sim u_{O3}）$ 的波形。

2-7　图 2-43 所示电路中，已知稳压管 2CW56 的参数如下：稳定电压 $U_Z = 12V$，最大稳定电流 $I_{Zmax} = 20mA$，若流经电压表 V 的电流忽略不计，试求：

（1）开关 S 合上时，电压表 V、电流表 A_1 和电流表 A_2 的读数为多少？

（2）开关 S 打开时，流过稳压管的电流 I_Z 为多少？

（3）开关 S 合上，且输入电压由原来的 30V 上升到 33V，此时电压表 V、电流表 A_1 和电流表 A_2 的读数为多少？稳压管是否还能安全使用？

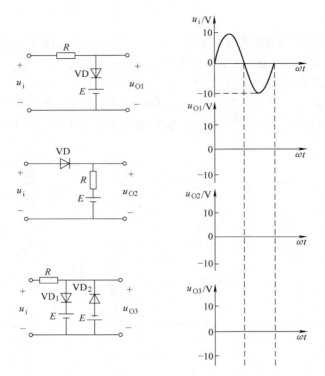

图 2-42　题 2-6 图

2-8　电路如图 2-44 所示。稳压二极管 VS 的 $U_Z =$ 8V，发光二极管 VL 的 $U_{VL} = 1.7V$，二极管 VD 的 $U_D = 0.7V$，试求：

（1）U_{O1}、U_{O2}、U_{O3}。

（2）计算流过 VS、VL、VD 的电流 I_Z、I_{VL}、I_D（提示：先计算出 I_{R1}、I_{R2}、I_{R3}）。

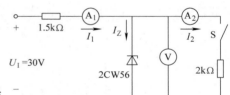

图 2-43　题 2-7 图

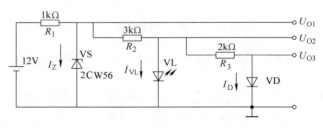

图 2-44　题 2-8 图

2-9　已知稳压二极管的稳压值 $U_Z = 6V$，稳定电流的最小值 $I_{Zmin} = 3mA$。求图 2-45a、b 所示电路中 U_{O1} 和 U_{O2} 各为多少伏。

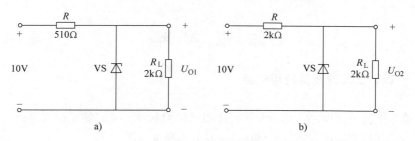

图 2-45　题 2-9 图

2-10　电容滤波桥式整流电路及实际输出电压极性如图 2-46 所示，$u_2 = 10\sqrt{2}\sin\omega t$ V。试求：

（1）画出图中 4 只二极管和 1 只滤波电容（标出极性）。

（2）正常工作时，$U_0 = ?$

（3）若电容虚焊，则 $U_0 = ?$

（4）若 R_L 开路，则 $U_0 = ?$

（5）若其中一只二极管开路，则 $U_0 = ?$

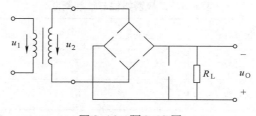

图 2-46　题 2-10 图

本 章 实 验

实验2 半导体二极管及其应用电路

1. 实验目的

1）掌握单相半波整流电路、单相全波桥式整流电路和滤波电路的工作原理。

2）掌握用示波器观察记录 u_I、u_O 和 u_D 的波形和测量方法。

2. 实验仪器和器材

电子电路实验箱；万用表；电源变压器；双踪示波器；二极管 1N4007 × 4；其他电阻及电容。

3. 实验和实验预习内容

（1）实验预习内容

1）参阅《常用电子元器件简明手册》P161，用指针式万用表判断二极管正负极，结果填入表 2-3 中。

表 2-3 二极管极性与性能判断

二极管型号	万用表档位	正向电阻	反向电阻	质量判别（优/劣）
	$R \times 100$ 档			
	$R \times 1k$ 档			

2）查阅器件手册或上网，了解 1N4007 二极管的电气特性参数，写出下列参数。

额定正向整流电流：

反向工作峰值电压：

正向电压降：

工作频率：

（2）实验内容

1）学号为单号的同学在实验箱上组建按照图 2-47 所示的单相半波整流电路。把电源变压器的单组输出 6V 档的正弦波电压作为电路中 u_I 接于电路中。

学号为双号的同学在实验箱上组建按照图 2-48 所示的单相半波整流电路。把电源变压器的单组输出 6V 档的正弦波电压作为电路中 u_I 接于电路中。

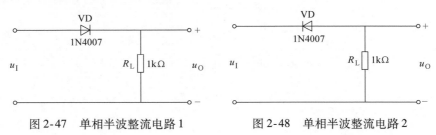

图 2-47 单相半波整流电路 1　　　　图 2-48 单相半波整流电路 2

2）用示波器分别观察记录 u_I、u_L 和 u_D 的波形，并用电压表测量输入、输出电压，记录输入、输出波形的幅值及其相应的数据在表 2-4 中。

表 2-4 单相半波整流输入、输出电压记录

测量数据	波　形	估　算　值
$U_i =$ （用万用表的交流电压档测量，单踪示波器观察）	u_I 波形图：正弦波，横轴 ωt，标注 π、2π	
$U_O =$ （用万用表的直流电压档测量，单踪示波器观察）	u_O 波形图：横轴 ωt，标注 π、2π	$U_O =$
$U_{RM} =$ （二极管承受的最大反向电压） （想一想怎样测出来？）	u_D 波形图：横轴 ωt，标注 π、2π	$U_{RM} =$

3）在实验箱上组建如图 2-49 所示的单相全波桥式整流电路。把电源变压器的单组输出 6V 档的正弦波电压作为电路中 u_I 接于电路中。

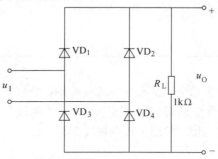

图 2-49 单相桥式整流电路

电路中 $VD_1 \sim VD_4$ 都为 1N4148（或 1N4007），u_I 保持不变。

4）用示波器分别观察记录 u_I、u_O 和 u_D 的波形，并用电压表测量输入、输出电压，记录输入、输出波形的幅值及其相应的数据在表 2-5 中。（注意：用双踪示波器同时观察输入、输出电压时要考虑公共端的问题。）

表 2-5　单相桥式整流输入、输出电压记录

测量数据	波　形	估　算　值
$U_i =$ （用万用表的交流电压档测量，单踪示波器观察）		
$U_O =$ （用万用表的直流电压档测量，单踪示波器观察）		$U_O =$
$U_{RM} =$ （二极管承受的最大反向电压） （想一想怎样测出来？）		$U_{RM} =$

5）组建如图 2-50 所示的单相桥式整流电容滤波电路。分别在 R_L 两端并联上一个 $C = 10\mu F$ 和 $C = 220\mu F$ 的电容，用示波器分别观察记录 u_I、u_O 和 u_D 的波形，并用电压表测量输出电压，记录输入、输出波形的幅值及其相应的测量数据在表 2-6 中。

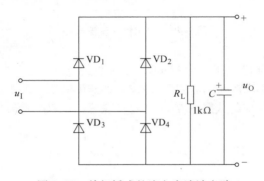

图 2-50　单相桥式整流电容滤波电路

表 2-6 单相桥式整流电容滤波输入、输出电压记录

测 量 数 据	波 形	估 算 值
$U_i =$ （用万用表的交流电压档测量，单踪示波器观察）		
$U_O =$ （用万用表的直流电压档测量，单踪示波器观察） （$C = 10\mu F$　$R_L = 1k\Omega$）		$U_O =$
$U_O =$ （用万用表的直流电压档测量，单踪示波器观察） （$C = 220\mu F$　$R_L = 1k\Omega$）		$U_O =$
$U_O =$ （用万用表的直流电压档测量，单踪示波器观察） （$C = 220\mu F$　　$R_L = \infty$）		$U_O =$

6）二极管应用认识电路。在实验箱上组建如图 2-51a、b、c 所示的实验电路，用双通道函数发生器输出正弦波 2V（峰峰值）作为电路输入电压 u_I，用双踪示波器同时观察并记录输入电压 u_I、输出电压 u_L 的波形。

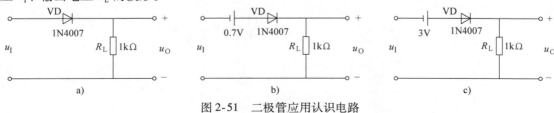

图 2-51 二极管应用认识电路

4. 实验报告和思考题

1）写出你对本次实验内容中一个最有收获的实验报告。（能自己设计一个实验，并写出报告更好。）

2）如表2-3所示，用万用表欧姆档的不同档级分别测量同一只二极管的正向电阻时，阻值的变化情况如何？并解释为什么？

3）单相全波桥式整流滤波电路的输出电压如何计算？

4）滤波电容的变化对于电路输出电压有何影响？

5）根据理论估算的数据对你的实验数据进行分析。

6）写出你对单相全波整流电路的认识。

7）通过二极管应用的认识电路实验，小结二极管正向导通的应用。

8）参考和利用已有的二极管（各种二极管都可以）制成的应用电路，附上你的电路设计图和功能说明，要向班级同学和教师演示这个设计。（有附加得分）

第3章 双极型晶体管及其放大电路

双极型晶体管（bipolar junction transistor）也称晶体管或半导体三极管（semiconductor triode），它是放大电路的最基本器件之一。本章首先介绍晶体管的基本结构和特性参数，重点讨论由分立元器件组成的电路结构、工作原理、分析方法以及特点和应用，然后介绍静态工作点的稳定问题，以及共集电极电路和共基极电路。

通过本单元学习，要求学习者能够掌握放大电路的基本构成及特点，理解基本放大电路静态工作点的设置目的及其求解方法；熟悉非线性失真的概念；初步掌握运用微变等效电路法求解电路的电压放大倍数、电路的输入电阻和输出电阻；了解多级放大电路的常用耦合方式。技术能力上要求熟悉并掌握示波器、信号发生器、电子毫伏表等常用电子仪器的使用方法；具有对共射放大电路进行静态工作点调试能力。

3.1 双极型晶体管

双极型晶体管的种类很多，按材料分，有硅管和锗管；按功率大小分，有大、中、小功率晶体管；按工作频率分，有高频晶体管和低频晶体管等；按结构分，有 NPN 型和 PNP 型。晶体管是组成各种电子线路的核心器件。它的问世使 PN 结的应用发生了质的飞跃。图 3-1 给出了一些晶体管的外形。

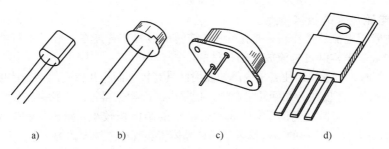

a)　　　　　　　b)　　　　　　　c)　　　　　　　d)

图 3-1　晶体管的外形

a)、b) 小功率晶体管　c) 大功率晶体管　d) 中功率晶体管

3.1.1 晶体管的结构及符号

图 3-2a 是 NPN 型晶体管的结构示意图。从 3 层半导体上各自接出一根引线就成为晶体管的 3 个电极：发射极 e（emitter）、基极 b（base）和集电极 c（collector）。对应的每层半导体称为发射区（emitter region）、基区（base region）和集电区（collector region）。两块不同类型的半导体结合在一起，它们的交界处就会形成 PN 结。晶体管有两个 PN 结：基区—发射区之间的发射结和基区—集电区之间的集电结。两个 PN 结通过掺杂浓度很低且很薄的基区联系着。

图 3-2b 是 NPN 型晶体管的电路符号。图 3-3 是 PNP 型晶体管的结构示意图及电路符号，注意，PNP 管发射极的箭头是向内的。

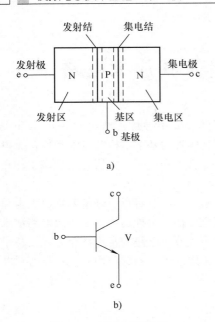

图 3-2 NPN 型晶体管

a）结构示意图 b）电路符号

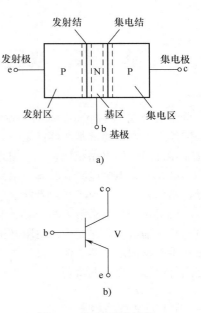

图 3-3 PNP 型晶体管

a）结构示意图 b）电路符号

3.1.2 晶体管中的电流分配和放大原理

晶体管在模拟电子线路中的基本功能是电流放大。

1. 晶体管电流放大的结构特点

若要让晶体管起电流放大作用，把两个 PN 结简单地背靠背连在一起是不行的。因此，我们首先要了解结构上是怎样满足电流放大的条件的。

在制造晶体管时，有意识地使管子内部的发射区具有较小面积和较高的掺杂浓度；让基区掺杂浓度很低且制作很薄，厚度约为几到几十微米；把集电区面积做得很大，掺杂浓度介于发射区和基区之间，使得发射区和基区之间的 PN 结（发射结）的结面积较小，集电区和基区之间的 PN 结（集电结）的结面积较大。这样的结构特点是保证晶体管实现电流放大的内部条件和关键所在。

显然，由于各区内部结构上的差异，双极型晶体管的发射极和集电极在使用中是绝不能互换的。

2. 晶体管电流放大的外部条件

晶体管的发射区面积小且高掺杂，作用是发射足够的载流子；集电区掺杂浓度低且面积大，作用是顺利收集扩散到集电区边缘的载流子；基区制造得很薄且掺杂浓度很低，有利于传输和控制发射区到基区的载流子。但晶体管真正在电路中起电流放大作用，还必须有提供发射结正偏、集电结反偏的外部条件。

为了了解晶体管的放大原理和其中电流的分配关系，我们先做一个实验，其实验电路如图 3-4 所示。这种电路发射极是公共端，因此这种接法称为

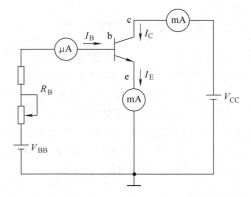

图 3-4 晶体管电流放大的实验电路

晶体管的共发射极接法。如果用的是 NPN 型硅管，电源 V_{CC} 和 V_{BB} 的极性必须照图中那样接法，使发射结上加正向电压，由于 V_{CC} 大于 V_{BB}，所以，集电结加的是反向电压，晶体管才能起到放大作用。

改变可变电阻 R_B，则基极电流 I_B、集电极电流 I_C 和发射极电流 I_E 都发生变化。电流方向如图 3-4 所示。测量结果列于表 3-1 中。

由此实验及测量结果可得出如下结论：

1）观察实验数据中的每一列，可得

$$I_E = I_C + I_B$$

此结果符合基尔霍夫电流定律。

表 3-1　晶体管电流测量数据　　　　　　　　　　　（单位：mA）

I_B	0	0.02	0.04	0.06	0.08	0.10
I_C	< 0.001	0.70	1.50	2.30	3.10	3.95
I_E	< 0.001	0.72	1.54	2.36	3.18	4.05

2）I_C 和 I_E 比 I_B 大得多。从第三列和第四列的数据可得出 I_C 与 I_B 的比值分别为

$$\frac{I_C}{I_B} = \frac{1.50}{0.04} = 37.5 \qquad \frac{I_C}{I_B} = \frac{2.30}{0.06} = 38.3$$

这就是晶体管的电流放大作用。电流放大作用还体现在基极电流的少量变化 ΔI_B 引起集电极电流较大的变化 ΔI_C。比较第三列和第四列的数据，可得出

$$\frac{\Delta I_C}{\Delta I_B} = \frac{2.30 - 1.50}{0.06 - 0.04} = \frac{0.80}{0.02} = 40$$

3）当 $I_B = 0$（基极开路）时，$I_C = I_{CEO}$，表中 $I_{CEO} < 1 \mu A$。I_{CEO} 称为穿透电流（penetration current），是由集电区穿过基区流入发射区的电流。

4）要使晶体管起放大作用，发射结必须正向偏置，而集电结必须反向偏置。对 NPN 型管来说，3 个电极的电位关系是 $V_C > V_B > V_E$。如果是 PNP 型管，则应是 $V_C < V_B < V_E$。

从前面的电流放大实验还知道，在晶体管中，不仅 I_C 比 I_B 大得多，而且当调节可变电阻 R_B 使 I_B 有一个微小的变化时，将会引起 I_C 较大的变化。管子做成后，I_C 和 I_B 的比值基本上保持一定，这个比值用 $\overline{\beta}$ 表示，即

$$\overline{\beta} \approx \frac{I_C}{I_B} \tag{3-1}$$

$\overline{\beta}$ 表征晶体管的电流放大能力，称为电流放大系数。

式 $I_C \approx \overline{\beta} I_B$ 表明晶体管的电流是按比例分配的，若有一个单位的基极电流 I_B，就必须会有 $\overline{\beta}$ 倍基极电流的集电极电流 I_C。所以 I_C 的大小不但取决于 I_B，而且远大于 I_B。因此只要控制基极回路的小电流 I_B，就能实现对集电极回路大电流 I_C（或 I_E）的控制。所谓晶体管的电流放大作用和电流控制能力，就是这个意思。由于通过控制基极电流 I_B 的大小能实现对集电极电流 I_C 的控制，所以常把晶体管称为电流控制器件。

3.1.3　晶体管的特性曲线

晶体管的特性曲线是用来表示该晶体管各极电压和电流之间相互关系的，它反映了晶体管的性能，是分析放大电路的重要依据。最常用的是共发射极接法（common-emitter configuration）时

的输入特性曲线（input characteristic curves）和输出特性曲线（output characteristic curves）。这些特性曲线可用特性图示仪直观显示出来，也可通过实验电路进行测绘。

1. 输入特性曲线

输入特性曲线是指当集射电压 U_{CE} 为某一常数时，输入回路中晶体管基射电压 u_{BE} 与基极电流 i_B 之间的关系曲线用函数式表示为

$$i_B = f(u_{BE}) \big|_{U_{CE} = 常数}$$

图 3-5 是某硅晶体管的输入特性曲线。可分 $U_{CE} = 0$ 和 $U_{CE} \geqslant 1V$ 两种情况讨论：

1）$U_{CE} = 0$ 时，C、E 间短接，i_B 和 u_{BE} 的关系就相当于发射结和集电结两个正向二极管并联的伏安特性。

2）U_{CE} 增大时，输入特性曲线右移，这说明 U_{CE} 对输入特性有影响，特性曲线右移表明，在同样 U_{BE} 下，I_B 将减小。图 3-5 中示出了 $U_{CE} \geqslant 1V$ 时的输入特性曲线。U_{CE} 越大，曲线越向右移，但从 U_{CE} 大于一定值（一般当 $U_{CE} > 1V$）后，曲线基本重合，因此只需测试一条 $U_{CE} \geqslant 1V$ 的输入特性曲线。

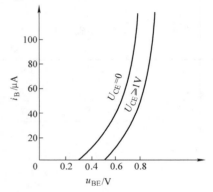

由图 3-5 可见，晶体管的输入特性曲线是非线性的。晶体管输入特性也有一段死区。只有在发射结外加电压大于死区电压时，晶体管才会出现 I_B。硅管的死区电压

图 3-5 某硅晶体管的输入特性曲线

约为 0.5V，锗管约为 $0.1 \sim 0.2V$。在正常工作时，发射结电压变化不大，硅管约为 $0.6 \sim 0.7V$，对于锗管约为 $0.2 \sim 0.3V$。

2. 输出特性曲线

输出特性曲线是在基极电流 I_B 一定的情况下，晶体管输出回路中集射电压 u_{CE} 与集电极电流 i_C 之间的关系曲线，用函数式表示为

$$i_C = f(u_{CE}) \big|_{I_B = 常数}$$

图 3-6 为某晶体管的输出特性曲线。

在不同的 I_B 下，可得出不同的曲线，所以晶体管的输出特性曲线是一组曲线。

当 I_B 一定时，在 U_{CE} 超过一定数值（约 1V）以后，U_{CE} 继续增高时，I_C 也不再有明显的增加，这区域具有恒流特性。

当 I_B 增大时，相应的 I_C 也增大，曲线上移，而且 I_C 比 I_B 大得多，这就是晶体管的电流放大作用。

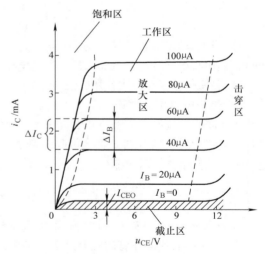

图 3-6 某晶体管的输出特性曲线

通常把晶体管的输出特性曲线分为 4 个工作区：

（1）放大区 输出特性曲线的近似于水平部分是放大区（amplification region）。在放大区，$I_C = \bar{\beta} I_B$。I_C 和 I_B 呈正比的关系。晶体管处于线性放大状态的条件是发射结正偏，集电结反偏。

（2）截止区 $I_B = 0$ 的曲线以下的区域称为截止区（cutoff region）。$I_B = 0$ 时，$I_C = I_{CEO}$（在表 3-1 中，I_{CEO} 小于 $1\mu A$）。对于 NPN 型硅管 $U_{BE} < 0.5V$ 时，已开始截止，但是为了截止可靠，常使 $U_{BE} \leqslant 0$，即发射结零偏或反偏，截止时集电结也处于反向偏置。

（3）饱和区 饱和区（saturation region）是对应于 U_{CE} 较小（$U_{CE} < U_{BE}$）的区域，此时集电

结处于正向偏置，以致使 I_C 不能随 I_B 的增大而成比例增大，即 I_C 处于"饱和"状态。在饱和区 $I_C \neq \beta I_B$，此时发射结和集电结都处于正向偏置。

（4）击穿区 从曲线的右边可以看到，当 U_{CE} 大于某一值后，I_C 开始剧增，这个现象称为一次击穿。晶体管一次击穿后，集电极电流突增，只要电路中有合适的限流电阻，击穿电流不过大，时间又很短，晶体管是不容易烧毁的。当集电极电压降低后，晶体管仍能恢复正常工作，因为一次击穿过程是可逆的。

3.1.4 晶体管的使用常识

1. 晶体管的主要参数

晶体管的参数可分为性能参数和极限参数两大类。值得注意的是，由于制造工艺的离散性，即使同一型号规格的晶体管，参数也不会完全相同。

（1）晶体管的主要性能参数

1）电流放大系数

①共射直流放大系数 $\bar{\beta}$（h_{FE}）：当晶体管接成共发射电路时，在静态（无输入信号）时集电极电流 I_C（输出电流）与基极电流 I_B（输入电流）的比值称为共射直流放大系数：

$$\bar{\beta} = \frac{I_C}{I_B} \bigg|_{U_{CE}=常数}$$

②共射交流电流放大系数 β（h_{fe}）：当晶体管工作在动态（有输入信号）时，基极电流的变化量为 ΔI_B，它引起集电极电流的变化量 ΔI_C。ΔI_C 与 ΔI_B 的比值称为共射交流放大系数：

$$\beta = \frac{\Delta I_C}{\Delta I_B} \bigg|_{U_{CE}=常数} \tag{3-2}$$

显然，$\bar{\beta}$ 和 β 的含义是不同的，但在输出特性曲线近于平行等距并且 I_{CEO} 较小的情况下，两者数值较为接近。今后在估算时，常用 $\beta \approx \bar{\beta}$ 这个近似关系。

2）极间反向电流

①集电极—基极反向饱和电流 I_{CBO}：指发射极开路时，集电极和基极间的反向饱和电流，其值很小，受温度的影响大。小功率硅管的 I_{CBO} 小于 $1\mu A$，锗管的 I_{CBO} 约 $10\mu A$ 左右。图 3-7a 为 I_{CBO} 测量电路。

②集电极—发射极反向饱和电流 I_{CEO}：指基极开路时，由集电区穿过基区流入发射区的穿透电流，它是 I_{CBO} 的 $(1+\beta)$ 倍，所以 I_{CEO} 受温度影响更为严重。为此，在选用晶体管时，要求选用 I_{CEO} 小的管子，而且 β 值也不宜过大。小功率硅管的 I_{CEO} 在几微安以下，锗管的 I_{CEO} 约为几十至几百微安。图 3-7b 为 I_{CEO} 测量电路。

极间反向饱和电流 I_{CBO} 和 I_{CEO} 都是衡量晶体管质量的重要参数，由于 I_{CEO} 比 I_{CBO} 大得多，测量起来比较容易，所以常常把 I_{CEO} 作为判断管子质量的重要依据，其值越小，受温度影响越小，管子工作越稳定，故硅管比锗管稳定，在实际中用得较多。

在考虑 I_{CEO} 后，I_C 和 I_B 的关系式为

$$I_C = \beta I_B + (1+\beta)I_{CBO} = \beta I_B + I_{CEO} \tag{3-3}$$

（2）晶体管的极限参数

1）集电极最大允许电流 I_{CM}：集电极电流 I_C 超过一定值时，晶体管的 β 值要下降。当 β 值

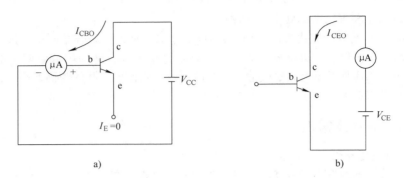

图 3-7　测量 I_{CBO}、I_{CEO} 电路

a）为 I_{CBO} 测量电路　b）为 I_{CEO} 测量电路

下降到正常值的 2/3 时的集电极电流，称为集电极最大允许电流 I_{CM}。因此，在使用晶体管时，I_C 超过 I_{CM} 时并不一定会使晶体管损坏，但 β 值将逐渐降低。

2）集电极最大允许功耗 P_{CM}：指集电结允许功率损耗的最大值，其大小主要决定于允许的集电结结温。锗管最高允许结温为 70℃，硅管可达 150℃，超过这个值，管子的性能变坏，甚至烧毁管子。

小功率的 $P_{CM} < 1W$，大功率的 $P_{CM} \geqslant 1W$。P_{CM} 与散热条件和环境温度有关，加装散热器可使 P_{CM} 大大提高。例如 3AD50 大功率的晶体管未装散热器时 P_{CM} 为 1W，加装散热器后，P_{CM} 可达 10W。《常用电子元器件简明手册》中给出的 P_{CM} 值是在常温（25℃）下测得的，对于大功率管则是在常温下加装规定尺寸的散热器的情况下测得的。

$$P_{CM} = I_C U_{CE}$$

根据上式可在输出特性曲线上画出管子的最大允许功率损耗线，使用时，P_{CM} 超过极限值是不允许的，如图 3-8 中的 P_{CM} 曲线所示。

3）反向击穿电压

①集电极—基极反向击穿电压 $U_{(BR)CBO}$：指发射极开路时，集电极—基极之间允许施加的最高反向电压，其值通常为几十伏，有的管子高达几百伏以上。

②发射极—基极反向击穿电压 $U_{(BR)EBO}$：指集电极开路时，发射极—基极之间允许施加的最高反向电压，一般为几十伏，有的甚至小于 1V。

③集电极—发射极反向击穿电压 $U_{(BR)CEO}$：指基极开路时，集电极—发射极之间允许施加的最高反向电压，其值比 $U_{(BR)CBO}$ 要小一些。

由晶体管的 3 个极限参数 I_{CM}、P_{CM} 和 $U_{(BR)CEO}$，可画出管子的安全工作区，如图 3-8 所示。使用中，不允许将工作点设在安全工作区外。

表 3-2 列出了几种晶体管的主要参数，以供参考。表中 f_T 为特征频率。

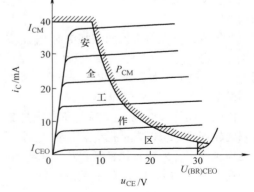

图 3-8　某晶体管的安全工作区

表 3-2 几种晶体管的主要参数

参数 型号	P_{CM} mW	I_{CM} mA	T_{jM} ℃	$U_{(BR)CBO}$ V	$U_{(BR)CEO}$ V	I_{CBO} μA	I_{CEO} μA	β	f_T MHz	用 途
3AX31B	125	125	75	30	18	≤12	≤600	40~180		用于低频放大电路
3BX31B	125	125	75	30	18	≤12	≤600	40~180		用于低频放大电路
3AG61	500	150		≥40	≥20	≤70	≤500	40~300	≥30	用于高频放大电路
3AK801C	50	20	85	≥30	≥51	≤30	≤50	30~150	≥200	用于开关电路
3AD50C	10000	3000	90	60	24	300	2500	20~140		用于低频功率放大电路
3DG80B	100	20	≥90	≥20	≥20	≤0.1		≥40	≥600	用于高频放大及振荡电路

2. 温度对参数的影响

晶体管的输入、输出特性和主要参数都和温度有着密切的关系。

1）温度对 U_{BE} 影响。温度升高时，晶体管输入特性曲线将向左移，说明在 I_B 相同的条件下，U_{BE} 将减小。U_{BE} 随温度变化的规律与二极管正向导通电压随温度变化的规律一样，即温度每升高 1℃，U_{BE} 减小 $2 \sim 2.5\text{mV}$。

2）温度对 I_{CBO} 的影响。温度升高时，晶体管输出特性曲线向上移动，这是因为反向电流 I_{CBO} 及 I_{CEO} 随温度升高而增大的缘故。集电结的反向饱和电流 I_{CBO} 和二极管的反向饱和电流一样，对温度很敏感，温度每升高 10℃，I_{CBO} 约增加一倍。穿透电流 I_{CEO} 随温度变化的规律与 I_{CBO} 大致相同。

3）温度对 β 的影响。晶体管的电流放大倍数 β 随温度升高而增大，温度每升高 1℃，β 值增大 $0.5\% \sim 1\%$。在输出特性曲线图上，表现为各条曲线间的距离随温度升高而增大。

综上所述，温度升高后，随着 U_{BE} 下降，I_B 将有所上升，且 β 值也随温度增大而增大，两者均使集电极电流增大，这是使用晶体管必须注意的问题。

3. 晶体管的选择原则

1）必须保证晶体管工作在安全区，即应使工作电流 $i_C < I_{CM}$、$P_C < P_{CM}$、$u_{CE} < U_{(BR)CEO}$。因此当需要输出大电流时，应选 I_{CM} 大的管子；当需要输出大功率时，应选 P_{CM} 大的管子，同时要满足散热条件；当需要输出高电压时，应选 $U_{(BR)CEO}$ 大的管子；当晶体管作为开关器件时，在发射结上要施加反向电压，这时要注意 e、b 极间的反向电压不要超过 $U_{(BR)EBO}$。

2）在放大高频信号时，为了保持管子良好的放大性能，应选用高频管或超高频管；若用于开关电路（switching circuit），为了使管子有足够高的开关速度，则应选用开关管。

3）当要求反向电流小、允许结温高且能工作在温度变化大的环境中时，应选硅管；而要求导通电压低时，可选锗管。

4）对于同型号的管子，优先选用反向电流小的，而 β 值不宜太大，一般几十至一百左右为宜。

3.2 基本放大电路的工作原理及其组成

放大电路的功能是利用晶体管的电流控制作用，把微弱的电信号不失真地放大到所需要的数值，实现将直流电源的能量转化为按输入信号规律变化的且具有较大能量的输出信号。

电子技术中以晶体管为核心器件，利用晶体管的以小控大作用，可组成各种形式的放大电路。其中基本放大电路共有3种组态：共发射极放大电路、共集电极放大电路和共基极放大电路，如图3-9所示。

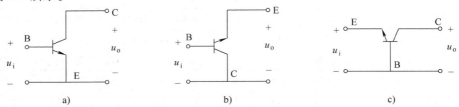

图3-9　基本放大电路的3种组态

a）共发射极放大电路　b）共集电极放大电路　c）共基极放大电路

放大电路的组成框图和四端网络表示法如图3-10所示。

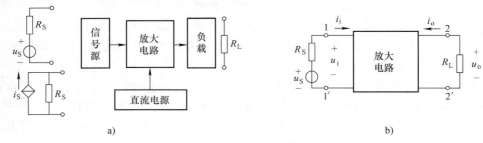

图3-10　放大电路的组成框图和四端网络表示法

a）放大电路的组成框图　b）放大电路的四端网络表示法

下面以共发射极放大电路为例，讨论它们的电路结构、工作原理、分析方法。

3.2.1　基本放大电路的组成原则和各部分的作用

图3-11是共射极接法的基本放大电路。电路中各元器件分别起如下作用：

（1）晶体管 V　它是放大电路中的核心器件。利用它的电流放大能力来实现电压放大。

（2）直流电源 V_{CC}　其作用是：①提供晶体管发射结和集电结的工作电压，其接法必须保证发射结正偏和集电结反偏；②向负载提供输出功率与负担晶体管及电阻上的功率损耗。

（3）偏置电阻 R_B　决定静态基极电流 I_{BQ} 的大小。I_{BQ} 也称偏置电流，故 R_B 称为偏置电阻（biasing resistance）。

（4）集电极电阻 R_C　将晶体管的电流放大作用转换成电压放大作用。

（5）耦合电容 C_1 和 C_2　其作用是"隔断直流，传递交流"，简称"隔直通交"。静态时，使流过 R_B 的直流电流不能通过 C_1 流向信号源，流过 R_C 的直流电流不能通过 C_2 流向负载。对交流信号而言，只要 C_1 和 C_2 足够大，其容抗可忽略不计，这样信号源提供的交流电压几乎全部加到晶体管的基、射极间，而集、射交流电压也几乎全部传给负载。

（6）放大电路中的公共端　图中符号"⏚"表示"地"，（实际上这一点并不真正接到大地上），并以该点视为零电位点（参考电位点）。

从放大电路介绍中，我们初步了解到，晶体管交流放大电路内部实际上是一个交、直流共存的电路。

为了便于讨论，对于图3-11的电路，在交流信号 u_i 作用下可以得到图3-12所示的电压波形，其表示的符号作如下规定：

（1）直流分量　用大写字母和大写下标符号，如 U_{BE} 表示基极的直流电压。

（2）交流分量　用小写字母和小写下标，如 u_{be} 表示基极交流电压瞬时值。

（3）总变化量　是直流分量与交量分量之和，交流叠加在直流上，用小写字母和大写下标符号，如 $u_{BE} = U_{BE} + u_{be}$。

（4）交流有效值　用大写字母小写脚标表示，如 U_{be} 表示基极的正弦交流电压有效值。

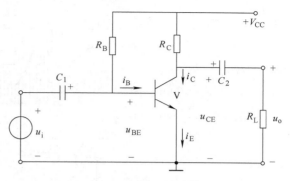

图 3-11　共发射极固定偏置放大电路

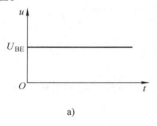
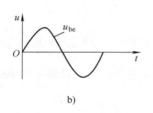
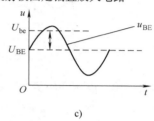

a)　　　　　　　　　b)　　　　　　　　　c)

图 3-12　输入电压各分量表示

a）直流分量　b）交流分量　c）总变化量

3.2.2　基本放大电路的工作原理和分析方法

1. 工作原理

在放大电路中，未加交流输入信号（u_i）时的工作状态为直流状态或静止工作状态，简称静态。静态时，晶体管具有固定的 I_B、U_{BE} 和 I_C、U_{CE}，它们分别确定输入和输出特性曲线上的一个点，故称为静态工作点，常用 Q 来表示。

当输入端接入交流输入信号 u_i 时，电路处于交流状态或动态工作状态，简称动态。此时，发射极两端电压 $u_{BE} = u_i + U_{BE}$，即 u_{BE} 在静态值 U_{BE} 的基础上变化了 u_{be}（$u_{be} = u_i$）。

如果静态 U_{BE} 对硅管约为 0.7V、锗管约为 0.2V 时，且 u_i 较小，则晶体管工作在输入特性曲线的线性区域，i_B 随 u_{BE} 的变化而变化。因此，i_B 也在静态值 I_B 的基础上叠加变化了的 i_b，即 $i_B = I_B + i_b$；并由晶体管的电流放大作用而得，即 $i_C = \beta i_B = \beta(I_B + i_b) = I_C + i_c$。

以此类推，还可以得到晶体管 C、E 两端的电压为

$$u_{CE} = V_{CC} - i_C R_C = (V_{CC} - I_C R_C) - i_c R_C = U_{CE} + u_{ce}$$

式中，$u_{ce} = -i_c R_C$，它是叠加在静态值 U_{CE} 上的输出信号。

u_{CE} 中的直流成分 U_{CE} 被耦合电容 C_2 隔断，交流成分 u_{ce} 经 C_2 传送到输出端，成为输出电压 u_o，即

$$u_o = u_{ce} = -i_c R_C$$

式中，符号表示 u_o 与 i_c 相位相反，由于 i_c 与 i_b、u_i 相位相同，因此，u_o 与 u_i 相位相反。

在输入正弦波时，电路中相应的电压、电流波形如图 3-13 所示。

通过介绍，我们已经了解晶体管具有电流放大作用，即基极电流的微小变化（如几十微安）可引起集电极电流的较大变化（如几毫安）。给放大电路加入了输入信号电压（如几十毫伏）后，晶体管基极电流发生变化，晶体管集电极将基极电流放大了 β 倍，实现了电流放大的目的，放大电路把集电极电流的变化通过 R_C 转换成电压的变化（如几伏）。这样输出电压的幅值（amplitude）

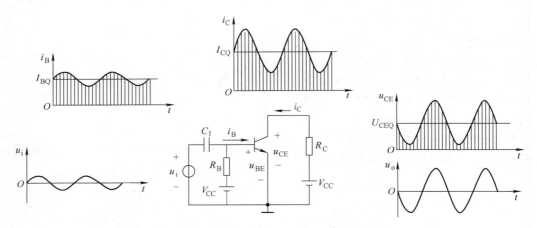

图 3-13 共射放大电路各点的电压、电流波形图

就远大于输入电压的幅值，从而实现了电压放大的目的。这里的放大本质可理解为是电压控制的原因。

2. 共射电路的静态分析

所谓静态分析，就是分析放大电路在输入信号 $u_i=0$ 时，晶体管各极电压、电流的情况。

由于静态下放大电路内部中所有的电压、电流都是不变的直流量，因此，电容 C_1、C_2 相当于开路，其放大电路的直流通路（direct current path）如图 3-14 所示。

（1）静态工作点估算法 根据 KVL 列出输入、输出回路电压方程求解。晶体管的 U_{BE} 可视为已知量，硅管 $|U_{BE}|$ 取 0.7V，锗管 $|U_{BE}|$ 取 0.2V。

从图 3-14 所示电路中可知，由 $+V_{CC} \rightarrow R_B \rightarrow$ b 极 $\rightarrow$ e 极 $\rightarrow$ 地可得：$V_{CC} = I_B R_B + U_{BE}$，所以可求出固定偏置共射放大电路的静态工作点（quiescent point）Q 为

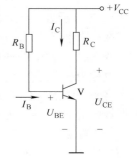

$$I_{BQ} = \frac{V_{CC} - U_{BE}}{R_B}, \quad I_{CQ} = \beta I_{BQ}, \quad U_{CE} = V_{CC} - I_{CQ} R_C \quad (3-4)$$

式中各量的下标 Q 表示它们是静态值。在式（3-4）中，当 $V_{CC} > 10U_{BEQ}$ 时可略去不计。

使用式（3-4）的条件是晶体管工作在放大区。如果算得 U_{CEQ} 值小于 1V，说明晶体管已处于或接近饱和状态，I_{CQ} 将不再与 I_{BQ} 成 β 倍关系，此时，I_{CQ} 被 R_C 限流，称为饱和电流 I_{CS}，集—射极电压称为饱和电压 U_{CES}。（U_{CES} 的值很小，小功率硅管取 0.3V，锗管取 0.1V）

图 3-14 固定偏置共射放大电路的直流通路

$$I_{CS} = \frac{V_{CC} - U_{CES}}{R_C} \approx \frac{V_{CC}}{R_C} \quad (3-5)$$

由于上式 I_{CS} 基本上只与 V_{CC} 及 R_C 有关，与 β 及 I_{BQ} 无关（I_{BQ} 足够大时）。饱和状态时的基极电流称为基极饱和电流 I_{BS}。

$$I_{BS} = \frac{I_{CS}}{\beta} \approx \frac{V_{CC}}{\beta R_C} \quad (3-6)$$

如果 $I_{BQ} > I_{BS}$，则表明晶体管已进入饱和状态。

例 3-1： 在图 3-11 中已知 $V_{CC} = 12V$，$R_C = 3k\Omega$，$R_B = 300k\Omega$，晶体管为 3DG100，$\beta = 50$，试

求：1）放大电路的静态值；2）如果偏置电阻 R_B 由 300kΩ 减至 120kΩ，晶体管的工作状态有何变化？

解： 1）$I_{BQ} \approx \dfrac{V_{CC}}{R_B} = \dfrac{12}{300}\text{mA} \approx 40\mu\text{A}$　　　$I_{BS} = \dfrac{I_{CS}}{\beta} = \dfrac{V_{CC}}{\beta R_C} \approx 80\mu\text{A}$

因为 $I_{BQ} < I_{BS}$，所以电路处于晶体管的放大区，故有

$$I_{CQ} = \beta I_{BQ} = (50 \times 0.04)\text{mA} = 2\text{mA}, \quad U_{CEQ} = V_{CC} - I_{CQ}R_C = (12 - 2 \times 3)\text{V} = 6\text{V}$$

2）$I_{BQ} \approx \dfrac{V_{CC}}{R_B} = \dfrac{12}{120}\mu\text{A} \approx 100\mu\text{A} > I_{BS}$

因为 $I_{BQ} > I_{BS}$，表明晶体管已进入饱和工作状态，所以

$$I_{CQ} = I_{CS} \approx \dfrac{V_{CC}}{R_C} = \dfrac{12}{3}\text{mA} = 4\text{mA}, \quad U_{CEQ} = U_{CES} \approx 0.3\text{V}$$

（2）用图解法确定静态工作点　图解法（graphical analysis method）是分析非线性电路的一种基本方法，它能直观地分析和了解静态工作点的变化对放大电路的影响。图解法求解静态工作点的步骤一般为

1）按已选好的管子型号在手册中查找或从晶体管图示仪上描绘出管子的输入、输出特性。

2）画出直流负载线。在输入、输出特性曲线上找出 $I_B = 0$ 和 $U_{BE} = 0$ 时的两个特殊点，把这两点分别作为横轴和纵轴的截距，连接两点即可得到电路线性部分的直流负载线。同样在输出特性曲线上找出 $I_C = 0$ 和 $U_{CE} = 0$ 时的两个特殊点，把这两点分别作为横轴和纵轴的截距，连接两点即可得到电路线性部分输出的直流负载线。

3）由电路的直流负载线与晶体管输出特性两部分伏安特性的交点，可确定静态工作点，图 3-15a 为静态时共射放大电路的直流通路，用点画线分割成线性部分和非线性部分。非线性部分为晶体管，线性部分有 V_{BB}、R_B 以及 V_{CC} 和 R_C。

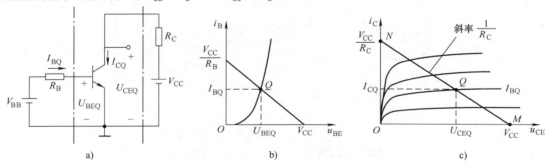

图 3-15　静态时共射放大电路的直流通路

a）直流通路的分割　b）输入回路图解　c）输出回路图解

输入回路，线性部分：$u_{BE} = V_{CC} - i_B R_B$（输入直流负载线）；非线性部分：$i_B = f(u_{BE})|_{U_{ce}=常数}$，从而得到图 3-15b。

同理，输出回路，线性部分：$u_{CE} = V_{CC} - i_C R_C$（输出直流负载线）；非线性部分：$i_C = f(u_{CE})|_{i_b=I_{BQ}}$，从而得到图 3-15c。

当然，电路中晶体管的偏流 I_{BQ} 也可由估算公式（3-4）得到：$I_{BQ} = (V_{CC} - U_{BEQ})/R_B$，然后，再从输出特性曲线上画出直流负载线来确定静态工作点。

静态时，电路中电压和电流必须同时满足非线性部分和线性部分的伏安特性。因此，直流负载线 MN 与 $i_B = I_{BQ}$ 那条输出特性曲线的交点 Q，就是静态工作点。Q 所对应的电流、电压值就是

静态工作点的 I_{BQ}、I_{CQ}、U_{CEQ} 值。

（3）静态工作点与非线性失真　　如果不设置静态工作点，当传输的信号是交变的正弦量时，输入信号中小于和等于晶体管死区电压的部分就不可能通过晶体管进行放大，由此造成传输信号的严重失真，如图 3-16 所示。

为保证传输信号不失真地输入到放大电路中得到放大，必须在放大电路中设置静态工作点。此外，工作点的设置是否选择适当，也会对放大电路的工作情况产生很重要的影响。如果是因为静态工作点位置选择不当，使放大电路的工作范围超出了晶体管曲线上的线性范围，同样会产生失真，这种失真就称为非线性失真。

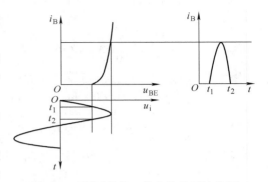

图 3-16　设置静态工作点的必要性分析

在图 3-17a 中，静态工作点的位置太低，当输入是正弦电压时，在晶体管基极电流 i_B 的负半周，晶体管先进入截止区工作，从而造成 i_B、i_C 的负半周和 u_{CE} 的正半周被削波。这是由于晶体管的截止而引起的，故称为截止失真。

在图 3-17b 中，由于静态工作点选的太高，在输入电压的正半周，晶体管先进入饱和区工作，这时 i_B 不失真，但 i_C 在正半周的大部分时间里都停留在集电极饱和电流 i_{CS} 附近，虽然 i_B 按正弦规律上升但 i_C 无法增大，所以 i_C 产生严重的失真。由于 u_{CE} 和 i_C 成反比，所以 u_{CE} 也产生同样的失真，在 u_{CE} 的负半周被削波。这种由于晶体管的饱和而引起的失真称为饱和失真。

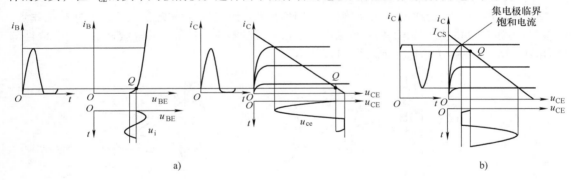

图 3-17　静态工作点对输出波形失真的影响

a）工作点过低，晶体管截止失真　b）工作点过高，晶体管饱和失真

因此，要减小放大电路的非线性失真，必须要有一个合适的静态工作点。

不发生截止失真的条件是：$I_{BQ} > I_{bm}$；不发生饱和失真的条件是：$I_{BQ} + I_{bm} < I_{BS}$。

3.3　静态工作点稳定及分压式射极偏置电路

前面介绍的固定偏置共射极放大电路结构简单，电压和电流放大作用都比较大，但缺点是静态工作点不稳定，电路本身没有自动稳定静态工作点的能力。

3.3.1　温度对静态工作点的影响

造成静态工作点不稳定的原因很多，如电源电压波动、电路参数变化、晶体管老化等，但主要原因是晶体管特性参数（U_{BE}、β、I_{CBO}）随温度变化会造成静态工作点偏离原来的数值。

前面已介绍过，晶体管的 I_{CBO} 和 β 均随环境温度的升高而增大，而 U_{BE} 则随温度的升高而减小，这些都会使放大电路中的集电极电流 I_C 随温度升高而增加。例如，当温度升高时，对于同样的 I_{BQ}（40μA），结果是输出特性曲线将升高，静态工作点上移，严重时，将使晶体管进入饱和区而失去放大能力，这是固定偏置电路存在的问题。

3.3.2 分压式偏置电路

为了克服上述问题，可以从电路结构上采取措施，图 3-18 所示偏置电路是最常用的工作点稳定电路，称为分压式偏置电路。

1. 稳定静态工作点的原理

1）利用电阻 R_{B1} 和 R_{B2} 的分压来稳定基极电位 U_{BQ}。设流过电阻 R_{B1} 和 R_{B2} 的电流分别为 I_1 和 I_2 且 $I_1 = I_2 + I_{BQ}$，一般 I_{BQ} 很小，$I_1 \gg I_{BQ}$，近似认为 $I_1 \approx I_2$，这样，基极电位为

$$U_{BQ} \approx \frac{R_{B2}}{R_{B1} + R_{B2}} V_{CC} \tag{3-7}$$

所以基极电压 U_{BQ} 由 V_{CC} 经 R_{B1} 和 R_{B2} 分压所决定，不随温度而变。

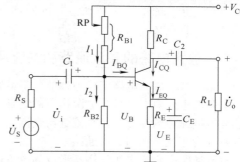

图 3-18 分压式偏置放大电路

2）利用发射极电阻 R_E 来获得反映电流 I_{EQ} 变化的信号，反馈（Feedback）到输入端，实现工作点稳定。

其过程为

$$t(^\circ\!C)\uparrow \rightarrow I_{CQ}\uparrow \rightarrow U_{EQ}\uparrow \rightarrow U_{BEQ}\downarrow \rceil$$

$$I_{CQ}\downarrow \leftarrow I_{BQ}\downarrow \lfloor$$

从上述稳定过程可以看出，R_E 将 I_{CQ}（I_{EQ}）的变化转化成电压的变化来影响 U_{BE} 电压，从而使得 I_{BQ} 向相反方向变化，来稳定静态工作点 Q 点。R_E 越大，则在 R_E 上产生的电压降越大，对 I_{CQ} 变化的抑制能力越强，电路稳定性能越好。

若 R_E 足够大，使达到 $U_{EQ} \gg U_{BEQ}$ 条件时，则 $U_{BQ} = U_{BEQ} + U_{EQ} \approx U_{EQ}$。

故

$$I_{CQ} \approx I_{EQ} = \frac{U_{EQ}}{R_E} \approx \frac{U_{BQ}}{R_E} \tag{3-8}$$

式中，U_{BQ} 和 R_E 都是固定的，所以 I_{CQ} 和 I_{EQ} 也就近似不变，且 U_{EQ} 越大于 U_{BEQ}，I_{CQ} 和 I_{EQ} 也就越认为不变，不受温度变化的影响，与管子的参数也几乎无关。这样，即使换用不同 β 值的管子，静态工作点也近似不变，有利于电子设备的批量生产和维修。

2. 稳定静态工作点的条件

从稳定静态工作点出发，I_2 越大于 I_{BQ} 以及 U_{BQ} 越大于 U_{BEQ} 越好，但实际应用中，为兼顾其他指标，在估算时一般可选取

$I_2 \gg I_{BQ}$：$I_2 = (5 \sim 10) I_{BQ}$（硅管），$I_2 = (10 \sim 20) I_{BQ}$（锗管）。

$U_{BQ} \gg U_{BE}$：$U_{BQ} = (3 \sim 5)\,V$（硅管），$U_{BQ} = (1 \sim 3)\,V$，（锗管，取绝对值）。

3. 稳定静态工作点估算

计算静态工作点宜从 U_{BQ} 入手。由图 3-18 电路的直流通路得出

$$U_{BQ} = \frac{R_{B2}}{R_{B1} + R_{B2}} V_{CC}$$

所以，$I_{CQ} \approx I_{EQ} = \frac{U_{BQ} - U_{BEQ}}{R_E}$，$I_{BQ} = \frac{I_{CQ}}{\beta}$，$U_{CEQ} = V_{CC} - I_{CQ}R_C - I_{EQ}R_E \approx V_{CC} - I_{CQ}(R_C + R_E)$。

3.4 共发射极放大电路

放大电路的最终目标是放大交流信号。分析放大电路就是求解静态工作点和各项动态性能指标，通常遵循"先静态，后动态"的原则。只有静态工作点合适，电路没有产生非线性失真，动态分析才有意义。

3.4.1 放大电路的直流通路和交流通路

从基本共射放大电路工作原理的分析可知，为使电路正常放大，直流量与交流量必须共存于放大电路之中，前者是直流电源作用的结果，后者是输入电压 $\dot{U}_i$ 作用的结果；而且，由于电容、电感等电抗元件的存在，使直流量与交流量所流经的通路不同。因此，为了研究问题方便，将放大电路分为直流通路与交流通路。

直流通路是直流电源作用所形成的电流通路。在直流通路中，电容因对直流量呈无穷大容抗而相当于开路，电感线圈因电阻非常小可忽略不计而相当于短路；信号源电压为零（即 $\dot{U}_S = 0$），但保留内阻 R_S。直流通路用于分析放大电路的静态工作点。交流通路是交流信号作用所形成的电流通路。在交流通路中，大容量电容（如耦合电容）因对交流信号容抗可忽略不计而相当于短路；直流电源 V_{CC} 为恒压源，因动态内阻为零也相当于交流短路。交流通路用于分析放大电路的动态参数。

根据上述原则，图 3-18 所示电路的直流通路和交流通路分别如图 3-19a、b 所示。在其交流通路中直流电源相当于短路，故集电极电阻并联在晶体管的 c-e 之间，基极电阻 R_{B1} 并联在 b-e 之间。

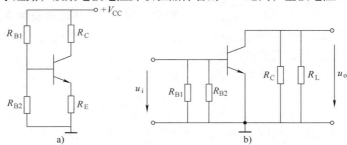

图 3-19　分压式偏置共射放大电路的直流通路和交流通路

a）直流通路　b）交流通路

例 3-2：试画出图 3-20 所示电路的直流通路和交流通路。设图中电容对交流信号可视为短路。

解：图 3-20 所示电路为 NPN 型晶体管组成的变压器耦合放大电路。将输入端变压器的二次绕组短路、输出端变压器一次绕组短路、电容开路就可得直流通路，如图 3-21a 所示，一般情况下习惯画成图 3-21a 右图形式。交流通路如图 3-21b 所示。方法是将电容短路（R_1、R_2 被短路）、直流电源短路（R_3

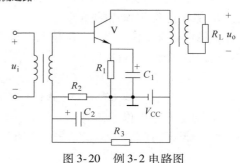

图 3-20　例 3-2 电路图

被短路）。

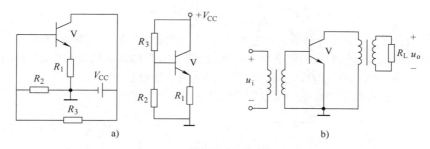

图 3-21　例 3-2 电路解答

a）直流通路　b）交流通路

3.4.2　等效电路法

利用晶体管的微变等效电路来分析电子电路的电流和电压交流分量（信号分量），被称为微变等效电路法。微变等效电路法是动态分析的基本方法。

1. 晶体管的微变等效模型

放大电路的微变等效电路，就是把非线性器件晶体管所组成的放大电路等效为一个线性电路，也就是把晶体管线性化。线性化的条件，就是晶体管必须在低频小信号（微变量）情况下工作，才能在静态工作点附近的小范围内用直线近似地代替晶体管的非线性特性曲线。

（1）输入端　由图 3-22a 可以看出，当输入信号很小时，在静态工作点 Q 附近的曲线可以认为是直线。当 u_{CE} 为常数时，ΔU_{BE} 与 ΔI_B 之比称为晶体管的输入电阻，它表示晶体管的输入特性。所以在微变等效法中可将晶体管输入端等效为电阻 r_{be}（忽略 u_{ce} 的影响）：

$$r_{be} = \frac{\Delta U_{BE}}{\Delta I_B}\bigg|_{u_{CE}=常数} = \frac{u_{be}}{i_b}\bigg|u_{ce}=0 \tag{3-9}$$

低频小功率晶体管的输入电阻常用下式估算：

$$r_{be} = 300\Omega + (1+\beta)\frac{26\text{mV}}{I_{EQ}} \tag{3-10}$$

式中，I_{EQ} 是发射极电流的静态值；r_{be} 一般为几百欧到几千欧，注意 r_{be} 是动态电阻，只能用于交流量的计算。

（2）输出端　图 3-22b 是晶体管的输出特性曲线，在线性工作区是一组近似等距离的平行直线。当 u_{CE} 为常数时，ΔI_C 与 ΔI_B 之比即为晶体管的电流放大系数。

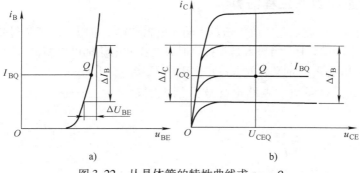

图 3-22　从晶体管的特性曲线求 r_{be}、β

a）r_{be} 的求法　b）β 的求法

$$\beta = \frac{\Delta I_C}{\Delta I_B}\bigg|_{u_{ce}=\text{常数}} = \frac{i_c}{i_b}\bigg|u_{ce}=0 \qquad (3\text{-}11)$$

在小信号的条件下，β 是一常数，由它确定 i_c 受 i_b 控制的关系（忽略 u_{ce} 的影响）。因此，晶体管的输出电路可用一等效受控的电流源 $i_c = \beta i_b$ 代替。由于晶体管的输出电阻较大，所以看作理想电流源。β 值一般在 20 ~ 1000 之间，也有些晶体管 β 值可达 1000 以上。

综上所述，可画出晶体管简化的微变等效电路如图 3-23b 所示。

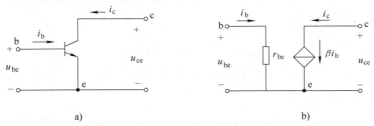

图 3-23 简化的晶体管等效电路模型

a）晶体管 b）微变等效电路

2. 放大电路的微变等效电路

由晶体管的微变等效电路和放大电路的交流通路（alternating current path）可得出放大电路的微变等效电路。图 3-24a 是图 3-11 所示共射极放大电路的交流通路，对交流分量而言，电容 C_1 和 C_2 可视作短路；同时，一般直流电源的动态内阻很小，可以忽略不计，对交流而言直流电源可认为是短路的。放大电路的微变等效电路如图 3-24b 所示。

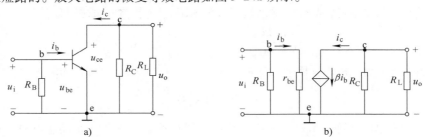

图 3-24 共射极放大电路

a）交流通路 b）微变等效电路

3.4.3 放大电路参数的工程估算

这里主要讨论放大电路的电压放大倍数、输入电阻和输出电阻。现把共射基本放大电路的微变等效电路重画于图 3-25 中，当输入是正弦量时，电压和电流都可用相量表示。

（1）电压放大倍数 $\dot{A}_u$　定义为放大器输出电压 $\dot{U}_o$ 与输入电压 $\dot{U}_i$ 之比，是衡量放大电路电压放大能力的指标，即

$$\dot{A}_u = \frac{\dot{U}_o}{\dot{U}_i} \qquad (3\text{-}12)$$

对于图 3-25 的微变等效电路有

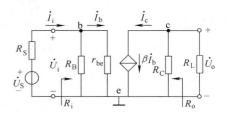

图 3-25 微变等效电路

$$\dot{A}_{\text{u}} = -\frac{\dot{I}_{\text{C}}(R_{\text{C}} /\!/ R_{\text{L}})}{\dot{I}_{\text{b}} r_{\text{be}}} = -\frac{\beta(R_{\text{C}} /\!/ R_{\text{L}})}{r_{\text{be}}} = -\frac{\beta R_{\text{L}}'}{r_{\text{be}}} \tag{3-13}$$

负号表示输出电压与输入电压的相位（phase）相反。

当不接负载 R_{L} 时，电压放大倍数为

$$\dot{A}_{\text{u}} = -\beta \frac{R_{\text{C}}}{r_{\text{be}}} \tag{3-14}$$

式中，等效交流负载 $R_{\text{L}}' = R_{\text{C}} /\!/ R_{\text{L}}$，接上负载后放大倍数会下降。

（2）输入电阻 R_{i} 放大电路对信号源来说是一个负载，这个负载电阻（load resistance）也就是放大器的输入电阻 R_{i}，即

$$R_{\text{i}} = \frac{U_{\text{i}}}{I_{\text{i}}} \tag{3-15}$$

由式（3-15）可见，R_{i} 越大，从输入回路所取用的信号电流 I_{i} 越小。对电压信号源来说，R_{i} 是与信号源内阻 R_{S} 串联的，是从放大器输入端看进去的一个动态电阻，如图 3-25 所示。R_{i} 大就意味着 R_{S} 上的电压降小，放大器的输入端能比较准确地反映信号源的电压 U_{S}。因此要设法提高放大器的输入电阻 R_{i}，尤其当信号源内阻较高时更应如此。

对于图 3-11 所示放大电路，观察其微变等效电路图 3-25，不难看出此放大电路的输入电阻为

$$R_{\text{i}} = R_{\text{B}} /\!/ r_{\text{be}} \tag{3-16}$$

通常 $R_{\text{B}} \gg r_{\text{be}}$，故 $R_{\text{i}} \approx r_{\text{be}}$，可见共射基本放大电路的输入电阻 R_{i} 不大。

（3）输出电阻 R_{o} 对负载来说，放大器相当于一个信号源。运用戴维南定理，可将放大器等效为电压为 U_{oo}'，内阻为 R_{o} 的等效信号源如图 3-26a 所示。

放大电路的输出电阻是将信号源置零（令 $\dot{U}_{\text{S}} = 0$，但保留内阻 R_{S}）和负载开路，从放大器输出端看进去的一个电阻，在图 3-25 中可得

$$R_{\text{o}} \approx R_{\text{C}} \tag{3-17}$$

可用实验方法求放大器的输出电阻，如图 3-26b 所示。保持输入电压不变，先测出放大器输出开路（S 打开）时的输出电压 U_{oo}'，再接上负载电阻 R_{L}，并测出此时放大器的输出电压 U_{o}，由图可得

$$U_{\text{o}} = U_{\text{oo}}' \frac{R_{\text{L}}}{R_{\text{L}} + R_{\text{o}}}$$

所以输出电阻为

$$R_{\text{o}} = \left(\frac{U_{\text{oo}}'}{U_{\text{o}}} - 1\right) R_{\text{L}} \tag{3-18}$$

如果放大电路的输出电阻较大（相当于信号源的内阻较大），当负载变化时，输出电压的变化也较大，也就是放大电路带负载的能力较差。因此，通常在作为电压放大器时，希望放大电路输出级的输出电阻小一些。

例 3-3：放大电路如图 3-27 所示，晶体管的 $\beta = 100$，$R_{\text{S}} = 1\text{k}\Omega$，$R_{\text{B1}} = 62\text{k}\Omega$，$R_{\text{B2}} = 20\text{k}\Omega$，$R_{\text{C}} = 3\text{k}\Omega$，$R_{\text{E}} = 1.5\text{k}\Omega$，$R_{\text{L}} = 5.6\text{k}\Omega$，$V_{\text{CC}} = 15\text{V}$。求 $\dot{A}_{\text{u}}$、R_{i}、R_{o} 和 $\dot{A}_{\text{us}}$ 值。若去掉旁路电容 C_{E}，电路参数又会发生什么变化？

解：（1）$U_{\text{BQ}} = V_{\text{CC}} \dfrac{R_{\text{B2}}}{R_{\text{B1}} + R_{\text{B2}}} = \left(15 \times \dfrac{20}{62 + 20}\right)\text{V} \approx 3.7\text{V}$

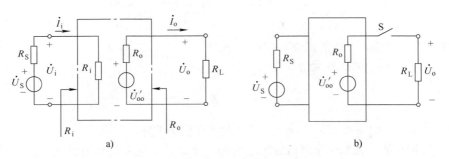

图 3-26 放大电路的输入电阻和输出电阻

a) 输入电阻和输出电阻的等效电路　b) 输出电阻的实验求法

$$I_{CQ} = I_{EQ} = \frac{U_{BQ} - U_{BE}}{R_E} = \frac{3.7 - 0.7}{1.5} \text{mA} = 2\text{mA}$$

$$I_{BQ} = \frac{I_{CQ}}{\beta} = \frac{2}{100} \text{mA} = 20\mu\text{A}$$

$$U_{CEQ} = V_{CC} - I_{CQ}(R_C + R_E) = [15 - 2 \times (3 + 1.5)]\text{V} = 6\text{V}$$

图 3-27 所示电路中的电容 C_E 为旁路电容,当 C_E 取值足够大时, C_E 对交流近似为短路,使晶体管的发射极交流接地。若将 $R_{B1} /\!/ R_{B2}$ 看成一个电阻 R_B,则图 3-27 所示电路与共射放大电路的微变等效电路(见图 3-25)完全相同,因此由微变等效电路可得

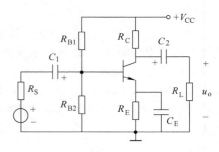

图 3-27　分压偏置共射放大电路

(2) $r_{be} = 300\Omega + \dfrac{26\text{mV}}{I_{BQ}} = 1600\Omega = 1.6\text{k}\Omega$ 　　　 $\dot{A}_u = -\beta\dfrac{R'_L}{r_{be}} = -100\dfrac{3/\!/5.6}{1.6} = -122$

$R_i = R_{B1} /\!/ R_{B2} /\!/ r_{be} \approx 1.45\text{k}\Omega$ 　　　 $R_o = R_C = 3\text{k}\Omega$

$$\dot{A}_{us} = \frac{\dot{U}_o}{\dot{U}_S} = \frac{\dot{U}_o}{\dot{U}_i}\frac{\dot{U}_i}{\dot{U}_S} = \dot{A}_u\frac{R_i}{R_i + R_S} = -122\frac{1.45}{1 + 1.45} \approx -72\text{(源电压放大倍数)}$$

(3) 若去掉旁路电容 C_E,静态工作点不变,但交流参数将发生变化,交流通路及微变等效电路如图 3-28 所示。

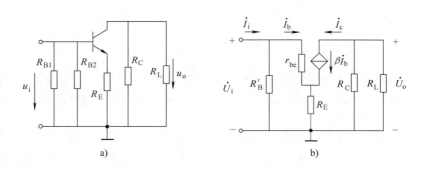

图 3-28　分压式射极偏置电路无 C_E 时的交流通路和微变等效电路

a) 交流通路　b) 微变等效电路

$$\dot{A}_u = \frac{\dot{U}_o}{\dot{U}_i} = -\frac{\beta \dot{I}_B R'_L}{\dot{I}_B r_{be} + (1+\beta)\dot{I}_B R_E} = -\beta \frac{R'_L}{r_{be} + (1+\beta)R_E} = -100\frac{3 // 5.6}{1.6 + 101 \times 1.5} \approx -1.3$$

$$R_i = R_{B1} // R_{B2} // [r_{be} + (1+\beta)R_E] \approx 13.8\text{k}\Omega \qquad R_o = R_C = 3\text{k}\Omega$$

$$\dot{A}_{us} = A_u \frac{R_i}{R_i + R_S} = -1.3\frac{13.8}{1+13.8} \approx -1.2$$

由此可见，去掉旁路电容 C_E 可以增大放大器的输入电阻，又可以稳定交流参数，但对交流放大倍数影响较大。是否可以设想一个既能稳定静态工作点又有比较大的交流电压放大倍数？图 3-29 所示电路的工作原理请读者自行分析。

在小信号工作条件下，利用微变等效电路对放大电路进行分析和计算非常简便，对较为复杂的电路也能适用，但它不能用来确定静态工作点。

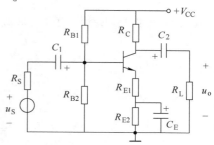

图 3-29　具有反馈性能的分压偏置共射放大电路

3.5　共集电极放大电路和共基极放大电路

3.5.1　共集电极放大电路的静态和动态分析

1. 电路组成

共集电极放大电路如图 3-30a 所示。从它的交流通路图 3-30b 上可以看到，集电极是输入回路与输出回路的公共端，故称共集电路。又由于是从发射极输出，故又称射极输出器。由于 V_{CC} 点为交流地电位，所以可以看成它是由基极和集电极输入信号，从发射极和集电极输出信号。

2. 射极输出器的交、直流参数计算及特点

（1）静态工作点稳定　由图 3-30a 的直流通路可列出：

$$V_{CC} = I_{BQ}R_B + U_{BEQ} + (1+\beta)I_{BQ}R_E$$

于是得

$$I_{BQ} = \frac{V_{CC} - U_{BEQ}}{R_B + (1+\beta)R_E} \tag{3-19}$$

$$I_{EQ} \approx I_{CQ} = \beta I_{BQ} \qquad U_{CEQ} \approx V_{CC} - I_{CQ}R_E$$

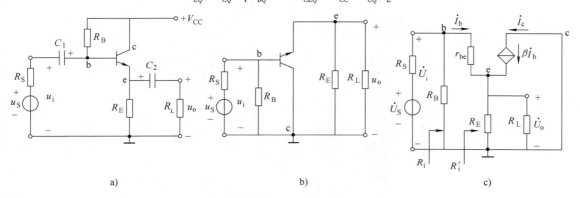

a)　　　　　　　　　　b)　　　　　　　　　　c)

图 3-30　共集电路

a）放大电路　b）交流通路　c）微变等效电路

射极电阻 R_E 具有稳定静态工作点的作用，例如温度升高时

$$t(\text{℃})\uparrow \to I_{CQ}\uparrow \to U_E\uparrow \to U_{BEQ}\downarrow$$

$$I_{CQ}\downarrow \leftarrow I_{BQ}\downarrow \dashleftarrow$$

（2）电压放大倍数恒小于1（近似为1），由微变等效电路图3-30c可得

$$\dot{U}_o = (1+\beta)\dot{I}_b R'_L$$

式中，$R'_L = R_E /\!/ R_L$。

$$\dot{U}_i = \dot{I}_b [r_{be} + (1+\beta)R'_L]$$

得

$$\dot{A}_u = \frac{\dot{U}_o}{\dot{U}_i} = \frac{(1+\beta)R'_L}{r_{be} + (1+\beta)R'_L} < 1 \tag{3-20}$$

在式（3-20）中，一般有 $(1+\beta)R'_L \gg r_{be}$，故 $\dot{A}_u$ 略小于1（接近1），没有电压放大作用，但因 $\dot{I}_e = (1+\beta)\dot{I}_b$，输出电流比输入电流大很多倍，故仍具有电流和功率放大作用。正因为输出电压接近输入电压，两者相位又相同，故此电路称为射极跟随器（emitter follower），简称射随器。

（3）输入电阻大　由图3-30c可知

$$R'_i = r_{be} + (1+\beta)R'_L$$
$$R_i = R_B /\!/ R'_i = R_B /\!/ [r_{be} + (1+\beta)R'_L] \tag{3-21}$$

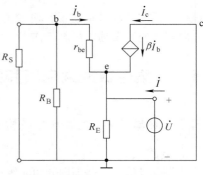

图3-31　求 R_o 的等效电路

通常 R_B 阻值较大（几十千欧至几百千欧），同时 $(1+\beta)R'_L$ 也比 r_{be} 大得多，因此，射极输出器的输入电阻高，可达几十千欧到几百千欧。

（4）输出电阻小　为求输出电阻 R_o，根据 R_o 的定义将输入信号电压 $\dot{U}_s$ 短路，保留内阻 R_S，负载 R_L 开路在输出端加入正弦电压 $\dot{U}$，在输出端产生正弦电流 $\dot{I}$，可画出如图3-31所示的等效电路。由图可知

$$\dot{I} = \frac{\dot{U}}{R_E} + (-\dot{I}_b) + (-\beta\dot{I}_b) = \frac{\dot{U}}{R_E} - (1+\beta)\dot{I}_b$$

而 $\dot{I}_b = -\dfrac{\dot{U}}{r_{be} + R_B /\!/ R_S}$，代入上式得

$$\dot{I} = \frac{\dot{U}}{R_E} + \frac{\dot{U}}{\dfrac{r_{be} + R_B /\!/ R_S}{1+\beta}}$$

$$R_o = \frac{\dot{U}}{\dot{I}} = \frac{1}{\dfrac{1}{R_E} + \dfrac{1}{\dfrac{r_{be} + (R_B /\!/ R_S)}{1+\beta}}} = R_E /\!/ \left[\frac{r_{be} + (R_B /\!/ R_S)}{1+\beta}\right] \tag{3-22}$$

在大多数情况下，有

$$R_E \gg \frac{r_{be} + (R_B /\!/ R_S)}{1+\beta}$$

所以
$$R_o \approx \frac{r_{be} + (R_B // R_S)}{1 + \beta} \tag{3-23}$$

可见射极输出器具有很小的输出电阻，一般有几欧至几百欧。

例 3-4： 射极输出器如图 3-30a 所示，硅晶体管的 $\beta = 120$，$R_B = 300\text{k}\Omega$，$R_E = R_L = R_S = 1\text{k}\Omega$，$V_{CC} = 12\text{V}$。求放大电路的静态值、$\dot{A}_u$、$R_i$、$R_o$ 值。

解：（1）$I_{BQ} = \dfrac{V_{CC} - U_{BEQ}}{R_B + (1+\beta)R_E} = \dfrac{12 - 0.7}{300 + 121 \times 1}\text{mA} \approx 27\mu\text{A}$

$I_{EQ} \approx \beta I_{BQ} = (120 \times 27)\mu\text{A} = 3.2\text{mA}$，$U_{CEQ} = V_{CC} - I_{EQ}R_E = (12 - 3.2 \times 1)\text{V} = 8.8\text{V}$

（2）$r_{be} = 300\Omega + \dfrac{26\text{mV}}{I_{BQ}} = 1.27\text{k}\Omega$，$A_u = \dfrac{(1+\beta)R_L'}{r_{be} + (1+\beta)R_L'} = \dfrac{120 \times 0.5}{1.27 + 120 \times 0.5} \approx 0.98$

$R_i = R_B // R_i' = R_B // [r_{be} + (1+\beta)R_L'] = [300 // (1.27 + 121 \times 0.5)]\text{k}\Omega = 51.2\text{k}\Omega$

$R_o = R_E // \left[\dfrac{r_{be} + (R_B // R_S)}{1 + \beta}\right] = 1 // \dfrac{(1.27 + 300 // 1)}{1 + 120}\text{k}\Omega \approx 19\Omega$

图 3-32 所示电路为常用的进一步提高输入电阻的方法。

分 3 种情况分别分析图 3-32 电路，其微变等效电路如图 3-33 所示。设 $r_{be} = 1\text{k}\Omega$。

1）图 3-33a 为不接 C_3、R_{B3} 时：$R_i = R_B' // [r_{be} + (1+\beta)R_E] = (50 // 510)\text{k}\Omega = 45\text{k}\Omega$

2）图 3-33b 为无 C_3 有 R_{B3} 时：$R_i = [R_{B3} + R_B'] // [r_{be} + (1+\beta)R_E] = (150 // 510)\text{k}\Omega = 116\text{k}\Omega$

3）图 3-33c 为接有 C_3、R_{B3} 时：$R_{B3} // r_{be} \approx r_{be}$

$R_i = r_{be} + (1+\beta)(R_B' // R_E) = [1 + 51 \times (50 // 10)]\text{k}\Omega$
$= 426\text{k}\Omega$

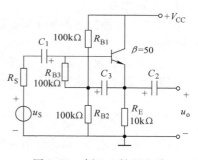

图 3-32　例 3-4 扩展电路

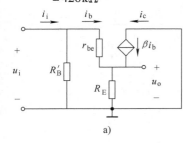

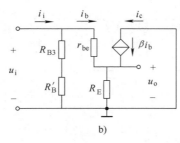

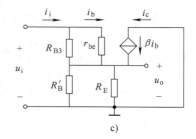

图 3-33　图 3-32 的微变等效电路

a）不接 C_3、R_{B3}　b）无 C_3 有 R_{B3}　c）接有 C_3、R_{B3}

比较上述 3 种情况，说明能区分出输入电阻有较大的变化。

3.5.2　共集电极放大电路的特点和应用

综上所述，共集电极放大电路的特点是：电压增益（放大倍数）小于 1 但近似等于 1，输出电压与输入电压同相位，输入电阻大、输出电阻小等。虽然没有电压放大作用，但仍有电流和功率放大作用。由于它具有这些特点，故使得射极输出器在电子电路中应用十分广泛，现分别说明如下。

1. 作多级放大电路的输入级

采用输入电阻大的射极输出器作为多级放大电路的输入级，可使输入到放大电路的信号电压基本上等于信号源电压。例如，在许多测量电压的电子仪器中，就是采用射极输出器作为输入级，可使输入到仪器的电压基本上等于被测电压，减小了误差，提高了测量精度。

2. 作多级放大电路的输出级

采用输出电阻小的射极输出器作为放大电路的输出级，可获得稳定的输出电压，提高了放大电路的带负载能力，因此对于负载电阻较小和负载变动较大的场合，宜采用射极输出器作为输出级。

3. 作多级放大电路的缓冲级

将射极输出器接在两级放大电路之间，利用其输入电阻大、输出电阻小的特点，可作阻抗变换用，在两级放大电路中间起缓冲作用。

3.5.3　共基极放大电路的静态和动态分析

1. 电路组成

共基放大电路如图 3-34a 所示。它是由发射极输入信号，从集电极输出信号，基极是交流通路的公共端。

2. 共基极放大电路的交、直流参数计算及特点

它的微变等效电路如图 3-34c 所示。由微变等效电路图可知：

$$\dot{A}_\mathrm{u} = \frac{\dot{U}_\mathrm{o}}{\dot{U}_\mathrm{i}} = \frac{\beta \dot{I}_\mathrm{b} R'_\mathrm{L}}{\dot{I}_\mathrm{b} r_\mathrm{be}} = \frac{\beta R'_\mathrm{L}}{r_\mathrm{be}} \tag{3-24}$$

可见，共基电路的放大倍数与共射电路大小相同，符号相反。U_i 与 U_o 有相同的相位（$\dot{A}_\mathrm{u}$ 为正）。

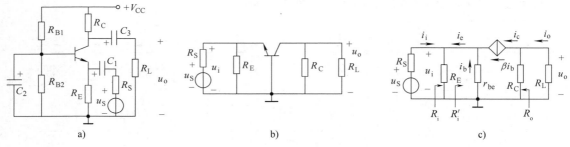

图 3-34　共基放大电路

a）放大电路　b）交流电路　c）微变等效电路

由微变等效电路可求得输入电阻为

$$R_\mathrm{i} = \frac{\dot{U}_\mathrm{i}}{\dot{I}_\mathrm{i}} = R_\mathrm{E} /\!/ R'_\mathrm{i}$$

其中，R'_i 为不计 R_E 时的输入电阻，即

$$R'_\mathrm{i} = \frac{\dot{U}_\mathrm{i}}{\dot{I}_\mathrm{e}} = \frac{\dot{I}_\mathrm{b} r_\mathrm{be}}{(1+\beta)\dot{I}_\mathrm{b}} = \frac{r_\mathrm{be}}{1+\beta}$$

所以

$$R_i = R_E /\!/ \frac{r_{be}}{1+\beta} \qquad\qquad (3\text{-}25)$$

由于是集电极输出，故输出电阻 $R_o = R_C$。

共基极放大电路的直流通路与分压式射极偏置的完全相同，请读者自行分析其静态工作点。

综上所述，共基电路的特点是：输入电阻小；输出电阻与共射放大电路相同；输出电压与输入电压同相，电压放大倍数与共射放大电路绝对值一样。此外，从图 3-33 可看出电流放大倍数 $\dot{A}_i \approx \frac{\dot{I}_c}{\dot{I}_e} < 1$。在 0.9 ~ 0.99 之间。

3.5.4 基本放大电路 3 种组态的性能比较

表 3-3 给出了共射极电路、共集电极电路、共基极电路的主要性能。共发射极电路的电压、电流、功率增益都比较大，因而应用广泛。但是，由于 c、b 两极之间存在极间电容 C_{CB}，对高频信号衰减很大，因此共发射极电路不宜作为高频（10MHz 以上）放大电路。在高频情况下，用共基极电路比较适合，因为它的频率响应好。共集电极电路的突出优点是输入电阻大，输出电阻小。因为输入电阻大，它常用作多级放大电路的输入级（input stage），这对高内阻的信号源更为有意义。如果信号源的内阻较高，而它接一个低输入电阻的放大电路，那么，信号电压主要降在信号源本身的内阻上，输送到放大电路输入端的电压就很小。另外射极输出器也常用作多级放大电路的输出级。这是因为射极输出器的输出电阻较小，则当负载接入后或当负载增大时，输出电压的下降就减小，说明它带负载的能力较强。有时还将射极输出器用于中间级（缓冲级）。

表 3-3 3 种组态的基本放大电路的比较

	共 射	共 基	共 集
电路			
静态分析		$I_{EQ} = \dfrac{\dfrac{R_{B2}}{R_{B1}+R_{B2}}V_{CC} - U_{BEQ}}{R_E}$	
	$U_{CEQ} = V_{CC} - I_{CQ}R_C - I_{EQ}R_E$		$U_{CEQ} = V_{CC} - I_{EQ}R_E$
A_u	$\dfrac{\beta R_L'}{r_{be}}(R_L' = R_C /\!/ R_L)$		$\dfrac{(1+\beta)R_L'}{r_{be}+(1+\beta)R_L'} \approx 1 (R_L' = R_E /\!/ R_L)$
相位	$-180°(u_i 与 u_o 反相)$	$0(u_i 与 u_o 同相)$	$0(u_i 与 u_o 同相)$
A_i	较大	小于 1	较大
R_i	$R_B /\!/ r_{be}(R_B = R_{B1} /\!/ R_{B2})$ 几百欧至几千欧	$R_E /\!/ \dfrac{r_{be}}{1+\beta}$ 几欧至几十欧	$R_B /\!/ [r_{be}+(1+\beta)R_L']$ 几十千欧以上
R_o	R_C 几百欧至几千欧	R_C 几百欧至几千欧	$R_E /\!/ \dfrac{r_{be}}{1+\beta}$ 几欧至几十欧

3.6 多级放大电路

3.6.1 多级放大电路的组成

在实际应用中，放大器的输入信号如果较微弱，有时可低到毫伏或微伏级，为了推动负载工作，必须由多级放大电路对微弱信号进行连续放大，方可在输出端获得必要的电压幅值或足够的功率。图 3-35 为多级放大电路的组成框图，其中的输入级和中间级主要用作电压放大，可将微弱的输入电压放大到足够大的幅度。后面的输出级用作功率放大，以达到输出负载所需要的功率。

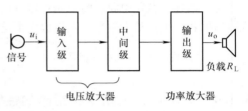

图 3-35 用作音频功放的多级放大电路的组成框图

在多级放大电路中，每两个单级放大电路之间的连接方式称为耦合。常用的级间耦合有阻容耦合、直接耦合、变压器耦合和光电耦合等多种方式。

3.6.2 多级放大电路的耦合和分析方法

1. 阻容耦合

图 3-36 为两级阻容耦合（resistor-capacitor coupled）放大电路，两级之间是通过电容 C 耦合起来的。由于电容器有"隔直"和"通交"的作用，因此前一级的输出信号可以通过耦合电容传送到后级的输入端，而各级的直流工作状态相互之间无影响，各级放大电路的静态工作点可以单独考虑。此外，它还具有体积小、重量轻的优点。这些优点使它在多级放大器中得到广泛的应用。但阻容耦合方式不适合传送缓慢变化的信号，因为这类信号在通过耦合电容时会受到很大的衰减。至于直流信号，则根本不能传送。

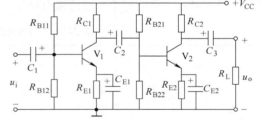

图 3-36 两级阻容耦合放大电路

如前所述，在单级放大电路中，若采用共射放大电路，输入信号电压与输出电压的相位相反。在两级放大电路中由于两次反相，因此 U_i 与 U_o 的相位相同。

2. 直接耦合

为了避免耦合电容对缓慢信号造成衰减，可以把前一级的输出端直接接到下一级的输入端，如图 3-37 所示。我们把这种连接方式称为直接耦合（direct coupled）。直接耦合放大电路不仅能放大交流信号，也能放大直流或缓慢变化的信号。但直接耦合使各级的直流通路互相接通，各级的静态工作点互相影响。温度造成的直流工作点漂移会被逐级放大，温漂较大。直接耦合电路是集成电路内部电路常用的耦合方式。

3. 变压器耦合

通过变压器实现级间耦合的放大电路如图 3-38 所示。变压器 T_1 将第一级的输出信号电压变换成第二级的输入信号电压，变压器 T_2 将第二级的输出信号电压变换成负载 R_L 所要求的电压。

变压器耦合方式（transformer coupled）的最大优点是能够进行阻抗、电压和电流的变换，这在功率放大器中常常用到。由于变压器对直流电无变换作用，因此具有很好的隔直作用。变压器耦合的缺点是体积和重量都较大，高频性能差，价格高，不能传送变化缓慢的或直流信号。

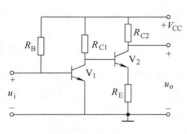

图 3-37　直接耦合电路

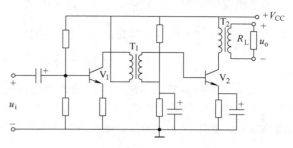

图 3-38　变压器耦合电路

4. 光电耦合

用发光器件和光电器件按适当方式组合，能实现以光信号为媒介的电信号变换，采用这种组合方式制成的器件称为光耦合器。级与级之间通过光耦合器相连接的方式，称为光电耦合方式（photoelectric coupled）。由光电晶体管作为接收管的光耦合器如图 3-39a 所示，由光电二极管作为接收管的光耦合器如图 3-39b 所示。

光耦合器的主要特点是：以光为媒介实现电信号传输，输入端与输出端在电气上是绝缘的，因此能有效地抗干扰、隔噪声，而且具有响应快、寿命长等特点；它代替变压器耦合时，具有失真小、工作频率高的优点；代替继电器使用时，没有机械触点疲劳问题，具有很高的可靠性；它还能实现电平转换、电位隔离等功能，并能实现信号的单方向传

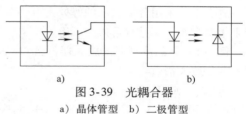

图 3-39　光耦合器
a）晶体管型　b）二极管型

递。因此，它在电子技术等领域中已经得到越来越广泛的应用。

图 3-40 是利用光耦合器组成的计算机接口电路示意图，它实现了现场 – 计算机之间信号的双向耦合传输；它利用光耦合器的隔离功能，能防止现场干扰信号窜入计算机；还利用光耦合器转换电平的功能，使计算机和工业系统执行机构分别得到所需要的信号电平。

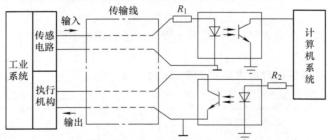

图 3-40　计算机接口电路示意图

5. 多级放大电路的分析和动态参数计算

（1）多级放大电路的电压放大倍数　两级放大电路不论是何种耦合方式和何种组态电路，从交流参数来看，前一级输出信号 $\dot{U}_{o1}$ 即为后级的输入信号 $\dot{U}_{i2}$，而后级的输入电阻 R_{i2} 又是前一级的负载电阻 R_{L1}。因此有

$$R_{L1} = R_{i2}, \quad \dot{U}_{o1} = \dot{U}_{i2}$$

第一级电压放大倍数　$\dot{A}_{u1} = \dfrac{\dot{U}_{o1}}{\dot{U}_i}$　　第二级电压放大倍数　$\dot{A}_{u2} = \dfrac{\dot{U}_o}{\dot{U}_{i2}}$

总的电压放大倍数 $\qquad A_u = \dfrac{\dot{U}_o}{\dot{U}_i} = \dfrac{\dot{U}_{o1}}{\dot{U}_i}\dfrac{\dot{U}_o}{\dot{U}_{i2}} = \dot{A}_{u1}\dot{A}_{u2}$

对于 n 级电压放大倍数，其总的电压放大倍数是各级电压放大倍数的乘积，即

$$\dot{A}_u = \dot{A}_{u1}\dot{A}_{u2}\cdots\dot{A}_{un} = \prod_{k=1}^{n}\dot{A}_{uk} \tag{3-26}$$

（2）放大倍数的分贝表示法　多级放大器的放大倍数为每一级放大倍数的连乘积，通过前面分析，级数越多所得放大倍数就越大，有时会给计算和表示都很不方便，使用对数表示放大倍数的就是增益，在工程上，电压、电流放大倍数常用分贝（dB）表示，折算公式是

$$A_u(\text{dB}) = 20\lg\left|\frac{\dot{U}_o}{\dot{U}_i}\right|(\text{dB})$$

$$A_i(\text{dB}) = 20\lg\left|\frac{\dot{I}_o}{\dot{I}_i}\right|(\text{dB})$$

必须指出，当输出量大于输入量时，dB 取正值，当输出量小于输入量时称为衰减为负值；当输出量等于输入量时为"0" dB。

放大倍数采用分贝表示的好处是可将多级放大电路的乘、除关系转化成加、减关系，给读写带来很多方便，而且符合人的听感。

例3-5：某晶体管电压放大器，已知：$A_{u1} = 50$，$A_{u2} = 41.5$，$A_{u3} = 37.5$。试用分贝（dB）表示其电压放大倍数。

解：$A_u = A_{u1}A_{u2}A_{u3}$

$A_u(\text{dB}) = 20\lg(A_{u1}A_{u2}A_{u3}) = 20\lg A_{u1} + 20\lg A_{u2} + 20\lg A_{u3} = A_{u1} + A_{u2} + A_{u3}$

其中，$A_{u1} = 20\lg50 \approx 34$，$A_{u2} = 20\lg41.5 \approx 32$，$A_{u3} = 20\lg37.5 \approx 31$

所以，$A_u(\text{dB}) = (33.98 + 32.4 + 31.48)\text{dB} = 98\text{dB}$

同样，$A_u = A_{u1}A_{u2}A_{u3} = 50 \times 41.5 \times 37.5 \approx 77813$，$A_u(\text{dB}) = 20\lg77813 \approx 98\text{dB}$

（3）多级放大电路的输入电阻和输出电阻　多级放大电路的输入电阻 R_i 即为第一级放大器的输入电阻，故

$$R_i = R_{i1} \tag{3-27}$$

多级放大电路的输出电阻 R_o 即为最后第 n 级放大器的输出电阻，故

$$R_o = R_{on} \tag{3-28}$$

下面举例说明多级组容耦合放大电路的静态分析和动态分析。

例3-6：三级阻容耦合放大电路如图 3-41 所示。

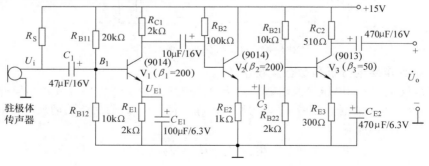

图 3-41　三级阻容耦合放大电路

（1）请判断第一、二、三级电路各属于哪种组态，各起什么作用？

（2）估算静态工作点。

（3）计算总的电压放大倍数 $\dot{A}_\mathrm{u}$。

解：（1）第一、三级属于共射电路起电压放大作用，第二级属于共集电路作缓冲级。

（2）

$$U_\mathrm{B1} = \frac{R_\mathrm{B12}}{R_\mathrm{B11} + R_\mathrm{B12}} V_\mathrm{CC} = \left(\frac{10}{10 + 20} \times 15 \right) \mathrm{V} = 5\,\mathrm{V}$$

$$I_\mathrm{C1Q} \approx I_\mathrm{E1Q} = \frac{U_\mathrm{B1} - U_\mathrm{BE1}}{R_\mathrm{E1}} = \frac{5 - 0.7}{2}\,\mathrm{mA} \approx 2\,\mathrm{mA}$$

$$U_\mathrm{CE1Q} \approx V_\mathrm{CC} - U_\mathrm{E1} - I_\mathrm{C1Q} R_\mathrm{C1} = \left[15 - (5 - 0.7) - 2 \times 2 \right] \mathrm{V} = 6.7\,\mathrm{V}$$

$$I_\mathrm{C2Q} \approx I_\mathrm{E2Q} = \frac{V_\mathrm{CC} - U_\mathrm{BE2}}{R_\mathrm{E2} + \dfrac{R_\mathrm{B2}}{1 + \beta}} \approx \frac{15}{1 + \dfrac{100}{200}}\,\mathrm{mA} = 10\,\mathrm{mA}$$

$$I_\mathrm{C3Q} \approx \frac{\dfrac{R_\mathrm{B22}}{R_\mathrm{B21} + R_\mathrm{B22}} V_\mathrm{CC} - 0.7\,\mathrm{V}}{R_\mathrm{E3}} = 6\,\mathrm{mA}$$

$$r_\mathrm{be1} = 300\,\Omega + 200\,\frac{26\,\mathrm{mV}}{I_\mathrm{E1Q}} = 3\,\mathrm{k\Omega}$$

$$r_\mathrm{be3} = 0.52\,\mathrm{k\Omega}$$

（3）由于第二级为共集电路 R_i 很大、R_o 很小，且 $\dot{A}_\mathrm{u2} \approx 1$，故

$$\dot{A}_\mathrm{u} = \dot{A}_\mathrm{u1} \dot{A}_\mathrm{u2} \dot{A}_\mathrm{u3} = \left(\frac{-\beta_1 R_\mathrm{C1}}{r_\mathrm{be1}} \right)\left(\frac{-\beta_3 R_\mathrm{C3}}{r_\mathrm{be3}} \right) = \frac{200 \times 2}{3} \times \frac{50 \times 0.51}{0.52} \approx 6538$$

3.7 放大电路的频率响应

电子工程实际应用中，电子电路所处理的信号，如语音信号、电视信号等都不是简单的单一频率信号，它们都是由幅度和相位具有固定比例关系的多频率分量组合而成的复杂信号，即具有一定的频谱。例如音频信号的频率范围从 20Hz ~ 20kHz，而视频信号从直流到几十兆赫。

由于放大电路中存在电抗性元件，诸如管子的极间电容、电路的负载电容、分布电容、耦合电容、射极旁路电容等电抗元件，使得放大器可能对不同频率信号分量的放大倍数和相移有所不同。

如放大电路对不同频率信号的幅值放大不同，就会引起幅度失真；如放大电路对不同频率信号产生的相移不同就会引起相位失真。

幅度失真和相位失真总称为频率失真，由于频率失真是由电路的电容、电感等线性电抗元件引起的，故归结为线性失真，线性失真不会产生新的信号频率分量。

3.7.1 频率响应的基本概念

1. 基本概念

频率响应是衡量放大电路对不同频率信号适应能力的一项技术指标。频率响应表达式为

$$\dot{A}_\mathrm{u} = A_\mathrm{u}(f) \underline{/\varphi(f)} \tag{3-29}$$

式中，$A_u(f)$表示电压放大倍数的模与频率f之间的关系，称为幅频响应；$\varphi(f)$表示放大器输出电压与输入电压之间的相位差φ与频率f之间的关系，称为相频响应。

放大电路的幅频响应和相频响应统称为放大电路的频率响应或频率特性。

2. 频率响应的原理电路图

考虑晶体管极间电容和耦合电容、旁路电容作用时的共射放大电路如图3-42所示（将结电容近似看作极间电容C_{bc}和C_{be}）。

3.7.2 放大电路的频率响应

单级共射放大电路的频率特性如图3-43所示。

1. 上限截止频率、下限截止频率和通频带

由幅频特性可观察到，信号频率下降或上升而使电压放大倍数下降到中频区的$0.707A_{um}$，即电压增益下降了3dB，所对应的频率分别为上限截止频率f_H和下限截止频率f_L。

上限截止频率f_H至下限截止频率f_L的一般频率范围称为通频带，用BW表示，即

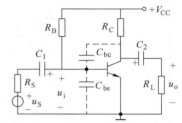

图3-42 考虑晶体管极间电容等作用时共射放大电路

$$BW = f_H - f_L \qquad (3\text{-}30)$$

式中，BW、f_L、f_H是放大电路的3个重要频率技术指标。

2. 频率特性

在分析共射放大电路时，前面的讨论都是将信号频率设定在中频范围，将耦合电容C_1、C_2和旁路电容C_E视为短路，将晶体管极间电容及分布电容视为开路。但实际上，当输入信号的频率改变时，这些因素均不能忽略。

曲线中间有一个较宽的频率范围曲线平坦，说明这一段的放大倍数不随信号频率变化，该段频率范围称为放大电路的中频区，中频区的电压放大倍数用A_{um}表示。

在中频区的频率范围内，电压放大倍数A_{um}和相位差$\varphi = -180°$基本不随频率变化。这是因为该区内的C_1、C_2、C_E的数值很大，相应的容抗很小，可视作短路。而晶体管的极间分布电容C_{be}、C_{bc}的数值很小，相应的容抗很大，可视为开路。即所有电容对电路的影响均可以忽略不计，所以中频段的电压放大倍数基本上是一个与频率无关的常数。

$f < f_L$的一段频率范围称为低频区，该区的频率通常小于几十赫，因此在低频区，晶体管的极间分布电容C_{be}和C_{bc}的容抗增大，视为开路；而C_1、C_2、C_E的容抗增大，损耗了一部分信号电压，因此电压放大倍数将随信号频率下降而减小。

$f > f_H$的一段频率范围称为高频区，高频区的频率通常约大于几十千赫至几百千赫，高频

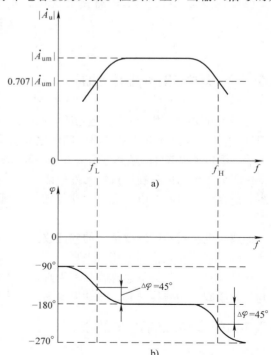

图3-43 单级共射放大电路的频率特性
a）幅频特性 b）相频特性

范围内，耦合 C_1、C_2、C_E 的容抗减小，可视为短路；但晶体管的极间分布电容 C_{be} 和 C_{bc} 的容抗减小，对信号电流起分流作用，故电压放大倍数也将随信号频率增加而减小。

观察图 3-43b 所示的相频特性，在通频带以内的频率范围 BW 区间，由于各种容抗影响极小而忽略不计，因此除了晶体管的反相作用外，无其他附加相移，所以中频电压放大倍数的相角 $\varphi = -180°$；在低频区内耦合，旁路电容的容抗不可忽略，因此要损耗掉一部分信号，使放大倍数下降，对应的相移比中频区超前一个附加相移 $+\Delta\varphi$，最大可达 $+90°$；同理，高频区由于晶体管的极间电容及导线分布电容起作用，将信号旁路掉一部分，晶体管的 β 值也随频率升高而减小，从而使电压放大倍数下降，对应的相移比中频区滞后一个附加相移 $-\Delta\varphi$，最大可达 $-90°$。

3. 频率失真

图 3-44 所示的输入信号用粗实线表示，它由基波和二次谐波（虚线表示）组成，由于电抗元件的影响，经放大电路放大后产生的幅度失真和相位失真统称为频率失真，产生频率失真的原因是放大电路的通频带 BW 不够宽。

幅度失真是由于放大电路对不同频率分量的放大倍数不同而引起的输出信号波形产生的失真；相位失真是由于放大电路对不同频率分量的相移不同而造成输出信号的波形失真。图 3-44 分别列出了这两种失真的波形。图 3-44a 所示为输入信号波形，它可以分解成基波和二次谐波的正弦波合成的输入信号，图 3-44b 表示二次谐波放大倍数小于基波放大倍数，造成输出的波形产生了幅度失真，图 3-44c 表示由于二次谐波产生了附加相移 $\Delta\varphi$，造成输出的波形的相位失真。

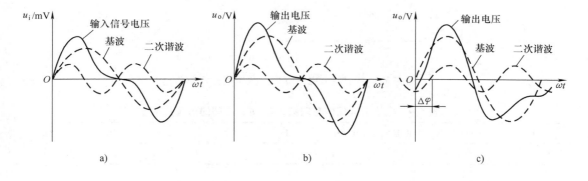

图 3-44　放大电路频率失真波形

3.7.3　伯德图

在研究放大电路的频率响应时，由于信号的频率范围很宽，从几赫到几百兆赫以上，另外电路的放大倍数可高达百万倍，为压缩坐标，扩大视野，在有限坐标空间内完整地描述频率特性曲线，频率坐标采用对数刻度，纵坐标上的电压放大倍数用电压增益分贝数 $20\lg|\dot{A}_u|$ 表示，相位差 φ 仍用线性刻度，这种半对数坐标特性曲线称为对数频率特性或伯德图。

共射放大电路的完全频率响应伯德图如图 3-45 所示。工程表示法如图中实线所示，理论分析如图中虚线所示。

画伯德图时不是用逐点描绘曲线的方法，而是采用折线近似的方法画出对数频率特性。放大电路的电压放大倍数与对数 $20\lg|\dot{A}_u|$ 之间的对应关系如表 3-4 所示。

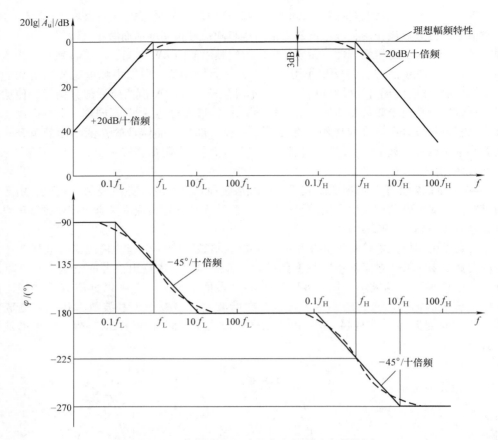

图 3-45　共射放大电路的完全频率响应伯德图

表 3-4　电压放大倍数与对数 $20\lg|\dot{A}_u|$ 之间的对应关系

$|\dot{A}_u|$	0.01	0.1	0.707	1	$\sqrt{2}$	2	10	100
$20\lg|\dot{A}_u|$	−40	−20	−3	0	3	6	20	40

伯德图的横坐标频率 f 采用 $\lg f$ 对数刻度，这样将频率的变化范围压缩在一个小范围内，幅频特性的纵坐标是电压增益，用分贝（dB）表示为 $20\lg|\dot{A}_u|$，当 $|\dot{A}_u|$ 从 10 倍变化到 100 倍时，分贝值只从 20 变化到 40。这样绘出的 $20\lg|\dot{A}_u|$ 与 $\lg f$ 的关系曲线称为对数幅频特性。

3.7.4　多级放大电路的频率特性

1. 多级放大电路的幅频特性和相频特性

因多级放大电路的电压放大倍数 $\dot{A}_u = \dot{A}_{u1}\dot{A}_{u2}\cdots\dot{A}_{un}$，故其幅频特性为

$$20\lg|\dot{A}_u| = 20\lg|\dot{A}_{u1}| + 20\lg|\dot{A}_{u2}| + \cdots + 20\lg|\dot{A}_{un}|$$

相频特性为

$$\varphi = \varphi_1 + \varphi_2 + \cdots + \varphi_n$$

只要将各级对数频率特性的电压增益相加，相位相加，就能得到多级放大电路的幅频特性和相频特性，两级放大电路增益相同时的幅频特性和相频特性如图 3-46 所示。

2. 多级放大电路的通频带

多级放大电路的下限频率 f_L 比单级的要大，上限频率 f_H 比单级的要小，因此多级放大电路

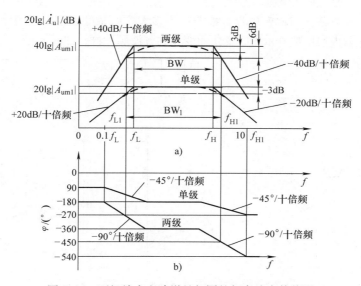

图 3-46 两级放大电路增益相同的频率响应伯德图

与单级放大电路相比，总的频带宽度 BW 比任何一单级的通频带小。通频带变窄换来的是电路总的放大倍数的提高。

3. 多级放大电路的上、下限频率

多级放大电路的下限截止频率和上限截止频率，可用下列公式估算：

$$f_L \approx 1.1 \sqrt{f_{L1}^2 + f_{L2}^2 + \cdots + f_{Ln}^2} \tag{3-31}$$

$$\frac{1}{f_H} \approx 1.1 \sqrt{\frac{1}{f_{H1}^2} + \frac{1}{f_{H2}^2} + \cdots + \frac{1}{f_{Hn}^2}} \tag{3-32}$$

4. 放大电路频率响应的改善

放大电路的级数越多，其通频带越窄，频率特性越差。在电路中引入负反馈，可以展宽通频带，提高频率特性。要改善放大电路的低频特性，就要增大耦合电容和旁路电容的容量，前级放大电路输出电阻和后级放大电路的输入电阻对频率特性也有影响。对低频特性要求高的交流放大电路，一般都采用直接耦合的放大电路。要改善放大电路的高频特性，需要用结电容 C_{bc} 小的高频晶体管。

应该指出，选用合适的频带宽度的放大电路是明智的，因为频带过宽的放大器会降低抗干扰能力，还会浪费放大器的增益。

3.8 应用电路介绍

应用一：小电容的测量

用万用表检查电容时，一般只能鉴别容量较大的电容的好坏。对于小电容，因为其初始充电电流很小，所以表针的惯性摆幅极小，甚至不摆动，不容易鉴别。若按图 3-47 加上一只 PNP 型复合晶体管，将被测小电容接在复合晶体管的集电极和基极之间，则在测试笔接触的瞬间，由于晶体管的电流放大作用，流过小电容的初始充电电流被放大 $\beta_1\beta_2$ 倍后加到表头上，使表针摆幅大大增加，这样鉴别起来就比较容易了。

应用二：晶体管用于放大音乐片信号

现在的音乐集成电路（俗称音乐片）能产生许多大家熟悉的歌曲，它的输出电压是一连串幅度不变，但频率和占空比随音乐内容变化而变化的方波脉冲群，如图3-48a所示。

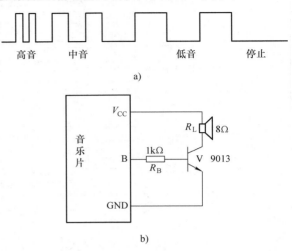

a)

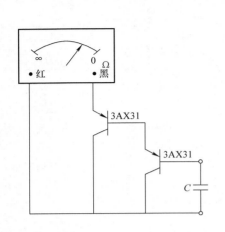

图3-47 小电容测量电路

图3-48 音乐集成电路
a）随音乐内容变化而变化的方波脉冲群 b）简单的功放电路

由于音乐片IC的输出电流很小，不足以带动扬声器，因此可以用最简单的晶体管放大电路进行功率放大，电路如图3-48b所示。V为共射接法，当音乐片没有信号输出（B端处于"停"状态）时，$I_B = 0$，$I_C = 0$，所以V工作在截止区。当音乐片的输出方波脉冲跳变到+3V时，$I_B > I_{BS}$，所以V处于饱和区，$I_C = (V_{CC} - U_{CES})/R_L = (3 - 0.3)/8 \approx 0.3A$，数值较大，但$U_{CE} = U_{CES} \approx 0.3V$，管耗$P_C = I_C U_{CE} = (0.3 \times 0.3)W < 100mW$，数值较小，不致引起V发热。综上所述，V是轮流工作在截止区和饱和区，管耗小、效率高，但不适应于放大正弦信号，因为会引起很大的失真。

应用三：信件电子报讯器

只要将信件电子报讯器安装在信箱上，不用开箱，通过发光二极管的指示便可知道信箱中是否投入了报纸、信件等。电路简单（只用了6只元器件）、安装容易，具有一定的实用性。

图3-49为信件电子报讯器的电路原理图。红外发光二极管VL_1与光敏晶体管V_1构成一光控电路，VL_1是红外发光二极管，因此在白天亦不怕受到干扰。VL_2是一频闪发光二极管，它由振荡器、分频器、驱动放大器和普通发光二极管组成。通过驱动放大器使发光二极管产生频闪，频闪频率在$1 \sim 5Hz$之间，所以很容易引起人们的注意。

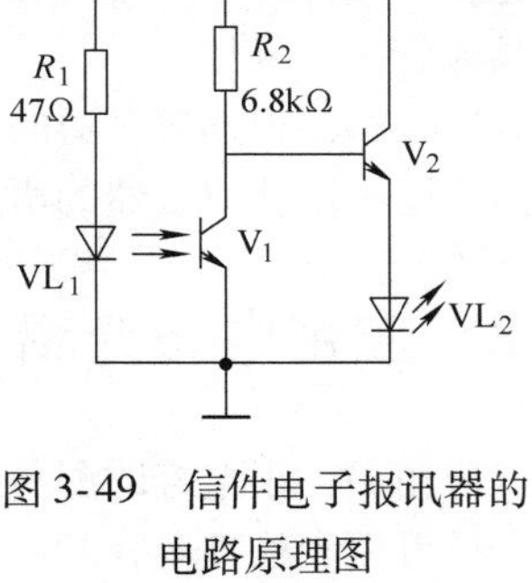

当信箱中无信件时，V_1受VL_1红外光线照射呈低电阻，晶体管V_2截止，频闪VL_2不发光；当有信件从信箱投入口投入时，隔断了VL_1与V_1之间的光路，V_1没有受到来自VL_1的红外光照射，因而其内阻增大，这时V_2、VL_2导通，使其发光，指示信箱中有信件了。

图3-49 信件电子报讯器的
电路原理图

应用四：视频信号放大电路

图3-50是用于放大视频信号3MHz左右的分立元器件组成的共射—共基放大电路。

V_1组成共射电路，V_2组成共基电路，两电路直接耦合，V_2的E、C极以及R_{C2}相当于V_1的集电极负载。由于V_2对高频而言处于共基状态，其输入电阻十分小，因此第一级放大电路只有电流放大作用（$i_{c1} \approx \beta_1 i_{b1}$）而没有电压放大作用。$i_{c1}$ 的大部分均输入到 V_2 的 E 极。虽然共基电路没有电流放大作用，但它有电压放大作用，因此 V_1 与 V_2 组成的放大电路的功率放大作用只相当于一级共射电路。但由于共基电路的输入电阻 R_i 很小，消除了共射电路集电结电容对高频的衰减作用，大大扩展了通频带。10μF 电解电容旁边并联了一个 10nF 的小磁介电容，虽然不能增加总的电容量，但磁介电容的高频特性比电解电容好得多，有利于减小高频损耗。调节 R_{B1}、R_{B2} 使 $U_{CE1} \approx U_{CE2} \approx U_{RC2} \approx \dfrac{1}{3} V_{CC}$，而 $I_{C1} \approx I_{C2}$，约调至几毫安左右。

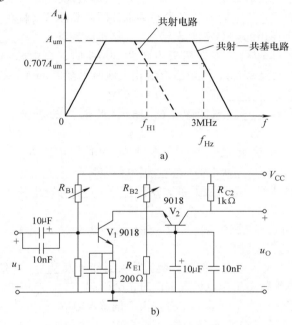

图 3-50　共射—共基放大电路

本 章 小 结

1. 晶体管是一种电流控制器件，它的输出曲线可以分为 4 个工作区域：放大区、饱和区、截止区和击穿区。在放大区，主要是通过较小的基极电流去控制较大的集电极电流。晶体管电流放大的外部条件是：发射结正向偏置，集电结反向偏置。

2. 放大电路中的各种电流和电压信号，既有直流分量，又有交流分量，交流性能受直流工作点的影响。在分析计算时，要把交、直流分开计算，静态工作点由直流通路分析（估算），交流性能由交流通路分析，对于微小信号采用微变等效电路分析。

3. 工作点稳定电路是针对半导体器件的热不稳定性而提出的，分压偏置电路是常用的工作点稳定电路。

4. 3 种基本组态的放大电路：共射电路的电压放大倍数较大，应用较广泛；共基电路适用于高频放大；共集电路的输入电阻高、输出电阻小、电压放大倍数接近 1，也有着广泛应用。

5. 多级放大电路常见的耦合方式有阻容耦合、直接耦合、变压器耦合、光电耦合。多级放大器的电压放大倍数是各级放大倍数的乘积。

6. 放大电路对不同信号频率具有不同的放大能力，用频率响应来表示这种特征。放大倍数在低频段下降的主要原因是由于耦合电容及射极旁路电容的存在，在高频段下降的主要原因是晶体管的极间电容的影响。

思考题与习题

3-1 填空题

（1）晶体管从结构上看可以分成_____和_____两种类型。

（2）晶体管工作时有_____种载流子参与导电，因此晶体管又称为_____型晶体管。

（3）晶体管具有放大作用的外部条件是_____结正向偏置，_____结反向偏置。

（4）设晶体管的电压降 U_{CE} 不变，基极电流为 $20\mu A$ 时，集电极电流等于 $2mA$，则 $\bar{\beta}$ = _____。若基极电流增大至 $25\mu A$，集电极电流相应地增大至 $2.6mA$，则 β = _____。

（5）当晶体管工作在_____区时，$I_C \approx \bar{\beta} I_B$ 才成立。

（6）当晶体管工作在_____区时，$U_{CE} \approx 0$。此时，发射结_____偏置，集电结_____偏置。

（7）当 NPN 硅管处在放大状态时，在 3 个电极电位中，以_____极的电位最高，_____极的电位最低，_____极和_____极电位差等于_____V。

（8）温度升高时，晶体管的电流放大系数 β 将_____，穿透电流 I_{CEO} 将_____，发射极电压 U_{BE} 将_____。

（9）某放大电路，当输入电压为 $10mV$ 时，输出电压为 $6.5V$；当输入电压为 $15mV$ 时，输出电压为 $7V$。则该电路的电压增益为_____。

（10）直流放大器能放大_____信号，交流放大器能放大_____信号。

（11）当 NPN 型晶体管静态工作点设置偏低时，会引起_____失真，单级共射放大电路输出电流波形的_____半周先产生削波，需将基极上偏置电阻 R_B 的值调_____。

（12）造成放大电路静态工作点不稳定的因素很多，其中影响最大的是_____。

（13）3 种基本组态的放大电路中，有电压放大无电流放大的是_____电路，有电流放大无电压放大的是_____电路，既有电压放大又有电流放大的是_____电路。

（14）分压式偏置的共射极放大电路图 3-18 中 R_E 的作用是_____。

（15）直接耦合放大电路既能放大_____信号，又能放大_____信号，但它存在温漂的问题需要考虑解决。

（16）多级放大电路与单级放大电路相比，电压增益变_____，通频带变_____。

3-2 选择题

（1）当晶体管的两个 PN 结都反偏时，则晶体管处于（　　）。

A. 截止状态　　　　B. 饱和状态　　　　C. 放大状态　　　　D. 击穿

（2）当晶体管的两个 PN 结都正偏时，则晶体管处于（　　）。

A. 截止状态　　　　B. 饱和状态　　　　C. 放大状态　　　　D. 击穿

（3）测得放大电路中某晶体管的 3 个电极对地电位分别为 $6V$、$5.3V$ 和 $-6V$，则该晶体管的类型为（　　）。

A. 硅 PNP 型　　　　B. 硅 NPN 型　　　　C. 锗 PNP 型　　　　D. 锗 NPN 型

（4）测得放大电路中某晶体管的 3 个电极对地电位分别为 $8V$、$2.3V$ 和 $2V$，则该晶体管的类型为（　　）。

A. 硅 PNP 型　　　　B. 硅 NPN 型　　　　C. 锗 PNP 型　　　　D. 锗 NPN 型

（5）检查放大器中晶体管在静态时是否进入截止区，最简单的方法是测量（　　）。

A. I_{BQ}　　　　　　B. U_{BEQ}　　　　　　C. I_{CQ}　　　　　　D. U_{CEQ}

（6）放大器中晶体管在静态时进入饱和区的条件是（　　）。

A. $I_B > I_{BS}$　　　B. $I_B < I_{BS}$　　　C. $U_{BE} > $死区电压　　　D. $U_{BEQ} = $导通电压

（7）工作在放大状态的双极型晶体管是（　　）。

A. 电流控制型　　　B. 电压控制型　　　C. 不可控器件

（8）用直流电压表测得晶体管电极 1、2、3 的电位分别为 $V_1 = 1V$，$V_2 = 1.3V$，$V_3 = -5V$，则 3 个电极为（　　）。

A. 1 为 e；2 为 b；3 为 c　　　　　　B. 1 为 e；2 为 c；3 为 b

C. 1 为 b；2 为 e；3 为 c　　　　　　D. 1 为 b；2 为 c；3 为 e

（9）处于放大状态的 NPN 型晶体管，各电极的电位关系是（　　）。

A. $V_B > V_C > V_E$　　B. $V_E > V_B > V_C$　　C. $V_C > V_B > V_E$　　D. $V_C > V_E > V_B$

（10）某晶体管的发射极电流等于 1mA，基极电流等于 20μA，正常工作时，它的集电极电流等于（　　）。

A. 0.98mA　　　B. 1.02mA　　　C. 0.8mA　　　D. 1.2mA

（11）固定偏置放大电路中，晶体管的 $\beta = 50$，若将该管调换为 $\beta = 80$ 的另一个晶体管，则该电路中晶体管集电极电流 I_C 将（　　）。

A. 增加　　　B. 减少　　　C. 基本不变

（12）测得某放大电路负载开路时的输出电压为 4V，接入 2kΩ 的负载后，测得输出电压降为 2.5V，则该放大电路的输出电阻为（　　）。

A. 1.2kΩ　　　B. 1.6kΩ　　　C. 3.2kΩ　　　D. 10kΩ

（13）固定偏置共射极放大电路，已知 $V_{CC} = 12V$，$R_C = 3k\Omega$，$\beta = 40$，忽略 U_{BE}，若要使静态时 $U_{CE} = 9V$，则 R_B 应取（　　）。

A. 600kΩ　　　B. 240kΩ　　　C. 480kΩ　　　D. 360kΩ

（14）固定偏置共射极放大电路 $V_{CC} = 10V$，$\beta = 100$，$R_B = 100k\Omega$，$R_C = 5.1k\Omega$，则该电路中晶体管工作在（　　）。

A. 放大区　　　B. 饱和区　　　C. 截止区　　　D. 无法确定

（15）单级共射极放大电路，输入正弦信号，现用示波器观察输入电压 u_i 和晶体管集电极电压 u_c 的波形，两者相位（　　）。

A. 相差 0°　　　B. 相差 180°　　　C. 相差 90°　　　D. 相差 270°

（16）图 3-51 所示共射放大电路中，晶体管 $\beta = 50$，$U_{BE} = -0.2V$。问：当开关与 A 处相接时，晶体管处于（　　）状态；开关与 B 相接时，晶体管处于（　　）状态；开关与 C 相接时，晶体管处于（　　）状态。

A. 放大

B. 饱和

C. 截止

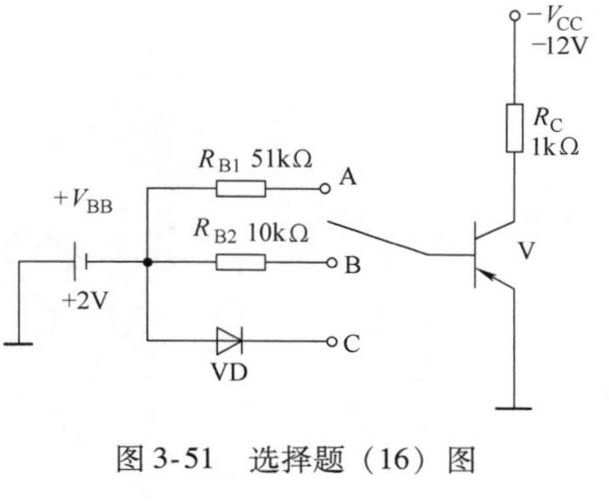

（17）阻容耦合放大电路加入不同频率的输入信号，低频区电压增益下降的原因是由于（　　）的存在。

图 3-51　选择题（16）图

A. 耦合电容与旁路电容　　　　　　B. 极间电容和分布电容

C. 晶体管的非线性

（18）两个相同的单级共射放大电路空载时的电压放大倍数均为30，现将它们级连后组成一个两级放大电路，则总的电压放大倍数（　　）。

A. 等于60　　　　　B. 等于900　　　　　C. 小于900　　　　　D. 大于900

（19）已知两级放大电路 $\dot{A}_{u1} = 100$，$\dot{A}_{u2} = 10$，则电路总的电压放大倍数 $\dot{A}_{u}$ 为（　　）。

A. 100　　　　　B. 1000　　　　　C. 110　　　　　D. 1100

（20）已知三级放大电路，$\dot{A}_{u1} = \dot{A}_{u2} = 30\mathrm{dB}$，$\dot{A}_{u3} = 20\mathrm{dB}$，则电路总的电压放大倍数 $\dot{A}_{u}$ 为（　　）dB。

A. 80　　　　　B. 10　　　　　C. 50　　　　　D. 18000

3-3　判断题

（1）既然晶体管是由两个PN结构成，而二极管内部就包含一个PN结，因此可以用两个二极管反向串接来构成晶体管。（　　）

（2）晶体管只有测得 $U_{\mathrm{BE}} > U_{\mathrm{CE}}$ 才工作在放大区。（　　）

（3）晶体管集电极和基极上的电流总能满足 $I_{\mathrm{C}} = \beta I_{\mathrm{B}}$ 的关系。（　　）

（4）由于放大的对象是变化量，所以当输入信号为直流信号时，任何放大电路的输出都毫无变化。（　　）

（5）用微变等效电路可以分析小信号放大器的输入电阻和输出电阻，也可以用来计算放大器的放大倍数。（　　）

（6）利用微变放大电路，可以很方便地分析计算小信号输入时的静态工作点。（　　）

（7）射极输出器因其电压放大倍数小于1不能起缓冲、隔离作用，实际工作中很少使用。（　　）

（8）阻容耦合多级放大电路各级的静态工作点相互独立，它只能放大交流信号。（　　）

（9）直接耦合多级放大电路各级的静态工作点相互影响，它只能放大直流信号。（　　）

（10）多级放大器的通频带比组成它的各级放大器的通频带窄，级数越少，通频带越窄。（　　）

3-4　图3-52所示各晶体管电极的实测对地电压数据中，分析各管的情况：

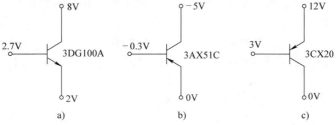

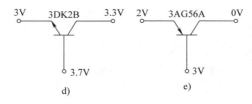

图3-52　题3-4图

（1）是 NPN 型还是 PNP 型？

（2）是锗管还是硅管？

（3）是处于放大、截止或饱和中的哪一种？或是已经损坏（指出哪个结已开路或短路）？

3-5 图 3-53 各电路中，哪些可能实现正常的交流信号放大？哪些则不能？请写出为什么不能放大的理由。

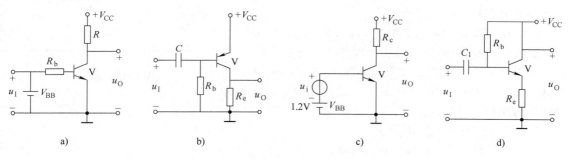

图 3-53 题 3-5 图

3-6 试求图 3-54 各放大电路的静态值 I_{BQ}、I_{CQ}、U_{CEQ}。设图中的所有晶体管都是硅管，即 $U_{BE} = 0.7V$。

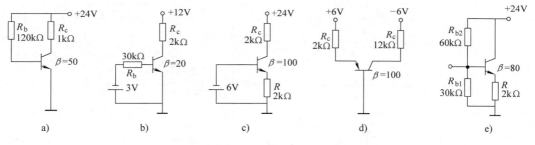

图 3-54 题 3-6 图

3-7 用示波器分别测得某 NPN 型管的共射极基本放大电路的 3 种不正常输出电压波形如图 3-55 所示。试分析各属于何种失真？如何调整电路参数来消除失真？

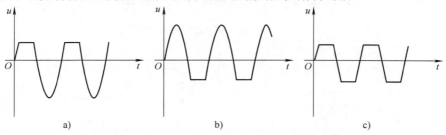

图 3-55 题 3-7 图

3-8 放大电路如图 3-56 所示。调节电位器可调整放大器的静态工作点。

（1）如果要求 $I_{CQ} = 2mA$，问 R_B 值应多大？

（2）如果要求 $U_{CEQ} = 5V$，问 R_B 又应多大？

3-9 画出图 3-57 所示电路的直流通路和交流通路。

3-10 电路如图 3-58 所示。设晶体管为硅管，$\beta = 50$，$V_{CC} = 24V$，$R_{B1} = 62k\Omega$，$R_{B2} = 15k\Omega$，$R_C = 3k\Omega$，$R_E = 1k\Omega$，$R_L = 3k\Omega$，$C_1 = C_2 = 10\mu F$，$C_e = 47\mu F$。试求：

（1）静态时的 I_{BQ}、I_{CQ}、U_{BQ}、U_{CEQ}；

（2）画出放大电路的微变等效电路；

（3）$\dot{A}_u$、R_i、R_o；

（4）C_e 开路时的静态工作点及 $\dot{A}_u$、R_i、R_o。

3-11 在图 3-59 所示的放大电路中，已知：$V_{CC} = 12V$，$R_C = 6.2k\Omega$，$R_{E1} = 300\Omega$，$R_{E2} = 2.7k\Omega$，$R_{B1} = 62k\Omega$，$R_{B2} = 20k\Omega$，$R_L = 5.1k\Omega$，$R_S = 1k\Omega$，$C_1 = C_2 = 10\mu F$，$C_e = 100\mu F$，晶体管的 $\beta = 50$。试求：

（1）静态工作点 I_{BQ}、I_{CQ}、U_{CEQ}；

（2）画出放大电路的微变等效电路；

（3）R_i、R_o、$\dot{A}_u$、$\dot{A}_{us}$；

（4）若信号源 $u_S = 15mV$，则 u_i、u_o。

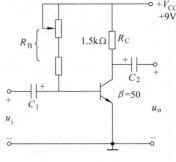

图 3-56 题 3-8 图

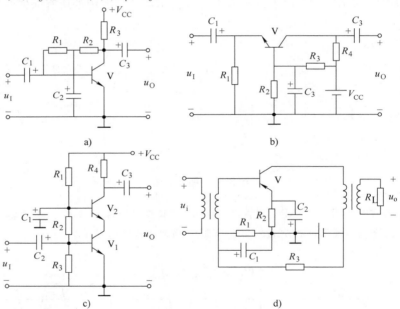

a)

b)

c)

d)

图 3-57 题 3-9 图

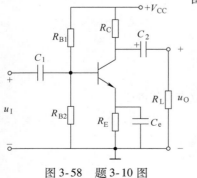

图 3-58 题 3-10 图

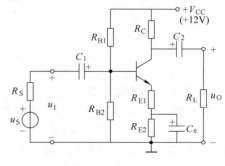

图 3-59 题 3-11 图

3-12 电路如图 3-60 所示，晶体管的 $\beta = 80$，$r_{be} = 1k\Omega$。

（1）试求静态工作点；

（2）分别求出 $R_L = \infty$ 和 $R_L = 3k\Omega$ 时电路的 $\dot{A}_u$ 和 R_i；

（3）求 R_o；

（4）若信号源 $u_S = 100mV$，则输出电压 $u_O = ?$（$R_L = 3k\Omega$）。

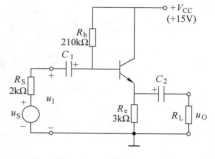

图 3-60 题 3-12 图

3-13 在图 3-61 所示的放大电路中，已知：$V_{CC} = 12V$，$R_{B11} = 39k\Omega$，$R_{B21} = 13k\Omega$，$R_{B12} = 120k\Omega$，$R_C = 3k\Omega$，$R_{E1} = 150\Omega$，$R_{E2} = 1k\Omega$，$R_E = R_L = 2.4k\Omega$，两管 $\beta = 50$，$U_{BE} = 0.6V$，各电容在中频区的容抗可忽略不计。

（1）试求静态工作点 I_{B1}、I_{C1}、U_{CE1} 及 I_{B2}、I_{C2}、U_{CE2}；

（2）画出全电路微变等效电路，计算 r_{be1}、r_{be2}；

（3）试求各级电压放大倍数 $\dot{A}_{u1}$、$\dot{A}_{u2}$ 及总电压放大倍数 $\dot{A}_u$；

（4）试求输入电阻 R_i 及输出电阻 R_o；

（5）试问后级是什么电路？其作用是什么？若 R_L 减小为原值的 $1/10$（即 240Ω）则 $\dot{A}_u$ 变化多少？

3-14 图 3-62 所示电路的元器件参数为已知。

（1）说明 V_1、V_2 分别构成什么组态的放大器？

（2）写出 $\dot{A}_u$、R_i、R_o 的表达式。

（3）前级采用射极输出器有何好处？

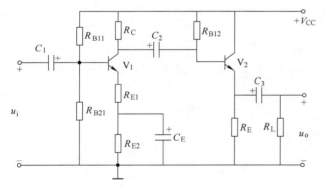

图 3-61 题 3-13 图

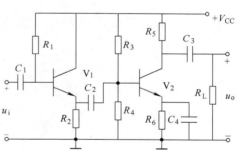

图 3-62 题 3-14 图

3-15 已知某电路的伯德图如图 3-63 所示，试写出 $\dot{A}_u$ 的表达式。

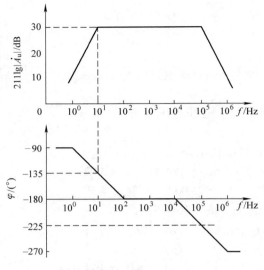

图 3-63 题 3-15 图

本 章 实 验

实验 3.1　晶体管参数测试

1. 实验目的

1）掌握使用万用表检测晶体管的方法。

2）掌握使用晶体管图示仪检测二极管、晶体管等常用电子器件的方法。

2. 实验仪器和器材

指针式万用表；晶体管图示仪 DF4810；二极管、晶体管各若干个。

3. 实验和实验预习内容

（1）实验预习内容

1）阅读晶体管图示仪 DF4810 使用说明书。

2）参阅《常用电子元器件简明手册》P161，用万用表判断晶体管的引脚和管型以及好坏的判断。

3）用指针式万用表进行晶体管的识别和检测

①熟悉晶体管的外形，并按照半导体器件命名规则了解晶体管的型号含义。

②用指针式万用表辨别晶体管的引脚。

③完成表 3-5 中晶体管的类型与性能检测结果。

表 3-5　晶体管类型与性能检测

型号（NPN 型或 PNP 型）	b-e 间电阻	e-b 间电阻	b-c 间电阻	c-b 间电阻	质量判别
9013（　　型）					
9012（　　型）					

（2）实验内容　用晶体管图示仪 DF4810 对二极管、稳压管、晶体管和场效应晶体管进行参数测试。

1）二极管 1N4007（1N4148）的特性曲线测试：完成表 3-6 中二极管的类型与性能检测结果。

表 3-6　二极管的类型与性能检测

器件（特性）	1N4007（正向）	1N4007（反向）
峰值电压范围	0 ~ 10V	0 ~ 5kV
器件接法	二极管接在操作台面板上 C 接阳极，E 接阴极	二极管反接在 5kV 接线柱， 注意安全
Y 轴、X 轴方式开关位置	Y 轴测量（ + ）　X 轴测量（ + ）	Y 轴测量（ + ）　X 轴测量（ - ）
光点校准位置	左下角原点	右上角原点
极性	正（ + ）	
功耗电阻	250Ω	100kΩ
X 轴集电极电压	0.1V/度	500V/度

（续）

器件（特性）	1N4007（正向）	1N4007（反向）
Y 轴集电极电流	1mA/度（测 5 mA 时） 50μA/度（测 0.25mA 时）	100μA/度
	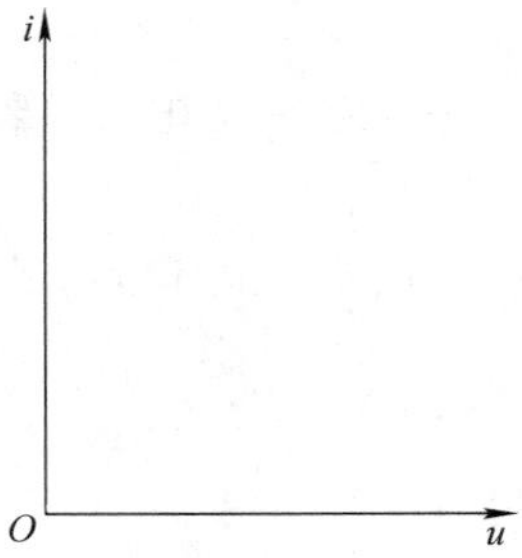	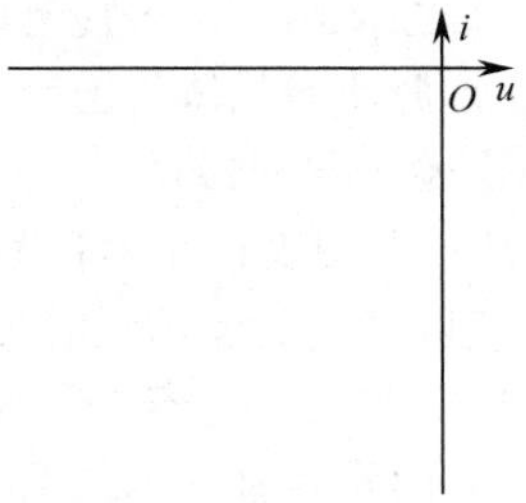
正向静态电阻 R（5mA 时）需作图	计算： $R =$	作图：
正向静态电阻 R（0.25mA 时）需作图	计算： $R =$	作图：
正向动态电阻 r（5mA 时）需作图	计算： $r =$	作图：
正向动态电阻 r（0.25mA 时）需作图	计算： $r =$	作图：
反向电流 I_R	$I_R =$	
反向击穿电压 U_{BR}	$U_{BR} =$	

2）稳压管 2CW54 的特性曲线测试：完成表 3-7 中的检测结果。

表 3-7　稳压管的检测

器件（特性）	2CW54（正向）	2CW54（反向）
器件接法	二极管接在操作台面板上 C 接阳极，E 接阴极	二极管接在操作台面板上 C 接阴极，E 接阳极
峰值电压范围	0 ~ 10V	0 ~ 10V
Y 轴、X 轴方式开关位置	Y 轴测量（ + ）　　X 轴测量（ + ）	Y 轴测量（ + ）　　X 轴测量（ - ）
光点校准位置	左下角原点	右上角原点
极性	正（ + ）	负（ - ）
功耗电阻	1kΩ	250Ω
X 轴集电极电压	0.1V/度	1V/度
Y 轴集电极电流	1mA/度 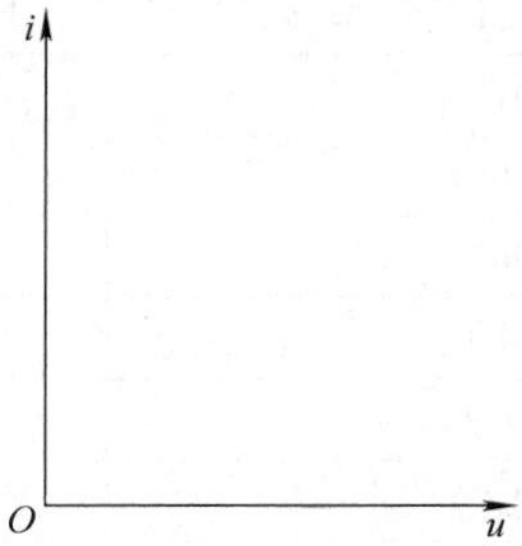	1mA/度 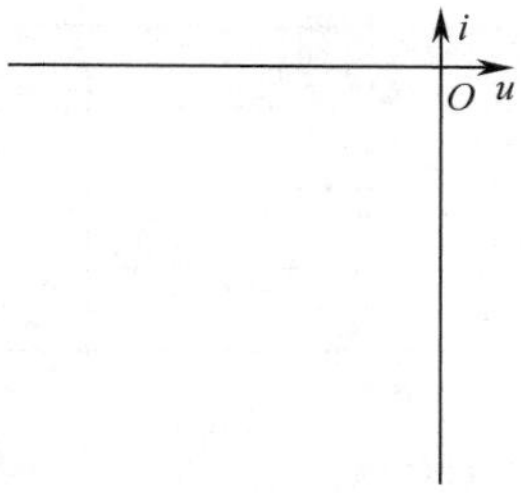
反向动态电阻 r（10mA 时）需作图	$r =$	
稳定电压 U_Z	$U_Z =$	

3）晶体管的输入特性曲线测试：完成表 3-8 中的检测结果。

表 3-8　晶体管的输入特性曲线的检测

器件（特性）	9013
峰值电压范围	0 ~ 10V
器件接法	晶体管接在操作台面板上 C 接基极，E 接发射极
极性	+（NPN）
功耗电阻	1kΩ
X 轴基极电压	0.1V/度

（续）

器件（特性）	9013
Y 轴基极电流	1mA/度 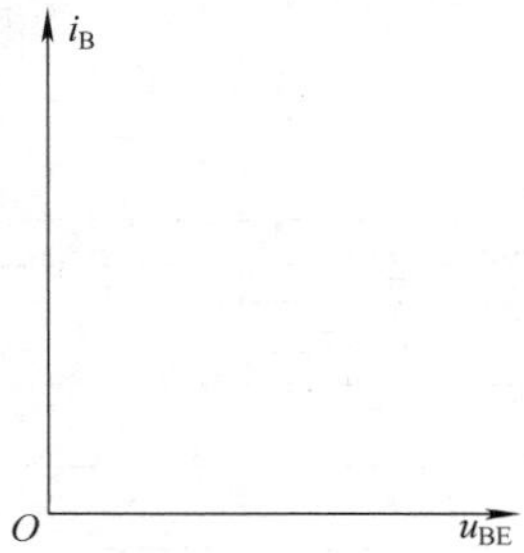

4）晶体管的输出特性曲线测试：完成表3-9中的检测结果。

表3-9　晶体管的输出特性曲线的检测

器件（特性）	9013	9012
峰值电压范围	0～10V	0～10V
极性	+（NPN）	-（PNP）
功耗电阻	250Ω	250Ω
X 轴集电极电压	1V/度	1V/度
Y 轴集电极电流	1mA/度	1mA/度
基极阶梯信号极性	正（+）	负（-）
基极阶梯信号方式	重复	重复
基极阶梯信号输入	正常	正常
阶梯选择	5μA/级	5μA/级
	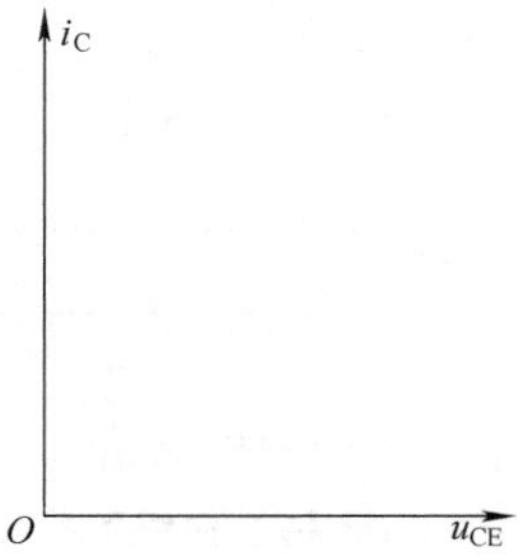	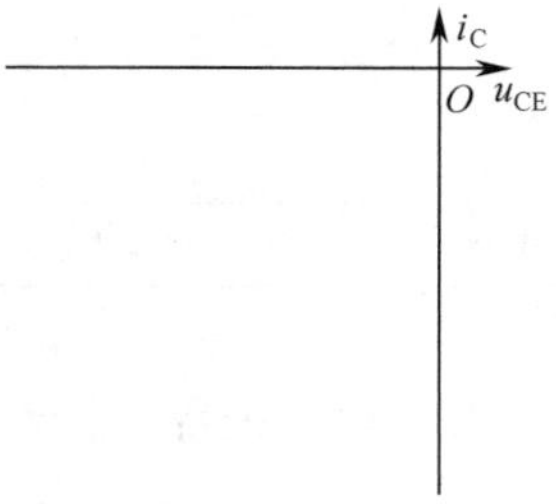
直流放大系数 $\overline{\beta}$ 交流放大系数 β（$U_{CE}=10V$、 $I_C=5$ mA 时测量）需作图	$\overline{\beta}=$ $\beta=$	$\overline{\beta}=$ $\beta=$

5）晶体管的 $U_{(BR)CEO}$ 测试：完成表3-10中的检测结果。

表 3-10　晶体管的 $U_{(BR)CEO}$ 的检测

器件（特性）	9013	9012
峰值电压范围	0 ~ 50V	0 ~ 50V
极性	+（NPN）	-（PNP）
功耗电阻	1kΩ	1kΩ
X 轴集电极电压	5V/度	5V/度
Y 轴集电极电流	1mA/度	1mA/度
基极阶梯信号方式	关	关
基极阶梯信号输入	零电流	零电流
集电极—发射极间反向击穿电压 $U_{(BR)CEO}$（5mA 时）需作图	$U_{(BR)CEO} =$	$U_{(BR)CEO} =$

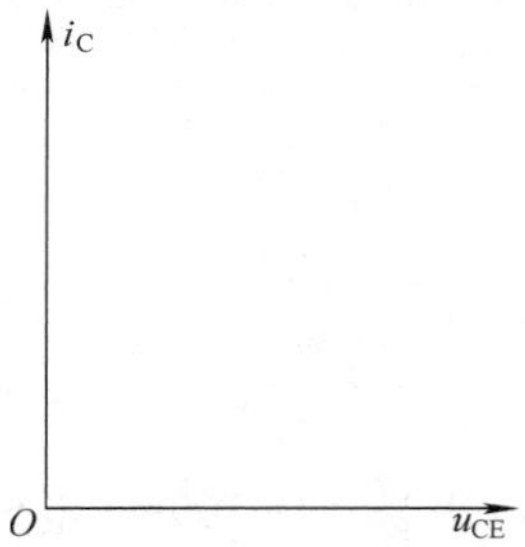

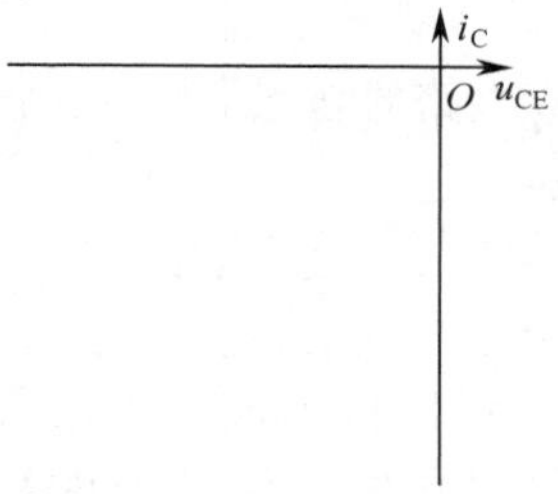

4. 实验报告和思考题

1）简述你通过实验得出的基本结论。

2）写出你对本次实验内容中一个最有收获的实验报告。（能自己设计一个实验，并写出报告更好。）

3）分析表3-6 中测量数据，说明二极管正向静态电阻 R 与正向动态电阻 r 的区别。

实验 3.2　共射单级放大电路（一）

1. 实验目的

1）掌握分压式偏置共射放大电路的静态工作点的测量方法。

2）熟悉电路中参数的变化对静态工作点的影响以及对晶体管的工作状态的影响。

2. 实验仪器和器材

电子电路实验箱；函数发生器；双踪示波器；电子毫伏表；万用表；晶体管 9013；100kΩ 电位器；10kΩ 电阻×2；2kΩ、1kΩ、5.1kΩ 电阻；10μF 电解电容×2；100μF 电解电容。

3. 实验和实验预习内容

（1）实验预习内容　在实验箱上组建如图 3-64 所示为分压偏置共射放大电路。组建的分压偏置共射放大电路，测完之后请勿拆除，在后续实验中需继续使用。

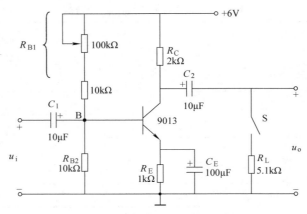

图 3-64　分压偏置共射放大电路

估算电路的静态工作点（设 R_{B1} 为 25kΩ）：

U_{BQ} = _____

I_{EQ} = _____

I_{CQ} = _____

U_{CEQ} = _____

通过调节 R_{B1} 电阻（100kΩ 和 10kΩ 电阻串联）中 100kΩ 电位器，可以调节放大电路的静态工作点，使得 $U_{CEQ} = 2V$。静态工作点过高或者过低，都会使放大电路产生失真而不能进行正常放大。因此，要调整电路参数设置合适的静态工作点。

（2）实验内容

1）放大电路的静态测试：接通电源后，调节 R_{B1} 电阻（100kΩ 和 10kΩ 电阻串联）中 100kΩ 电位器，使得 $U_{CEQ} = 2V$，然后断开电源，用万用表测出此时 R_{B1} 的阻值（注意：R_{B1} 为 100kΩ 电位器和 10kΩ 电阻串联），R_{B1} = _____。

万用表实际测出 U_{BQ}、U_{CQ}、U_{EQ} 的值，将实测和计算结果填入表 3-11 中。

表 3-11　分压偏置共射放大电路静态参数的测量和计算

实际测量值			根据实测值计算结果			
U_{BQ}	U_{CQ}	U_{EQ}	U_{BEQ}	U_{CEQ}	I_{CQ}	I_{BQ}

2）放大电路的动态指标测试：测试电路的连接图如图 3-65 所示。将示波器的 CH1 探头接于电路的输入端，将示波器的 CH2 探头接于电路的输出端，通过调节示波器，将输入信号、输出信号同时显示在示波器屏幕上，进行电压放大倍数 A_u 的测试，观察并做以下记录。

用示波器观察放大器的输出电压波形，在输出电压波形不失真的情况下，用交流毫伏表分别测出输入电压的有效值 U_i 和输出电压的有效值 U_o，并填于表 3-12 中。

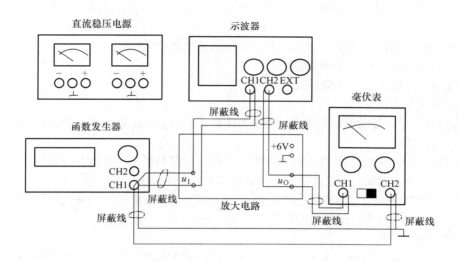

图 3-65　电路与仪器的连接图

表 3-12　电压放大倍数的测试

条件	实际测量	波形	$A_u = \dfrac{U_o}{U_i}$（实测计算值）
$f = 1\text{kHz}$ 　U_i（有效值）$= 10\text{mV}$ 的正弦波 　空载（即 $R_L = \infty$）	$U_o =$		
$f = 1\text{kHz}$ 　U_i（有效值）$= 10\text{mV}$ 的正弦波 　有负载（$R_L = 5.1\text{k}\Omega$）	$U_o =$		

4. 实验报告和思考题

1）写出你对本次实验内容中一个最有收获的实验报告。（能自己设计一个实验，并写出报告更好。）

2）分压偏置共射放大电路中 β 的大小对工作点是否会产生影响？

3）写出实验中的问题及解决办法。

实验3.3　共射单级放大电路（二）

1. 实验目的

1）通过对分压偏置共射放大电路的分析及测量，掌握放大电路动态参数的测量方法，理解放大电路的动态特性。

2）掌握放大电路中参数变化对放大电路输出电压波形的影响，分析及测试静态工作点过高所引起的放大电路的饱和失真以及静态工作点过低所引起的截止失真情况。

3）掌握调节最佳工作点的方法，以及获得最大不失真输出电压（即输出电压的最大动态范围）的方法，并理解放大电路的动态特性。

2. 实验仪器和器材

电子电路实验箱；函数发生器；双踪示波器；电子毫伏表；万用表；晶体管9013；100kΩ电位器；10kΩ电阻×2；2kΩ、1kΩ、5.1kΩ电阻；10μF电解电容×2；100μF电解电容。

3. 实验内容

1）对图3-66的共射单级放大电路接通电源后，调节100kΩ电位器，使得 $U_{CEQ}=2V$，用函数发生器产生正弦电压信号（1kHz，几十毫伏）作为输入电压加在放大电路输入端。

2）按照前述放大电路动态参数测试方法，用示波器观察放大器的输出电压波形。在输出电压波形不失真的情况下，按照表3-13中所示的各项测量要求进行测量，并对测量结果进行处理，从而计算出放大电路的动态指标：电压放大倍数 A_u、输入电阻 R_i、输出电阻 R_o。将数据及计算结果填入表3-13中。

3）输入电阻 R_i 的测试。放大器的输入电阻也是反映放大器消耗输入信号源功率大小的物理量。若 $R_i \geqslant R_s$（R_s 为信号源内阻），说明放大器从信号源获取较大电压；若 $R_i \leqslant R_s$，说明放大器从信号源获取较大电流；若 $R_i = R_s$，则放大器从信号源获取最大功率。

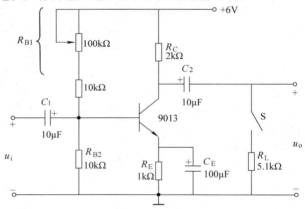

图3-66　分压偏置共射单级放大电路

输入电阻测量可采用"串联电阻法"，即在原放大电路等效电路（见图3-67）中，串联上一个已知的电阻 R，选择其电阻值和放大电路的信号源内阻比较接近，然后用示波器观察放大电路的输出波形。在使放大电路的输出波形不失真的情况下，用毫伏表或示波器（使用前需校准）分别测出信号源输出电压 U_s 和放大器输入电压 U_i 的值。根据串联电路原理，可由

$$R_i = \frac{U_i}{U_s - U_i}R$$

求出放大电路输入等效电阻 R_i。

表 3-13　分压偏置共射放大电路的动态测试参数

接入电阻值	$R=$	
	$R_L=$	
写出理论表达式和估算值	$A_u=$	（不带负载）
	$R_i=$	
	$R_o=$	
测量数据	U_S	
	U_i	
	U'_{oo}	
	U_o	
根据测量数据计算	A_u	（不带负载）
	R_i	
	R_o	

　　4）输出电阻 R_o 的测试。放大器的输出电阻是表征其带负载的能力的物理量。R_o 越小，放大器带负载的能力越强。当 $R_o=0$ 时，放大器可等效为恒压源。

　　R_o 的测试原理采用图 3-68 所示。选择 R_L 阻值应与 R_o 较接近。在输出波形不失真的情况下，首先将图中开关 S 打开，放大器负载 R_L 不接入，测出此时输出电压，即输出负载开路情况下的输出开路电压 U'_{oo}；然后再将开关 S 闭合，将负载电阻 R_L 接入，测出放大器带负载情况下，负载电阻两端的输出电压 U_o。根据电路原理，可知

$$R_o=\left(\frac{U'_{oo}}{U_o}-1\right)R_L$$

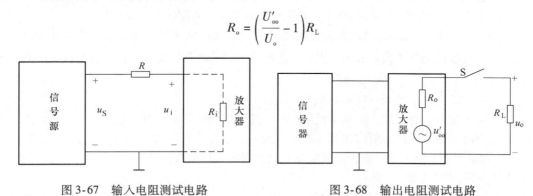

图 3-67　输入电阻测试电路　　　　　　图 3-68　输出电阻测试电路

　　5）分压偏置共射放大电路的失真情况测试。将函数发生器产生的正弦电压信号（1kHz）作为输入电压加在放大电路输入端，并逐渐增大到合适的输入电压幅度，同时调节 100kΩ 电位器的电阻值（使输出电压分别刚出现正半周削波和负半周削波的波形，输出接近最大不失真时），用示波器观察输出电压的波形，完成表 3-14 中所要求的项目。

　　6）放大电路失真情况测试。当静态工作点过高或者过低时，放大电路就会产生饱和失真或截止失真，此时观察输出波形会出现削波现象。

表 3-14　共射放大电路输出电压波形失真情况测试

输出电压失真波形	失真原因	测量此时 U_{RC}	测量此时 U_{CEQ}	计算此时 I_{CQ}	消除失真的方法
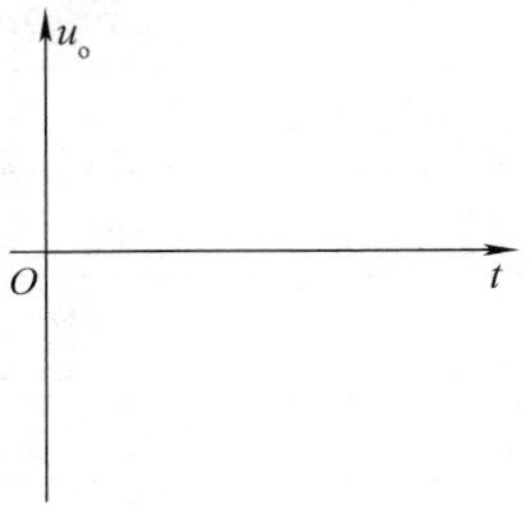 ![u_o-t坐标图]					
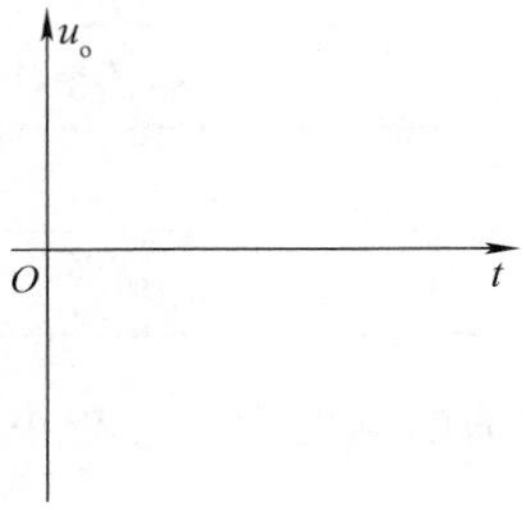 ![u_o-t坐标图]					

① 最大不失真输出电压的静态工作点调试方法：将静态工作点设置在某个所给参数后，给放大电路输入一个低频（如 1kHz）交流信号，电压幅值由 0 逐渐增大，则输出也随之增大。同时，用示波器观察到输出电压波形即将失真、但尚未失真的临界状态，此时的输出电压即为最大不失真输出电压 U_o，此静态工作点处在交流负载线的中点。实测此 $U_{CEQ} = $ _____。

② 最大不失真输出电压的调试方法及测量：此时的输出电压即为最大不失真输出电压 U_o，可用示波器或毫伏表测得其值。最大不失真输出电压的峰—峰值即 $2\sqrt{2}U_o$，也就是放大电路的动态范围。

最大不失真输出电压的峰—峰值 $= 2\sqrt{2}U_o = $ _____。

若输出电压波形同时出现了正负半周削波时，这种失真实际上是由于输入信号幅度过大引起的，只要适当减小输入电压，便可在示波器上看到一个最大的不失真输出电压波形。

7）放大器频率响应测试。自拟测试记录表格，画出特性曲线。

4. 实验报告和思考题

1）写出你对本次实验内容中一个最有收获的实验报告。（能自己设计一个实验，并写出报告更好。）

2）R_C 和 R_L 的变化对静态工作点是否有影响？R_C 和 R_L 的变化对放大器的电压增益有何影响？

3）增大或减小 100kΩ 电位器的电阻值，用万用表观察 U_{CEQ} 的大小变化情况，分析晶体管对应的工作状态是放大状态、饱和失真状态还是截止失真状态，说明理由。

4）分析表 3-15 输出电压波形失真情况。

表 3-15　分压偏置共射放大电路输出电压波形失真情况分析

输出电压波形	失真性质	失真原因	消除失真的方法
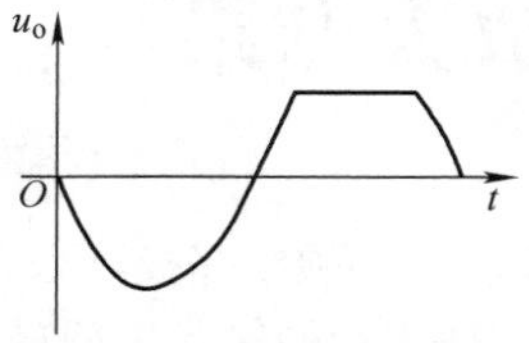			
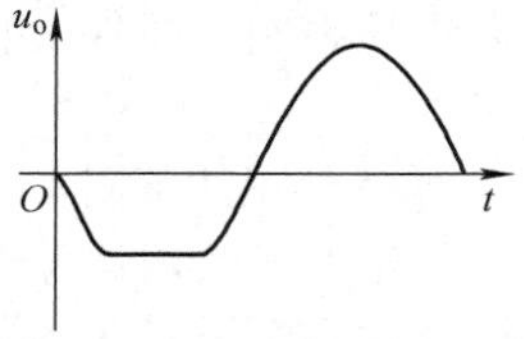			
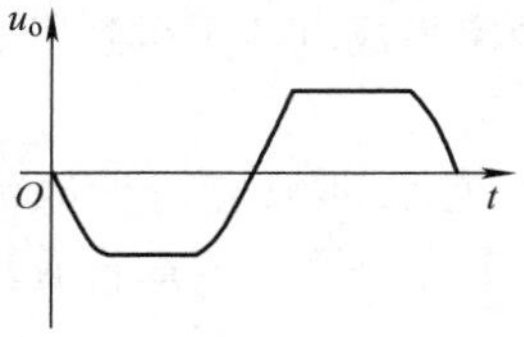			

第4章　场效应晶体管及其基本放大电路

前一章讨论的晶体管是一种电流控制型器件，当它工作在放大状态时，必须给基极输入一定的基极电流。放大信号时，需从输入信号源中得到信号源电流，所以，晶体管的输入电阻较低。20 世纪 60 年代初，出现了另一种半导体器件，称为场效应晶体管。它是电压控制型器件，它利用改变电场的强弱来控制半导体的导电能力。

与双极型晶体管相比，无论是内部的导电机理还是外部的特性曲线，两者都截然不同。场效应晶体管尤为突出的是：场效应晶体管具有高达 $10^7 \sim 10^{15}\Omega$ 的输入电阻，几乎不取用信号源提供的电流，它具有功耗小、噪声小、体积小、抗辐射、热稳定性好、制造工艺简单且易于集成化等优点。这些优点扩展了场效应晶体管的应用范围，尤其在大规模的数字集成电路中得到了更为广泛的应用。

根据结构的不同，场效应晶体管可分为结型和绝缘栅型两大类，它们都只有一种载流子（多数载流子）参与导电，故又称为单极型晶体管。其中绝缘栅型应用更为广泛。本章将着重讨论绝缘栅型场效应晶体管，对于结型场效应晶体管仅作简单介绍。

4.1　场效应晶体管

场效应晶体管（Field Effect Transistor，FET）按其结构分为结型场效应晶体管和绝缘栅型场效应晶体管。绝缘栅型场效应晶体管的结构是金属-氧化物-半导体（metal-oxide-semiconductor），简称为 MOS 管。MOS 管可分为 N 沟道和 P 沟道两种，每一种又可分为增强型与耗尽型两种形式。本节将以 N 沟道为例，说明绝缘栅型场效应晶体管和结型场效应晶体管的结构和工作原理。

4.1.1　场效应晶体管的结构和外部特性

1. N 沟道增强型绝缘栅场效应晶体管的结构

N 沟道增强型 MOS 管的结构如图 4-1a 所示。在 P 型硅薄片（作衬底）上制成两个掺杂浓度高的 N 区（用 N^+ 表示），用铝电极引出作为源极 s（source）和漏极 d（drain），再喷涂一层铝作为栅极 g（gate），衬底也引出一个电极，通常与源极相连。栅极与源极、漏极以及衬底之间是绝缘的，故是绝缘栅型器件。图 4-1b 是增强型 N 沟道绝缘栅场效应晶体管的图形符号，箭头方向为由 P（衬底 B）指向 N（导电通道）。

（1）工作原理　以 N 沟道增强型 MOS 管为例，由图 4-2a 可以看出，MOS 管的源极和衬底是接在一起的（大多数管子在出厂前已连接好），增强型 MOS 管的源区（N^+）、衬底（P 型）和漏区（N^+）三者之间形成了两个背靠背的 PN 结，漏区和源区由 P 型衬底隔开。当栅-源之间的电压 $u_{GS} = 0$ 时，不管漏源之间的电源 V_{DD} 极性如何，总有一个 PN 结反向偏置，此时反向电阻很高，不能形成导电通道；若栅极悬空，即使漏源之间加上电压 u_{DS}，也不会产生漏极电流 i_D，MOS 管处于截止状态。

1）导电沟道的形成：当 u_{GS} 足够大时，由于静电场作用，会将靠近栅极下方的空穴向下方排斥而吸引电子，在管子的漏极和源极之间将产生一个导电通道（称为沟道），极间等效电阻较小。u_{GS} 越大，导电沟道（conductive channel）宽度越宽，等效电阻越小。产生导电沟道所需的最

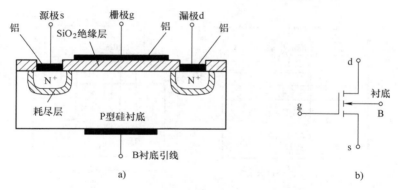

图 4-1　增强型 MOS 管的结构示意图与符号

a）剖面图　b）N 沟道增强型符号

小栅源电压我们称为开启电压 $U_{GS(th)}$（threshold voltage）。改变栅源电压，就可以改变导电沟道的宽度。上述这种在 $u_{GS} = 0$ 时没有导电沟道，因而必须在 $u_{GS} \geq U_{GS(th)}$ 时才形成导电沟道的场效应晶体管称为增强型场效应晶体管。还有一种场效应晶体管在栅源电压为零时已经存在导电沟道，这种场效应晶体管称为耗尽型 MOS 管，将在后面介绍。

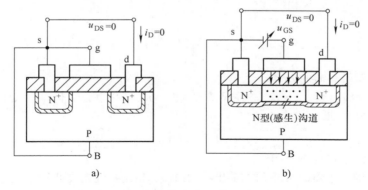

图 4-2　增强 MOS 管电路

a）$u_{GS} < U_{GS(th)}$ 时无导电沟道　b）$u_{GS} > U_{GS(th)}$ 时导电沟道形成

2）漏源电压 u_{DS} 和栅源电压 u_{GS} 对漏极电流 i_D 的影响：当 $u_{GS} \geq U_{GS(th)}$ 时，且固定为某一值，并在漏-源之间加上正向电压时，则将产生一定的漏极电流。此时，u_{DS} 的变化会对导电沟道产生影响，即当 u_{DS} 较小时，u_{DS} 的增大使 i_D 线性增大，沟道沿源-漏方向逐渐变窄，如图 4-3a 所示。一旦 u_{DS} 增大到使 $u_{GD} = U_{GS(th)}$（即 $u_{GD} = u_{GS} - u_{DS}$）时，沟道在漏极一侧出现夹断点，称为预夹断，如果 u_{DS} 继续增大，夹断区随之延长，如图 4-3b 所示。而且 u_{DS} 的增大部分几乎全部用于克服夹断区对漏极电流的阻力。从外部看，i_D 几乎不因 u_{DS} 的增大而变化，管子进入恒流区，i_D 几乎仅决定于 u_{GS}。

在 $u_{DS} > u_{GS} - U_{GS(th)}$ 时，对应于每一个 u_{GS} 就有一个确定的 i_D。此时，可将 i_D 视为电压 u_{GS} 控制的电流源。

（2）特性曲线与电流方程

1）转移特性曲线：N 沟道增强型 MOS 管的电压控制特性，可用转移特性曲线来描述。

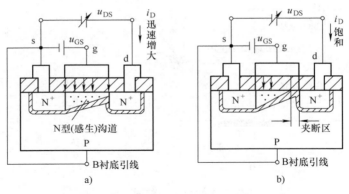

图 4-3 $u_{GS} \geqslant U_{GS(th)}$ 时 u_{DS} 对 i_D 的影响

a) $u_{DS} < u_{GS} - U_{GS(th)}$ 时　b) $u_{DS} > u_{GS} - U_{GS(th)}$ 时

$$i_D = f(u_{GS}) \big|_{U_{DS} = 常数}$$

　　转移特性曲线是描述当 u_{DS} 保持不变时，输入电压 u_{GS} 对输出电流 i_D 的控制关系，所以称为转移特性（transtant characteristic），如图 4-4a 所示。当 $u_{GS} < U_{GS(th)}$ 时，$i_D \approx 0$；当 $u_{GS} = U_{GS(th)}$ 时，导电沟道开始形成，随着 u_{GS} 的增大，沟道加宽，i_D 也增大。i_D 与 u_{GS} 的关系，可用下式近似表示：

$$i_D = I_{DO}\left(\frac{u_{GS}}{U_{GS(th)}} - 1\right)^2 \tag{4-1}$$

式中，I_{DO} 是 $u_{GS} = 2U_{GS(th)}$ 时的 I_D 值。

　　2）输出特性曲线：当 $u_{GS} > U_{GS(th)}$ 并保持不变时，u_{DS} 变化也会引起 i_D 的变化，i_D 与 u_{DS} 之间的关系称为输出特性，即

$$i_D = f(u_{DS}) \big|_{U_{GS} = 常数}$$

它反映了漏源电压 u_{DS} 对 i_D 的影响。

　　图 4-4b 是 N 沟道增强型 MOS 管的输出特性曲线，输出特性曲线可分为下列 4 个区域。

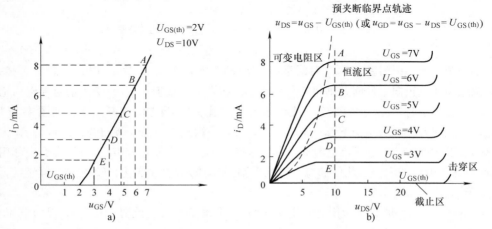

图 4-4　N 沟道增强型 MOS 管特性

a）转移特性　b）输出特性

①可变电阻区：u_{DS}很小时，可不考虑u_{DS}对沟道的影响，于是u_{GS}一定时，沟道电阻也一定，故i_D与u_{DS}之间基本上是线性关系。u_{GS}越大，沟道电阻越小，故曲线越陡。在这个区域中，沟道电阻由u_{GS}决定，故称为可变电阻区（variable resistance region）。

②恒流区（饱和区）：图中所示曲线近似水平的部分即是恒流区，它表示当$u_{DS} > u_{GS} - U_{GS(th)}$时，$u_{DS}$与漏极电流$i_D$间的关系。该区的特点是$i_D$几乎不随$u_{DS}$的变化而变化，$i_D$已趋于饱和，具有恒流性质，所以这个区域又称饱和区（constant current region）。但i_D受u_{GS}的控制，u_{GS}增大，沟道电阻减小，i_D随之增加。

③夹断区（截止区）：当$U_{GS} < U_{GS(th)}$时，没有导电沟道，$I_D \approx 0$，此时，漏极和源极之间的电流近似为零，相当于开关断开，称为夹断状态，也称为截止状态。图4-4b中靠近横轴的部分就是夹断区（pinch off region），此时U_{GS}小于开启电压2V。

④击穿区：击穿区（breakdown region）是指当u_{DS}增大到一定值以后，漏源之间会发生击穿，漏极电流i_D急剧增大。如不加以限制，会造成MOS管损坏。

2. N 沟道耗尽型绝缘栅场效应晶体管的结构

上述的增强型绝缘栅场效应晶体管只有当$u_{GS} \geq U_{GS(th)}$时才能形成导电沟道，如果在制造时就使它具有一个原始导电沟道，这种绝缘栅场效应晶体管称为耗尽型。图4-5是N沟道耗尽型绝缘栅场效应晶体管的结构示意图与电路符号。

与增强型相比，它的结构变化了，使其控制特性有明显变化。在u_{DS}为常数的条件下，当$u_{GS} = 0$时，漏、源极间已经导通，流过的是原始导电沟道的漏极电流I_{DSS}。当$u_{GS} < 0$时，即加反向电压时，导电沟道变窄，i_D减小；u_{GS}负值越高、沟道越窄，i_D也就越小。当u_{GS}达到一定负值时，导电沟道被夹断，$i_D \approx 0$，这时的u_{GS}称为夹断电压（pinch off voltage），用$U_{GS(off)}$表示。图4-6a、b分别为N沟道耗尽型管的转移特性曲线和输出特性曲线。可见，耗

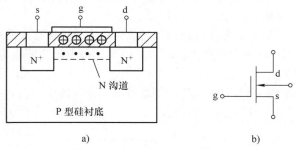

图 4-5　N 沟道耗尽型 MOS 管的
结构示意图与符号
a）结构示意图　b）符号

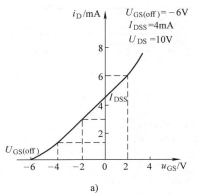

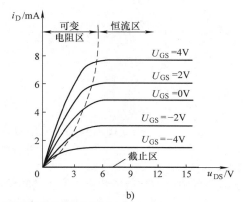

图 4-6　N 沟道耗尽型 MOS 管的特性
a）转移特性曲线　b）输出特性曲线

尽型绝缘栅场效应晶体管不论栅-源电压 u_{GS} 是正是负或零，都能控制漏极电流 i_D，这个特点使它的应用具有较大的灵活性。一般情况下，这类管子还是工作在负栅-源电压的状态。

实验表明，在 $U_{GS(off)} \leqslant u_{GS} \leqslant 0$ 范围内，耗尽型场效应晶体管的转移特性可近似用下式表示：

$$i_D = I_{DSS}\left(1 - \frac{u_{GS}}{U_{GS(off)}}\right)^2 \tag{4-2}$$

3. 结型场效应晶体管

结型场效应晶体管（Junction Type Field Effect Transistor，JFET）的特性和耗尽型绝缘栅场效应晶体管类似。图 4-7a、b 分别为 N 沟道和 P 沟道的结型场效应晶体管电路符号。

使用结型场效应晶体管时，应使栅极与源极间加反偏电压，漏极与源极间加正向电压。对于 N 沟道的管子来说，栅源电压应为负值，漏源电压为正值。

在漏源电压 u_{DS} 作用下，形成了漏极电流 i_D。栅源电压 $|u_{GS}|$ 增大时，导通沟道变窄，从而在一定 u_{DS} 作用下的 i_D 变小。所以，改变 u_{GS} 也可实现对 i_D 的控制。

当 $|u_{GS}|$ 增大到一定值时，导通沟道被夹断，此时 $i_D = 0$。夹断时的栅源电压用 $U_{GS(off)}$ 表示。

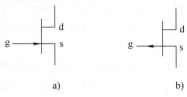

图 4-7　结型场效应
晶体管的图形符号
a）N 沟道　b）P 沟道

图 4-8a 为 N 沟道结型场效应晶体管转移特性曲线。当 $U_{GS} = U_{GS(off)}$ 时，沟道被夹断，$i_D = 0$；$|u_{GS}|$ 减小，i_D 增大；$U_{GS} = 0$ 时的漏极电流为零偏漏极电流 I_{DSS}。对于 P 沟道管子来说，$U_{GS(off)}$ 为正值。

图 4-8b 为 N 沟道结型场效应晶体管输出特性曲线。管子的工作状态也划分 3 个区域：可变电阻区、恒流区、击穿区。

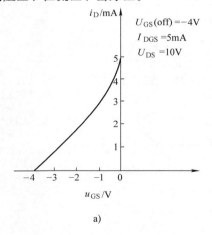

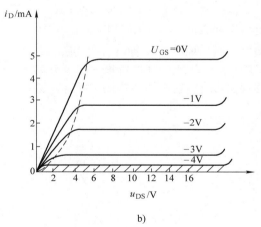

a）　　　　　　　　　　　　　　　　b）

图 4-8　N 沟道结型场效应晶体管特性
a）转移特性　b）输出特性

工作于恒流区中时，结型场效应晶体管的转移特性也可用下式表示：

$$i_D = I_{DSS}\left(1 - \frac{u_{GS}}{U_{GS(off)}}\right)^2$$

结型场效应晶体管正常使用时，g、s 间是反偏的，故输入电阻也较高。

4.1.2 场效应晶体管的主要参数、特点以及使用

1. 场效应晶体管的主要参数

（1）性能参数

1）开启电压 $U_{GS(th)}$：$U_{GS(th)}$ 是在 u_{DS} 为一常量时，使 i_D 大于零所需要的最小 $|u_{GS}|$ 值。手册中给出的是在 i_D 为规定的微小电流（如 $5\mu A$）时的 u_{GS}。$U_{GS(th)}$ 是增强型 MOS 管的参数。

2）夹断电压 $U_{GS(off)}$：与 $U_{GS(th)}$ 相类似，$U_{GS(off)}$ 是在 u_{DS} 为常量情况下 i_D 为规定的微小电流（如 $5\mu A$）时的 u_{GS}。它是结型场效应晶体管和耗尽型 MOS 管的参数。

3）饱和漏极电流 I_{DSS}：当 u_{DS} 为一常量时，栅源电压为零时的漏极电流。

4）直流输入电阻 $R_{GS(DC)}$：$R_{GS(DC)}$ 等于栅–源电压与栅极电流之比。结型管的 $R_{GS(DC)}$ 大于 $10^7\Omega$，而 MOS 管的 $R_{GS(DC)}$ 大于 $10^{10}\Omega$。手册中一般只给出栅极电流的大小。

5）低频跨导 g_m：g_m 数值的大小表示 u_{GS} 对 i_D 控制作用的强弱。当管子工作在恒流区且 u_{DS} 为常量的条件下，i_D 的微小变化 ΔI_D 与引起它变化的 ΔU_{GS} 之比，称为低频跨导，即

$$g_m = \frac{\Delta I_D}{\Delta U_{GS}}\bigg|_{U_{DS}=常数} \tag{4-3a}$$

式中，g_m 的单位是毫西门子（mS），g_m 的大小一般为零点几到几毫西门子。

g_m 是转移特性曲线上某一点的切线斜率，与切点的位置密切相关。由于转移特性曲线的非线性，因而 i_D 越大，g_m 也越大。g_m 是衡量场效应晶体管放大能力的重要参数，g_m 越大场效应晶体管放大能力越强。

当结型场效应晶体管及耗尽型 MOS 管工作在恒流区时，g_m 可由式（4-2）求导估算，得

$$g_m = \frac{\Delta I_D}{\Delta U_{GS}} = \frac{-2I_{DSS}\left(1 - \dfrac{u_{GS}}{U_{GS(off)}}\right)}{U_{GS(off)}} = \frac{2}{-U_{GS(off)}}\sqrt{I_{DSS}I_{DQ}} \tag{4-3b}$$

当增强型 MOS 管工作在恒流区时，g_m 可由式（4-1）求导估算，得

$$g_m = \frac{\Delta I_D}{\Delta U_{GS}} = \frac{2I_{DO}\left(\dfrac{u_{GS}}{U_{GS(th)}} - 1\right)}{U_{GS(th)}} = \frac{2}{U_{GS(th)}}\sqrt{I_{DO}I_{DQ}} \tag{4-3c}$$

6）极间电容：场效应晶体管的 3 个极之间都存在极间电容。通常栅–源电容 C_{GS} 和栅–漏电容 C_{GD} 为 $1\sim3pF$，而漏–源电容 C_{DS} 约为 $0.1\sim1pF$。在高频电路中，应越小越好。

（2）极限参数

1）最大漏极电流 I_{DM}：I_{DM} 是管子正常工作时漏极电流的上限值。

2）漏源击穿电压 $U_{(BR)DS}$：管子进入恒流区后，使 i_D 骤然增大的 u_{DS} 称为漏–源击穿电压 $U_{(BR)DS}$，u_{DS} 超过此值会使管子损坏。

3）栅源击穿电压 $U_{(BR)GS}$：对于结型场效应晶体管，栅极与沟道间 PN 结反向击穿电压即是 $U_{(BR)GS}$；对于绝缘栅型场效应晶体管，$U_{(BR)GS}$ 是使绝缘层击穿时的电压。击穿会造成短路现象，使管子损坏。

4）最大耗散功率 P_{DM}：P_{DM} 决定于管子允许的温升。P_{DM} 确定后，便可在管子的输出特性上画出临界最大功耗线；再根据 I_{DM} 和 $U_{(BR)DS}$ 便可得到管子的安全工作区。

5）最高工作频率 f_M：f_M 是综合考虑了 3 个极间电容的影响而确定的工作频率的上限值。

一些绝缘栅场效应晶体管的型号和主要参数可参阅手册。各种场效应晶体管的符号和特性曲

线列于表4-1中。

表4-1 各种场效应晶体管的符号和特性曲线

分类		符号	转移特性曲线	输出特性曲线
结型场效应晶体管	N沟道			
	P沟道	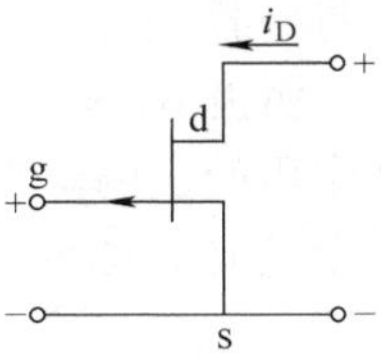	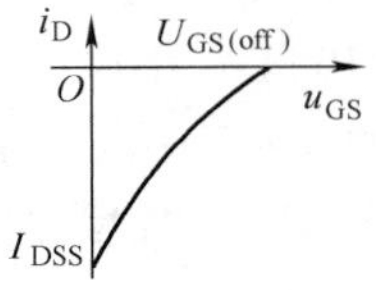	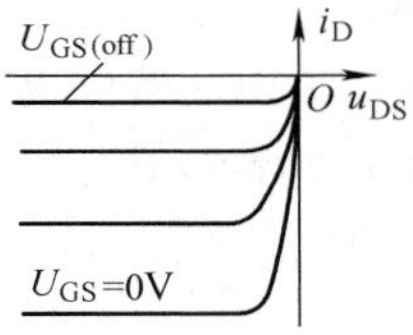
绝缘栅型场效应晶体管	N沟道	增强型		
		耗尽型	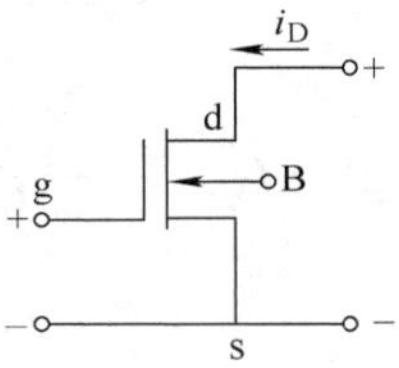	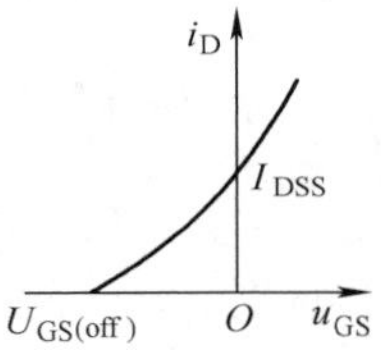
	P沟道	增强型		
		耗尽型		

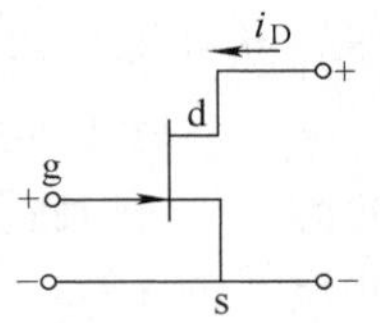

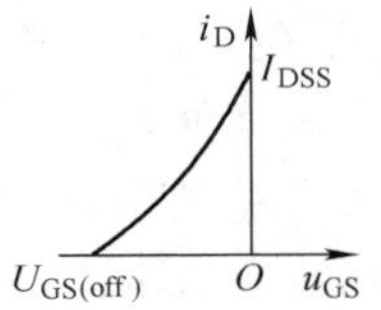

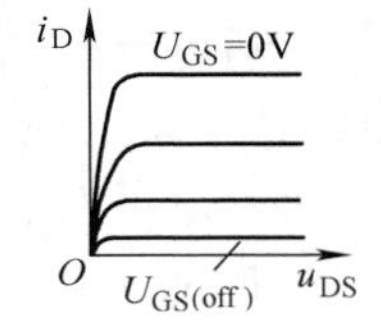

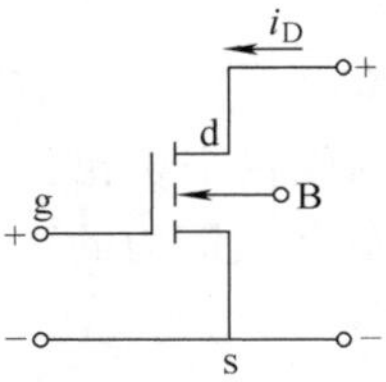

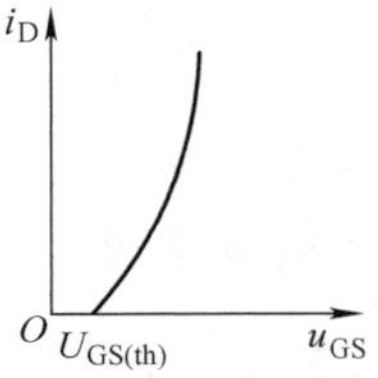

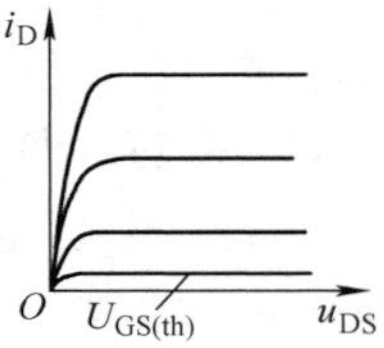

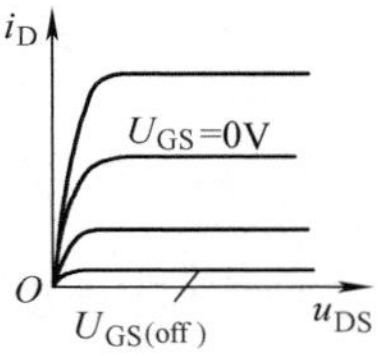

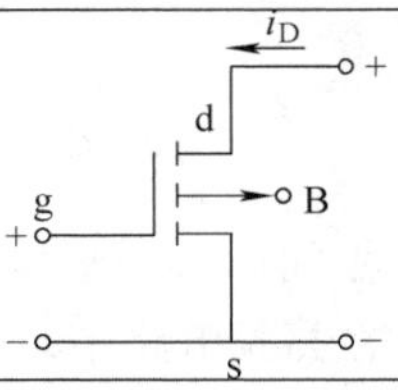

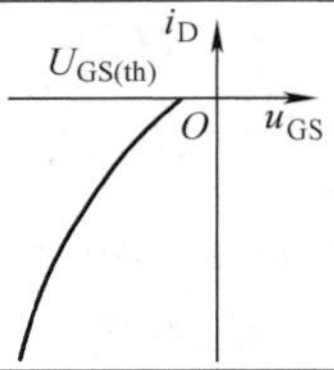

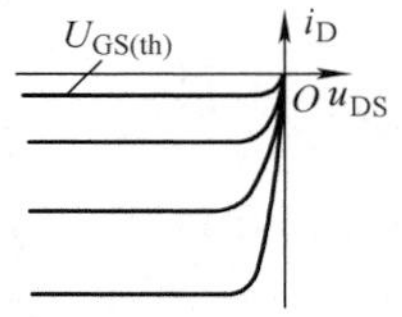

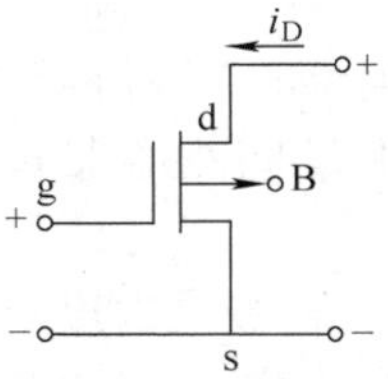

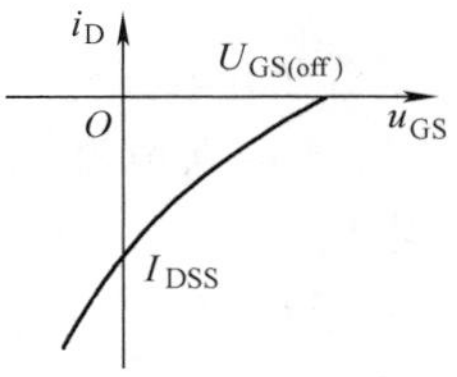

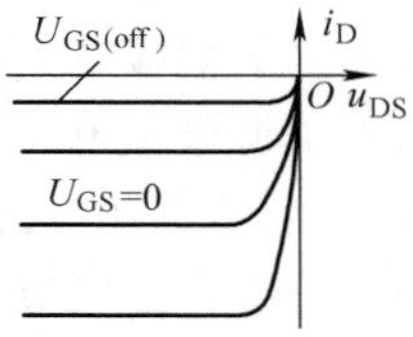

2. 使用 MOS 管的注意事项

1) MOS 管栅源之间的电阻很高，使得栅极的感应电荷不易泄放，因极间电容很小，故会造成电压过高使绝缘栅击穿。因此，保存 MOS 管应使 3 个电极短接，避免栅极悬空。焊接时，电烙铁的外壳应良好的接地，或烧热电烙铁后切断电源再焊。测试 MOS 管时，应先接好线路再去除电极之间的短接，测试结束后应先短接各电极。测试仪器应有良好的接地。

2）有些场效应晶体管将衬底引出，故有 4 个引脚，这种管子漏极与源极可互换使用。但有些场效应晶体管在内部已将衬底与源极接在一起，只引出 3 个电极，这种管子的漏极与源极不能互换。

4.1.3　场效应晶体管与晶体管的比较

场效应晶体管的栅极 g、源极 s、漏极 d 对应于晶体管的基极 b、发射极 e、集电极 c，它们的作用相类似。

1）场效应晶体管是电压控制器件，栅极基本不取电流，输入电阻很高（结型场效应晶体管可达 $10^8 \Omega$，绝缘栅场效应晶体管可达 $10^{15} \Omega$ 或更高）。而晶体管工作时基极总要索取一定的电流，输入电阻较低（一般为 $10^2 \sim 10^4 \Omega$）。因此，要求输入电阻高的电路应选用场效应晶体管；而若信号源可以提供一定的电流，则可选用晶体管。

2）在场效应晶体管中，参与导电的只有多子。而在晶体管中，则是两种载流子参与导电。因而场效应晶体管比晶体管的温度稳定性好、抗辐射能力强。所以在环境条件变化很大的情况下应选用场效应晶体管。

3）场效应晶体管的噪声比晶体管小，尤其是绝缘栅场效应晶体管的噪声更小。所以，对于低噪声、稳定性要求更高的线性放大器，宜选用场效应晶体管。当然也可选用特制的低噪声晶体管。

4）场效应晶体管的漏极与源极可以互换使用，互换后特性变化不大。而晶体管的发射极与集电极互换后特性差异很大，因此只在特殊需要时才互换。

5）绝缘栅场效应晶体管的制造工艺简单，所占用的芯片面积小（仅为晶体管的 15%），而且功耗很小，适用于大规模集成，在大、中规模数字集成电路中得到了广泛应用；在集成运放及其他模拟集成电路中，绝缘栅场效应晶体管也有很大发展。

6）场效应晶体管比晶体管的种类多，特别是耗尽型 MOS 管，栅 – 源电压 u_{GS} 可正、可负、可零，均能控制漏极电流，因而在组成电路时比晶体管有更大的灵活性。

4.2　场效应晶体管基本放大电路

与晶体管放大电路类似，场效应晶体管也可接成 3 种基本放大电路，它们是共源极、共漏极和共栅极放大电路，分别与晶体管的共发射极、共集电极和共基极相对应。为了使场效应晶体管放大电路能线性地放大信号，必须设置合适的静态工作点，以保证在信号的整个周期内，场效应晶体管均工作于放大区。

4.2.1　场效应晶体管放大电路的静态工作点设置

为了不失真地放大变化信号，场效应晶体管放大电路必须设置合适的静态工作点。场效应晶体管是电压控制器件，因此它没有偏流，关键是要有合适的栅偏压 U_{GS}。常用的偏置电路有两种。

1. 自给偏压电路

图 4-9 为耗尽型场效应晶体管自偏电路。当耗尽型管的栅源回路接通时，在漏极电源作用下，就有电流 I_D 通过，并在源极电阻 R_S 上产生静态负栅偏压，通常称为自偏压，其值为

$$U_{GS} = -I_D R_S \tag{4-4}$$

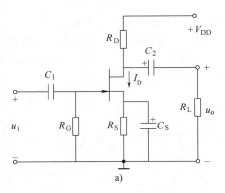 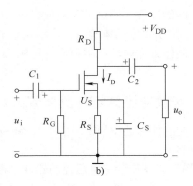

图 4-9 耗尽型场效应晶体管自偏压电路

a）结型场效应晶体管自给偏压电路 b）耗尽型 MOS 管自给偏压电路

适当调整源极电阻 R_S，可以得到合适的静态工作点，通过下列关系式可求得工作点上的有关电流和电压：

$$\begin{cases} I_D = I_{DSS}\left(1 - \dfrac{U_{GS}}{U_{GS(off)}}\right)^2 \\ U_{GS} = -I_D R_S \end{cases} \tag{4-5}$$

解得 I_D 和 U_{GS}，及

$$U_{DS} = V_{DD} - I_D(R_D + R_S) \tag{4-6}$$

图 4-9 的电路不适用于增强型 MOS 管，因为静态时该电路不能使管子开启，即 $I_D = 0$。

2. 分压式偏置电路

分压式自偏电路是在自偏压电路的基础上加接分压电阻后组成的。这个电路的栅源电压除与 R_S 有关外，还随 R_{G1} 和 R_{G2} 的分压比而改变，因此适应性较大。由图 4-10 可得

$$U_{GS} = U_G - U_S = \frac{R_{G2}}{R_{G1} + R_{G2}}V_{DD} - I_D R_S \tag{4-7}$$

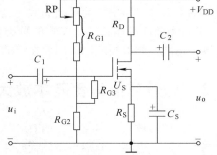

适当选择 R_{G1} 或 R_{G2} 值，就可获得正、负及零 3 种偏压。对于 N 沟道耗尽型管，U_{GS} 为负值，对于 N 沟道增强型管，U_{GS} 为正值。图中 R_{G3} 阻值很大，用以隔离 R_{G1}、R_{G2} 对信号的分流作用，以保持放大器高的输入电阻。

对于图 4-10 电路的静态分析也可以采用公式估算法，并在实际应用时，用 RP 来微调。可联立求解式（4-7）和式（4-1），即

图 4-10 分压式自偏压电路

$$\begin{cases} U_{GS} = \dfrac{R_{G2}}{R_{G1} + R_{G2}}V_{DD} - I_D R_S \\ I_D = I_{DO}\left(\dfrac{u_{GS}}{U_{GS(th)}} - 1\right)^2 \end{cases}$$

求得 I_D 和 U_{GS}，则 $U_{DS} = V_{DD} - I_D(R_D + R_S)$。

4.2.2 场效应晶体管的交流等效模型

场效应晶体管也是非线性器件，在输入信号电压很小的条件下，也可用小信号模型等效。与

建立晶体管小信号模型相似，将场效应晶体管也看成一个两端口网络，以结型场效应晶体管组成共源极电路为例，栅极与源极之间为输入端口，漏极与源极之间为输出端口。无论是哪种类型的场效应晶体管，均可以认为栅极电流为零，输入端视为开路。当输入小信号是正弦量时，在输出端口，漏极电流 $\dot{I}_{\mathrm{d}}$ 则主要受栅源电压 $\dot{U}_{\mathrm{gs}}$ 控制，输出回路用一个受栅源电压 $g_{\mathrm{m}}\dot{U}_{\mathrm{gs}}$ 来等效。场效应晶体管的微变等效模型如图 4-11 所示。

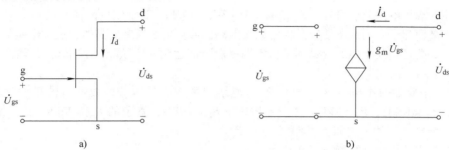

图 4-11　场效应晶体管的微变等效模型

a) N 沟道结型场效应晶体管　b) 微变等效模型

4.2.3　共源放大电路的动态分析

应用微变等效电路法来分析计算场效应晶体管放大的电压放大倍数和输入电阻、输出电阻，其步骤与分析晶体管放大电路相同。

图 4-12 为共源极放大电路和微变等效电路。

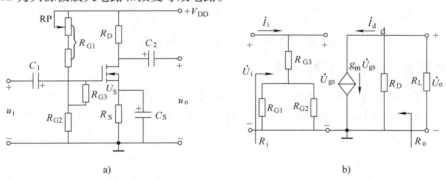

图 4-12　共源极放大电路和微变等效电路

a) 电路图　b) 微变等效电路

1. 求电压放大倍数

由图 4-12b 可知

$$\dot{U}_{\mathrm{o}} = -\dot{I}_{\mathrm{d}}(R_{\mathrm{D}} /\!/ R_{\mathrm{L}}) = -g_{\mathrm{m}}\dot{U}_{\mathrm{GS}}R_{\mathrm{L}}' = -g_{\mathrm{m}}\dot{U}_{\mathrm{i}}R_{\mathrm{L}}'$$

$$\dot{A}_{\mathrm{u}} = \frac{\dot{U}_{\mathrm{o}}}{\dot{U}_{\mathrm{i}}} = -g_{\mathrm{m}}R_{\mathrm{L}}' \tag{4-8}$$

式中，负号表示输出电压与输入电压反相。

2. 求输入电阻 R_{i}

由图 4-12b 可知

$$R_i = R_{G3} + (R_{G1} /\!/ R_{G2}) \tag{4-9}$$

通常，为了减小 R_{G1}、R_{G2} 对输入信号的分流作用，常选择 $R_{G3} \gg (R_{G1} /\!/ R_{G2})$，故有

$$R_i \approx R_{G3}$$

3. 求输出电阻 R_o

$$R_o \approx R_D \tag{4-10}$$

由上述共源极电路分析可知，g_m 越大，$\dot{A}_u$ 越大，由于一般场效应晶体管的跨导只有几毫西门子到几十毫西门子，因此场效应晶体管放大电路的放大倍数通常比晶体管放大电路的要小。输入电阻高，最高可达几十兆欧（共射放大电路一般只能达到几千欧至几百千欧）；输出电阻主要由漏极电阻 R_D 决定。

例 4-1： 电路如图 4-9a 所示，是由 N 沟道结型场效应晶体管构成的自偏压放大电路，设 $V_{DD} = 18V$，$R_D = 10k\Omega$，$R_S = 2k\Omega$，$R_G = 3.9M\Omega$，$R_L = 10k\Omega$，管子的 $I_{DSS} = 5mA$，$U_{GS(off)} = -4V$，求电压放大倍数 A_u、输入电阻 R_i 和输出电阻 R_o。

解： 首先用估算法计算静态工作点。

$$\begin{cases} I_D = I_{DSS}\left(1 - \dfrac{U_{GS}}{U_{GS(off)}}\right)^2 = 5\left(1 - \dfrac{U_{GS}}{-4}\right)^2 \\ U_{GS} = -I_D R_S = -2k\Omega \times I_D \end{cases}$$

得

$$I_D = 1.07mA, \quad U_{GS} = -2.14V$$

由式（4-3b）求得

$$g_m = \frac{\Delta i_D}{\Delta u_{GS}} = \frac{-2I_{DSS}\left(1 - \dfrac{u_{GS}}{U_{GS(off)}}\right)}{U_{GS(off)}} = -\frac{2 \times 5\left(1 - \dfrac{-2.14}{-4}\right)}{-4}mS = 1.16mS$$

则 $A_u = -g_m(R_D /\!/ R_L) = -1.16 \times 10 /\!/ 10 = -5.8$，$R_i \approx R_G = 3.9M\Omega$，$R_o \approx R_D = 10k\Omega$。

4.2.4 共漏放大电路的动态分析

图 4-13a 所示是由增强型 NMOS 管构成的共漏极放大电路，由交流通路可见，漏极是输入、输出信号的公共端。由于信号是从源极输出，故也称源极输出器。图 4-13b 是它的小信号模型。

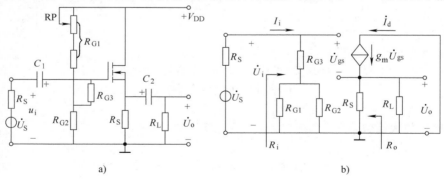

图 4-13 共漏极放大电路
a）电路图 b）微变等效电路

1. 求电压放大倍数
由图 4-13b 可知

$$\dot{A}_{u} = \frac{\dot{U}_{o}}{\dot{U}_{i}} = \frac{g_{m}\dot{U}_{gs}R_{L}'}{\dot{U}_{gs} + g_{m}\dot{U}_{gs}R_{L}'} = \frac{g_{m}R_{L}'}{1 + g_{m}R_{L}'} \tag{4-11}$$

式中，$R_{L}' = R_{S} /\!/ R_{L}$。

从式（4-11）可见，输出电压与输入电压同相，且由于 $g_{m}R_{L}' >> 1$，故 A_{u} 小于 1，但接近于 1。

2. 求输入电阻 R_{i}

由图 4-13b 可知

$$R_{i} = R_{G3} + (R_{G1} /\!/ R_{G2}) \tag{4-12}$$

当 $R_{G3} >> (R_{G1} /\!/ R_{G2})$ 时

$$R_{i} \approx R_{G3}$$

3. 求输出电阻 R_{o}

用"加压求流法"求源极输出器的输出电阻 R_{o} 的电路如图 4-14 所示，把图 4-13 中信号源 $\dot{U}_{S}$ 短路，保留其内阻 R_{S}，负载电阻 R_{L} 已去掉，在输出端外加一电压 $\dot{U}_{o}$，由图求得

$$\dot{I} = \dot{I}_{R} - \dot{I}_{d} = \frac{\dot{U}}{R_{S}} - g_{m}\dot{U}_{gs}$$

由于栅极电流 $\dot{I}_{g} = 0$，故 $\dot{U}_{gs} = -\dot{U}_{o}$，所以

$$\dot{I}_{o} = \frac{\dot{U}_{o}}{R_{S}} + g_{m}\dot{U}_{o}$$

则

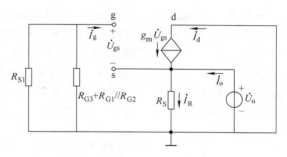

图 4-14 求 R_{o} 的电路

$$R_{o} = \frac{\dot{U}_{o}}{\dot{I}_{o}} = \frac{\dot{U}_{o}}{\frac{\dot{U}_{o}}{R_{S}} + g_{m}\dot{U}_{o}} = \frac{1}{\frac{1}{R_{S}} + g_{m}} = R_{S} /\!/ \frac{1}{g_{m}} \tag{4-13}$$

例 4-2：在 4-13a 所示电路中，已知静态工作点，$I_{DQ} = 1\text{mA}$，$R_{G3} = 2\text{M}\Omega$，$R_{G1} = 91\text{k}\Omega$，$R_{G2} = 10\text{k}\Omega$，$R_{S} = 3\text{k}\Omega$，$R_{L} = 10\text{k}\Omega$，场效应晶体管的开启电压 $U_{GS(th)} = 4\text{V}$，$I_{DO} = 4\text{mA}$。试求：$\dot{A}_{u}$、R_{i}、R_{o}。

解：根据式（4-3c）求得

$$g_{m} = \frac{\Delta i_{D}}{\Delta u_{GS}} = \frac{2}{U_{GS(th)}}\sqrt{I_{DO}I_{DQ}} = \frac{2}{4}\sqrt{4 \times 1}\text{mS} = 1\text{mS}, \qquad \dot{A}_{u} = \frac{g_{m}R_{L}'}{1 + g_{m}R_{L}'} = \frac{1 \times 2.4}{1 + 1 \times 2.4} \approx 0.7$$

$$R_{i} = R_{G3} + (R_{G1} /\!/ R_{G2}) \approx 2\text{M}\Omega, \qquad R_{o} = R_{S} /\!/ \frac{1}{g_{m}} = \frac{1}{\frac{1}{3} + 1}\text{k}\Omega \approx 0.75\text{k}\Omega$$

由以上分析可知，源极输出器与晶体管的射极输出器有相似的特点：$\dot{A}_{u} \leqslant 1$，R_{i} 大，R_{o} 小。但它的输入电阻比射极输出器还大得多，一般可达几十兆欧（射极输出器为几千欧至几百千欧），而源极输出器的输出电阻比射极输出器的大，为取长补短，可采用场效应晶体管 - 晶体管混合跟随器，它能大大提高输入电阻和减小输出电阻，这种混合跟随器作为多级放大电路的输入级或输出级是理想的。

4.3 绝缘栅双极型晶体管

1979年，MOSEFT功率开关器件作为IGBT概念的先驱即已问世。这种器件表现为一个类似于晶闸管的结构，即由P-N-P-N四层半导体组成，其特点是通过强碱湿法刻蚀工艺形成一个V形槽栅。20世纪80年代初期，用于功率MOSEFT制造技术的DMOS（双扩散形成的金属-氧化物-半导体）工艺被采用到IGBT中来。20世纪90年代中期，沟槽栅结构又返回到一种新概念的IGBT，它是采用从大规模集成工艺借鉴来的硅干法刻蚀技术实现的新刻蚀工艺，但仍然是穿通芯片结构。在这种沟槽结构中，实现了在通态电压和关断时间之间折中的且为更重要的改进。

4.3.1 绝缘栅双极型晶体管的符号和等效电路

绝缘栅双极型晶体管（Insulated Gate Bipolar Transistor，IGBT）是一种用晶体管和MOS场效应晶体管组成的新型复合器件，它的电路符号如图4-15所示。图4-16是它的等效电路，从等效电路可以看出，它由N沟道增强型MOS和PNP型晶体管复合而成，其中R_N为基区扩散电阻。绝缘栅双极型晶体管的输入特性和N沟道增强型MOS场效应晶体管的转移特性相似，输出特性和晶体管的输出特性相似。不同的是，IGBT的集电极电流I_C是受栅、射极间电压U_{GE}的控制。IGBT是一种电压控制器件（又称为场控器件），它的驱动原理和MOS管很相似。

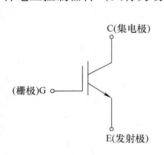

图4-15 IGBT的电路符号

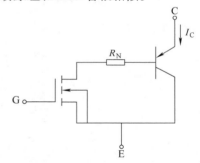

图4-16 IGBT的等效电路

4.3.2 绝缘栅双极型晶体管的工作原理

IGBT的开关作用是通过加正向栅极电压形成沟道，给PNP晶体管提供基极电流，使IGBT导通。反之，加反向门极电压消除沟道，切断基极电流，使IGBT关断。

它的开通和关断由栅、射极间电压U_{GE}决定，当U_{GE}为正，且大于开启电压$U_{GE(th)}$时，MOS管内形成导电沟道，并为PNP晶体管提供基极电流，进而使IGBT导通。当栅、射极间开路或加反向电压时，MOS管内导电沟道消失，晶体管的基极电流被切断，IGBT即关断，为全控型器件。

它就是一个开关，非通即断，当U_{GE} = +12V（大于6V，一般取12~15V）时IGBT导通，栅、射极不加电压或者是加负压时，IGBT关断，加负压就是为了可靠关断。

它没有放大电压的功能，导通时可以看作导线，关断时当作开路。

4.3.3 IGBT与MOSFET的对比

MOSFET全称功率场效应晶体管。它的3个极分别是源极（S）、漏极（D）和栅极（G）。

主要优点：驱动功率小、热稳定性好、安全工作区大；缺点：击穿电压低，工作电流小。

IGBT 全称绝缘栅双极型晶体管，是 MOSFET 和 GTR（功率晶体管）相结合的产物。它的 3 个极分别是集电极（C）、发射极（E）和栅极（G）。

主要特点：击穿电压可达 1200V，集电极最大饱和电流已超过 1500A。由 IGBT 作为逆变器件的变频器的容量达 250kV·A 以上，工作频率可达 20kHz。

为了便于散热和安装，大于 50A 的 IGBT 一般做成模块式，目前已有将驱动电路、保护电路与 IGBT 集成在一个模块中的产品，称为智能功率模块（IPM）。

4.3.4　IGBT 模块的使用注意事项

由于 IGBT 模块为 MOSFET 结构，IGBT 的栅极通过一层氧化膜与发射极实现电隔离。由于此氧化膜很薄，其击穿电压一般为 20~30V，因此因静电而导致栅极击穿是 IGBT 失效的常见原因之一。使用中要注意以下几点：

1）在使用 IGBT 模块时，尽量不要用手触摸驱动端子部分，当必须要触摸模块端子时，需要先将人体或衣服上的静电用大电阻接地进行放电后再触摸；在用导电材料连接模块驱动端子时，在配线未接好之前请先不要接上模块；尽量在底板良好接地的情况下操作。在应用中有时虽然保证了栅极驱动电压没有超过栅极最大额定电压，但栅极连线的寄生电感和栅极与集电极间的电容耦合，也会产生使氧化层损坏的振荡电压。为此，通常采用双绞线来传送驱动信号，以减少寄生电感。在栅极连线中串联小电阻也可以抑制振荡电压。

2）此外，在栅极 – 发射极间开路时，若在集电极与发射极间加上电压，则随着集电极电位的变化，由于集电极有漏电流流过，栅极电位升高，集电极则有电流流过。这时，如果集电极与发射极间存在高电压，则有可能使 IGBT 发热及至损坏。

3）在使用 IGBT 的场合，当栅极回路不正常或栅极回路损坏时（栅极处于开路状态），若在主回路上加上电压，则 IGBT 就会损坏，为防止此类故障，应在栅极与发射极之间串接一只 10kΩ 左右的电阻。

4）在安装或更换 IGBT 模块时，应十分重视 IGBT 模块与散热片的接触面状态和拧紧程度。为了减少接触热阻，最好在散热器与 IGBT 模块间涂抹导热硅脂。一般散热片底部安装有散热风扇，当散热风扇损坏散热片散热不良时将导致 IGBT 模块发热而发生故障。因此对散热风扇应定期进行检查，一般在散热片上靠近 IGBT 模块的地方安装有温度感应器，当温度过高时将报警或停止 IGBT 模块工作。

4.4　应用电路介绍

应用一：可调恒流源

在电子线路中，当流出某一电路的电流基本上不受电源电压、负载电阻的影响，其内阻趋向无穷大时，具有这种特点的电路称为恒流源电路。图 4-17 是结型场效应晶体管用作可调输出电流大小的恒流源电路。由结型场效应晶体管输出特性可知，当 U_{DS} 大于某一数值（如 3V 以上）时，JFET 脱离变阻区进入恒流区，I_D 不随 U_{DS} 变化，具有恒流特性。

因为 $I_G = 0$，所以 $I_L = I_S = I_D = \left| \dfrac{U_{GS}}{R_S} \right|$。

I_D 与 U_{GS} 的关系可以从转移特性曲线中查出。实际应用时可调节 RP 来改变 I_L。

应用二：人体感应电路

图 4-18 所示电路是利用绝缘栅型场效晶体管组成触摸式人体感应电路。

当人们在室内活动时，由于人体与周围的 220V 交流电路存在一微小的分布电容，使人体因感应交流电场而带有几伏至几十伏的 50Hz 交流信号，由于此感应信号的内阻极高，不能用普通的晶体管电路来检测。当人体触及接在 MOSFET 的 G 极上的金属板时，该感应电压就迭加到 G、S 端，使 MOSFET 导通，PNP 型管获得 I_{B2}，从而产生 I_{C2}。I_{C2} 流经 V_3 的基极，形成较大的 I_{C3}。从而使继电器 KA 吸合，去控制外电路的负载（如楼道灯等）。

图中的 VS 为稳压管，用于保护 G 极不会因过高的输入电压而击穿；C_1 用于滤除 I_{B2} 中的交流分量；VD 用于吸收 V_3 突然截止时，继电器铁心中磁场突然减小所引起的过电压，起续流作用，称为续流二极管。

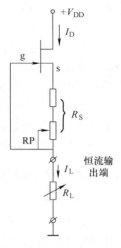

图 4-17　可调恒流源电路

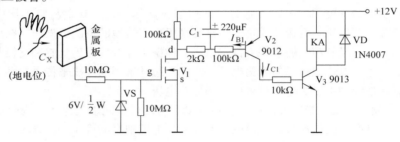

图 4-18　人体感应电路

应用三：利用场效应晶体管作非接触式验电器

导线只要接上交变电压，它的周围就会产生交变电场，而场效应晶体管对外部电场比较敏感，即使很弱的电场也会使场效应晶体管栅、源之间感应到信号电压，因此用它作无触点验电器非常方便，其电路如图 4-19 所示。

此验电器可用于查找导线内部断路之处。使用时，把被查导线的端部接到火线上，手握验电器，沿导线表面移动。在未断部分，探头可感应到电场信号，由电容 C_1 耦合到场效应晶体管 V_1 的栅极，经放大后使发光二极管 VL 发光。一旦探头移至某点

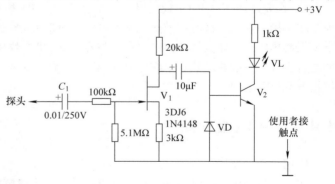

图 4-19　非接触式验电器电路

时发现 VL 熄灭，说明此点已无电场，必定就是断芯点。

应用四：对卤钨灯作缓启动

卤钨灯是在白炽灯的基础上经过充碘蒸气等工艺改进出来的一种高亮度灯具。它具有体积小、光色好、光效高等优点。其点亮时间约为 0.1s，启动电流约为工作电流的 5 倍，正是这个启动冲击电流使本来可以长寿的灯管寿命大为缩短。

功率场效应晶体管中较多采用的是 V 形沟槽工艺，这种工艺生产的管子称为 VMOS 场效应晶体管，它的栅极做成 V 形，有沟道短、耐压能力强、跨导线性好、开关速度快等优点，故在功率应用领域有着广泛的应用，它的不失真输出功率可高达几百千瓦，漏源间的击穿电压可高达 1000V。

将 VMOS 管作为可控开关串联在卤钨灯电源回路中，使其可实现缓启动，延长灯管的使用寿命。其电路如图 4-20 所示。VD$_1$ ~ VD$_4$ 对 220V 交流电源作桥式整流，R、C 构成延时环节。开关 S 闭合后，C 开始充电，随着其电压的升高，VMOS 管的电流逐渐增大，而电压降逐渐减小，卤钨灯逐渐点亮。经过 1s 左右，C 两端电压达到稳压管的稳定电压 20V，VMOS 管完全导通，电路便进入稳定工作状态。由于 VMOS 导通时的内阻很小（约零点几欧），所以其本身的发热很小，对卤钨灯影响也很小。

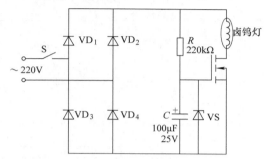

图 4-20　卤钨灯缓启动电路

本 章 小 结

1. 场效应晶体管是电压控制型器件，利用栅源电压控制漏极电流。MOS 管由于栅源间是绝缘的，结型场效应晶体管的栅源间是反偏的 PN 结，故输入电阻很高。

2. MOS 管分增强型与耗尽型两种。N 沟道增强型 MOS 管，$U_{GS} > U_{GS(th)}$ 时才能有 I_D；耗尽型 MOS 管 $U_{GS} = 0$ 时也能有 I_D，而在 $U_{GS} < U_{GS(off)}$ 时 $I_D = 0$。

3. 场效应晶体管输出特性曲线可分为以下 4 个区域：可变电阻区、恒流区、夹断区和击穿区。用于放大时，管子应工作于恒流区。

4. 使用 MOS 管时，要注意保护它的绝缘栅极，勿使其被击穿。保存时，应将各电极短接。焊接时，电烙铁外壳要良好接地。

5. 利用场效应晶体管栅源电压能够控制漏极电流大小的特点，可以实现放大作用。与晶体管放大电路相比，场效应晶体管放大电路的最大特点是输入电阻很高，但电压增益比相应的晶体管放大电路小。若将场效应晶体管与晶体管结合使用，可大大提高和改善电子电路的某些性能指标，扩展场效应晶体管的应用范围。

思考题与习题

4-1　填空题

（1）MOS 管的结构由_____、_____和_____组成。

（2）绝缘栅型场效应晶体管按导电沟道分，有_____和_____两类，其每一类又可分为_____和_____两种。

（3）场效应晶体管与双极型晶体管比较，_____为电压控制器件，_____为电流控制器件，_____的输入电阻高。

（4）场效应晶体管有_____种载流子参与导电，故场效应晶体管又称_____型器件。

（5）_____MOS 管的开启电压 $U_{GS(th)} > 0$，_____MOS 管的开启电压 $U_{GS(th)} < 0$。

(6) _____ MOS 管的夹断电压 $U_{GS(off)} > 0$，_____ MOS 管的夹断电压 $U_{GS(off)} < 0$。

(7) 某 MOS 管的转移特性曲线如图 4-21a 所示，由此图可知该管是_____沟道_____型的绝缘栅场效应晶体管，其 I_{DSS} = _____，$U_{GS(off)}$ = _____。

(8) 某 MOS 管的转移特性曲线如图 4-21b 所示，由此图可知该管是_____沟道_____型的绝缘栅场效应晶体管，其 $U_{GS(th)}$ = _____。

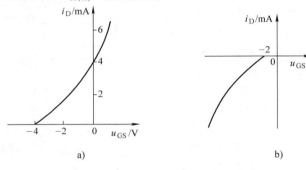

a)　　　　　　　　　　　　　　　b)

图 4-21　填空题（7）、（8）图

(9) 某耗尽型 MOS 管工作在恒流区，当 $U_{GS} = -1V$ 时，$I_D = 8mA$，当 $U_{GS} = -3V$ 时，$I_D = 2mA$，则该管的低频跨导 g_m 为_____ mS。

(10) 自偏压电路只适用于_____型的场效应晶体管放大电路。

4-2　选择题

(1) 场效应晶体管是用（　　）控制漏极电流。

A. 基极电压　　　　B. 栅源电压　　　　C. 基极电流　　　　D. 栅极电流

(2) 表征场效应晶体管放大能力的主要参数是（　　）。

A. $U_{GS(th)}$　　　　B. g_m　　　　C. I_{DSS}　　　　D. $U_{GS(off)}$

(3) N 沟道增强型场效应晶体管处于放大状态时要求（　　）。

A. $U_{GS} > 0$，$U_{DS} > 0$　　　　　　　　B. $U_{GS} < 0$，$U_{DS} < 0$

C. $U_{GS} > 0$，$U_{DS} < 0$　　　　　　　　D. $U_{GS} < 0$，$U_{DS} > 0$

(4) 广义地说，结型场效应晶体管应该（　　）。

A. 属于耗尽型管　　　　　　　　B. 属于增强型管

C. 不属于耗尽型管　　　　　　　D. 不属于增强型管

(5) 图 4-22a 所示是某场效应晶体管的特性曲线。据图可知，该管是（　　）。

A. P 沟道结型管　　　　　　　　B. N 沟道结型管

C. P 沟道耗尽型 MOS 管　　　　　D. N 沟道增强型 MOS 管

(6) 图 4-22b 所示是某场效应晶体管的特性曲线。据图可知，该管是（　　）。

A. P 沟道增强型 MOS 管　　　　　B. N 沟道耗尽型 MOS 管

C. P 沟道耗尽型 MOS 管　　　　　D. N 沟道增强型 MOS 管

4-3　试分析图 4-23 所示各电路是否能够放大正弦交流信号，简述理由。设图中所有电容对交流信号均可视为短路。

4-4　分别判断图 4-24 所示各电路中的场效应晶体管是否有可能工作在恒流区。

4-5　电路如图 4-25a 所示，场效应晶体管的输出特性如图 4-25b 所示，分析当 $u_I = 4V$、$8V$、$12V$ 三种情况下场效应晶体管分别工作在什么区域。

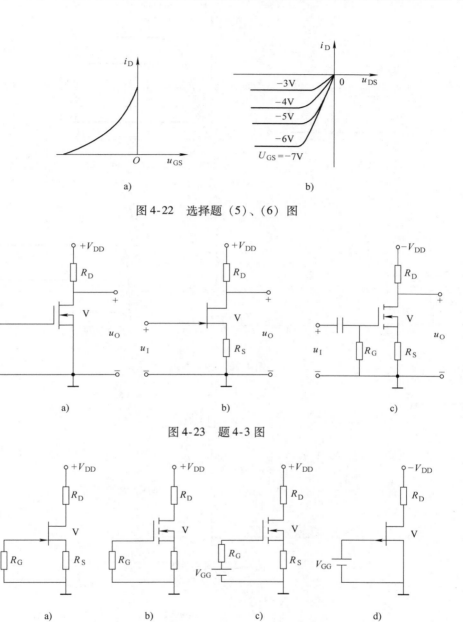

图 4-22 选择题 (5)、(6) 图

图 4-23 题 4-3 图

图 4-24 题 4-4 图

4-6 已知图 4-26a 所示电路中场效应晶体管的转移特性和输出特性分别如图 4-26b、c 所示。

(1) 利用图解法求解 Q 点；(2) 利用等效电路法求解 $\dot{A}_u$、R_i 和 R_o。

4-7 在图 4-27 所示电路中，已知场效应晶体管 3DJ6 的 $I_{DSS} = 8\text{mA}$，$U_{GS(off)} = -3\text{V}$，试用计算法确定静态工作点（I_D、U_{GS} 和 U_{DS}），并计算 $\dot{A}_u$、R_i 和 R_o。

4-8 已知图 4-28a 所示电路中场效应晶体管的转移特性如图 4-28b 所示。求解电路的 Q 点和 A_u。

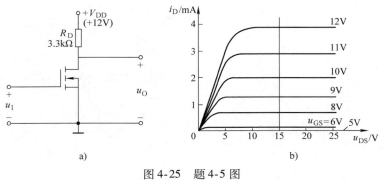

图 4-25 题 4-5 图

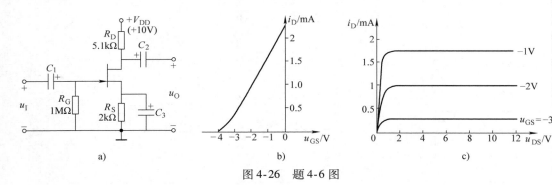

图 4-26 题 4-6 图

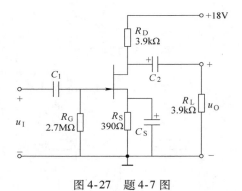

图 4-27 题 4-7 图

图 4-28 题 4-8 图

4-9　电路如图 4-29 所示，已知场效应晶体管的低频跨导为 g_m，试写出 $\dot{A}_u$、R_i 和 R_o 的表达式。

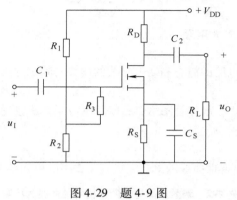

图 4-29　题 4-9 图

本 章 实 验

实验4 场效应晶体管放大电路

1. 实验目的

学习场效应晶体管放大电路的静态和动态参数的调整与测试方法。

2. 实验仪器和器材

电子电路实验箱；万用表；晶体管图示仪；双踪示波器；函数发生器；电子毫伏表；场效应晶体管；电阻、电容若干。

3. 实验内容

1) 场效应晶体管的输出特性曲线测试：完成表4-2中的检测结果。

表4-2 场效应晶体管的输出特性曲线的检测

器 件	结型场效应晶体管（耗尽型）	绝缘栅型场效应晶体管（增强型）
峰值电压范围	$0 \sim 10V$	$0 \sim 10V$
极性	+	+
功耗电阻	250Ω	$50 \sim 10\Omega$
X 轴 集电极电压	$0.5V/度$	$0.5V/度$
Y 轴 集电极电流	$0.2mA/度$	$5mA/度$
基极阶梯信号极性	−	+
基极阶梯信号方式	重复	重复
基极阶梯信号输入	正常	正常
阶梯选择	$0.05V/级$	$0.5V/级$
图示波形	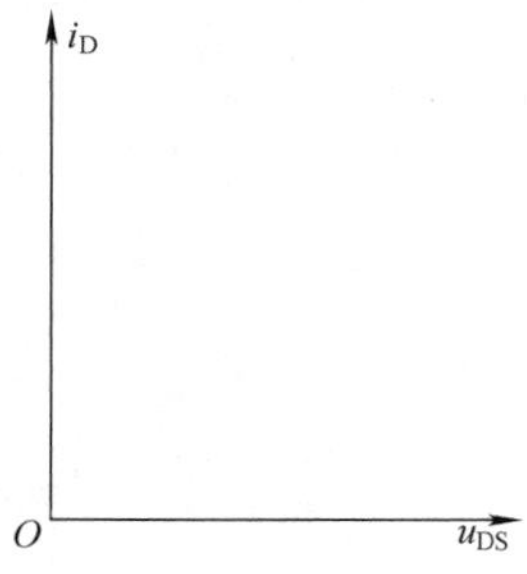	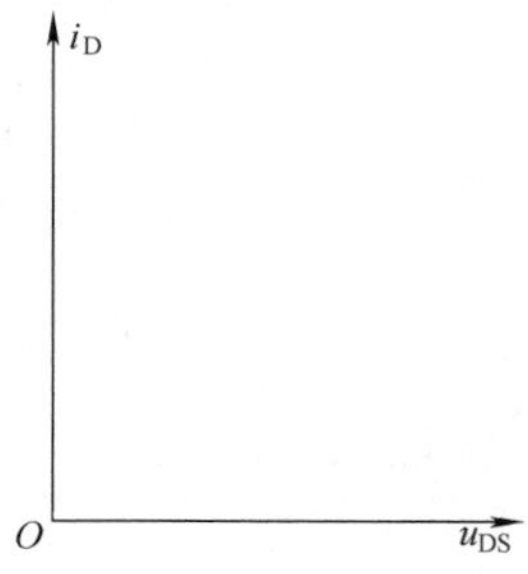
低频跨导 g_m 需作图	$g_m =$ （2mA 左右，5V 时）	$g_m =$ （$50 \sim 25mA$ 左右，5V 时）

2）耗尽型场效应晶体管自偏压电路：用结型场效应晶体管组建如图 4-30 所示电路。

① 静态测试。调节电阻 R_S 使 U_D 为 3V 左右，用万用表测算出各点静态值，填入表 4-3 中。

② 动态测试。在 u_i 输入端加上 1kHz 的交流正弦信号。

a. 电压放大倍数 A_u 的测试

用示波器观察输出波形，在输出波形不失真的情况下测出 U_i、U_o。

根据 $A_u = U_o / U_i$ 计算出：

$$A_u \ (R_L = \infty) =$$
$$A_u \ (R_L = 5.1 \mathrm{k}\Omega) =$$

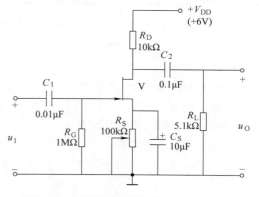

图 4-30 场效应晶体管自偏压放大电路

表 4-3 场效应晶体管自偏压放大电路静态值

U_D	U_G	U_S	I_D

b. 输入电阻的测试

该电路输入电阻的测试也可以在信号发生器与放大电路输入端之间加一电阻 R，用"串联电阻法"求得放大电路的输出电阻，由于场效应晶体管自偏压电路的输入电阻很大，可用测出输出电压 U_o 来测算输出电阻，即可在输入端串入电阻 $R = 0$ 时测得 U_{o1}，再在输入端加电阻 R 时测得 U_{o2}，R_i 的值：$R_i = \dfrac{U_{o2}}{U_{o1} - U_{o2}} R$，求得放大电路的输入电阻 $R_i = $ _____。

c. 输出电阻的测试

则通过公式 $R_o = \left(\dfrac{U'_{\infty}}{U_o} - 1 \right) R_L$，求得放大电路的输出电阻 $R_o = $ _____。

3）分压式自偏压电路：用增强型绝缘栅场效应晶体管组建如图 4-31 所示电路。

① 静态测试。调节电阻 RP 使 U_{DS} 为 3V 左右，用万用表测算出各点静态值，填入表 4-4 中。

② 动态测试。在 u_i 输入端加上 1kHz 的交流正弦信号。

a. 电压放大倍数 A_u 的测试

用示波器观察输出波形，在输出波形不失真的情况下测出 U_i、U_o。

根据 $A_u = U_o / U_i$ 计算出 A_u：$A_u \ (R_L = \infty) =$
$$A_u \ (R_L = 10 \mathrm{k}\Omega) =$$

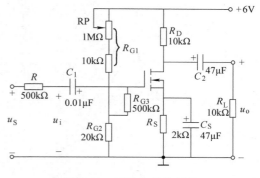

图 4-31 场效应晶体管分
压式自偏压放大电路

表 4-4　场效应晶体管分压式自偏压放大电路静态值

U_D	U_G	U_S	I_D

b. 输入电阻的测试

测得放大电路的输入电阻 R_i = _____。

c. 输出电阻的测试

测得放大电路的输出电阻 R_o = _____。

4. 实验报告和思考题

1）写出你对本次实验内容中一个最有收获的实验报告。（能自己设计一个实验，并写出报告更好。）

2）本实验中的结型场效应晶体管是否可以改用增强型场效应晶体管？为什么？

3）为什么在场效应晶体管放大电路中输入电阻测试时不采用前面晶体管放大电路的方法？可以用公式 $R_i = \dfrac{U_{o2}}{U_{o1} - U_{o2}}R$ 来测算输入电阻 R_i 吗？

4）比较说明场效应晶体管放大电路与晶体管放大电路各自的特点。

第5章 集成运算放大器及其应用

前面介绍的是分立元件电路，就是由各种单独的元器件连接起来的电子电路。这一章我们要给大家介绍的集成电路，就是把整个电路的各个元器件以及相互之间的连线同时制造在一块半导体芯片上，组成一个不可分割的整体。它具有体积小、重量轻、功耗低、可靠性好、价格便宜等特点，所以一经问世，就获得了广泛的应用，它标志着电子技术的一个新的飞跃。就集成度而言，集成电路有小规模、中规模、大规模和超大规模之分。就导电类型而言，有双极型、单极型和两者兼容的。就其功能而言，有数字集成电路和模拟集成电路，后者又有集成运算放大器、集成功率放大器、集成稳压电源等多种。由于集成运算放大器是由高增益直接耦合放大电路及其他一些电路环节构成的，具有开环增益高，输入阻抗大，输出阻抗小，体积小，功耗低，工作可靠，通用性强，使用方便、灵活等特点，所以它的应用非常广泛，已经渗透到电子技术的各个领域。它不仅可以用作信号的放大、运算、处理和变换，也可用来产生各种波形的信号。本章还将详细讨论集成运算放大器对信号的运算、处理以及产生一些特殊信号的应用。

5.1 差动放大电路

5.1.1 直接耦合放大电路需要解决的问题

在介绍多级放大电路的耦合方式时已指出，由于阻容耦合电路无法传递缓慢变化以及直流成分的信号，为此必须采用直接耦合放大电路。直接耦合电路也是线性集成电路内部的基本组成部分。但是直接耦合电路与阻容耦合相比，存在着两个问题。

1. 各级静态工作点之间互相影响、互相牵制

在阻容耦合电路中，各级之间用电容隔开，直流通路是断开的，因此各级静态工作点互相独立。而直接耦合电路前后级之间存在直流通路。当某一级的静态工作点发生变化时，其前后级也将受到影响。所以，在直接耦合放大电路中必须采取一定的措施，合理地安排各级的直流电平，以保证既能有效地传递信号，又能使每一级有合适的静态工作点。

2. 零点漂移现象

一个理想的直接耦合放大电路，当输入信号为零时，其输出电压应保持不变（不一定是零），但实际上，把一个多级直接耦合放大电路的输入端短接（$u_I = 0$），测其输出端电压时，却发现如图 5-1 中记录仪所显示的那样，并不保持恒值，有忽大忽小、缓慢地、无规则地变化的输出电压，这种现象就称为零点漂移（zero drift）。

当放大电路输入信号后，这种漂移就伴随着信号共存于放大电路中，难以分辨。如果漂移量大到足以和信号量相比时，放大电路就无法正常工作了。因此，必须知道产生漂移的原因，并相应地采取抑制漂移的措施。

产生零点漂移的因素很多。任何元器件参数的变化，包括电源的波动，都将造成输出电压的漂移。但是实践证明，温度变化是产生零点漂移的主要因素。在阻容耦合的放大电路中，由于耦合电容的作用，这些变化很缓慢的漂移电压都会降落在耦合电容上，通常不会传到下一级电路进一步放大。但在多级直接耦合放大电路的各级漂移当中，又以第一级漂移的影响最为严重。因为

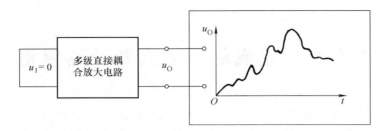

图 5-1 零点漂移现象

在直接耦合电路中，第一级的漂移被后级电路逐级放大，以致影响到整个放大电路的工作。所以，抑制漂移要将重点放在第一级。衡量一个放大器的零点漂移，不能只看它的输出电压漂移了多少，还要看放大器的放大倍数有多大。因此，零点漂移一般要折合到输入端来衡量。

抑制零点漂移的一些具体措施有

1）选用温漂小的元器件。

2）电路元器件在安装前要经过认真筛选和"老化"处理，以确保质量和参数的稳定性。

3）为了减小电源电压波动引起的漂移，要采用稳定度高的稳压电源。

4）采用温度补偿电路。

5）采用调制型直流放大器。

6）采用差动放大电路。

5.1.2 差动放大电路的组成

在直接耦合放大电路中抑制零点漂移最有效的电路结构是差动放大电路。多级直接耦合放大电路的前置级广泛采用这种电路。

1. 基本差动放大电路

（1）电路结构及抑制零漂移原理 图 5-2 所示为一基本差动放大电路（又称差分放大电路）。它是由完全对称的左右两个单管共射放大电路合成。信号电压分别从两管基极输入，称为双端输入。输出电压则取自两管的集电极之间，称为双端输出。因为直接耦合放大电路的信号常常是缓慢变化的直流信号而不一定是正弦交流信号，所以输入信号电压和输出信号电压分别用 ΔU_I 和 ΔU_O 表示。

基本差动电路具有抑制零点漂移的能力。在某一温度下，若 $\Delta U_{I1} = \Delta U_{I2}$，即在图 5-2 中将左右两边输入端短路，由于电路的对称性，左右两边集电极电位相等，即 $U_{C1} = U_{C2}$，故输出端电压 $\Delta U_O = U_{C1} - U_{C2} = 0$，实现了零输入时零输出。当温度升高时，两管的集电极电流都增大了，集电极电位都下降，由于电路对称，所以两边的变化量相等，即

$$温度 T\uparrow \begin{cases} \to I_{C1}\uparrow \to U_{C1}\downarrow \\ \to I_{C2}\uparrow \to U_{C2}\downarrow \end{cases} \Delta U_O = U_{C1} - U_{C2},不变$$

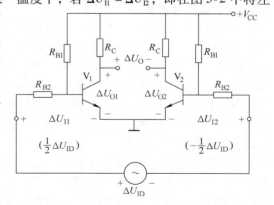

图 5-2 基本差动放大电路

虽然每个管子都产生了零点漂移，但是，双端输出电压依然为零。只要各元器件参数如 β、R_C

等完全相等，零点漂移就可基本得到抑制了。对于由电源电压波动引起的 V_{CC} 漂移也同样得到抑制。

（2）双端输入、双端输出差动放大电路分析

上面讲到，差动放大电路所以能抑制零点漂移，是由于电路的对称性。实际上，完全对称的情况并不存在，所以单靠电路的对称性来抑制零点漂移是有限度的。另外，上述差动电路每个管的集电极电位的漂移并未受到抑制，如果采用单端输出（输出电压从一个管的集电极与"地"之间取出），漂移根本无法抑制。为此，常采用图 5-3 所示的电路。在这个电路中，增加了发射极电阻 R_E 和负电源 $-V_{EE}$。这种电路又称为长尾式差动放大电路。图中 RP 为调零电位器，假设调至中间位置。

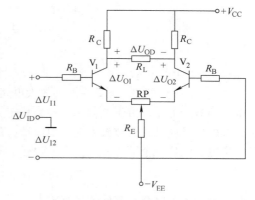

图 5-3　典型的长尾式差动放大电路

R_E 的主要作用是稳定电路的工作点，限制每个管子的漂移范围，进一步减小零点漂移。例如当温度变化使晶体管 I_{C1} 和 I_{C2} 同时增大，电路将有以下稳定过程（其中 U_E 为发射极对地电压）。

$$温度 T \uparrow \rightarrow \begin{array}{c} I_{C1} \uparrow \\ I_{C2} \uparrow \end{array} \rightarrow I_E \uparrow \rightarrow U_E \uparrow \rightarrow \begin{array}{c} U_{BE1} \downarrow \rightarrow I_{B1} \downarrow \rightarrow I_{C1} \downarrow \\ U_{BE2} \downarrow \rightarrow I_{B2} \downarrow \rightarrow I_{C2} \downarrow \end{array}$$

上述过程说明，温度变化时，I_{C1} 和 I_{C2} 变化受到抑制，从而两管集电极电位的漂移也得到一定程度的抑制。R_E 越大，引起的 U_E 变化就越大，抑制零点漂移的能力越强。

在图 5-3 中，设两边输入端之间加有输入信号 ΔU_{ID}。由于电路是对称的，每边只得到输入信号电压 ΔU_{ID} 的一半，由图可见，它们对"地"电压的极性相反，即 $\Delta U_{I1} = \dfrac{1}{2}\Delta U_{ID}$，$\Delta U_{I2} = -\dfrac{1}{2}\Delta U_{ID}$。在差动电路中，这种左右两边输入端所获得的对地大小相等、极性相反的信号电压就称为差模信号（difference-mode signal），都带下标"D"并符合下列关系：

$$\Delta U_{ID} = \Delta U_{I1} - \Delta U_{I2} \tag{5-1}$$

R_E 的存在并不影响对差模信号的放大。这是因为电路在差模信号作用下，一管发射极电流增加，另一管发射极电流减小，若两个单边放大器性能完全对称，则增加量和减少量相等，因而流过 R_E 的电流保持不变，故两管发射极电位也不变。所以在微变等效电路中，两管发射极相当于交流接地。由此可见，R_E 对差模信号放大不产生任何影响。

图中调零电位器 RP 在电路不完全对称的情况下当输入电压为零时，输出电压不一定为零，这时可通过调节 RP 使两管的初始工作状态改变，使输出电压为零。因为 RP 的存在有减小差模信号放大倍数作用，所以 RP 的阻值一般只取几十欧至几百欧。

在忽略 RP 时，根据图 5-3 所示电路可知，静态时 $\Delta U_{I1} = \Delta U_{I2} = 0$，输入回路方程为

$$V_{EE} = I_{BQ}R_B + U_{BEQ} + 2I_{EQ}R_E$$

可得静态工作点（R_B 数值较小，基极电流也很小，所以忽略 R_B）

$$I_{EQ} \approx \frac{V_{EE} - U_{BEQ}}{2R_E} \approx I_{CQ} \tag{5-2}$$

$$I_{BQ} = \frac{I_{EQ}}{1 + \beta} \tag{5-3}$$

$$U_{CEQ} \approx V_{CC} - I_{CQ}R_C + U_{BEQ} \quad (\text{其中 } U_{BEQ} \approx -V_{EQ}) \tag{5-4}$$

由式（5-2）可知，图 5-3 差动放大电路是靠选择合适的射极电源和射极电阻 R_E 来确定差动电路的静态电流，由于 V_{EE} 和 R_E 参数稳定，所以该电路的静态工作点也比较稳定。

差模信号就是需要被放大的有用信号。在它的作用下，一管电流上升，一管电流下降。这样两管集电极电位一个下降一个上升，就有了差值，从而产生了输出电压。

$$\Delta U_O = \Delta U_{O1} - \Delta U_{O2} = \Delta U_{C1} - \Delta U_{C2}$$

因此，差动放大电路对差模信号有放大作用。

输出电压与引起该电压的输入差模电压 ΔU_{ID} 的比值，定义为电路的差模电压放大倍数（difference- mode gain）A_{ud}。

由图 5-3 可见，左右两边单管放大电路的放大倍数为 A_{u1} 与 A_{u2}，并相等。根据共射电路的分析，当 $R_B \gg R_{RP}$ 时，单管差模电压放大倍数为

$$A_{ud1} = A_{ud2} = \frac{-\beta \Delta I_B R_C}{\Delta I_B (R_B + r_{be})} = -\frac{\beta R_C}{R_B + r_{be}} \quad (\text{空载时})$$

则

$$A_{ud} = \frac{\Delta U_{OD}}{\Delta U_{ID}} = \frac{\Delta U_{O1} - \Delta U_{O2}}{\Delta U_{I1} - \Delta U_{I2}} = \frac{2\Delta U_{O1}}{2\Delta U_{I1}} = A_{ud1}$$

所以差动放大电路的差模电压倍数

$$A_{ud} = A_{ud1} \approx -\frac{\beta R_C}{R_B + r_{be}} \tag{5-5}$$

由式（5-5）可见，差动电路双端输入双端输出结构的电压放大倍数和单管共射电路的放大倍数相同。采用差动放大电路只是为了抑制零点漂移。

当在两个集电极之间接有负载电阻 R_L 时

$$A_{ud} = -\frac{\beta R_L'}{R_B + r_{be}}$$

式中，$R_L' = R_C // \frac{1}{2} R_L$。

因为在输入差模信号时，两个集电极的电位变化方向相反，在 R_L 的中点相当于交流地电位，所以负载电阻是 $R_C // \frac{1}{2} R_L$。

电路的差模输入电阻为两输入端之间的电阻，即

$$R_{id} \approx 2(R_B + r_{be}) \tag{5-6}$$

电路的两集电极之间的差模输出电阻为

$$R_o \approx 2R_C \tag{5-7}$$

前已说明，差动放大电路中两个单边放大器是有零点漂移的。这两个单边放大器的零点漂移可以看成是由两个大小相等，极性相同的信号作用于输入端所致。这两个大小相等，极性相同的信号称为共模输入信号，电路如图 5-4 所示。共模信号（common-mode signal）都带下标符号"C"。

共模信号是反映温漂干扰或噪声等无用的信号。如果图 5-4 的电路完全对称，则在共模信号作用下，两管电流同时等量增大，结果输出电压 $\Delta U_{oc} = 0$；若电路不对称，则输出将出现一微小的输出电压 ΔU_{oc}，相当于电路对共模信号有放大作用，电路的共模放大倍数定义为

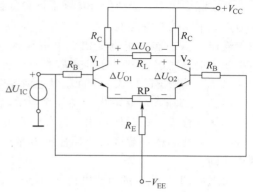

图 5-4　差动放大电路加的共模信号

$$A_{uc} = \frac{\Delta U_{OC}}{\Delta U_{IC}} = \frac{\Delta U_{OC}}{\Delta U_{IC1}} = \frac{\Delta U_{OC}}{\Delta U_{IC2}} \tag{5-8}$$

对差动放大电路来说，差模信号是有用信号，要求对它有较大的放大倍数；而共模信号是需要抑制的，因此对它的放大倍数是越小越好，对共模信号的放大倍数越小，就意味着零点漂移越小，抗共模干扰能力越强。为了全面衡量差动放大电路放大差模信号和抑制共模信号的能力，通常引用共模抑制比（Common-Mode Rejection Ratio，CMRR），用 K_{CMR} 来表征（单位为 dB）。其定义为放大电路对差模信号的放大倍数 A_{ud} 和对共模信号的放大倍数 A_{uc} 之比，即

$$K_{CMR} = \left| \frac{A_{ud}}{A_{uc}} \right| \tag{5-9}$$

或用对数形式表示

$$K_{CMR} = 20\lg \left| \frac{A_{ud}}{A_{uc}} \right| \tag{5-10}$$

显然，共模抑制比越大，差动放大电路分辨有用的差模信号的能力越强，受共模信号的影响越小。对于双端输出差动电路，若电路完全对称，则 $A_{uc} = 0$，$K_{CMR} \to \infty$，这是理想情况。而实际情况是，电路完全对称并不存在，共模抑制比也不可能趋于无穷大。

在实际情况中，差动放大电路两个输入信号 U_{I1}、U_{I2} 可能既非差模信号，又非共模信号，其大小和相位都是任意的，称比较输入方式，我们可以进行等效变换为一个差模分量 U_{ID} 和一个共模分量 U_{IC} 的组合，差模信号是两个输入信号之差，共模信号是两个输入信号的算术平均值，即

$$U_{ID1} = \frac{U_{I1} - U_{I2}}{2} = -U_{ID2} \tag{5-11}$$

$$U_{ID} = U_{ID1} - U_{ID2} \tag{5-12}$$

$$U_{IC} = U_{IC1} = U_{IC2} = \frac{U_{I1} + U_{I2}}{2} \tag{5-13}$$

差放电路的两个输入是 $U_{I1} = U_{IC1} + U_{ID1}$、$U_{I2} = U_{IC2} - U_{ID2}$ 的组合。根据前面的分析，差动放大电路对共模信号没有放大作用，放大的只是差模分量，只有两个信号有差别时，电路才有输

出,"差动"放大电路的名称也由此而得。

2. 其他形式的输入、输出方式

在实际应用中,为使信号免受干扰和负载安全工作,差分放大电路的输入端和输出端需要有接地点。根据输入端与输出端接"地"情况的不同,差分放大电路有 4 种不同接法:双端输入双端输出、双端输入单端输出、单端输入双端输出、单端输入单端输出。前面分析的基本差动放大电路为双端输入双端输出的形式。下面就其他情况进行分析。

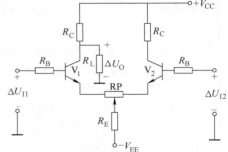

(1) 双端输入单端输出　图 5-5 所示电路中,输出信号从一管集电极对地输出,这种输出方式称为单端输出。它与前述双端输入双端输出电路比较有以下两点区别:

1) 静态时输出端的直流电位不为零。

2) 输出信号只从一管集电极对地输出,所以差模电压放大倍数是双端输出电压的一半,即

图 5-5　双端输入单端输出电路

$$A_{ud} = -\frac{1}{2}\frac{\beta(R_L /\!/ R_C)}{R_B + r_{be}}(有负载时) \tag{5-14}$$

信号也可以从 V_2 的集电极输出,此时式中无负号,表示同相输出。

这种接法常用来将差模信号转换为单端输出的信号,以便与后面的有公用的接地端的放大级连接。

(2) 单端输入双端输出电路　如图 5-6 所示,输入信号只从一个单边放大器的输入端引入,而另一边的输入端接地,这种输入方式称单端输入。

从图 5-6 来看,尽管信号由单端输入,但由于 R_E 的耦合作用,事实上两管是同时取得信号的。

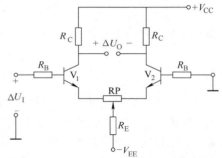

当 V_1 管输入信号电压 ΔU_I 且极性如图中所示时,V_1 管的集电极电流增大,其增大量为 ΔI_{C1} (正值),流过 R_E 的电流也增大,因而发射极电位升高,使 V_2 管的基-射极电压减小 ΔU_{BE2},V_2 管的集电极电流也就减小,其减小量为 ΔI_{C2} (负值)。ΔI_{C1} 和 ΔI_{C2} 的相对大小取决于 R_E 阻值的大小,R_E 大,V_1 管的输入信号耦合(传送)到 V_2 管的作用也强。

图 5-6　单端输入双端输出电路

在电路对称的情况下,输入信号电压 ΔU_I 的一半加在 V_1 管的输入端,另一半加在 V_2 管的输入端,两者极性相反,即

$$\Delta U_{I1} \approx \frac{1}{2}\Delta U_I \qquad \Delta U_{I2} \approx \frac{1}{2}(-\Delta U_I)$$

可见在单端输入的差动电路中,只要发射极电阻 R_E 足够大时,两管所取得的信号就可以认为是一对差模信号。

于是,单端输入电路便可转换成双端输入形式,因此双端输入的各种结论,均适用于单端输入情况。

单端输入双端输出差动放大电路把单端输入的信号转换成双端输出,作为下一级的差动输入,以便更好地利用差动放大电路的特点。

（3）单端输入单端输出　如图 5-7 所示。由上面的
分析可得出单端输出差模电压放大倍数为

$$A_{ud} = \frac{\Delta U_O}{\Delta U_I} = \frac{\Delta U_{O1}}{\Delta U_{I1}} = -\frac{1}{2}\frac{\beta R_C}{R_B + r_{be}} \quad （反相输出）$$

$$(5\text{-}15)$$

$$A_{ud} = \frac{\Delta U_O}{\Delta U_I} = \frac{\Delta U_{O1}}{\Delta U_{I2}} = \frac{1}{2}\frac{\beta R_C}{R_B + r_{be}} \quad （同相输出）$$

$$(5\text{-}16)$$

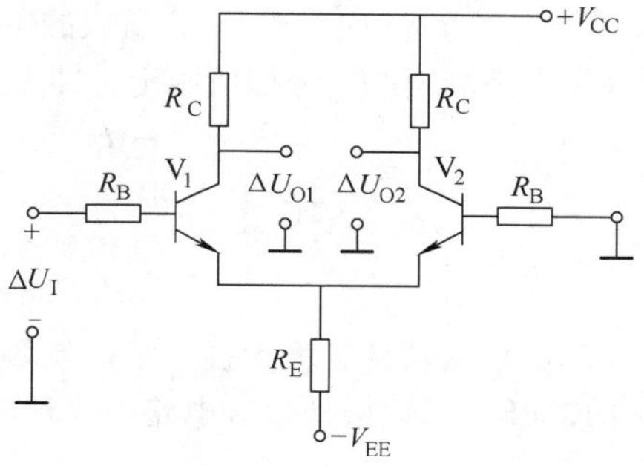

它的优点是，可从 V_1 或 V_2 的集电极输出，能得到
同相放大或反相放大。缺点是共模抑制比比较低。

图 5-7　单端输入单端输出电路

综上所述，差动电路的 4 种接法可归纳如下：

1）4 种接法的差动电路，由于对称关系，每边得到的输入差模电压均为外加差模输入电压
的一半（空载时）。

2）双端输出的差模电压放大倍数相当于单管放大电路的电压放大倍数；单端输出的差模电
压放大倍数为双端输出的一半。

3）4 种接法的差模输入电阻，都比单管共射电路的输入电阻大一倍。

4）双端输出的差模输出电阻要比单端输出的大一倍。

3. 提高共模抑制比的电路——具有恒流源的差动放大电路

分析上述电路可知，增加 R_E 能够有效地抑制共模信号。但是 R_E 值不能任意增加，R_E 越大，
在同样工作电流条件下所需要的负电源 V_{EE} 的数值也越大。例如，设 $I_{CQ} = 0.5\mathrm{mA}$，若 $R_E = 10\mathrm{k\Omega}$，
则 $V_{EE} = I_{RE}R_E + U_{BEQ} \approx 10.7\mathrm{V}$；若 $R_E = 100\mathrm{k\Omega}$，则 $V_{EE} \approx 100.7\mathrm{V}$，而通常 V_{CC} 仅为十几伏，显然如
此大的 V_{EE} 要求晶体管的 c-e 间的耐压很高，这不合理。为此，需要在 V_{EE} 较小的情况下，既能设
置合适的静态电流，又能对于共模信号呈现很大等效电阻的电路来取代发射极电阻 R_E，可采用
恒流源代替 R_E，因为恒流源内阻很高，可以得到较好的抑制零漂的效果，同时利用恒流源的恒
流特性还可以给晶体管提供更稳定的静态偏置电流。恒流源式差动放大电路如图 5-8 所示。

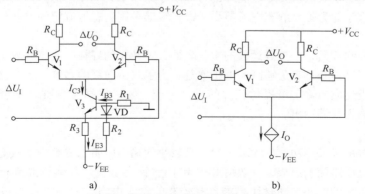

a)

b)

图 5-8　具有恒流源式差动放大电路

a）电路　b）用恒流源表示 V_3 组成的电路

我们从晶体管的输出特性可以看出，在放大区，如果 I_{BQ} 一定，I_{CQ} 也一定，具有恒流特性，

此时，管子的动态电阻 r_{ce} 非常大 $\left(r_{ce} = \dfrac{\Delta U_{CE}}{\Delta I_C}\right)$，而管电压降 U_{CE} 又不很大，也就不必用很大负电源

V_{EE}了。在图5-8a中，用V_3管组成的恒流源取代了电阻R_E，为了做到恒定I_{BQ}，V_3的基极电位由电源经电阻R_1和R_2分压所固定，即U_{B3}为常数。当温度上升时其稳流过程如下：

$$\text{温度 } T\uparrow \rightarrow \begin{cases} I_{C1}\uparrow \\ I_{C2}\uparrow \end{cases} \rightarrow I_{C3}\uparrow \rightarrow U_{R3}\uparrow \rightarrow U_{BE3}\downarrow (U_{B3}\text{ 不变}) \rightarrow I_{B3}\downarrow \rightarrow I_{C3}\downarrow$$

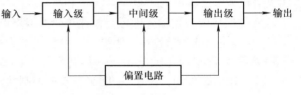

I_{C3}的恒流特性，大大提高了抑制零漂的效果。用晶体管恒流源差动电路的共模抑制比可达60～120dB，所以模拟集成电路中这种恒流源电路得到普遍应用。

5.2 集成运算放大器

5.2.1 集成运放的电路结构及符号

集成电路（Integrated Circuit，IC）是采用一定的工艺，把电路中所需要的管子、电阻、电容等元器件及电路的布线都集成制作在一块半导体基片上，经封装后成为一个具有所需功能的微型模块。自20世纪60年代初期集成电路发展以来，被广泛应用。集成电路按性能和用途的不同，可分为数字集成电路和模拟集成电路两大类。集成运算放大器（integrated operational amplifier）属于模拟集成电路的一种。集成运放是用集成电路工艺制成的具有很高电压增益的直接耦合多级放大器的结构，电路常可分为输入级、中间级、输出级和偏置电路4个部分，如图5-9所示。

图5-9 集成运放组成框图

1. 输入级

集成运放的输入级又称前置级，是决定运放性能好坏的关键，对输入级的要求是：为减轻信号源的负担，电路的输入电阻要尽可能高；为抑制零漂和不失真传输信号，电路的差模电压放大倍数要大，共模抑制能力强；静态电流要小。输入级都采用具有恒流源的差动放大电路。

2. 中间级

集成运放的中间级是整个集成运放的主放大器，其性能的好坏，直接影响集成运放的放大倍数，所以要求中间级本身具有足够高的电压增益。为了减少前级的影响，还应具有较高的输入电阻。另外，中间级还应向输出级提供较大的驱动电流，并能根据需要实现单端输入双端差动输出，或双端差动输入单端输出。

3. 输出级

集成运放的输出级又称功率放大级，要求有较小的输出电阻以提高带负载能力，通常由电压跟随器或互补的电压跟随器组成，一般由PNP和NPN两种极性的晶体管或复合管组成，以获得足够的电流满足负载的需要。同时还要求具有较高的输入电阻以起到将放大级和负载隔离的作用。除此之外，还应有过电流保护，以防止输出端意外短路或负载电流过大烧毁管子。

4. 偏置电路

偏置电路的作用是为上述各级电路提供稳定、合适的偏置电流。决定各级的静态工作点，一般由各种恒流源电路构成。

随着半导体集成工艺的飞速发展，集成运算放大器的应用已远远超出了在运算中应用的界限。集成运放器件有各种系列，集成运放的种类也越来越多，应用最多的是信号放大、电压比较，在应用集成运放时需要知道它的几个引脚的用途以及放大器的主要参数，不一定需要详细了解它的内部电路结构。

图 5-10a 是理想运算放大器的图形符号。它有两个输入端和一个输出端。反相输入端标上"－"号，表示运放输出端 u_O 的信号与该输入端的相位相反；同相输入端标上"＋"号，表示运放输出端 u_O 的信号与该输入端的相位相同。它们对"地"电压（即各端的电位）分别用 u_N、u_P 和 u_O 表示。图 5-10b 是采用双电源 $\pm V_{CC}$ 供电的运算放大器符号。

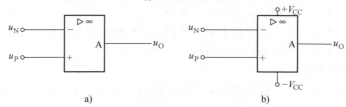

图 5-10　理想运放的图形符号

a）电路符号　b）标有双电源的运放符号

5.2.2　集成运放的特点

集成运放的一些特点与其制造工艺是紧密相关的，主要有以下几点：

1）电阻和电容的值一般均较小，电路结构上采用直接耦合方式。由于集成电路中的电阻是利用 NPN 型管的基区电阻，一个 5kΩ 的电阻所占硅片面积可以制造 3 个晶体管；集成电路中的电容是利用 PN 结的电容或 MOS 电容（MOS 管的栅极与沟道间的电容）构成，一个 10 皮法的电容所占硅片面积可以制 10 个晶体管，而且误差较大。因此集成电路的阻值范围一般为几十欧到 20kΩ，电容值范围约在 100pF 以下。若需要高阻值电阻，可用晶体管（或场效应晶体管）恒流源代替，或者采用外接电阻、电容的办法。

由于在集成电路中制作大容量的电容器较为困难，至于电感更难制造，因此，电路结构一般只能采用直接耦合方式。

2）为了克服直接耦合电路的漂移，常采用差动放大电路，由于同一硅片上的元器件采用同一标准工艺流程制成，虽然元器件参数的分散性大，但相邻元器件的参数有相同的偏差，同类元器件的特性（包括温度特性）比较一致。因此，常采用差动放大电路，即利用两个晶体管参数的对称性来抑制温度漂移。

3）尽量采用晶体管（或场效应晶体管）代替电阻、电容和二极管等元器件。

在集成电路制造工艺中，制造晶体管（特别是 NPN 型管）比制造其他元器件容易，且占用面积小、性能好。另外，用晶体管构成其他元器件不需要特殊工艺。因此，常用晶体管（或场效应晶体管）构成恒流源作偏置电路和负载电阻，将晶体管的基极和集电极短接构成二极管、稳压管等；用复合管、共射－共基、共集－共基等组合电路来改善单管电路的性能。由于以上原因，集成运算放大器和分立元件组成的直接耦合放大器的工作原理是基本相同的，但在电路结构上两者会有很大的差别。

5.2.3　集成运放的电压传输特性和主要参数

1. 集成运放的理想化条件

为了简化分析过程，同时又满足工程的实际需要，通常把集成运放理想化，满足下列参数指标的运放可以作为理想运放：

1）开环（open loop）差模电压放大倍数 $A_{ud} \to \infty$，实际上 $A_{ud} \geqslant 80\text{dB}$ 即可。

2）差模输入电阻 $R_{id} \to \infty$，实际上 R_{id} 比输入端外电路的电阻大 $2 \sim 3$ 个数量级即可。

3）差模输出电阻 $R_o \to 0$，实际上 R_o 比输出端外电路的电阻小 $2 \sim 3$ 个数量级即可。

4）共模抑制比 $K_{CMR} \to \infty$。

在集成运算放大器输出端和输入端之间未外接任何元器件，称为放大器处于开环状态，两输入端加有直流差模输入电压 $U_{ID} = U_P - U_N$ 时，输出电压 U_O 与 U_{ID} 之比称为集成运放的开环差模电压放大倍数。理想运算放大器的开环差模电压放大倍数为无穷大。

由于目前实际运放的上述技术指标很接近理想化的条件，因此在分析时用理想运放代替实际放大器所引起的误差并不严重，在工程上是允许的，这样就使分析过程大大简化。下面所讲的运算放大电路都是根据它的理想化条件来分析的。

2. 集成运放的传输特性

表示开环时输出电压与输入电压之间关系的特性曲线称为电压传输特性，运算放大器的传输特性（见图 5-11），可分为线性区和非线性区。运算放大器可工作在线性区，也可工作在非线性区，但分析方法不一样。

（1）线性区　当集成运放工作在线性区时，作为一个线性放大器件，它的输出信号和输入信号之间满足以下关系：

$$u_O = A_{ud}(u_P - u_N) \tag{5-17}$$

通常集成运放的开环差模放大倍数 A_{ud} 很大，为了使其工作在线性区，大都在集成运放电路的输入端和输出端有通路，以减小运放的净输入（称为负反馈），从而保证输出电压不超出线性范围，放大器处于闭环状态。

（2）非线性区　由于 $A_{ud} \to \infty$，所以当 u_P 略大于 u_N 时，$u_O = A_{ud}(u_P - u_N)$ 趋向输出正饱和电压（ $+ U_{O(sat)}$）；当 u_P 略小于 u_N 时，$u_O = A_{ud}(u_P - u_N)$ 趋向输出负饱和电压（ $- U_{O(sat)}$），如图 5-11 所示。运放的正、负饱和电压大小主要受正、负电源电压限制。

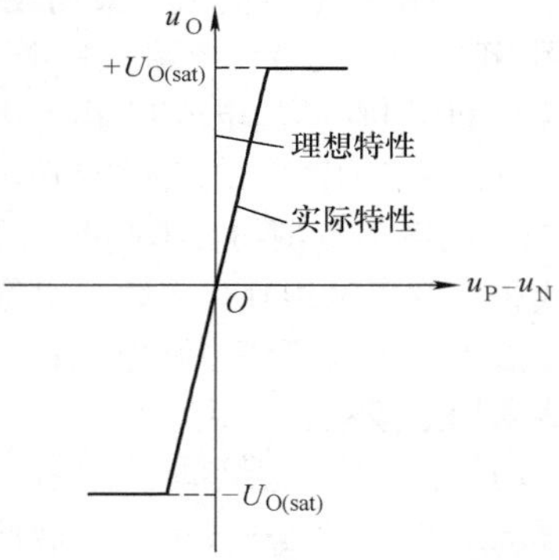

3. 集成运放的主要参数

非理想运算放大器的性能可用一些参数来表示。为了合理地选用和正确使用运算放大器，必须了解各主要参数的意义。

图 5-11　运放的传输特性

（1）开环差模放大电压倍数 A_{ud}　在没有外接反馈电路时所测出的差模电压放大倍数 A_{ud}，称为开环电压倍数。A_{ud} 越高，所构成的运放的运算精度越高，一般约为 $10^4 \sim 10^7$，即 $80 \sim 140\text{dB}$。

（2）输入失调电压 U_{IO}　一个理想的集成运放能实现零输入零输出。而实际的集成运放，当输入电压为零时，存在一定的输出电压，把它折算到输入端就是输入失调电压。它在数值上等于输出电压为零时，输入端间应施加的直流补偿电压。失调电压的大小主要反映了差动输入级元器件的失配程度。通用型运放的 U_{IO} 为毫伏（mV）数量级，有些运放可小至微伏（μV）数量级。

（3）输入失调电流 I_{IO}　一个理想的集成运放的两输入端的静态电流完全相等。实际上，当集成运放的输出电压为零时，流入两输入端的电流不相等，这个静态电流之差 $I_{IO} = | I_{B1} - I_{B2} |$ 就是输入失调电流。失调电流的大小反映了差动输入级两个晶体管 β 的不平衡程度。I_{IO} 也是越小越好。通用型运放的 I_{IO} 为纳安数量级。

（4）输入偏置电流 I_{IB}　如图 5-12 所示，它是指当输出电压为零时，流入两输入端的静态电流的平均值，即 $I_{\text{IB}} = \dfrac{1}{2}(I_{\text{B1}} + I_{\text{B2}})$，其值也是越小越好，通用型运放约为几十微安。

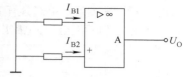

图 5-12　输入偏置电流

（5）输入失调电压温度漂移 $\mathrm{d}U_{\text{IO}}/\mathrm{d}T$　这个指标说明运放的温漂性能的好坏。一般以 $\mu\text{V}/℃$ 为单位。通用型集成运放的指标为微伏（μV）数量级。

（6）开环差模输入电阻 R_{id}　它是指运放开环工作时，两个输入端之间的动态电阻，一般运放的 R_{id} 为几百千欧 ~ 几兆欧。

（7）最大差模输入电压 U_{IDM}　在运放同相输入端和反相端之间所能承受的最大电压。超过这个电压，运放输入级的晶体管就会出现反向击穿。一般集成运放电路的 U_{IDM} 在几伏至几十伏之间。

（8）最大共模输入电压 U_{ICM}　在运放工作的输入信号中往往既有差模成分又有共模成分。如果共模成分超过一定限度，则输入级管子将进入非线性区工作，就会造成失真，并会使输入端晶体管反向击穿。通用型运放的最高共模电压基本上与电源电压相等。

（9）-3dB 带宽 f_{h} 和单位增益带宽 f_{c}　f_{h} 和 f_{c} 是表征运算放大器的开环幅频参数。当 $|A_{\text{ud}}|$ 下降 3dB 时的频率称为 -3dB 带宽或截止频率 f_{h}。

当 $|A_{\text{ud}}|$ 进一步下降至 0dB（$A_{\text{ud}} = 1$）时，对应的频率 f_{c} 称为单位增益带宽，这时将无法对该频率的信号进行放大。集成运算放大器的频率特性具有低通特点，上限截止频率不高，一般集成运放电路的 f_{c} 在 1MHz 以内，有的可达几十兆赫。

（10）最大输出电压 U_{OPP}　能使输出电压和输入电压保持不失真关系的最大输出电压，称为运放的最大输出电压。其绝对值一般比正、负电源绝对值低 $0.5 \sim 1.5\text{V}$。

（11）转换速率 S_{R}　是反映运放输出对于高速变化的输入信号的响应能力。S_{R} 是运放在单位增益组态和额定输出电压情况下，输出电压的最大变化速率，它定义为

$$S_{\text{R}} = \left| \frac{\mathrm{d}u_{\text{o}}}{\mathrm{d}t} \right|_{\max}$$

S_{R} 越大，表示运放的高频性能越好。影响转换速率的主要原因是运放内部电路存在寄生电容和相位补偿电容。

总之，集成运放具有开环电压放大倍数高、输入电阻高、输出电阻低、漂移小、可靠性高、体积小等主要特点，所以它已成为一种通用器件，广泛而灵活地应用于各个技术领域。在选用集成运放时，就像选用其他电路元器件一样，要根据它们的参数说明，确定适合的型号。在手册中列出了典型集成运算放大器的技术指标。

4. 集成运算放大器 LM324

集成运算放大器的型号有很多，在一片芯片上可以做一个、两个或 4 个集成运算放大器，它广泛应用于工业自动控制、仪器仪表、家用电器、农村电气化以及各种电子电气等系统中。LM324 是四运放集成电路，它采用双列直插塑料封装，14 个引脚排列如图 5-13 所示。双列直插式器件是以半圆缺口为辨认标记（有的产品以凹坑或商标方向作标记）。识别方法是将集成电路水平放置，引脚朝下，标记在左，从左下角的第一个引脚开始按逆时针方向数，依次为 1、2、3、…、n 引脚。LM324 的内部包含 4 组形式完全相同的运算放大器，除电源共用外，4 组运放相互独立。

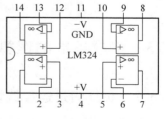

图 5-13　LM324 引脚图

由于 LM324 四运放电路具有电源电压范围宽，静态功耗小，可单电源使用，价格低廉等优点，因此被广泛应用在各种电路中。图 5-14 是集成运放 LM324 的特性曲线。

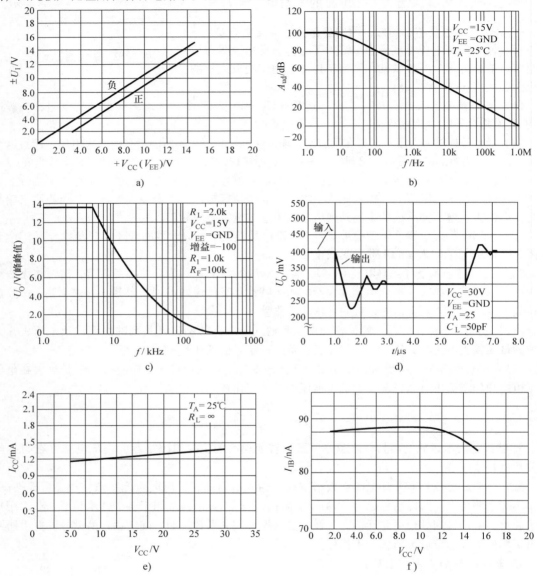

图 5-14　LM324 的特性曲线

a）输入电压范围　b）开环频率　c）大信号频率响应　d）小信号跟随器脉冲响应（同相）

e）电源电流和电源电压关系　f）输入偏置电流和电源电压关系

5.3　集成运放的运算电路

5.3.1　负反馈是运放线性应用的必要条件

前面已经讨论过，运放的开环增益很大，要使运放工作在线性区，其两输入端之间的电压必定相当小，一般小于零点几毫伏。而运放存在着失调电压、失调电流以及偏置电流，就相当于输入端存在着输入信号加上温漂等，这些影响相当于在输入端加上了毫伏数量级的电压，使运放在无信号输入时，输出电压为正最大值或负最大值。这种现象称为运放进入正或负的饱和状态。

例如，μA741 开环放大倍数为 10^5 以上，如果两输入端之间加上 1mV 的电压，按工作在线性区来计算，输出电压应为 $1mV \times 10^5 = 100V$，这是不可能的，因为 μA741 的电源电压最大是 $\pm 18V$，不可能有 100V 的电压输出，这是因为运放内部一些晶体管已经工作到饱和区或截止区，使输出电压只能接近电源电压的大小。

因此，实际的运放在开环情况下，即使输入信号为零，其输出也会处于最高或最低值，这样无法实现线性放大。

另外，运放的开环性能也很差，尽管它的电压放大倍数很大，但对于同一种型号的运放，因器件的离散性，开环电压放大倍数相差很大，开环电压放大倍数受温度等因素的影响也很大，无法实现稳定放大。一般的运放开环通频带很窄，也无法适应交流信号的放大要求。

综上所述，因为运放的开环状态是无法进行线性放大的，解决的办法是引入负反馈，所以负反馈是运放线性应用的必要条件。

现在的集成运放都很接近理想运放，由运放构成的电路，无论运放是线性应用还是非线性应用，在分析电路工作原理时，都可当作理想运放对待，仅当进一步研究应用电路的误差时，才考虑实际运放参数所带来的影响。

对于工作在线性区的理想运放，有以下两条重要结论：

1）理想运放两个输入端之间的电压通常非常接近于零，即 $u_I = (u_N - u_P) \to 0$，或 $u_N \approx u_P$。这是因为，在线性区内，输出电压在有限值之间变化，而运放的电压放大倍数 $A_{ud} \to \infty$，则运放的净输入电压 $u_{Id} = \dfrac{u_O}{A_{ud}} \approx 0$。实际上，集成运放的两输入端之间的电压一般在 $-0.1 \sim +0.1mV$ 之间变化，可以近似认为是零。

2）理想运放的两个输入端基本不索取电流，即 $i_{Id} \approx 0$。这是因为 $u_{Id} \approx 0$，而运放的差模输入电阻 $R_{id} \to \infty$，实际上运放的输入电阻也在 0.5MΩ 以上，这样，线性区的输入电流可以近似认为是零。

由于 $u_N \approx u_P$，同相端与反相端之间可相当于短路，但事实上，这两点并没有短接在一起，所以不是真正的短路，我们称之为"虚假短路"（virtual short circuit），简称"虚短"。

另外，由于运放的输入电阻很大，输入电流 $i_{Id} \approx 0$，运放的两个输入端之间又相当于断路，但事实上，这两点并没有断开，两个输入端之间还是存在电压和电流的，只不过非常小而已，我们称之为"虚假断路"（virtual cut circuit），简称"虚断"。值得注意的是，运放只有在线性工作区时，才存在"虚短"，如果运放工作在非线性区，则 $u_N \neq u_P$，虚短不存在。而运放无论工作在线性区，还是工作在非线性区，"虚断"都存在，如图 5-15 所示。

以上两条结论，以及由这两条结论引出的"虚短"和"虚断"，是分析运放线性应用电路的非常重要的依据。

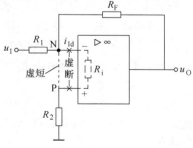

图 5-15　运放线性应用时的"虚短"和"虚断"

5.3.2　线性运放的 3 种基本电路

集成运放有两个输入端，根据两个输入端的不同连接，运放有 3 种基本电路：反相输入式放大电路、同相输入式放大电路和双端输入式放大电路。

1. 反相输入式放大电路

图 5-16 是反相输入式放大电路，又称为反相放大电路。输入信号通过 R_1 接于运放的反相输入端。同相端上的 R_2 是平衡电阻，用于消除失调电流、偏置电流带来的误差，一般取 $R_2 = R_1 /\!/ R_F$。R_F 使得反相输入端和输出端有了通路，即引入了负反馈。电路性能分析如下：

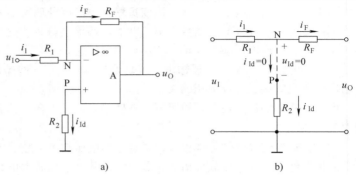

图 5-16 反相输入式放大电路
a）电路图 b）等效电路

根据运放线性应用的特点，用虚断的概念，电阻 R_2 上无电流流过，即 $i_{ld} = 0$，则同相输入端电位 $u_P = 0$，与地等电位。再用虚短的概念，同相端电位等于反相端电位，即 $u_N \approx u_P = 0$，反相端的电位也为零，因此，N 点相当于接地，但事实上并非真正接地，我们称它为"虚假接地"（virtual ground），简称"虚地"，这就将图 5-16a 的电路等效成图 5-16b。虚地是反相输入放大电路的重要特征。这特征表明运放输入端无共模信号。从图中可以看出，R_1 一端接 u_I，一端接虚地，所以有 $u_I = i_1 R_1$，而 R_F 一端接在 u_O 端，另一端接在虚地端，所以 $|u_O| = |u_{R_F}|$，即输出电压等于反馈电阻上的电压降。但是两端的电压极性相反，所以有 $u_O = -u_{R_F} = -i_F R_F$，而且由于 $i_{ld} = 0$，则 $i_1 = i_F$，这就容易找出输出电压 u_O 与输入电压 u_I 的关系。反相放大电路的电压放大倍数为

$$A_{uf} = \frac{u_O}{u_I} = \frac{-i_F R_F}{i_1 R_1} = -\frac{R_F}{R_1} \tag{5-18}$$

式（5-18）中的负号表示输入与输出反相。由于输入支路与反馈支路的元件是电阻，属于线性元件，因此输出电压与输入电压呈线性关系。电路的输入电阻 $R_{if} = R_1$。

该电路的特点是

1）由于反相输入端为虚地，它的共模输入电压可近似为零，这样对运放的有关共模的参数要求低。

2）输出电阻小，近似为零，所以带负载能力强。

3）输入电阻小（$R_{if} = R_1$），输入端要向信号源索取一定的电流。

4）由于运放输出电流通常只有几毫安，所以 R_F 必须大于 1kΩ；又由于实际运放存在失调电流，所以 R_F 又必须小于几兆欧，否则易引起运放的饱和。

2. 同相输入式放大电路

图 5-17 所示电路为同相输入式放大电路，又称为同相放大电路。信号通过 R_2 接入运放的同相输入端，输出电压通过电阻 R_F 反馈到运放的反相输入端，与 R_1 组成反馈网络。R_2 是平衡电阻，一般取 $R_2 = R_1 /\!/ R_F$。

根据虚断的概念，电阻 R_2 上无电流流过，则运放同相输入端的电位 $u_P = u_I$。反相端无电流流过，则有 $i_1 = i_F$。再用虚短的概念，运放同相输入端的电位等于反相输入端的电位，$u_P \approx u_N = u_I$，则有

$$u_I = u_P = u_N = \frac{R_1}{R_F + R_1} u_O$$

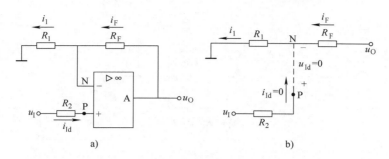

图 5-17　同相输入式放大电路

所以

$$u_O = \frac{u_I}{R_1}(R_1 + R_F)$$

可得电压放大倍数为

$$A_{uf} = \frac{u_O}{u_I} = \frac{R_1 + R_F}{R_1} = 1 + \frac{R_F}{R_1} \tag{5-19}$$

由式（5-19）可知，同相输入电压放大倍数只与反馈网络电阻有关，同相输入放大电路的输出与输入同相，且电压放大倍数 $A_{uf} \geqslant 1$。同相输入放大电路的特点如下：

1）输入电阻特别高，可达 20MΩ 以上，可近似为无穷大。

2）输出电阻很小，可近似为零。

3）由于 $u_P \approx u_N = u_I$，运放两端存在共模电压，会引起运算误差，所以在选择运放时，就要求它的共模抑制比较高。

4）同相输入放大电路的特例——电压跟随器。如将图 5-17 中的反馈电阻 R_F 短路，R_1 开路，就得图 5-18a 所示的电路，由式（5-19）可得到

$$A_{uf} = 1 \tag{5-20}$$

式（5-20）表明，输出电压等于输入电压且相位相同，故称它为电压跟随器，与射极输出器类似。但由于运放的反馈深度比单管跟随电路大得多，因此跟随性能要好得多。因为它的输入电阻极高，输出电阻很低，常用作阻抗变换器或缓冲器，在电子电路中应用很广泛。缺点是由于输入阻抗极高，易受周围电场干扰等影响，通常可在同相输入端对地接一个适当的电阻，此时的输入电阻有所减小，其数值等于该电阻值，如图 5-18b 所示。

3. 双端输入式放大电路

图 5-19 所示的电路是双端输入式放大电路。

图中 u_{I2} 通过 R_1 加到反相端，u_{I1} 通过 R_2、R_3 分压后加到同相端。输出信号通过 R_F、R_1 组成反馈网络反馈到反相端。双端输入放大电路的输出电压在线性工作条件下，利用电路叠加定理分析如下：

令 $u_{I1} = 0$，电路属反相输入式放大电路，等效电路如图 5-19b 所示。根据式（5-18）可得

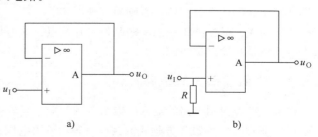

图 5-18　电压跟随器
a）基本电路　b）降低输入电阻的电路

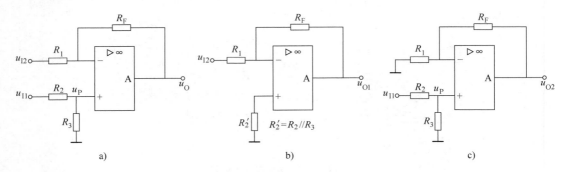

图 5-19 双端输入式放大电路

a）基本电路 b）令 $u_{I1}=0$ 时的等效电路 c）令 $u_{I2}=0$ 时的等效电路

$$u_{O1} = u_{I2}\frac{-R_F}{R_1}$$

令 $u_{I2}=0$，电路属同相输入式放大电路，等效电路如图 5-19c 所示。运放同相输入端的电压 u_P 应等于电阻 R_2 和 R_3 的分压值

$$u_P = \frac{R_3}{R_2+R_3}u_{I1}$$

根据式（5-19）可得

$$u_{O2} = u_P\left(1+\frac{R_F}{R_1}\right) = u_{I1}\frac{R_3}{R_2+R_3}\left(1+\frac{R_F}{R_1}\right)$$

根据叠加原理，输出电压 u_O 为 u_{O1} 与 u_{O2} 之和，即

$$u_O = u_{O1} + u_{O2} = \left(\frac{R_3}{R_2+R_3}\right)\left(1+\frac{R_F}{R_1}\right)u_{I1} + \frac{-R_F}{R_1}u_{I2} \tag{5-21}$$

在电路中，如果选取电阻满足 $R_1=R_2$，$R_F=R_3$，则式（5-21）经推导可得到如下关系式：

$$u_O = \frac{R_F}{R_1}(u_{I1}-u_{I2}) \tag{5-22}$$

即输出电压与两个输入电压之差（$u_{I1}-u_{I2}$）成正比，所以该电路又称为差动放大电路。

双端输入式放大电路的特点是：

1）它能放大差动信号，线性区工作时可采用叠加定理的分析方法。

2）同相、反相端的输入电阻分别为（R_2+R_3）及 R_1，输出电阻较小。

3）若在该差动放大电路的两个输入端存在大小相等、相位相同的共模输入信号时，应选择共模抑制比高的运算放大器，否则易带来误差。

综上所述，运放的 3 种基本电路各有其特点，这为我们选择电路提供了依据。当然，这 3 种基本电路只是从输入端考虑的。

5.3.3 模拟信号运算电路

运放线性区应用电路的输入、输出电压的关系只取决于反馈网络，输入、输出电压的关系可以模拟成 $y=f(x)$ 的数学方程式。其中 y 表示输出电压，x 表示输入电压。因此，反馈网络只要接入不同元件和采用不同的电路形式，就可实现各种数学运算。这些基本的运算电路在自动调节系统、测量仪器中得到广泛的应用。下面介绍一些典型运算电路。

1. 比例运算电路

比例运算（scaling operating）的数学方程是 $y = kx$，上面介绍的反相输入放大电路（见图 5-16）和同相输入放大电路（见图 5-17）的输入、输出电压关系分别是 $u_0 = -\dfrac{R_F}{R_1}u_1$、$u_0 = \left(1 + \dfrac{R_F}{R_1}\right)u_1$，电阻之比是常数，它们的电压放大倍数就是比例因子 k，实现了反相比例和同相比例运算。调整电阻 R_F、R_1 的比值，就可以改变比例因子 k；若取反相输入式放大电路的 $R_F = R_1$，比例因子为 -1，则输出电压等于负的输入电压，即 $u_0 = -u_1$，就实现了 $y = -x$ 的变号运算。

2. 加法运算电路

利用运放实现加法运算（additive operation）时，可采用反相输入方式或同相输入方式。由于同相加法电路存在共模电压，将造成几个输入信号之间的相互影响，所以这里重点介绍反相输入模拟加法运算电路。

在反相比例运算放大电路的基础上，增加几条输入支路，便可组成反相加法运算电路，也称反相加法器，如图 5-20 所示。

图中，R 是平衡电阻，一般满足 $R = R_1 /\!/ R_2 /\!/ R_3 /\!/ R_F$，在要求不高的场合也可将同相输入端直接接地。

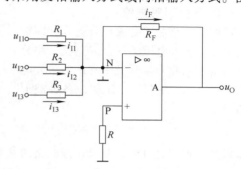

图 5-20　反相加法电路

用虚短及虚断的概念，在理想情况下，由于反相输入端为虚地，可得

$$i_{I1} + i_{I2} + i_{I3} = i_F$$

即

$$\frac{u_{I1}}{R_1} + \frac{u_{I2}}{R_2} + \frac{u_{I3}}{R_3} = -\frac{u_0}{R_F}$$

故有

$$u_0 = -\left(\frac{R_F}{R_1}u_{I1} + \frac{R_F}{R_2}u_{I2} + \frac{R_F}{R_3}u_{I3}\right) \tag{5-23}$$

式（5-23）表示输出电压等于各输入电压按照不同比例相加之和。这一电路可以实现 $y = -(k_1x_1 + k_2x_2 + k_3x_3)$ 的数学运算。若 $R_1 = R_2 = R_3 = R_F$，则 $u_0 = -(u_{I1} + u_{I2} + u_{I3})$。

例 5-1： 设计一个反相加法器，实现下面的运算表达式 $u_0 = 2u_{I1} + 3u_{I2} + 4u_{I3}$。

解： 将式 $u_0 = 2u_{I1} + 3u_{I2} + 4u_{I3}$ 与式（5-23）比较可知，要采用两级运放来实现上述运算，第一级用来实现加法运算，第二级用来实现变号运算，电路如图 5-21 所示。

电路中结合式（5-23），电阻应满足

$$\frac{R_F}{R_1} = 2, \qquad \frac{R_F}{R_2} = 3, \qquad \frac{R_F}{R_3} = 4$$

取 $R_3 = 10k\Omega$，$R_5 = 10k\Omega$，则有：$R_F = 40k\Omega$，$R_1 = 20k\Omega$，$R_2 = 13.3k\Omega$，$R_6 = 10k\Omega$，运放的平衡电阻 $R_4 = R_1 /\!/ R_2 /\!/ R_3 /\!/ R_F = 4k\Omega$，取标称值 $R_4 = 4.7k\Omega$。运放 A_2 构成变号运算。由于电阻的标称系列中无 $40k\Omega$、$13.3k\Omega$ 的规格，再考虑到各电阻均有一定的误差，所以必须在输入信号 u_{I1}、u_{I2}、u_{I3} 与电阻 R_1、R_2、R_3 之间各串联一个适当阻值的微调电阻，实际电路如图 5-21b 所示。

R_5 是第一级运放的输出负载电阻，其值不应低于 $1k\Omega$，在此取 $10k\Omega$。

3. 减法运算电路

减法运算（subtraction operation）可采用双端输入方式，这已在前一节中讨论过。由式（5-21）可知，双端输入方式中，输出电压与输入电压的关系可以模拟 $y = k_1 x_1 - k_2 x_2$ 的数学运算，这里不再叙述。

4. 积分运算电路

积分电路能够完成积分运算，即输出电压与输入电压的积分成正比。积分电路是控制和测量系统中常用的单元电路，也可以实现延时、定时及各种波形的产生。

积分运算（integration operation）函数式为 $y = k\int x(t)\,dt$，要求积分电路的输入输出关系是

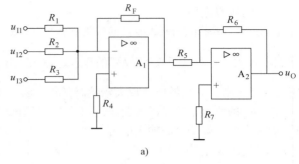

a)

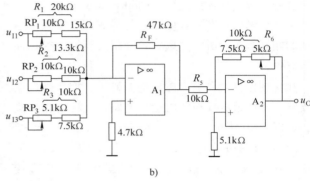

b)

图 5-21　例 5-1 图

a) 理想电路　b) 实际电路

$$u_O = k\int u_I(t)\,dt$$

（1）电路组成　我们知道电容两端电压是充电电流对时间 t 的积分，即

$$u_C = \frac{1}{C}\int i_C\,dt$$

图 5-22a 所示电路是利用集成运放组成的积分运算电路，由于反相输入放大电路的反相输入端为虚地，所以输出电压只取决于反馈电流与反馈支路元件的伏安特性，输入电流只取决于输入电压与输入支路元件的伏安特性。

$$i_C = i_I = \frac{u_I}{R}$$

$$u_O = -u_C = -\frac{1}{C}\int_{t_0}^{t}\frac{u_I}{R}\,dt + u_O\bigg|_{t_0} = -\frac{1}{RC}\int_{t_0}^{t}u_I\,dt + u_O\bigg|_{t_0} \tag{5-24}$$

式（5-24）表明，输出电压与输入电压对时间的积分成比例，实现了积分运算。其中 $u_O\big|_{t_0}$ 是电容两端在 t_0 时刻时的电压，即电容的初始电压值 $u_O = -u_C$。图中 R_2 是平衡电阻，一般取值等于 R。输入、输出波形如图 5-22b 所示。

若 u_I 是恒定电压 U，代入式（5-24）中，得到

$$u_O = -\frac{1}{RC}Ut \tag{5-25}$$

式（5-25）表明，输出电压随时间线性增加，极性与输入电压相反，如图 5-22 所示。其增长速率与电压和积分时间常数 τ 有关（$\tau = RC$）。当输出电压 u_O 达到运放输出最大值时，积分作用无法继续，运放进入饱和状态，输出电压达到最大值。

（2）积分电路的误差　前面所述积分电路的性能，都是指理想情况。实际的积分电路不会是理想的，实际积分电路的输出电压与输入电压的函数关系与理想情况相比存在误差，情况严重时甚至不能正常工作。在实际积分电路中，产生积分误差的原因主要有两个：

1）集成运放不是理想特性。例如，理想时，当 $u_I = 0$ 时，u_O 也应为零。但是实际上由于运放的输入偏置电流、失调电流、输入失调电压等对

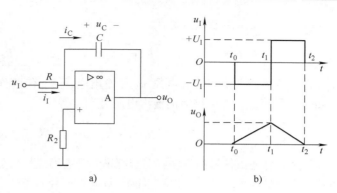

图 5-22　积分运算电路

a）基本电路　b）输入、输出波形

积分电容的影响，将使 u_O 逐渐上升，形成输出误差电压，时间越长，误差越大。又如，由于集成运放的通频带不够宽，使积分电路对快速变化的输入信号反应迟钝，以及输出波形出现滞后现象等。为此，应选用低漂移集成运放或者场效应晶体管集成运放。

2）产生积分误差的另一原因是积分电容。例如，当 u_I 回到零以后，u_O 应该保持原来的数值不变。但是，由于电容存在泄漏电阻，使 u_O 得幅值逐渐下降。又如，由于电容存在吸附效应也将给积分电路带来误差等。选用泄漏电阻大的电容（如薄膜电容、聚苯乙烯电容等）可减小这种误差。

综上所述，实际过程中由于运放存在着失调电流，电容也有漏电现象，这些因素会使电容充电速度变慢，从而出现非线性积分误差，如图 5-23 虚线所示。

积分电路的应用很广，如它可将输入的方波转变为三角波输出，如图 5-22b 所示，其原理可根据式（5-25）分析。

5. 微分运算电路

微分是积分的逆运算，将积分电路的电阻和电容位置互换，并选取比较小的时间常数 $\tau = RC$，就可实现微分运算（differentiation operation），如图 5-24 所示。

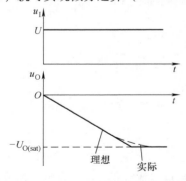

图 5-23　$u_I = U$ 时各点工作波形

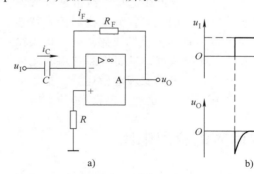

图 5-24　微分运算电路

a）基本电路　b）输入、输出波形

由于反相输入端为虚地，输入支路是电容，输入电流与输入电压成微分关系，即

$$i_C = C \frac{\mathrm{d} u_I}{\mathrm{d} t}$$

由于反馈支路是电阻，则有

$$u_O = -i_F R_F = -i_C R_F = -R_F C \frac{\mathrm{d}u_I}{\mathrm{d}t} \tag{5-26}$$

式（5-26）表明，输入电压 u_I 与输出电压 u_O 有微分关系。如果输入信号为正弦波 $u_I = U_m \sin\omega t$，则经过微分电路后的输出电压为

$$u_O = -R_F C \frac{\mathrm{d}u_I}{\mathrm{d}t} = -U_m R_F C \omega \cos\omega t$$

显然，其输出信号的幅度将随着频率的升高而线性增加，即在高频段微分电路可将放大器的高频噪声分量大大地放大，以致可能导致有用信号的完全淹没。

当输入电压为一矩形波时，在矩形波的变化沿运放有尖脉冲输出，而当输入电压不变时，即 $\frac{\mathrm{d}u_I}{\mathrm{d}t} = 0$，运放将无电压输出，如图 5-24b 所示。

上述微分电路还存在一定的问题，从式（5-26）中可以看出，输出尖脉冲的幅度不仅与 $R_F C$ 的大小有关，而且还与输入电压的变化率有关，因为信号源是有内阻的，电容充电电流不可能为无穷大，所以尖脉冲的幅度为一有限值。由于输出电压与输入电压的变化率成正比，因此微分电路对输入信号中的高频噪声非常敏感，故此电路的抗干扰性能差，使电路输出端的信噪比大大下降。解决的方法有

1）在输入回路串联一小电阻，以限制输入电流。

2）在反馈回路并联一个具有一定稳压值的稳压管，以限制输出电压。

3）在平衡电阻和反馈电阻两端各并联一个小电容，起相位补偿作用。其微分电路如图 5-25 所示。

由以上运算电路分析可知，运放大多采用反相输入方式，这是因为反相输入式放大电路的输出电压只取决于反馈电流与反馈支路的伏安特性；输入电流只取决于输入电压与输入支路元件的伏安特性；输入电流等于反馈电流。因此，给组成运算电路带来极大方便。如果要实现 $y = f(x)$ 的运算，只要找到伏安特性符合 $y = f(x)$ 算式的元件接入反馈支路，电阻接入输入支路即可。若要实现逆运算，只要将两支路的元件互换即可。用这种方法，可以实现对数运算、指数运算、乘法运算、除法运算等，这里不再叙述。

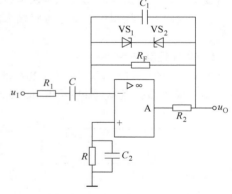

图 5-25 实用的微分电路

5.4 集成运放的应用电路

在自动控制系统和测量系统中，经常需要把待测的电压转换成电流或把待测的电流转换成电压，利用运算放大器可完成它们之间的转换。

5.4.1 电压—电流转换电路

将输入电压变换成与之成正比的输出电流的电路（不受 R_L 大小影响），称为电压—电流转换器（voltage-current converter），又称作 I/U 转换电路。例如，在远距离直接传输电压信号时，

导线的阻抗会使电压衰减和失真。如果将电压信号变换成与之成比例的电流信号，再进行传输，由于回路中的电流处处相等，负载端得到的电流波形、幅值必定与电流发送端相同，所以可消除导线阻抗对信号的影响。

图 5-26 所示电路是电压—电流变换器的基本电路。图 5-26a 是反相输入式电压—电流变换器，负载 R_L 接在输出端与反相输入端之间，是浮动负载（负载不接地）。在理想情况下，有

$$i_L = i_1 = \frac{u_I}{R_1} \tag{5-27}$$

式（5-27）表明，负载电流 i_L 仅由输入电压 u_I 决定，而与负载 R_L 的大小无关（由于运放有限的输出电压限制，负载只能在一定范围内变化）。当输入电压不变，负载电阻在一定范围内变化，输出电流将保持不变，此电路就成为恒流源。

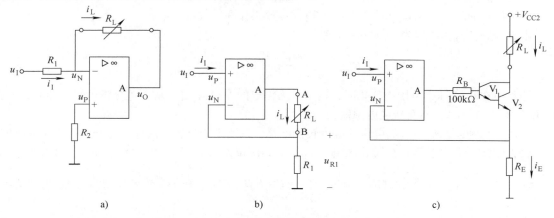

图 5-26　电压—电流变换器基本电路

a）反相输入式电路　b）同相输入式电路　c）复合管驱动的实用电路

图 5-26b 为同相输入式电压—电流转换电路。由于 u_P、u_N 两点处于虚断状态，有 $u_{R1} = u_I$，在理想情况下，有

$$i_L = \frac{u_I}{R_1}$$

亦可实现电压—电流的转换。

反相输入式电压—电流变换电路，由于输入电阻低，因而信号源内阻的变化会影响转换精度，但它的输入端共模信号低，信号的动态范围大；同相输入式变换电路，它的输入阻抗很大，信号源内阻的变化对转换精度的影响小，但运放的输入端存在较高的共模信号，从而限制了输入电压的动态范围。

例 5-2：图 5-26a 电路中，运放的最大输出电压为 $U_{Omax} = \pm 12V$，$R_1 = 1k\Omega$。（1）$R_L = 2k\Omega$，求满足 $i_L = \dfrac{u_I}{R_1}$ 的最大输入电压 U_{Imax}；（2）$R_L = 2k\Omega$，若 $u_I = 8V$，求 i_L 及反相端电压 u_N；（3）若要求电路输出为 1mA 的恒流（此时输入电压为恒定值），求负载阻值的变化范围。

解：（1）因 $\dfrac{u_I}{u_O} = -\dfrac{R_1}{R_L}$，运放的最大输出电压 $U_{Omax} = \pm 12V$，故有

$$-U_{\text{Imax}} = \frac{R_1}{R_L} U_{\text{Omax}} = \frac{1}{2} \times (\pm 12)\text{V} = \pm 6\text{V}$$

即输入电压只允许在 $-6 \sim 6\text{V}$ 之间变化，才能满足上述关系。

（2）若 $u_I = 8\text{V}$，此时 $u_I > U_{\text{Imax}}$，故运放不在线性区工作，此时的运放将输出负饱和值 -12V，在忽略运放输入端电流时，则有

$$i_I = i_L = \frac{u_I - (-U_{\text{Omax}})}{R_1 + R_L} = \frac{8 - (-12)}{1 + 2}\text{mA} \approx 6.7\text{mA}$$

所以，反相端的电位为

$$U_N = u_I - i_I R_1 = (8 - 6.7 \times 1)\text{V} = 1.3\text{V}$$

可见，此时 $u_N \neq u_P$，运放不是工作在线性区。

（3）$i_L = 1\text{mA}$，$u_I = i_L R_1 = 1\text{V} < U_{\text{Imax}} = 6\text{V}$，运放工作在线性区

由 $u_O = -i_L R_L$，所以当 $u_O = -12\text{V}$ 时

$$R_{\text{Lmax}} = \frac{-u_{\text{Omax}}}{-i_L} = \frac{12}{1}\text{k}\Omega = 12\text{k}\Omega$$

即负载在 $0 \sim 12\text{k}\Omega$ 范围内变化时，输出才为恒定的 1mA 电流。从上述分析可知，即使 R_L 为 0，i_L 仍然只有 1mA，不会造成电源短路。

上述反相和同相输入式的电压—电流转换电路，只能用于负载不接地的场合。图 5-26c 是能提供较大电流的实用电路。在线性区由于 $u_N = u_P$，所以复合管 V_2 的发射极电阻 R_E 两端的电压 $U_{\text{RE}} = u_I$，$i_E = \frac{u_{\text{RE}}}{R_E}$，因为复合管的电流放大倍数 $\beta = \beta_1 \beta_2$ 很大（在第 7 章介绍复合管），所以 $i_L = i_C \approx i_E = \frac{u_{\text{RE}}}{R_E} = \frac{u_I}{R_E}$。可见流过负载电阻的电流仅取决于 u_I 及 R_E，与 R_L 无关，（如前所述，R_L 只能在一定范围内变化）。由于复合管的 i_C 允许在很大范围（如几百毫安）内变化，所以该电路满足较大 i_L 的要求。又由于 V_{CC2} 可以取值较高（如几十伏），就允许 R_L 取较大的阻值（如几千欧）。

5.4.2 电流—电压转换电路

在自动测量系统中，经常需要将微弱的电流转换成电压，来实施控制。例如光电检测装置，需要把光电池输出的微弱电流转换成与之成正比的电压。图 5-27 所示电路即为电流—电压转换器，又称为 U/I 转换电路。

图中电路在理想条件下可得

$$u_O = -i_F R_F = -i_I R_F$$

即输出电压与输入电流成比例，实现了电流—电压的转换。这种转换器可用作测量电流或用作微电流的放大。例如，根据这个原理，可制作成测量电容的漏电流以及晶体管的反向漏电流等电路。

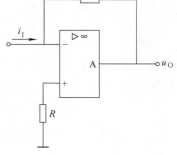

图 5-27 电流—电压转换电路

5.4.3 单电源交流放大电路

当采用单电源供电时，可选用专用的单电源运放，如果没有单电源运放，可将双电源运放改成单电源供电。为了保证单电源工作时，集成运放内部各点间的相对直流电压和双电源运用时完全一致，需将集成运放两个输入端和一个输出端的直流电位在

无信号时偏置到电源电压 V_{CC} 的一半。这样就相当于双电源供电时的零输入零输出的偏置状态，运放才能正常工作。

图 5-28 和图 5-29 所示电路分别是单电源反相输入阻容耦合放大电路和单电源同相输入阻容耦合放大电路。这两个电路都是由电阻 R_1 和 R_2 分压提供 $\frac{1}{2}V_{CC}$ 的偏置电压给集成运放的同相输入端，反相输入端与同相输入端虚短，也等于 $\frac{1}{2}V_{CC}$，C_1、C_2 为耦合电容，C_3 为旁路电容。在图 5-29 电路中，为了保持同相输入高阻抗的特点在 R_1 和 R_2 的分压点串入了电阻 R_3。R_2 两端由于并联了较大的电容，所以 R_2 两端均为交流地电位，使电路能对交流信号进行不失真地放大。

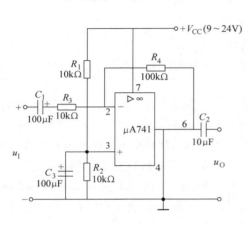

图 5-28　单电源反相输入阻容耦合放大电路

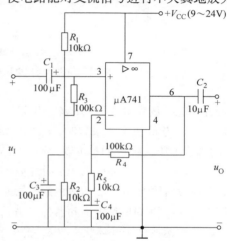

图 5-29　单电源同相输入阻容耦合放大电路

5.4.4　线性整流电路

在前面讨论的整流电路中，因二极管的非线性特性，当交流电压小于二极管的死区电压时，二极管实际上还处于截止状态，这样，输出电压的波形将不同于交流电压波形，即输出信号有失真现象。例如，当交流电压有效值 $U_I = 10\text{mV}$ 时，若用普通二极管整流电路，$U_I < U_D$（硅二极管的死区电压约为 0.5V），所以无法实现线性整流。但在精密测量以及模拟运算等场合，都要求线性整流。利用运放可组成线性整流电路。

图 5-30a 为线性半波整流电路，设图中二极管的导通电压为 0.7V。当输入电压 u_I 为负值（负半周）时，u_O' 为正值，二极管 VD_1 因反偏而截止。由于反馈电阻 R_F 不是直接接在运放的输出端，而且运放的开环电压放大倍数很大，所以很小的输入 u_I 即可产生较大的输出 u_O' 而使 VD_2 导通。VD_2 导通后，由于 R_F 的负反馈作用，输出电压 u_O 与输入电压 u_I 呈线性关系

$$u_O = -\frac{R_F}{R_1}u_I$$

当 u_I 为正半周时，VD_1 导通而 VD_2 截止，电阻 R_F 上无电流，所以输出 $u_O = 0$。图 5-30b 为电压传输特性曲线，图 5-30c 是输入电压波形和负载电压波形。从波形图可见，在输入 u_I 为负半周时，才得到线性整流，它是线性半波整流电路。

若采用图 5-30a 所示的电路对 10mV 的交流信号整流，当 $A_{ud} = 10^5$，且 VD_2 未导通时，运放

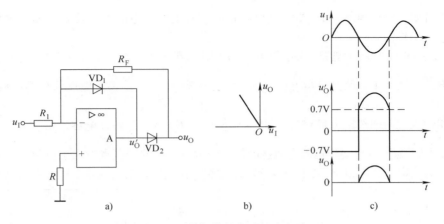

图5-30 单相线性半波整流电路

a）基本电路 b）电压传输特性 c）输入、输出电压波形

处于开环状态，放大倍数很大，$u_O' > 0.7V$，强迫 VD_2 导通，如图 5-30c 中的 u_O' 波形所示。从图中可以看到，当 u_I 负半周来到时，u_O' 立即跳跃到 0.7V，对 VD_2 而言，相当于 VD_2 被预先抬高了0.7V 的偏置电压，所示 VD_2 可以导通。当 VD_2 导通后，运放进入闭环状态。设 $R_F = R_1$，在 u_I 的负半周时，$u_O = 10mV$，在 u_I 的正半周时 $u_O = 0$，达到了将 10mV 交流电压进行整流的目的。本例中运放的开环放大倍数为 10^5，二极管的起始导通电压为 0.5V，则最小整流电压峰值为$0.5V/10^5 = 5\mu V$。

图 5-30a 中的 VD_1 是抗饱和器件。当 u_I 为正半周时，由于 u_O' 为负值，VD_2 无法导通。若不设置 VD_1，则运放处于开环状态（R_F 接在 VD_2 的右端），将进入深度饱和状态。当 u_I 的负半周来到时，运放内部电路无法立即退出饱和状态，u_O' 在一段时间里仍为负值导致 VD_2 无法导通，无法实现线性整流的目的，特别是在高频信号整流时，误差将很大。当设置 VD_1 后，在 u_I 的正半周，u_O' 为负电压，VD_1 导通，u_O' 被钳位在 0.7V 左右，未进入饱和状态，不影响 u_I 负半周的整流。

在半波线性整流电路的基础上，再加一级加法器，就可组成全波线性整流电路，如图 5-31a 所示。其中第一级为半波线性整流电路，第二级为加法器，其输出电压为

$$u_O = -\left(\frac{2R}{2R}u_I + \frac{2R}{R}u_{O1}'\right) = -(u_I + 2u_{O1}')$$

当输入信号 u_I 为正半周时，A_1 输出 u_O' 为负，VD_2 导通，$u_{O1} = -u_I$，在此同时，u_I 又通过 $2R$ 电阻施加到反相加法器 A_2 的加法点，所以

$$u_O = -\left(\frac{2R}{R}u_{O1}' + \frac{2R}{R}u_I\right) = -(-2u_I + u_I) = u_I$$

u_O 为正值。

当 u_I 为负半周时，A_1 输出 u_O' 为正值，VD_2 截止，$u_{O1}' = 0$，$u_O = -\frac{2R}{2R}u_I = -u_I$，$u_O$ 仍为正值，所以无论 u_I 为正半周还是负半周，u_O 的输出均为正值，且幅值、波形与输入值的绝对值一致。输入、输出波性如图 5-31b 所示。

如果要将脉动电压变为稳定的直流电压，可在线性整流之后加一低通滤波器即可。（有关低通滤波器在第 8 章介绍。）

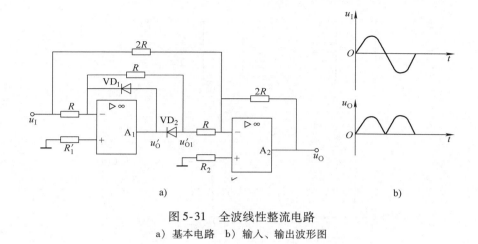

图 5-31　全波线性整流电路

a）基本电路　b）输入、输出波形图

5.5　集成运算放大器组成的电压比较器

电压比较器在电子测量、自动控制、非正弦波形产生等方面应用广泛。电压比较器的功能是判断输入电压信号与参考电平之间的相对大小，比较器的输出信号只有两种状态：高电平输出或低电平输出。在由集成运放组成的电压比较器中，集成运放工作在非线性区，电路处于开环或正反馈，此时同相输入端和反相输入端的信号电压大小不相等，因此"虚短"的概念不再成立。当同相输入端电压大于反相输入端电压时，输出端电压 $u_O = +U_{OM}$，当同相输入端电压小于反相输入端电压时，输出端电压 $u_O = -U_{OM}$。

在集成运放的两个输入端中，一个是模拟信号，另一个是基准参考电压，或者两个都是模拟信号。这样，由输出电压的高低可以判断模拟信号与参考电压的大小关系。

对电压比较器的要求主要有灵敏度高、响应时间短、鉴别电平准确、抗干扰能力强。根据电压比较器的传输特性来分类，常用的电压比较器有单值电压比较器、迟滞电压比较器、窗口电压比较器等。

5.5.1　单值电压比较器

单值电压比较器（comparator）的基本功能是比较两个电压的大小，并由输出的高电平或低电平来反映比较结果。比较器的基本电路如图 5-32a 所示。运放在电路中处于开环状态（有时还要引入正反馈来改善性能），两个输入量分别施加于运放的两个不同的输入端，其中一个是参考电压 U_R，一个是输入信号 u_I。当 $u_I > U_R$ 时，即 $u_N > u_P$，则 $u_O = -U_{OM}$（运放的饱和输出电压，也可用 $U_{O(sat)}$ 表示）。当 $u_I < U_R$ 时，则 $u_O = +U_{OM}$。输出的 U_{OM} 极性取决于 u_I 与 U_R 的比较结果。电压传输特性如图 5-32b 所示。若要求 $u_I > U_R$ 时，$u_O = +U_{OM}$，则可将图 5-32a 中的 u_I 与 U_R 对调即可，如图 5-32c 所示。输入/输出特性曲线如图 5-32d 所示。由图 5-32b、d 两图可知，输入电压 u_I 变化过 U_R 值时输出状态发生翻转。比较器的输出电压从一个电平翻转到另一个电平时对应的输入电压值称为阈值电压或门限电平（threshold voltage），用符号 U_{TH} 表示。对于图 5-32a、c 电路，$U_{TH} = U_R$。如果参考电压 $U_R = 0$，则该电路为过零电压比较器电路，如图 5-32e 所示，特性曲线如图 5-32f 所示。

上述电压比较器由于集成运放的开环放大倍数不是无穷大，输出电压不能垂直地从一值转变

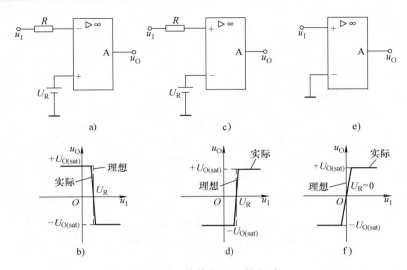

图 5-32　单值电压比较电路

a) U_R 接在同相端的电路　b) U_R 接在同相端的电压传输特性曲线　c) U_R 接在反相端的电路

d) U_R 接在反相端的电压传输特性曲线　e) 过零电压比较器　f) 过零电压比较器的电压传输特性曲线

到另一值，而是沿着一条斜线变化。如果增大开环放大倍数或引入正反馈，可提高斜线的斜率，从而提高比较器的比较精度。

只用一个集成运放（开环状态）组成的单值电压比较器电路简单，其输出电压的幅度较高（u_O 等于 $+U_{OM}$ 或 $-U_{OM}$）。若希望比较器的输出幅度限制在特定的范围内，则需要增加限幅电路。图 5-33 所示为利用稳压管限幅的单值电压比较器。

在图 5-33 所示电路中，选用的是稳压值相等的两只稳压管制作在一起的对管，它们导通时的两端电压为 $\pm U_Z$。假设集成运放的输出高电压大于 $+U_Z$、输出低电压小于 $-U_Z$ 时，则 $u_O = \pm U_Z$。

单值电压比较器主要用于波形变换、波形整形和整形检测等电路。

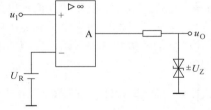

单值电压比较器优点是电路简单、灵敏度高，缺点是抗干扰能力差，由于单值电压比较器只有一个门限电平，当输入信号上出现叠加干扰信号时，输出也随着干扰信号在基准信号附近来回在高、低电平之间反复地翻转，如图 5-34所示。假如在控制系统中发生正弦输入上有高频干

图 5-33　利用稳压管限幅
的单值电压比较器

扰这种情况，将对执行机构产生不利的影响，甚至引发事故。为了避免出现这种问题，提高抗干扰能力，通常采用迟滞电压比较器。

5.5.2　迟滞电压比较器

迟滞电压比较器是另一种能判断出两种控制状态的开关电路，广泛用于自动控制电路中。在单值电压比较器的基础上，通过反馈网络将输出电压的一部分回送到运放的同相输入端，组成如图 5-35 所示的具有正反馈结构的迟滞电压比较器。

电路中，同相输入端接有参考电压 U_R。集成运放看作理想器件，由于运放接有正反馈回路，所以电路工作于非线性状态。同相输入端的电压 u_P 由参考电压 U_R 和输出电压 u_O 共同决定，u_O

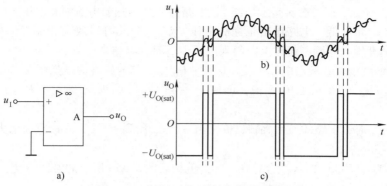

图 5-34　外界干扰对输出波形的影响

a) 单值电压比较器　b) 输入波形　c) 输出波形

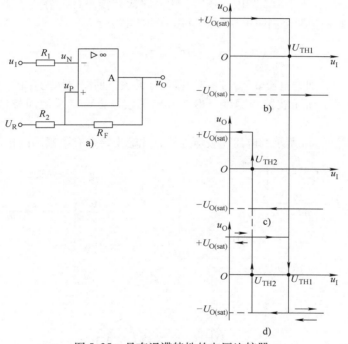

图 5-35　具有迟滞特性的电压比较器

a) 基本电路　b)、c)、d) 电压传输特性曲线

有 $-U_{\text{O(sat)}}$ 和 $+U_{\text{O(sat)}}$ 两个状态。在输出电压转换的过度瞬间为线性状态，运放的两个输入端的电压非常接近，即 $u_{\text{N}} = u_{\text{P}}$，可应用叠加原理分析 u_{I} 的两个输入门限电压：

电路输出正饱和电压时，得上限门限电压 U_{TH1}

$$U_{\text{TH1}} = U_{\text{R}} \frac{R_{\text{F}}}{R_2 + R_{\text{F}}} + U_{\text{O(sat)}} \frac{R_2}{R_2 + R_{\text{F}}} \tag{5-28}$$

电路输出负饱和电压时，得下限门限电压 U_{TH2}

$$U_{\text{TH2}} = U_{\text{R}} \frac{R_{\text{F}}}{R_2 + R_{\text{F}}} - U_{\text{O(sat)}} \frac{R_2}{R_2 + R_{\text{F}}} \tag{5-29}$$

由式（5-28）及式（5-29）可知，$U_{\text{TH1}} > U_{\text{TH2}}$，因此，当输入电压 $u_{\text{I}} > U_{\text{TH1}}$ 时，电路翻转而

输出负饱和电压 $-U_{O(sat)}$；当输入 $u_I < U_{TH2}$ 时，电路再次翻转并输出正饱和电压 $+U_{O(sat)}$。

假设开始时 u_I 足够低，电路输出正饱和电压 $+U_{O(sat)}$，此时运放同相端对地电压等于 U_{TH1}。当输入信号 u_I 渐渐增大到刚刚超过上限门限电压 U_{TH1} 时，电路立即翻转，输出由 $+U_{O(sat)}$ 翻转到 $-U_{O(sat)}$，如 u_I 继续增大，输出电压不变，保持 $-U_{O(sat)}$，传输特性曲线如图 5-35b 所示。

如 u_I 开始下降，u_O 保持 $-U_{O(sat)}$ 值，即使 u_I 达到 U_{TH1}，因为 u_I 仍大于 U_{TH2}，所以电路仍不会翻转。

当 u_I 降至 U_{TH2} 时，电路才发生翻转，输出由 $-U_{O(sat)}$ 回到 $+U_{O(sat)}$，u_P 重新增大到 U_{TH1}，传输特性曲线如图 5-35c 所示。

将图 5-35b 和图 5-35c 的特性合并在一起，就构成图 5-35d 所示的滞回特性，也称为"施密特"特性。

从特性曲线上可以看出 u_I 从小于 U_{TH2} 逐渐增大到超过 U_{TH1} 门限电压时，电路翻转，u_I 从大（大于 U_{TH1}）向小变化到小于 U_{TH2} 门限电压时，电路再次翻转，而 u_I 在 U_{TH1} 和 U_{TH2} 之间时，电路输出保持原状态。我们把两个门限电压的差值称为回差电压 ΔU_{TH}

$$\Delta U_{TH} = U_{TH1} - U_{TH2} = 2U_{O(sat)} \frac{R_2}{R_2 + R_F} \tag{5-30}$$

式（5-30）表明，回差电压 ΔU_{TH} 与参考电压 U_R 无关。回差电压的存在，可大大提高电路的抗干扰能力，R_F 越小，抗干扰能力越强。迟滞电压比较器也可以采用同相输入端输入的形式，如图 5-36 所示。

例 5-3： 根据图 5-36a 所示的电压比较器电路，此输出端带有限幅用的稳压对管。（1）求出

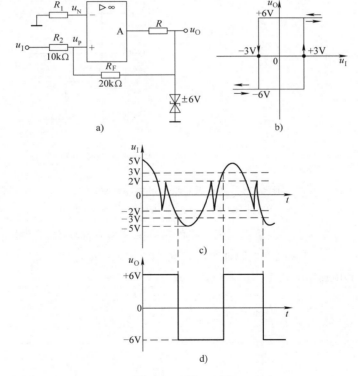

图 5-36　例 5-3 图

a）基本电路　b）电压传输特性曲线　c）输入电压波形　d）输出电压波形

回差电压 ΔU_{TH}，并画出传输特性。（2）已知输入电压波形如图 5-36c 所示，画出输出电压波形。

　　解：本电路是同相输入迟滞电压比较器，$u_{\mathrm{N}} = 0$。同相输入端的电压用叠加原理分析为

$$u_{\mathrm{P}} = u_{\mathrm{I}} \frac{R_{\mathrm{F}}}{R_2 + R_{\mathrm{F}}} + u_{\mathrm{O}} \frac{R_2}{R_2 + R_{\mathrm{F}}}$$

　　输出电压 u_{O} 只有两个状态，从图中可以看出，由于稳压对管的存在，输出电压 u_{O} 只有 $+6\mathrm{V}$ 或 $-6\mathrm{V}$ 两种状态，这样门限电压有两个，令 $u_{\mathrm{P}} = u_{\mathrm{N}} = 0$，即

$$u_{\mathrm{I}} \frac{R_{\mathrm{F}}}{R_2 + R_{\mathrm{F}}} + u_{\mathrm{O}} \frac{R_2}{R_2 + R_{\mathrm{F}}} = 0$$

这样

$$u_{\mathrm{I}} = -\frac{R_2}{R_{\mathrm{F}}} u_{\mathrm{O}}$$

　　当输出电压为 $+6\mathrm{V}$ 时，门限电压 U_{TH1} 为

$$U_{\mathrm{TH1}} = -\frac{R_2}{R_{\mathrm{F}}} \times 6\mathrm{V} = -3\mathrm{V}$$

　　当输出电压为 $-6\mathrm{V}$ 时，门限电压 U_{TH2} 为

$$U_{\mathrm{TH2}} = -\frac{R_2}{R_{\mathrm{F}}} \times (-6)\mathrm{V} = +3\mathrm{V}$$

　　回差电压为

$$|\Delta U_{\mathrm{TH}}| = |U_{\mathrm{TH1}} - U_{\mathrm{TH2}}| = |-3 - 3|\mathrm{V} = 6\mathrm{V}$$

　　这样就可以画出电压，传输特性曲线如图 5-36b 所示。由电压转输特性，已知输入波形，可画出输出电压波形，如图 5-36d 所示。

　　由本例可见，尽管输入信号中叠加有干扰，但只要干扰的幅度不超过回差电压，则输出电压不受干扰电压的影响，迟滞电压比较器适合于工业现场测控系统中。

5.5.3　窗口电压比较器

　　上述的开环电压比较器和具有滞回特性的电压比较器只能检测一个电平，若要检测 u_{I} 是否在 U_1 和 U_2 两个电平之间，则需采用窗口比较器。它用于工业控制系统，当被测对象（如温度、液位等）超出标准范围时，便发出指示信号。

　　图 5-37a 所示电路是窗口比较器的基本电路，它具有图 5-37b 所示的传输特性，形似窗口，所以称它为窗口比较器。其工作原理如下：

　　图 5-37a 所示电路中的 U_{RH} 和 U_{RL} 为参考电压，且 $U_{\mathrm{RH}} > U_{\mathrm{RL}}$。当 $u_{\mathrm{I}} > U_{\mathrm{RH}}$ 时，A_1 输出为 $+U_{\mathrm{O(sat)}}$，A_2 输出为 $-U_{\mathrm{O(sat)}}$，故二极管 VD_1 导通，VD_2 截止，u_{O} 则近似等于 $+U_{\mathrm{O(sat)}}$；当 $u_{\mathrm{I}} < U_{\mathrm{RL}}$ 时，A_1 输出为 $-U_{\mathrm{O(sat)}}$，A_2 输出为 $+U_{\mathrm{O(sat)}}$，二极管 VD_1 截止，VD_2 导通，u_{O} 也近似等于 $+U_{\mathrm{O(sat)}}$；只有 $U_{\mathrm{RL}} < u_{\mathrm{I}} < U_{\mathrm{RH}}$ 时，A_1 和 A_2 的输出均为 $-U_{\mathrm{O(sat)}}$，二极管 VD_1、VD_2 都截止，u_{O} 为 0。窗口比较器的电压传输特性曲线如图 5-37b 所示。若 $U_{\mathrm{RL}} > U_{\mathrm{RH}}$，就不能实现图 5-37b 所示的电压传输特性曲线，请读者自行分析。

　　图 5-38 中使用两个运放组成一个电压上下限比较器，电阻 R_1、R_1' 组成分压电路，为运放 A_1 设定比较电平 U_1；电阻 R_2、R_2' 组成分压电路，为运放 A_2 设定比较电平 U_2。输入电压 u_{I} 同时加到 A_1 的同相输入端和 A_2 的反相输入端之间，当 $u_{\mathrm{I}} > U_1$ 时，运放 A_1 输出高电平；当 $u_{\mathrm{I}} < U_2$ 时，

运放 A_2 输出高电平。运放 A_1、A_2 只要有一个输出高电平，晶体管就会导通，发光二极管 VL 就会点亮。

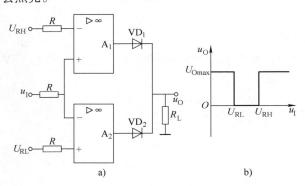
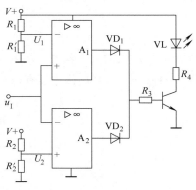

图 5-37　窗口比较器　　　　　　　　　　图 5-38　集成运放 LM324 的应用电路
a）基本电路　b）电压传输特性曲线

若选择 $U_1 > U_2$，则当输入电压 u_I 超出 $[U_2，U_1]$ 区间范围时，VL 点亮，这便是一个电压双限指示器。

若选择 $U_2 > U_1$，则当输入电压 u_I 在 $[U_1，U_2]$ 区间范围时，VL 点亮，这是一个"窗口"电压指示器。

此电路与各类传感器配合使用，稍加变通，便可用于各种物理量的双限检测，短路、断路报警等。

5.5.4　集成电压比较器的基本应用

放大器大都工作在闭环状态，而比较器由于大都工作在开环状态，比较器更追求速度。集成电压比较器是一种专用的运算放大器，它在电路结构上有所不同，具有高速度、高精度、低输入电压、低功耗等特点。LM339 集成电压比较器内部装有 4 个独立的电压比较器，该电压比较器的特点是：①失调电压小，典型值为 2mV；②电源电压范围宽，单电源为 2～36V，双电源电压为 $\pm 1 \sim \pm 18V$；③对比较信号源的内阻限制较宽；④共模范围很大，为 $0 \sim (V_{CC} - 1.5V)U_0$；⑤差动输入电压范围较大，大到可以等于电源电压；⑥比较器是集电极开路输出，在使用时输出端到正电源一般须接一只上拉电阻（选 3～15kΩ），另外，各比较器的输出端允许连接在一起使用，输出端电位可灵活方便地选用。

LM339 集成块外形及引脚排列如图 5-39 所示。由于 LM339 使用灵活，应用广泛，各厂推出的四比较器，如 IR2339、ANI339、SF339 等，它们的参数基本一致，可互换使用。

LM339 可构成单限比较器、迟滞比较器、双限比较器（窗口比较器）、振荡器等。LM339 还可以组成高压数字逻辑门电路，并可直接与 TTL、CMOS 电路接口。

图 5-40a 给出了一个采用双电源的基本单限比较器电路。输入信号 u_{IN}，即待比较电压，它加到同相输入端，在反相输入端接一个参考电压（门限电平）U_R。当

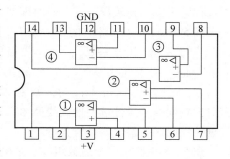

图 5-39　LM339 集成块
外形及引脚排列

输入电压 $u_{\text{IN}} > U_{\text{R}}$ 时，输出为高电平 u_{OH}。图 5-40b 为其传输特性。

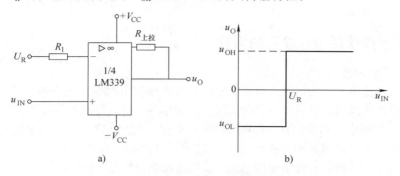

图 5-40　LM339 基本单限比较器

a）LM339 基本单限比较器电路　b）传输特性

图 5-41 为某仪器过热检测保护电路。它用单电源供电，1/4LM339 的反相输入端加一个固定的

参考电压，它的值取决于 R_1 和 R_2，$U_{\text{R}} = \dfrac{R_2}{R_1 + R_2} V_{\text{CC}}$

同相端的电压就等于热敏元件 R_t 的电压降，R_t 是负温度系数的热敏电阻。当机内温度为设定值以下时，"＋"端电压大于"－"端电压，u_0 为高电位。当温度上升为设定值以上时，"－"端电压大于"＋"端，比较器反转，u_0 输出为零电位，使保护电路动作，选择不同的 R_1 的值可以改变门限电压，即设定温度值的大小。

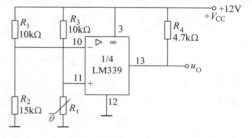

图 5-41　某仪器过热检测保护电路

5.6　集成运放的选择原则和使用

5.6.1　集成运放的选择原则

集成运放按用途分为通用型和专用型。通用型运放按各自的特点，又分为高增益、低漂移、低功耗、高电压、高输入电阻、宽频带、大功率以及双运放、四运放等。典型产品见手册。在选择时应优先选通用型，因为它们价格较低，又比较容易购得。在选择运放时，应遵循下列原则进行选择：

1）信号源内阻较大的，应选用场效应晶体管为输入级的运放，如 LM351 等，其 R_{id} 可达 $10^{12} \Omega$。

2）输入信号中，含有大的共模信号时，选用共模电压范围大和共模拟制比较大的运放，如 μA725、LM308 等。

3）对应精度要求高的电路，要选用高增益、低漂移的运放，如 OP-07 等。

4）对于频带宽的电路，宜选用中增益宽带型的运放，如 LM353 等。

5）对于要求功耗较低的电路如遥测遥感、生物医学等要求能源消耗有限的场合，要选择低功耗型，如 LM312、OP-20、ICL7600 等。由于 CMOS 工艺的特点，往往很省电，如 ICL9611，工作电流小于 0.1mA。

6）对于输出功率要求较大的场合，应选用大功率型，如 MCEL165。在电源电压 18V 时，最大输出电流达 3.5A，而一般集成运放仅为几毫安。功率型运放使用时必须根据要求加装散热片，以防运放因过热而损坏。

5.6.2 集成运放使用时应注意的问题

1. 自激振荡的消除

集成运放内部是多级放大电路，而运放电路又引入深度负反馈，在高频区将产生附加相移，可能从负反馈变成正反馈，容易产生自激振荡，使工作不稳定。目前大多数集成运放内部已设置了消除自激的补偿网络，如 μA741、LM6324 等。但还有一些运放，如一些早期的中增益运放、宽带运放等，还需要外接消振的补偿网络进行消振，一般在集成运放规定的引脚接 RC 补偿网络，产品说明书中一般都附有典型应用电路，使用时参数可以参考典型电路的参数。

2. 集成运放的保护

集成运放会由于电压极性接反、输入电压过大、输出端过载、碰到外部高压造成电流过大等，造成损坏。因此必须在电路中加保护措施。

（1）电流端保护　为了防止电源极性接反，引起器件损坏，可利用二极管的单向导电性，在电源中串接二极管，以实现保护，如图 5-42 所示。

（2）输入端保护　当运放的差模或共模输入电压过高时，会引起运放输入级的晶体管击穿而损坏。另外，输入电压过高，可能使输出电压增至接近电源电压，产生所谓的堵塞现象，这时运放不能调零，信号加不进去，但集成运放并未损坏，只要切断电源后，再重新通电，即可恢复正常。但"堵塞"严重时，也会损坏器件。为此，在输入端可加限幅保护，如图 5-43a 所示的反相输入电路为防止差模信号过高的限幅保护电路。由电路可知，输入电压的幅度被钳制在二极管的正向导通电压降内，如图 5-43b 所示电路，用于同相输入为防止共模信号过高的限幅保护，使输入电压被限制在稳压管的稳定电压内。

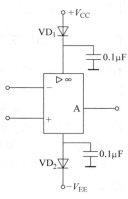

图 5-42　运放
电源端的保护

（3）输出保护　为了防止集成运放的输出电压过高，可用两只稳压管反向串联后，接在反馈电阻之后或并联在反馈电阻 R_F 两端，如图 5-44 所示。当输出电压 u_O 小于稳压管稳定电压 U_Z 时，稳压管不导通，保护电路不工作；当 u_O 大于 U_Z 时，稳压管工作，将输出端的最大电压幅度限制在 $\pm(U_Z + 0.7)$V 内。

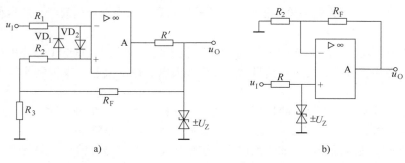

a)　　　　　　　　　　　　　　　　b)

图 5-43　运放输入端的保护

a) 差模输入保护　b) 共模输入保护

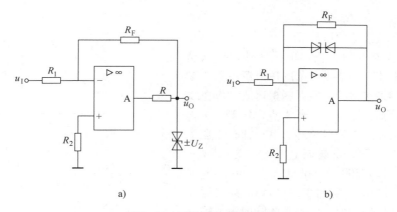

图 5-44　运放输出端的保护

a）稳压管与输出电压并联　b）稳压管与反馈电阻 R_F 并联

5.7　应用电路介绍

应用一：小电流检测电路

图 5-45 所示电路为小电流检测电路，在被测电流回路中接入 1Ω 电阻，检测其两端产生的电压，再进行放大。

第一级运放增益为 -1，R_S 两端电压 $U_S = R_S I$，输出电压 $U_{O1} = -U_S$。

第二级运放增益为 -1000，则 $U_O = 1000U_S = 1000R_S I = 1000I \times 1\Omega$，输出电压的相位与电流的相位相同。

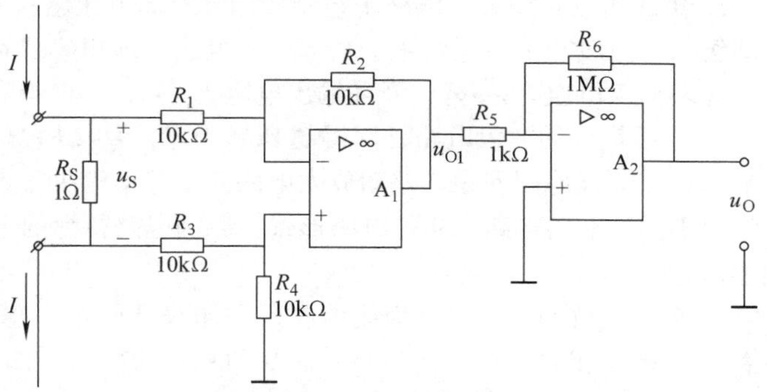

应用二：输入电压分级显示电路

图 5-46 为输入电压分级显示电路，进行检测输入电压与预先设定的基准电压比较并分级显示，这种功能在一些领域中得到应用，图 5-46 所示电路应用运放来实现输入电压的比较检测，用发光二极管作分级显示（三级），工作原理如下，由图可知，基准电压 U_{R1} 在 $0 \sim 5V$ 之间，U_{R2} 在 $5 \sim 10V$ 之间可调，如改变稳压管 VS 的参数和改变两个电位器的参数即可改变可调范围，输入电压 u_I 与基准电压 U_{R1}、U_{R2} 相比较进行三级检测。

当 $u_I < U_{R1}$ 时，因为 U_{O1} 为正饱和，U_{O2} 为负饱和，所以 VL_1、VL_3 发光。

当 $U_{R1} < u_I < U_{R2}$ 时，因为 U_{O1} 为负饱和，U_{O2} 亦为负饱和，所以 VL_2、VL_3 发光。

当 $u_I > U_{R2}$ 时，因为 U_{O1} 为负饱和，U_{O2}

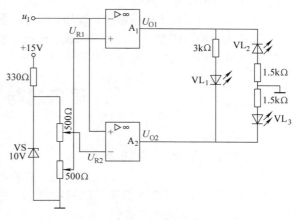

图 5-45　小电流检测电路

图 5-46　输入电压分级显示电路

为正饱和，所以只有 VL_2 发光。

应用三：负载接地的恒流源

图 5-47 电路是为增大输出电流而外接功率晶体管的恒流源电路，与前面介绍的恒流源不同，该电路的负载一端是接地的。根据理想运放工作在线性区时的分析依据：$u_N = u_P$，则 A 点电压等于 U_R，同时因为运放的输入电流等于零，这样流过电阻 R 的电流（等于晶体管的发射极电流 I_E）为 $(30V - U_R)/R = [(30 - 12)/300]A = 60mA$，由于 $I_O = I_C \approx I_E$，所以流过负载 R_L 的电流亦为 60mA。只要运放的输出电压未达到饱和值，同时晶体管的集电极电位低于基极电位（晶体管处于放大区），输出电流的大小就只与电阻 R 及基准电压 U_R 有关，与负载 R_L 的大小无关，$I_O = (V_{CC} - U_R)/R$。

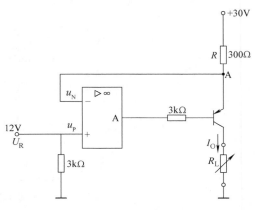

图 5-47　输出恒流源电路

本 章 小 结

1. 集成运放是用集成电路工艺制成的具有高电压增益的直接耦合放大器。它一般由输入级、中间级、输出级和偏置电路 4 个基本单元组成。理想集成运放具有开环差模电压放大倍数 $A_{ud} \rightarrow \infty$，开环输入电阻 $R_{id} \rightarrow \infty$，开环输出电阻 $R_o \rightarrow 0$，共模抑制比 $K_{CMR} \rightarrow \infty$。

2. 直接耦合的放大电路已用得越来越普遍，直接耦合要解决的主要问题是级间工作点互相影响和零点漂移抑制问题。差动放大电路能很好地解决零点漂移问题。按照信号端或负载端的接地情况不同，差动电路有 4 种电路形式。影响电路指标的电路形式主要取决于是双端输出还是单端输出方式。

3. 集成运放的应用可分为线性应用和非线性应用。在分析运放的线性应用时，运放电路存在着"虚断"和"虚短"的特点，有 3 种基本的电路，即同相输入式、反相输入式和双端输入式，它们各有特点，掌握这些特点，就可以给我们在应用时提供选择依据；在分析运放非线性应用时，当同相端的电压大于反相端的电压时，输出为正的饱和值，当反相端的电压大于同相端的电压时，输出为负的饱和值。

4. 集成运放可以构成模拟加法、减法、微分、积分等数学运算电路。

5. 集成运放的非线性应用，可以构成电压比较器、波形整形等电路。

6. 运放在使用过程中，应注意使用中的一些问题。

思考题与习题

5-1　填空题

（1）集成运算放大电路是 _____ 增益的 _____ 耦合放大电路，内部主要由 _____、_____、_____、_____ 4 部分电路组成。

（2）为了抑制直流放大器零点的温度漂移，可采用 _____ 补偿电路或 _____ 电路，但以采用 _____ 电路更为理想。

（3）两个大小相等、方向相反的信号称为 _____ 信号；两个大小相等、方向相同的信号叫_____信号。

（4）在差动放大电路中，因温度或电源电压等因素引起的两管零点漂移电压可视为_____模信号，差动电路对该信号有_____作用。而对于有用信号可视为_____模信号，差动电路对其有_____作用。

（5）差动放大电路理想状况下要求两边完全对称，因为，差动放大电路对称性越好，对零漂抑制越_____。

（6）差动放大电路的共模抑制比 K_{CMR} = _____。共模抑制比越小，抑制零漂的能力越_____。

（7）理想运放的参数具有以下特征：开环差模电压放大倍数 A_{ud} 为_____，开环输入电阻 R_{id}_____，输出电阻 R_o_____，共模抑制比 K_{CMR}_____。

（8）理想集成运放工作在线性区的两个特点是_____和_____。（公式表示）

（9）理想集成运放工作在非线性区的两个特点是_____和_____。（公式表示）

（10）理想运放电路的输出电压与输入电压之间的关系只取决于_____而与集成运放本身的参数基本无关。

（11）单值电压比较器有_____个门限电压，迟滞电压比较器有_____个门限电压。迟滞电压比较器的回差电压的大小与_____和_____有关。

5-2　选择题

（1）运算放大电路中的级间耦合通常采用（　　）。

A. 阻容耦合　　　　B. 变压器耦合　　　C. 直接耦合　　　　D. 电感抽头耦合

（2）差分放大电路的作用是（　　）。

A. 放大差模信号，抑制共模信号　　　B. 放大共模信号，抑制差模信号

C. 放大差模信号和共模信号　　　　　D. 差模信号和共模信号都不放大

（3）差模输入信号是两个输入端信号的（　　），共模输入信号是两个输入端信号的（　　）。

A. 差　　　　　　B. 和　　　　　　C. 比值　　　　　D. 平均值

（4）集成运放输入级一般采用的电路是（　　）。

A. 差分放大电路　　B. 射极输出电路　　C. 共基极电路　　　D. 共射极电路

（5）典型差动放大电路的射极电阻 R_e 对（　　）有抑制作用。

A. 差模信号　　　　　　　　　B. 共模信号

C. 差模信号与共模信号　　　　D. 差模信号与共模信号都没有

（6）电路如图 5-48 所示，这是一个（　　）差动放大电路。

A. 双端输入双端输出　　　　　B. 双端输入单端输出

C. 单端输入双端输出　　　　　D. 单端输入单端输出

（7）集成运放的电压传输特性之中的线性运行部分的斜率越陡，则表示集成运放的（　　）。

A. 闭环放大倍数越大　　　　　B. 开环放大倍数越大

C. 抑制漂移的能力越强　　　　D. 对放大倍数没有影响

（8）（　　）运算电路可将方波电压转换成三角波电压。

A. 微分　　　　　B. 积分　　　　　C. 乘法　　　　　D. 除法

（9）下列关于迟滞电压比较器的说法，不正确的是（　　）。

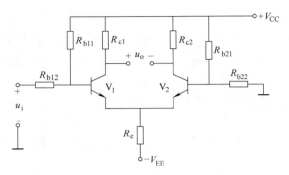

图 5-48 选择题（6）图

A. 迟滞电压比较器有两个门限电压
B. 构成迟滞电压比较器的集成运放工作在线性区
C. 迟滞电压比较器一定外加正反馈
D. 迟滞电压比较器的输出只有两种可能

5-3 判断题

（1）直接耦合放大电路的零点漂移是指输出信号不能稳定于零电压。 （ ）

（2）凡是用集成运放构成的运算电路，都可以用"虚短"和"虚断"概念求解运算关系。 （ ）

（3）运算电路中一般均引入负反馈。 （ ）

（4）当集成运放工作在非线性区时，输出电压不是高电平，就是低电平。 （ ）

（5）一般情况下，在电压比较器中，集成运放不是工作在开环状态，就是引入了正反馈。 （ ）

（6）简单的单限电压比较器比滞回电压比较器抗干扰能力强，而滞回电压比较器比单限电压比较器灵敏度高。 （ ）

5-4 有一双端输入双端输出的差动放大器，已知：$u_{I1} = 2V$，$u_{I2} = 2.001V$，$A_{ud} = 80dB$，$K_{CMR} = 100dB$。试求输出 U_O 中的差模成分 U_{OD} 和共模成分 U_{OC}？

5-5 双端输出差动放大电路如图 5-49 所示，已知电路对称，两管的 $U_{BE} = 0.7V$，$\beta = 50$，$r_{be} = 2k\Omega$，试求：

（1）静态时两个晶体管的 I_{CQ} 和 U_{CEQ}；（2）差模电压放大倍数 $\dot{A}_{ud}$ 和共模电压放大倍数 $\dot{A}_{uc}$。

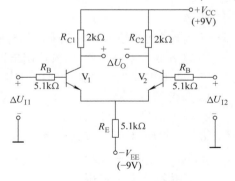

图 5-49 题 5-5 图

5-6 在图 5-50 所示电路中，$u_I = 0.1V$，试计算输出电压 u_O 的大小。

5-7 图 5-51 所示电路，已知 $u_I = 1V$，试求：

（1）开关 S_1、S_2 都闭合时的 u_O 值；（2）开关 S_1、S_2 都断开时的 u_O 值；（3）S_1 闭合、S_2 断开时的 u_O 值。

5-8 设集成运算放大器为理想运放，电路如图 5-52 所示，试求 u_O 与 u_I 的关系表达式。

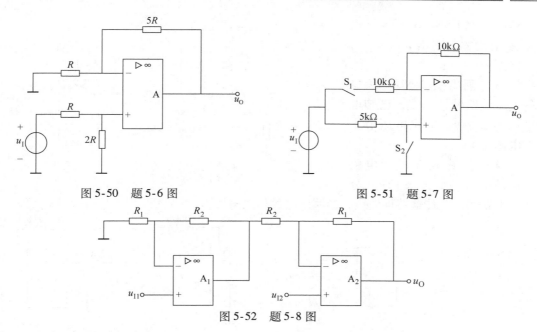

图 5-50 题 5-6 图   图 5-51 题 5-7 图

图 5-52 题 5-8 图

5-9 求图 5-53 所示电路 U_o。

5-10 求图 5-54 所示电路输入与输出的关系。

5-11 图 5-55 所示电路为绝对值放大器，求输出与输入的关系。

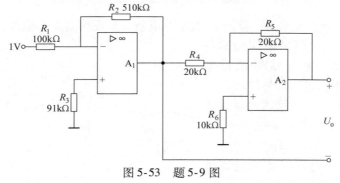

图 5-53 题 5-9 图

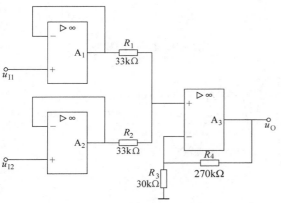

图 5-54 题 5-10 图

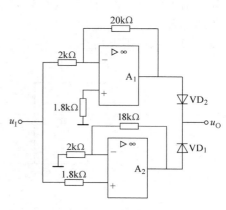

图 5-55 题 5-11 图

5-12 如图 5-56 所示，设 u_O 初始值为零，列出 u_{I1}、u_{I2} 与 u_O 关系式。

5-13 画出图 5-57 所示电路的电压传输特性曲线，已知电源电压为 ±15V，输出电压最大值与电源差 1V。

5-14 在图 5-58 所示电路中，运放的 $U_{O(sat)} = ±12V$，分别画出电路的电压传输特性曲线，标明电路的门限电压值。

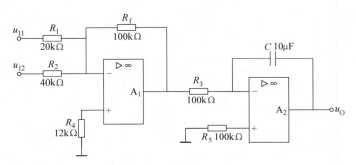

图 5-56 题 5-12 图

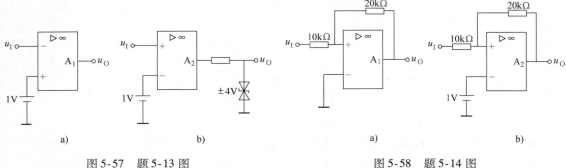

a)   b)

图 5-57 题 5-13 图

a)   b)

图 5-58 题 5-14 图

5-15 图 5-59 所示电路为一监控 u_I 大小的电路，试说明其工作原理。

5-16 设电压比较器的电压传输特性如图 5-60a 所示，输入信号波形如图 5-60b所示，请画出输出信号波形。

5-17 图 5-61 所示电路为测量晶体管穿透电流 I_{CEO} 是否合乎要求的电路，V 为被测晶体管，要求 $I_{CEO} < 2\mu A$（达到要求时认为合格），此时 VL$_2$（绿色）发光，指示合格，否则 VL$_1$（红色）发光，指示不合格。

（1）求电阻 R 应选多大？

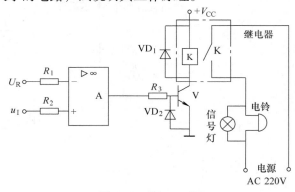

图 5-59 题 5-15 图

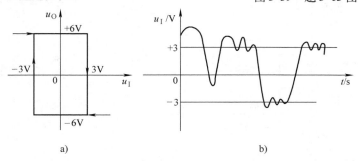

a)   b)

图 5-60 题 5-16 图

（2）设运放的输出电压正饱和时为 14.2V，负饱和时为 0.3V，VL_1 的正向导通电压降为 1.7V，求流过 VL_2 的电流。

5-18　图 5-62 所示电路为另一种非零电平比较器，U_R 作为参考电压，VS 管用来钳位输出电压，使比较器的输出电压被钳制在 U_Z 的稳压值上，问该电路的门限电压是多少（表达式）？

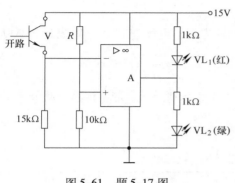

图 5-61　题 5-17 图

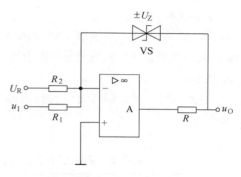

图 5-62　题 5-18 图

5-19　假设在图 5-63 所示的反相输入迟滞比较器中，最大输出电压为 $\pm U_Z = \pm6V$，参考电压 $U_R = 9V$，电路中各电阻的阻值为：$R_2 = 20k\Omega$，$R_F = 30k\Omega$，$R_1 = 12k\Omega$，$R = 1k\Omega$。

（1）试估计两个门限电压 U_{TH1} 和 U_{TH2} 以及门限宽度 ΔU_{TH}；（2）画出迟滞比较器的传输特性；（3）当输入如图 5-63 所示的波形时，画出迟滞比较器的输出波形。

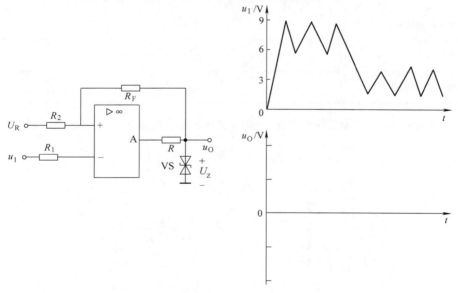

图 5-63　题 5-19 图

5-20　试分析图 1-9 中运算放大器 μA741 控制鱼缸水温自动加热的工作原理。

5-21　试分析图 1-10 中运算放大器 LM324 的 4 个单元的控制工作原理，如何控制白天灯一直不亮？如何控制灯亮后会维持一段时间才会熄灭？

本 章 实 验

实验 5.1　集成运算放大器应用（一）

1. 实验目的

连接运放的线性应用电路，并测试其基本关系，进一步熟悉运放的特性及应用。

2. 实验仪器和器材

电子电路实验箱；万用表；双踪示波器；函数发生器；电子毫伏表；集成运算放大器LM324；其他电阻及电位器按照电路图中要求配置。

3. 实验内容

1）组建电路如图5-64所示，按照电路对应的表5-1中各项要求，进行计算、调节和测量，完成表中内容。

表5-1　反相比例运算电路计算及测量结果（电源电压：　　　）

电路名称					
U_O（计算表达式）	$U_O =$				
U_I/V	0	0.1	0.2	0.3	0.6
U_O/V（计算值）					
U_O/V（测量值）					
工作区域					
U_O 计算值与测量值的误差（%）					

2）组建电路如图5-65所示，按照电路对应的表5-2中各项要求，进行计算、调节和测量，完成表中内容。

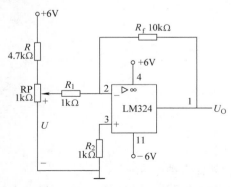

图5-64　反相比例运算电路

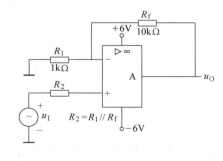

图5-65　同相比例运算电路

表 5-2　同相比例运算电路计算及测量结果（电源电压：　　　）

电路名称		
U_O/V（计算表达式）		$U_O =$
输入正弦电压 u_I 500Hz	$U_{IPP} = 100mV$	输入输出电压波形 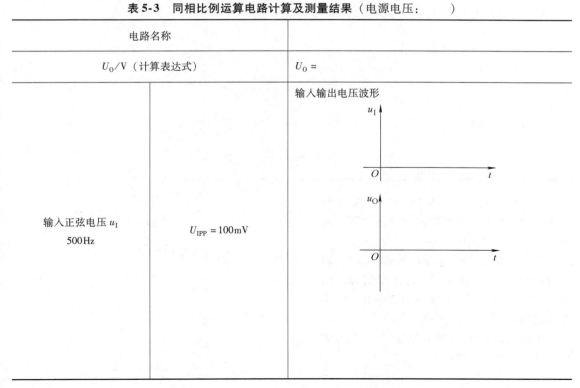
U_{OPP}/V（计算值）		
U_{OPP}/V（测量值）		

3）组建单电源电路如图 5-66 所示，按照电路对应的表 5-3 中各项要求，进行计算、调节和测量，完成表中内容。

表 5-3　同相比例运算电路计算及测量结果（电源电压：　　　）

电路名称		
U_O/V（计算表达式）		$U_O =$
输入正弦电压 u_I 500Hz	$U_{IPP} = 100mV$	输入输出电压波形

4）组建电路如图5-67所示，按照电路对应的表5-4中各项要求，进行计算、调节和测量，完成表中内容。

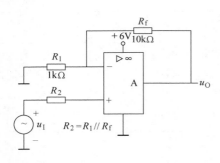

图5-66 同相比例运算电路（去－6V电源）

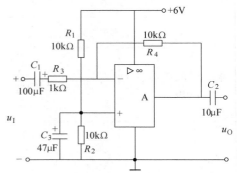

图5-67 单电源反相输入阻容耦合放大电路

表5-4 单电源反相输入阻容耦合放大电路计算及测量结果（电源电压：　　）

电路名称		
U_O/V（计算表达式）		$U_O =$
输入正弦电压 u_I 500Hz	$U_{IPP} = 100\text{mV}$	输入输出电压波形
U_{OPP}/V（计算值）		
U_{OPP}/V（测量值）		

5）组建电路如图5-68所示，按照电路对应的表5-5中各项要求，进行计算、调节和测量，完成表中内容。

在输入端 u_1 加入电压峰峰值为2V、频率分别为200Hz和500Hz的方波信号。然后再在输入端 u_1 加入频率为200Hz、电压有效值为2V的正弦波信号。

用双踪示波器同时观察输入、输出信号，并填于表5-5中。

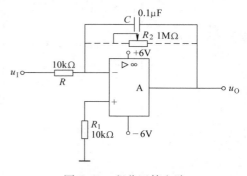

图5-68 积分运算电路

表 5-5　积分运算电路测试数据及结果（电源电压：　　　）

电路名称	
U_O 计算表达式	
输入电压和输出电压的波形 输入 $f=200\text{Hz}$，电压峰峰值为 2V 的方波信号	u_O, u_I 波形图，纵轴 u_O, u_I，横轴 t，原点 O
输入电压和输出电压的波形 输入 $f=500\text{Hz}$，电压峰峰值为 2V 的方波信号	u_O, u_I 波形图，纵轴 u_O, u_I，横轴 t，原点 O
输入电压和输出电压的波形 输入 $f=200\text{Hz}$，电压有效值为 2V 的正弦波信号	u_I、u_O 波形图，纵轴 u_I、u_O，横轴 t，原点 O

注：输出波形与理论分析的积分输出波形不同时，在积分电容 C 上并联一个可变电阻（1MΩ）试一试。要保持电路有直流负反馈，使运放工作在线性状态。

6）组建微分电路如图 5-69 所示，为了限制输入电流，在输入端串联了一个电阻 R，按照电路对应的表 5-6 中各项要求，进行计算、调节和测量，完成表中内容。然后在 R_f 上并联两个串联的稳压管，观察其作用。

输入电压峰峰值为 2V、频率为 200Hz 的方波。用双踪示波器同时观察输入、输出信号，并记录该频率填于表 5-6 中。

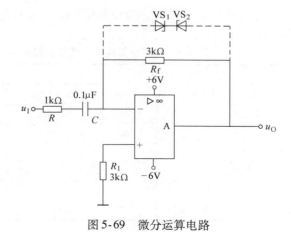

图 5-69　微分运算电路

表 5-6 微分运算电路测试数据及结果（电源电压：　　　）

电路名称	
U_0/V（计算表达式）	
输入信号	电压峰峰值为2V、频率为200Hz的方波
输入电压和输出电压的波形	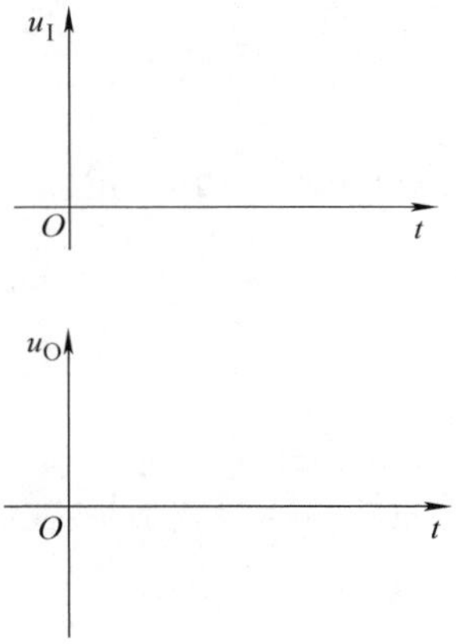

4. 实验报告和思考题

1）写出你对本次实验内容中一个最有收获的实验报告。（能自己设计一个实验，并写出报告更好。）

2）分析比例运放电路放大倍数的实测值与理论值产生误差的原因。

3）试分析积分电路实验中输入频率与输出电压变化的关系。

实验 5.2 集成运算放大器应用（二）

1. 实验目的

进一步熟悉运放的线性应用。通过运放的非线性应用电路——电压比较器的连接和测试，熟悉运放的非线性特性及应用，掌握电压比较器门限电压的测试方法。

2. 实验仪器和器材

电子电路实验箱；LM324；万用表；双踪示波器；函数发生器；电子毫伏表；其他电阻及电位器按照电路图中要求配置。

3. 实验内容

1）组建电路如图5-70所示，按照电路对应的表5-7中各项要求，进行计算、调节和测量，完成表中内容。

表 5-7 加法运算电路计算及测量结果（电源电压：　　　）

电路名称					
U_0/V（计算表达式）	$U_0 =$				
U_{I1}/V	0.1	0.1	0.2	0.3	0.5
U_{I2}/V	0.1	0.2	0.1	0.3	0.5
U_0/V（计算值）					
U_0/V（测量值）					
工作区域					
U_0 计算值与测量值的误差（%）					

2）组建电路如图 5-71 所示，按照电路对应的表 5-8 中各项要求，进行计算、调节和测量，完成表中内容。

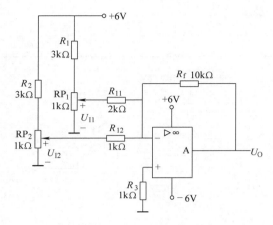

图 5-70 加法运算电路

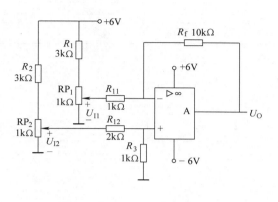

图 5-71 减法运算电路

表 5-8 减法运算电路计算及测量结果（电源电压：　　　）

电路名称				
U_O/V（计算表达式）	$U_O =$			
U_{I1}/V	0.5	0.5	0.5	1.0
U_{I2}/V	0.1	0.3	0.5	1.0
U_O/V（计算值）				
U_O/V（测量值）				
工作区域				
U_O 计算值与测量值的误差（%）				

3）过零电压比较器的测试。

①组建如图 5-72 所示电路，用万用表 DC 20V 档观察输出电压变化情况。

②完成表 5-9 中的测量任务，并判断出门限电压 $U_{TH} =$ _____，比较器可描述为 _____
_____。

③定性画出其电压传输特性于图 5-73 中。

④在图 5-72 的反相输入端输入峰峰值 2V，频率分别为 1kHz、10kHz、1MHz 的正弦波电压，观察并记录输入输出电压波形的变化情况。

4）单门限电压比较器的测试。

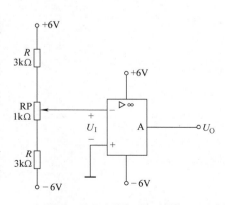

图 5-72 过零电压比较器

① 组建如图 5-74 所示电路。

表 5-9　过零电压比较器的测试（电源电压：　　　）

电路名称					
U_I/V	−0.8	−0.4	−0.2	0.2	0.4
U_O/V（测量值）					

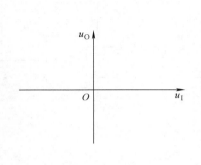

图 5-73　电压传输特性

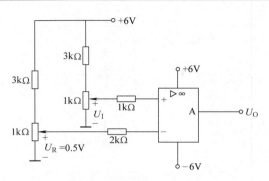

图 5-74　单门限电压比较器

② 完成表 5-10 中的测量任务，并判断出门限电压 U_{TH} = _____，比较器可描述为 _____

_____ 。

表 5-10　单门限电压比较器的测试（电源电压：　　　）

电路名称				
U_I/V	0.2	0.4	0.6	1.0
U_O/V（测量值）				

③ 定性画出电压传输特性于图 5-75 中。

5）迟滞电压比较器的测试。

① 连接如图 5-76 所示电路，并测试出 + $U_{O(sat)}$、− $U_{O(sat)}$ 和 U_R 的值；

$$+ U_{O(sat)} = \underline{\qquad} V$$
$$- U_{O(sat)} = \underline{\qquad} V$$
$$U_R = \underline{\qquad} V$$

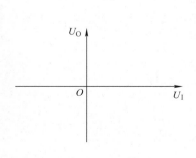

图 5-75　电压传输特性

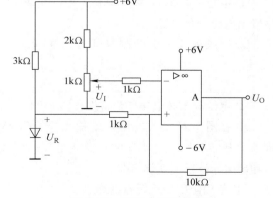

图 5-76　迟滞电压比较器

② 计算出此迟滞电压比较器的两个门限电压；

U_{TH1} = _____ = _____ V

U_{TH2} = _____ = _____ V

③ 完成表 5-11 中的测量任务；

U_{TH1} = _____ V

U_{TH2} = _____ V

比较器可描述为_____。

表 5-11　迟滞电压比较器的测试（电源电压：　　　）

电路名称									
U_I/V	0.1	0.2	0.6	1.0	1.2	1.5	1.2	0.6	0.2	0.1
U_O/V（测量值）									

④ 定性画出电压传输特性于图 5-77 中。

4. 实验报告和思考题

1）测出集成运算放大器 LM324 的最大输出电压分别为多少？

2）试分析运放和比较器的区别。可以用运算放大器作比较器吗？为什么？

3）在 3 种类型的电压比较电路中，集成运放工作在什么状态？

4）从结构和特性上分析 3 种类型比较器的区别。

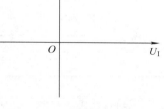

图 5-77　电压传输特性

实验 5.3　差动放大电路

1. 实验目的

1）通过晶体管构成的差动放大电路的分析及测量，掌握差动放大电路（以下简称差放电路）静态、动态指标的测量方法。

2）熟悉差动放大电路的结构和特点。

3）理解放大电路的动态特性。

2. 实验仪器和器材

电子电路实验箱；直流稳压电源；双踪示波器；电子毫伏表；万用表；晶体管 9013 ×2；470Ω 电位器；10kΩ 电阻 ×2；1kΩ 电阻 ×2；5.1kΩ 电阻 ×2。

3. 实验内容

1）实验预习内容。

① 用晶体管图示仪检测晶体管 9013 的输出特性和电流放大倍数 β，挑选出一对晶体管作为差分对管。

② 用上述晶体管 9013 组建如图 5-78 所示的差动放大电路。用稳压电源构成正负两

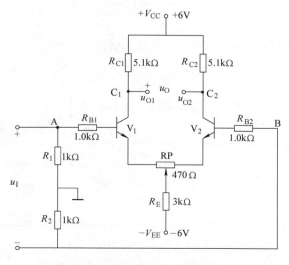

图 5-78　差动放大电路

组电源 $+V_{CC}$ 与 $-V_{CC}$。

2）实验内容。

① 静态测试：要求差动放大电路输入为零（信号源不接入，使输入信号为零）时，输出也为零。将差放电路两输入端 A、B 对地短接，即输入信号为零，用万用表直流电压档测量输出端电压 U_o，调节 470Ω 电位器 RP，使输出端电压 $U_o = 0$ 为止。

将静态工作点的测量及计算结果记录在表 5-12 中。

表 5-12 差放电路静态参数的测量

	U_{BQ1}	U_{CQ1}	U_{EQ1}	U_{BQ2}	U_{CQ2}	U_{EQ2}	$U_{R_{C1}}$	$U_{R_{C2}}$	U_{R_E}
测量值									
	I_{CQ1}	I_{EQ1}	U_{BEQ1}	U_{CEQ1}	I_{CQ2}	I_{EQ2}	U_{BEQ2}	U_{CEQ2}	
计算值									

② 动态测试：在静态工作基本正常的情况下，进行动态测试。

a. 差模电压放大倍数测试：在图 5-78 中按照图 5-79 所示方式，给差动放大器输入一个正弦波信号 $\dot{U}_i$（$f = 1\text{kHz}$）。

由于电子毫伏表只能测得电路中一端对地的电压，而输出电压为电路中 C_1、C_2 两点之间的电压，因此不能直接测得输出电压 $\dot{U}_o$。用示波器观察输出端波形不失真的情况下，先测得两个输出端对地的输出电压 $\dot{U}_{o1}$、$\dot{U}_{o2}$，$\dot{U}_o = \dot{U}_{o1} - \dot{U}_{o2}$，即可求得双端输出时差模电压放大倍数

$$\dot{A}_{ud} = \frac{\dot{U}_o}{\dot{U}_i} = \frac{\dot{U}_{o1} - \dot{U}_{o2}}{\dot{U}_i}$$

单端输出时差模电压放大倍数

$$\dot{A}_{ud1} = \frac{\dot{U}_{o1}}{\dot{U}_i}, \qquad \dot{A}_{ud2} = \frac{\dot{U}_{o2}}{\dot{U}_i}$$

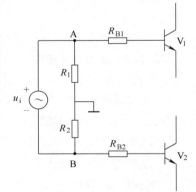

图 5-79 差模输入方式

将测量及计算结果填入表 5-13 中。

表 5-13 差模放大倍数的测量

测量值				由测量值计算		
U_i	U_{o1}	U_{o2}	U_o	$\dot{A}_{ud1}$	$\dot{A}_{ud2}$	$\dot{A}_{ud}$

b. 共模电压放大倍数测试

输入端接成共模输入方式，如图 5-80 所示。

将差放两个输入端 A、B 连接至图中的 A 点，从这点与地端之间输入共模信号。在输出电压不失真的情况下，分别测出差动放大器的输入和输出电压，即可求得

双端输出共模电压放大倍数

$$\dot{A}_{\text{uc}} = \frac{\dot{U}_{\text{o}}}{\dot{U}_{\text{i}}} = \frac{\dot{U}_{\text{o1}} - \dot{U}_{\text{o2}}}{\dot{U}_{\text{i}}}$$

单端输出时共模电压放大倍数

$$\dot{A}_{\text{uc1}} = \frac{\dot{U}_{\text{o1}}}{\dot{U}_{\text{i}}}, \qquad \dot{A}_{\text{uc2}} = \frac{\dot{U}_{\text{o2}}}{\dot{U}_{\text{i}}}$$

将测量及计算结果填入表 5-14 中。

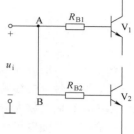

图 5-80　共模输入方式

表 5-14　共模放大倍数的测量

测量值				由测量值计算		
U_{i}	U_{o1}	U_{o2}	U_{o}	$\dot{A}_{\text{uc1}}$	$\dot{A}_{\text{uc2}}$	$\dot{A}_{\text{uc}}$

c. 共模抑制比的测试

双端输出时，共模抑制比

$$K_{\text{CMR}} = \left| \frac{A_{\text{ud}}}{A_{\text{uc}}} \right|$$

单端输出时，共模抑制比

$$K_{\text{CMR1}} = \left| \frac{A_{\text{ud1}}}{A_{\text{uc1}}} \right|, \qquad K_{\text{CMR2}} = \left| \frac{A_{\text{ud2}}}{A_{\text{uc2}}} \right|$$

将测算结果填入表 5-15 中。

表 5-15　共模抑制比测算值

K_{CMR1}	K_{CMR2}	K_{CMR}

4. 实验报告和思考题

1）差动放大电路的调零方法是将输入端_____，用万用表_____档测量_____电压，调节_____直到被测电压为零。

2）输入共模信号时，应将差动放大电路两个输入端_____。然后在_____与_____之间接入信号，而差模信号只需接到_____之间即可。

3）根据实验结果，分析电阻 R_{E} 和恒流源的作用。

第6章　负反馈放大电路

在电子设备的放大电路中，通常要求放大电路的放大倍数保持稳定，输入和输出电阻、非线性失真、通频带等指标满足实际使用所提出的要求。例如，前面已讲过的基本放大电路和多级放大电路中，它们的放大倍数会随着环境温度、管子参数和负载阻值的变化而变化；在多级放大电路中，通频带会随着级数的增加而变窄；由于晶体管是非线性元件，当输入信号较大时，会使输出波形产生较严重的非线性失真。所以这些放大电路的性能在许多方面还需改进和提高。改进和提高的一种重要手段是在放大电路中引入负反馈（negative feedback）。

6.1　反馈的基本概念

6.1.1　反馈

在电子系统中，把放大电路的输出量（电压或电流）的一部分或全部，通过某些元器件或网络（称为反馈网络），反送到输入回路中，参与控制，从而构成一个闭环系统，这样使放大电路的输入量不仅受到输入信号的控制，而且受到放大电路输出量的影响，这种连接方式被称为反馈。

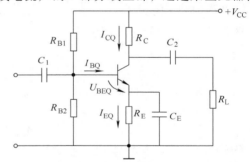

图 6-1　静态工作点稳定电路

根据以上定义，要实现反馈，必须有一个连接输出回路与输入回路的中间环节。如前面已经讲过的静态工作点稳定电路，如图 6-1 所示，其稳定过程如下：

$$温度\ T(℃) \uparrow \longrightarrow I_{CQ} \uparrow \rightarrow U_{EQ} \uparrow \rightarrow U_{BEQ} = (U_{BQ} - U_{EQ}) \downarrow \rightarrow I_{BQ} \downarrow$$
$$I_{CQ} \downarrow \longleftarrow$$

从图 6-1 分压式偏置共射放大电路中可以看出，电路中由于 R_E 的存在，当环境温度升高时，集电极电流 I_{CQ} 有增大的趋势，在电阻 R_E 上的电压降也增大，发射极电压增高，使净输入量 U_{BEQ} 降低（因为 U_{BQ} 基本不变），使集电极输出电流 I_{CQ} 也减小，最终趋于稳定；反之，当 I_{CQ} 有减小的趋势时，将引起净输入量 U_{BEQ} 增大，将导致集电极电流 I_{CQ} 增大，最终使静态工作点稳定。电阻 R_E 将静态电流转换成静态电压 U_{EQ}，与输入端电压 U_{BQ} 进行比较，再来控制静态电流。这样电阻 R_E 既与输入回路有关，又与输出回路有关，它是起着连接输出与输入的中间环节，故它是反馈元件。通常把引入反馈的放大电路称为反馈放大电路，也称为闭环（closed loop）放大电路，而未引入反馈的放大电路，称为开环放大电路。判断放大电路中有无反馈，主要是看放大电路中有无连接输入与输出间的支路，如有则存在反馈，否则没有反馈。

反馈放大电路也可以用框图表示，如图 6-2 所示。它由基本放大电路 $\dot{A}$ 与反馈网络（feedback net）$\dot{F}$ 组成。在基本放大电路中，信号 $\dot{X}_i$ 从输入端向输出端正向传输；在反馈网络中，反馈信号（feedback signal）$\dot{X}_{\mathrm{f}}$ 由输出端反向传输到输入端，并在输入端与输入信号比较（叠加），$\dot{X}_{\mathrm{id}}$ 是净输入。要判断放大电路是否存在反馈，只要分析它的输出回路与输入回路是否存在由电阻、电容等元件构成的通路，即反馈网络。

在图 6-3 所示的两级放大电路中，第一级运放的输出端与输入端间有反馈元件 R_2，第二级运放的输出端与输入端间有反馈元件 R_4。由于这两条反馈通路只限于本级，故称为本级或局部反馈。而第二级输出端与第一级输入端间有反馈元件 R_6，就构成了级间反馈。

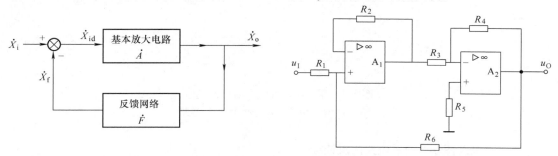

图 6-2　反馈电路的一般框图　　　　图 6-3　两级运放间的级间反馈

6.1.2　反馈的极性及判断

放大电路中的反馈，按反馈的极性（feedback polarity）可分为正反馈（positive feeback）和负反馈。在图 6-2 所示的框图中，输入信号 $\dot{X}_{\mathrm{i}}$ 与反馈信号 $\dot{X}_{\mathrm{f}}$ 都作用在基本放大电路的输入端，相比较后获得净输入量 $\dot{X}_{\mathrm{id}}$。如果反馈信号 $\dot{X}_{\mathrm{f}}$ 与输入信号 $\dot{X}_{\mathrm{i}}$ 比较后使净输入量 $\dot{X}_{\mathrm{id}}$ 增加，则输出也增加，这种反馈称为正反馈；相反，如果反馈信号 $\dot{X}_{\mathrm{f}}$ 与输入信号 $\dot{X}_{\mathrm{i}}$ 比较后使净输入量 $\dot{X}_{\mathrm{id}}$ 减小，输出量也减小，这种反馈称为负反馈。

虽然负反馈使放大电路的输出量变化减小了，但它能改善放大电路的性能，所以在放大电路中得到广泛应用；正反馈容易引起电路振荡，使电路性能不稳定，但可以组成振荡电路。本章主要分析放大电路的负反馈。

判断反馈的极性，通常采用瞬时极性法，方法如下：

1）首先假设放大电路输入端信号对地的瞬时极性为正值（或负值），说明该点瞬时电位的变化是升高（或下降），在图中用（＋）或（－）表示。

2）然后按照放大、反馈的信号传递途径，逐级判断有关点的瞬时极性，如正用（＋）表示；如负用（－）表示，得到反馈信号的瞬时极性。

3）最后在输入回路比较反馈信号与原输入信号的瞬时极性，看净输入是增大还是减小，从而决定是正反馈还是负反馈。净输入减小是负反馈，净输入增大是正反馈。

在图 6-4a 电路中，反馈元件 R_{F} 接在输出端与同相输入端之间，所以该电路存在反馈。设输入信号 u_{I} 对地瞬时极性为（＋），因 u_{I} 加在运放的反相输入端，所以输出信号 u_0 瞬时极性为（－），经 R_{F} 得到的反馈信号 u_{F} 与输出信号瞬时极性相同，也为（－）。因为 u_{I} 与 u_{F} 加在运放两个不同的输入端，所以 $u_{\mathrm{Id}} = u_{\mathrm{I}} - (-u_{\mathrm{F}})$，使净输入增加，是正反馈。这里要指出的是，对于由单个运放组成的反馈放大电路来讲，如反馈信号接在同相输入端，为正反馈；反馈信号接在反相输入端，为负反馈。

图 6-4b 电路中，反馈元件 R_{F} 接在运放的输出端与反相输入端之间，所以该电路存在反馈。假设输入信号 u_{I} 对地瞬时极性为（＋），因 u_{I} 加在反相输入端，所以 u_0 为（－），根据瞬时极

性法所标出的瞬时极性，可以看出反相输入端的净输入电流减小，净输入电流 $i_{Id} = i_I - i_F$，所以该电路是负反馈电路。

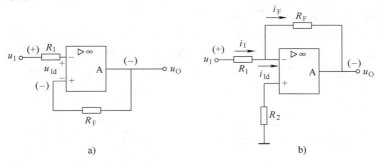

图 6-4 用瞬时极性法判断反馈极性

a）正反馈电路 b）负反馈电路

例 6-1：判断图 6-5 所示电路的反馈极性。

解：电路为分立元件组成的两级放大电路，晶体管 V_1 是输入级，V_2 是输出级，电路中有两个级间反馈通路。

第一个反馈通路是由 R_{F1} 接于 V_2 发射极和 V_1 基极构成的。

第二个反馈通路是由 R_{F2} 接于 V_2 集电极和 V_1 发射极构成的。反馈极性判断过程如下：

假设 u_I 对地瞬时极性为（+），则 V_1 的基极 b_1 的瞬时极性为（+），由于晶体管的集电极与基极反相，发射极与基极同相，V_1 集电极 c_1 为（−），V_2 的集电极 c_2 为（+），发射极 e_2 为（−），比较后使净输入量 i_{Id} 减小，所以 R_{F1} 引入的是负反馈；通过 R_{F2} 的反馈信号在 V_1 的发射极 e_1 点为（+），与输入信号 u_I 比较后，$u_{Id} = u_{BE1} = u_I - u_{F2}$，净输入量 u_{BE1} 减小，所以也是负反馈。综上所述，电路中的两条级间反馈都是负反馈。

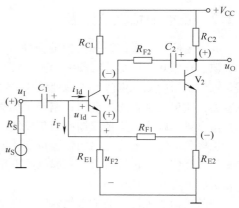

图 6-5 分立元件放大电路反馈极性的判断

判断反馈极性的过程有两点要注意：

1）按放大、反馈途径逐点确定有关点电位的瞬时极性时，要遵循基本放大电路中讨论的相位关系。当共射放大电路输入端基极电位上升时，即瞬时极性为（+），本级的集电极电位下降，即瞬时极性为（−），而本级的发射极电位上升，即瞬时极性为（+）。对于运放组成的电路，输出与同相输入端的瞬时极性相同；与反相输入端的瞬时极性相反。

2）判断净输入量的增减，要比较输入量的瞬时极性与反馈量的瞬时极性作用在输入端时的实际量的变化，如在图 6-5 电路中的 R_{F2} 反馈支路，晶体管 V_1 的净输入量 $u_{BE1} = u_I - u_{F2}$，假设 u_I 为（+），就要判断 u_{F2}，如 u_{F2} 为（+），净输入量就下降，为负反馈；如果 u_{F2} 为（−），则净输入量增加，为正反馈。

6.1.3 直流反馈和交流反馈

在放大电路中，一般都存在着直流分量和交流分量，如果反馈信号只含有直流成分，则称为直流反馈；如果反馈信号只含有交流成分，则称为交流反馈。在很多情况下，反馈信号中交、直流两种反馈兼而有之，则称为交直流反馈。

　　例如在图 6-6 所示电路中，对直流而言，电容 C 相当于开路，R_2 和 R_3 串联后接在输出端和反相输入端之间，所以存在直流反馈，对交流而言，当电容容量足够大时，电容容抗很小，相当于短路，反馈信号送不到放大电路的输入端，所以不存在交流反馈。所以这条反馈支路是直流反馈。

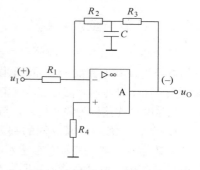

图 6-6　交直流反馈的判断

　　在图 6-5 所示电路中，从 C_2、R_{F2} 组成的反馈通路来看，因电容 C_2 的隔直作用，输出的直流成分被 C_2 隔断，无法送到输入端，所以反馈通路中无直流信号反馈，只通交流，是交流反馈；从 R_{F1} 组成的反馈通路来看，既通直流又通交流，是交直流反馈。

　　直流负反馈用以稳定静态工作点，交流负反馈用来改善放大电路的动态性能。本章重点分析不同类型的交流负反馈。

6.2　负反馈放大电路和 4 种组态

6.2.1　负反馈放大电路的框图及一般关系式

　　图 6-2 是负反馈电路的一般框图。符号 $\otimes$ 表示比较环节，用以比较输入信号 $\dot{X}_i$ 和反馈信号 $\dot{X}_f$ 的极性，在负反馈时，因 $\dot{X}_f$ 与 $\dot{X}_i$ 极性相反，所以净输入量为

$$\dot{X}_{id} = \dot{X}_i - \dot{X}_f$$

基本放大电路的输出信号 $\dot{X}_o$ 与净输入信号 $\dot{X}_{id}$ 之比，称为开环放大倍数，即

$$\dot{A} = \frac{\dot{X}_o}{\dot{X}_{id}}$$

反馈网络的反馈系数 $\dot{F}$（reverse transmission factor）为反馈信号 $\dot{X}_f$ 与放大电路输出信号 $\dot{X}_o$ 之比，即

$$\dot{F} = \frac{\dot{X}_f}{\dot{X}_o}$$

负反馈放大电路的输出信号 $\dot{X}_o$ 与输入信号 $\dot{X}_i$ 之比，称为闭环放大倍数，又称为闭环增益（colsed-loop gain），即

$$\dot{A}_f = \frac{\dot{X}_o}{\dot{X}_i}$$

将以上 4 个公式进行运算，得

$$\dot{A}_f = \frac{\dot{X}_o}{\dot{X}_i} = \frac{\dot{X}_o}{\dot{X}_{id} + \dot{X}_f} = \frac{\dot{X}_o}{\dot{X}_{id} + \dot{A}\dot{F}\dot{X}_{id}} = \frac{\dfrac{\dot{X}_o}{\dot{X}_{id}}}{1 + \dot{A}\dot{F}} = \frac{\dot{A}}{1 + \dot{A}\dot{F}} \tag{6-1}$$

　　式（6-1）称为负反馈放大电路的闭环放大倍数，或称为闭环增益。它表示加了负反馈后的闭环增益 $\dot{A}_f$ 是开环增益 $\dot{A}$ 的 $\dfrac{1}{|1 + \dot{A}\dot{F}|}$ 倍，其中 $|1 + \dot{A}\dot{F}|$ 称为反馈深度。$|1 + \dot{A}\dot{F}|$ 越大，反馈

越深，$\dot{A}_f$ 就越小，$|1+\dot{A}\dot{F}|$ 是衡量反馈强弱程度的一个重要指标。本章主要讨论放大电路工作在中频区，信号通过放大电路与反馈网络时都不产生相移，故放大倍数及反馈系数等都是实数。

6.2.2 反馈类型及判断

反馈是将输出量的一部分反送到放大电路的输入端，按照反馈网络在输出端的取样不同，可分为电压反馈和电流反馈。如果取样是电流，就称为电流反馈；如果取样是电压，就称为电压反馈。又按照反馈信号与输入信号在放大电路输入端的连接方式的不同，可分为串联反馈和并联反馈。与输入信号并联连接称为并联反馈，与输入信号串联连接则称为串联反馈。下面介绍其判断方法。

1. 串联反馈和并联反馈的判断

反馈信号与输入信号不在输入端同一节点引入时，则为串联反馈，如图 6-7a 所示电路。当反馈信号与输入信号在输入端同一节点引入时，为并联反馈，如图 6-7b 所示电路。在串联反馈中，输入信号和反馈信号是在输入回路中相串联而得净输入信号的，输入信号与反馈信号必然以电压形式进行比较（相加或相减），如图 6-7c 所示。在并联反馈中，输入信号和反馈信号是在输入回路中相并联而得净输入信号的，则以电流形式进行比较，那么输入信号与反馈信号必然以电流形式进行比较（相加或相减），如图 6-7d 所示。

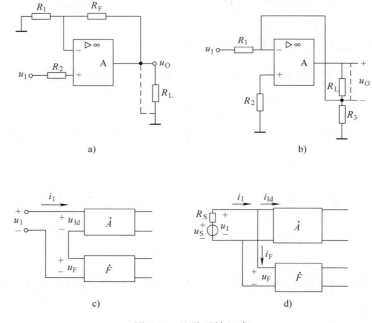

图 6-7　几种反馈组态

a）电压串联负反馈　b）电流并联负反馈　c）串联反馈框图　d）并联反馈框图

2. 电压反馈和电流反馈的判断

若反馈取样的对象是输出电压，则称为电压反馈。在图 6-7a 所示电路中，电路的反馈量与放大电路输出电压成正比，所以是电压反馈。对于电压反馈，反馈网络与基本放大电路输出端并联连接；当反馈取样的对象是输出电流，则称为电流反馈。在图 6-7b 所示电路中，其反馈量正比于输出电流，所以是电流反馈。对于电流反馈，反馈网络串联在基本放大电路输出回路中。

具体判断方法还可以是：假设并联在输出端的负载 R_L 短路，即假设输出电压 $u_O=0$，这时如果反馈量依然存在（不为0），则为电流反馈；如果反馈量消失（为0），则是电压反馈。图中

虚线表示假设负载 R_L 短路。

3. 4 种类型的负反馈放大电路

综合反馈从输出端的取样（电压、电流）及与输入端的连接方式（并联、串联），负反馈有 4 种组态（configuration）：电压串联（voltage-series）负反馈；电压并联（voltage-parallel）负反馈；电流串联（current-series）负反馈和电流并联（current-parallel）负反馈，下面就判断过程及各自的特点做一一介绍。

（1）电压串联负反馈　在图 6-8a、b 所示的两个电路中，R_F 是反馈支路，由于无电容存在，所以图 6-8a 反馈中既含有直流分量又含有交流分量，为交直流反馈。而图 6-8b 中有 C_2，为交流反馈。

由瞬时极性法在图中所标的瞬时极性可知，该电路是负反馈。由于反馈信号 u_F 与输入信号 u_I 不在输入端同一节点引入，所以是串联反馈；如果假设将负载 R_L 短路，即设 $u_O = 0$，则 $u_F = 0$，反馈不存在了，所以又是电压反馈。综上分析，图 6-8a 是交直流电压串联负反馈，图 6-8b 的电路由于 C_2 的存在，是交流电压串联负反馈，图 6-8c 是电压串联负反馈的框图。

这里要注意的是，串联负反馈要求信号源内阻 $R_S = 0$。在图 6-8c 所示框图中，由于是串联反馈，输入信号、反馈信号和净输入信号在输入回路中以电压形式来表示，有 $u_{Id} = u_I - u_F$，只有在信号源内阻 $R_S = 0$ 时来保证 u_I 恒定。当 u_F 越大，反馈越强，净输入电压 u_{Id} 越小，反馈电压 u_F 的变化反馈到 u_{Id} 上。串联负反馈适用于输入信号为恒压源，即 R_S 越小串联反馈的效果也越明显。

电压串联负反馈放大电路的特点是：由于是电压负反馈，取出的是输出电压经过反馈可以稳定输出电压，降低放大电路的输出电阻；由于是串联负反馈，输入电阻相当于原输入电阻与反馈网络的等效电阻串联，所以输入电阻增大了。它是良好的电压—电压放大电路。

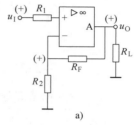

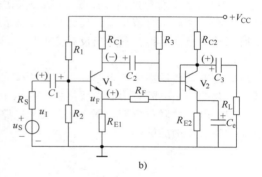

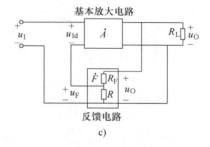

图 6-8　电压串联负反馈

a）集成运放组成的电压串联负反馈　b）分立元件构成的电压串联负反馈　c）框图

（2）电压并联负反馈　在图 6-9a 所示电路中，R_F 是反馈电阻，由于反馈信号与输入信号叠加在运放的反相输入端，所以是并联反馈。如将 R_L 短路，反馈消失，说明该电路是电压并联负反馈。

图 6-9b 为电压并联负反馈的框图。

这里要注意的是，并联负反馈要求信号源内阻 $R_S \to \infty$。在图 6-9b 所示框图中，由于是并联反馈，输入信号、反馈信号和净输入信号在输入回路中以电流形式来表示，有 $i_{Id} = i_I - i_F$，只有在信号源内阻 R_S 很大时才能保证 i_I 恒定。当 i_F 越大，反馈越强，净输入电流越小，反馈电流 i_F 的变化反馈到 i_{Id} 上，并联负反馈适用于输入信号为恒流源，即 R_S 越大并联反馈的效果也越明显。

电压并联负反馈的特点是：电压负反馈稳定输出电压，输出电阻小；并联负反馈的输入电阻

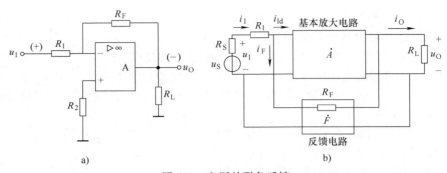

图 6-9　电压并联负反馈

a）集成运放组成的电压并联负反馈　b）框图

相当于原输入电阻与反馈网络的等效电阻并联，所以输入电阻减小了。它是良好的电流—电压变换电路。

（3）电流串联负反馈　在图 6-10a 所示电路中，假设 R_L 短路，即 $u_O = 0$ 时，反馈量 u_F 依然存在，所以它们是电流反馈；反馈量与输入量不是在输入端同一节点引入，故为串联反馈。从图中所标瞬时极性推得，它是负反馈。所以，该电路为电流串联负反馈。图 6-10b 是电流串联负反馈的框图。

电流串联负反馈的特点是：由于是电流负反馈，所以能稳定输出电流，其效果相当于提高了放大电路的输出电阻；串联负反馈提高输入电阻。它是电压—电流变换电路。

（4）电流并联负反馈　图 6-11a 所示电路是电流并联负反馈，读者可自行分析。图 6-11b 是电流并联负反馈的框图。

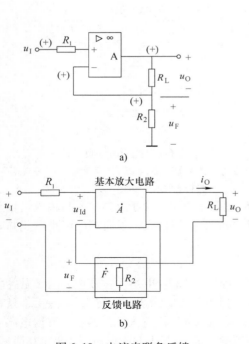

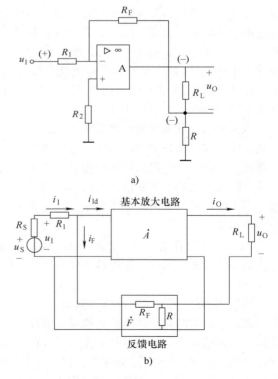

图 6-10　电流串联负反馈

a）集成运放组成的电流串联负反馈　b）框图

图 6-11　电流并联负反馈

a）集成运放组成的电流并联负反馈　b）框图

　　电流并联负反馈的特点是：由于是电流负反馈，所以能稳定输出电流，提高输出电阻；并联负反馈降低输入电阻。它是良好的电流—电流放大电路。

　　不同组态负反馈放大电路的输入量、反馈量、净输入量和输出量的形式不完全一样，如表 6-1 所示。

表 6-1　4 种交流负反馈反馈方式的各物理量

负反馈形式	输入量	反馈量	净输入量	输出量
电压串联	$\dot{U}_i$	$\dot{U}_f$	$\dot{U}_{id}$	$\dot{U}_o$
电压并联	$\dot{I}_i$	$\dot{I}_f$	$\dot{I}_{id}$	$\dot{U}_o$
电流串联	$\dot{U}_i$	$\dot{U}_f$	$\dot{U}_{id}$	$\dot{I}_o$
电流并联	$\dot{I}_i$	$\dot{I}_f$	$\dot{I}_{id}$	$\dot{I}_o$

6.3　负反馈对放大电路工作性能的影响

　　通过对 4 种负反馈组态的分析，知道其负反馈有稳定输出量和改变输入、输出电阻的特点，我们在实际工作中可根据实际需要，选用不同类型的负反馈。负反馈的作用不仅仅是这些，引入负反馈后，不管是什么组态，都能使放大倍数稳定，展宽通频带，减小非线性失真，抑制放大电路的内部噪声等。当然，这些性能的改善都是以降低放大倍数为代价的。

6.3.1　提高放大倍数的稳定性

　　一般地说，放大器的开环放大倍数 A 是不稳定的，例如在基本共射放大电路中，放大倍数与晶体管的 β 值有关，而 β 值受环境影响（如温度影响）较大；又如负载发生变化时，电压放大倍数 A 也要随之变化，所以它是不稳定的。引入负反馈后可使放大电路的输出信号趋于稳定，也即使闭环放大倍数趋于稳定。

　　放大倍数的稳定性可用放大倍数的相对变化率来衡量。

　　闭环增益方程式（6-1）对 $\dot{A}$ 求导得

$$\frac{d\dot{A}_f}{d\dot{A}} = \frac{1}{1+\dot{A}\dot{F}} - \frac{\dot{A}\dot{F}}{(1+\dot{A}\dot{F})^2} = \frac{1}{(1+\dot{A}\dot{F})^2} = \frac{1}{1+\dot{A}\dot{F}} \cdot \frac{A}{(1+\dot{A}\dot{F})A} = \frac{1}{1+\dot{A}\dot{F}} \frac{\dot{A}_f}{\dot{A}}$$

闭环放大倍数的相对变化量为

$$\frac{d\dot{A}_f}{\dot{A}_f} = \frac{1}{1+\dot{A}\dot{F}} \frac{d\dot{A}}{\dot{A}} \tag{6-2}$$

　　式（6-2）表明，闭环放大倍数的相对变化量只是开环放大倍数的相对变化量的 $\dfrac{1}{1+\dot{A}\dot{F}}$。也就是说引入负反馈后，虽然放大倍数减小到 $1/(1+\dot{A}\dot{F})$，但是其稳定度却提高了 $(1+\dot{A}\dot{F})$ 倍，并且 $1+\dot{A}\dot{F}$ 越大，闭环放大倍数越稳定。

　　例 6-2：已知一个多级放大电路的开环电压放大倍数的相对变化量为 $\dfrac{d\dot{A}_u}{\dot{A}_u} = \pm 1\%$，引入负反馈后要求闭环电压放大倍数 $A_{uf} = 150$，且其相对变化量 $\left|\dfrac{dA_{uf}}{A_{uf}}\right| \le 0.05\%$，试问开环电压放大倍数

A_u 和反馈系数 F_u 各取多少?

解：根据式（6-2）可得

$$\frac{d\dot{A}_{uf}}{\dot{A}_{uf}} = \frac{1}{1 + \dot{A}_u\dot{F}_u}\frac{d\dot{A}_u}{\dot{A}_u} = 0.05\%$$

故有

$$1 + \dot{A}_u\dot{F}_u = 20$$

由式（6-1）可得

$$\dot{A}_{uf} = \frac{\dot{A}_u}{1 + \dot{A}_u\dot{F}_u} = \frac{\dot{A}_u}{20} = 150$$

所以

$$\dot{A}_u = 3000$$

又根据 $\dot{A}_u\dot{F}_u = 19$，得到 $\dot{F}_u = \dfrac{19}{3000} \approx 0.0063$。

以上计算结果说明：在引入反馈深度为 20 的负反馈后，闭环放大倍数减少到开环放大倍数的 $\dfrac{1}{20}$，但其稳定性提高为 20 倍。

6.3.2　负反馈能改变输入电阻和输出电阻

1. 对输入电阻的影响

负反馈对放大电路输入电阻的影响主要取决于是串联反馈还是并联反馈。

（1）串联负反馈使输入电阻增大　图 6-12a 是串联负反馈的框图，由图可以看出无反馈时开环输入电阻为

$$R_i = \frac{u_{Id}}{i_I}$$

有反馈时闭环输入电阻为

$$R_{if} = \frac{u_I}{i_I} = \frac{u_{Id} + u_f}{i_I} = \frac{u_{Id}(1 + \dot{A}\dot{F})}{i_I} = R_i(1 + \dot{A}\dot{F})$$

$$(6\text{-}3)$$

式（6-3）表明，引入串联负反馈后，输入电阻是无反馈时的 $(1 + \dot{A}\dot{F})$ 倍。也可以这样定性分析：由于输入信号与反馈信号串联连接，从图中可以看出，等效的输入电阻相当于原开环放大电路的输入电阻与反馈回路的反馈电阻串联，其结果必然是增加了。所以串联负反馈使输入电阻增大。

（2）并联负反馈使输入电阻减小　图 6-12b 是并联负反馈的框图，由图可知，开环输入电阻为

$$R_i = \frac{u_I}{i_{Id}}$$

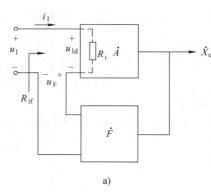

a)

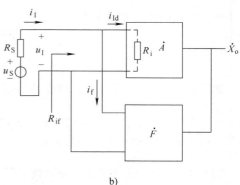

b)

图 6-12　反馈对输入电阻的影响

a）串联负反馈框图　b）并联负反馈框图

有负反馈时的闭环输入电阻为

$$R_{if} = \frac{u_I}{i_I} = \frac{u_I}{i_{Id} + i_f} = \frac{u_I}{i_{Id} + \dot{A}\dot{F}i_{Id}} = \frac{u_I}{i_{Id}}\frac{1}{1 + \dot{A}\dot{F}} = \frac{R_i}{1 + \dot{A}\dot{F}} \tag{6-4}$$

式（6-4）表明，引入并联负反馈后，闭环输入电阻是开环时的 1/（1 + $\dot{A}\dot{F}$）。也可以这样定性分析：由于输入信号与反馈信号并联连接，从图中可以看出，等效的输入电阻相当于原开环放大电路的输入电阻与反馈回路的反馈电阻并联，其结果必然是减小了。所以并联负反馈使输入电阻减小。

2. 对输出电阻的影响

负反馈对放大器输出电阻的影响主要取决于是电压反馈还是电流反馈。

（1）电压负反馈使输出电阻减小，电压负反馈能稳定输出电压　当某些原因使输出电压有下降的趋势时（如负载增大时），会有以下变化：

$$某些原因使 u_O\downarrow \rightarrow u_F\downarrow \rightarrow u_{Id}\uparrow$$
$$u_O\uparrow$$

引入电压负反馈后，通过负反馈的自动调节，最终使输出电压稳定，而与输入端的连接方式无关。输出电压稳定与输出电阻减小密切相关，对于负载 R_L 来说，由输出端看进去，前边的电压负反馈放大电路相当于一个内阻很小的电压源，其等效电路如图 6-13 所示。这个电压源的内阻就是电压负反馈放大电路的输出电阻。因为输出电压稳定，其信号源的内阻必然很小，所以引入电压负反馈后输出电阻下降。经分析，两者的关系为

$$R_{of} = \frac{R_o}{1 + \dot{A}\dot{F}} \tag{6-5}$$

即引入电压负反馈后，输出电阻是开环输出电阻的 1/（1 + $\dot{A}\dot{F}$）。

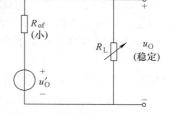

图 6-13　电压负反馈对输出电阻的影响等效电路

（2）电流负反馈使输出电阻增大，电流负反馈能稳定输出电流

当某些原因使 i_o 有上升的趋势时（如负载增大），负反馈的作用将引起如下的自动调节过程：

$$某些原因使 i_o\uparrow \rightarrow i_f\uparrow \rightarrow i_{Id}\downarrow$$
$$i_o\downarrow$$

可见，引入电流负反馈后，通过负反馈的自动调节，最终使输出电流稳定。输出电流的稳定与输出电阻高是密切相关的。对负载 R_L 来说，电流负反馈放大电路相当于一个内阻很大的恒流源，其等效电路如图 6-14 所示。引入电流负反馈后，将使输出电阻增大。增大的倍数与反馈深度有关，经分析可得

$$R_{of} = R_o(1 + \dot{A}\dot{F}) \tag{6-6}$$

4 种负反馈组态对输入电阻和输出电阻的影响，如表 6-2 所示。

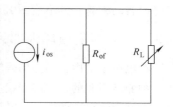

图 6-14　电流负反馈对输出电阻的影响等效电路

表 6-2　负反馈组态对输入电阻和输出电阻的影响

负反馈组态	电压串联	电压并联	电流串联	电流并联
输入电阻	增大	减小	增大	减小
输出电阻	减小	减小	增大	增大

6.3.3 展宽频带

我们知道，阻容耦合放大电路，当信号在低频区和高频区时，其放大倍数均要下降，如图 6-15 所示。由于负反馈放大电路具有稳定放大倍数的作用，因此在低频区和高频区的放大倍数下降的速率减慢，相当于通频带展宽了。在通常情况下，放大电路的"增益—带宽"之积为一常数，即

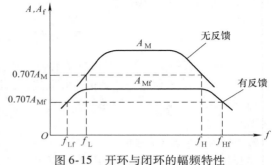

图 6-15 开环与闭环的幅频特性

$$A_f(f_{Hf} - f_{Lf}) = A(f_H - f_L) \tag{6-7}$$

一般 $f_H \gg f_L$，所以 $A_f f_{Hf} \approx A f_H$，这表明，引入负反馈后，电压放大倍数下降多少倍，通频带就扩展多少倍。可见，引入负反馈能扩展通频带，但这是以降低放大倍数为代价的。

6.3.4 减小非线性失真

由于放大电路含有非线性器件，虽然输入信号是正弦波，但输出信号并不是正弦波，造成了非线性失真。从图 6-16a 所示电路中可以看出，输入为正弦信号，经放大电路 A 输出的信号正半周幅度大，负半周幅度小，出现失真。

引入如图 6-16b 所示的负反馈后，反馈信号的波形与输出信号波形相似，也是正半周大，负半周小，经过比较环节，使净输入量变成正半周小，负半周大的波形，再通过放大电路 A，就把输出信号的前半周压缩，后半周扩大，结果使前后半周的输出幅度趋于一致，输出波形接近正弦波。当然减小非线性失真的程度也与反馈深度有关。

应当指出，由于负反馈的引入，在减小非线性失真的同时，降低了输出幅度。此外输入信号本身固有的失真，是不能用引入负反馈来改善的。

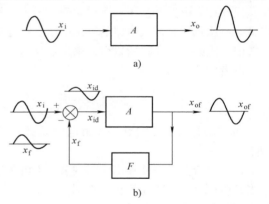

图 6-16 负反馈改善非线性失真
a) 无反馈时信号波形　b) 有反馈时信号波形

6.3.5 抑制反馈环内部的干扰和噪声

在电声设备中，当无信号输入时，扬声器有杂声输出。这种输出的杂声，是放大电路内部的干扰和噪声引起的。内部干扰主要是直流电源波动或纹波引起的；内部噪声是电路元器件内部载流子不规则热运动产生的。噪声对放大电路是有害的，它的影响并不单纯由噪声本身的大小来决定。当外加信号的幅度较大时，噪声的影响较小，当外加的信号幅度较小时，就很难与噪声分开，而被噪声所"淹没"。工程上常用放大电路输出端的信号功率与噪声功率的比值来反映其影响，这个比值称为信噪比，即

$$信噪比 = \frac{信号功率}{噪声功率}$$

信噪比越大，噪声对放大电路的有害影响越小。利用负反馈抑制放大电路内部噪声的机理与

减小非线性失真是一样的。只要把放大电路的内部噪声视为谐波信号，引入负反馈后，输出噪声下降 $(1 + \dot{A}\dot{F})$ 倍，但是，与此同时，输出信号也减小到原来的 $\dfrac{1}{1 + \dot{A}\dot{F}}$，也就是说，负反馈虽然能使干扰和噪声减小，但同时将有用的信号也减小了，信噪比并没有改变。但是，有用信号的减小可以通过增大有用输入信号来补偿，而噪声的幅度是固定的，从而使整个电路的信噪比增大，减小了干扰和噪声的影响。即哪一级有内部干扰，就在那一级引入深度负反馈。

需要指出的是，负反馈对来自外部的干扰和与输入同时混入的噪声是无能为力的。

6.3.6 正确引入负反馈的一般原则

引入负反馈能够改善放大电路的多方面性能，负反馈越深，改善的效果越显著，但是放大倍数下降得也越多。为此，正确引入负反馈时应遵循的一般原则是

1）要稳定放大电路静态工作点，应引入直流负反馈。

2）要改善放大电路交流性能，应引入交流负反馈。

3）要想稳定输出电压（即减小输出电阻），应引入电压负反馈；要想稳定输出电流（即增大输出电阻），应引入电流负反馈。

4）要提高输入电阻，应引入串联负反馈；要减小输入电阻，应引入并联负反馈。

5）对于多级放大电路，应引入的负反馈尽量为级间整体反馈，即从输出端直接引回到前级输入回路。

6.4 深度负反馈放大电路的分析

由于大多数负反馈放大器，特别是集成运放的开环增益做得都很高，一般大于 100dB，即开环增益大于 10^5，开环时的失调电压就会使输出饱和，进入非线性状态，所以必须引入负反馈。这样，一方面可以提高放大器的总体性能，另一方面，可以使放大器工作在线性状态。加入负反馈是集成运放工作在线性状态的必要条件。因为集成运放的放大倍数很大，加入负反馈后，通常为深度负反馈（strong negative feedback）。故工程上一般用深度负反馈的近似算法来估算放大电路的性能。本节主要讨论深度负反馈条件下放大电路的估算。

6.4.1 深度负反馈的特点

当反馈深度 $1 + \dot{A}\dot{F} \gg 1$ 时，即为深度负反馈。

深度负反馈放大电路的放大倍数为

$$\dot{A}_{\mathrm{f}} = \frac{\dot{A}}{1 + \dot{A}\dot{F}} \approx \frac{1}{\dot{F}} \tag{6-8}$$

当电路引入深度负反馈后，具有以下特点：

（1）外加输入信号近似等于反馈信号 由式（6-1）可知

$$\frac{\dot{X}_{\mathrm{o}}}{\dot{X}_{\mathrm{i}}} \approx \frac{\dot{X}_{\mathrm{o}}}{\dot{X}_{\mathrm{f}}}$$

即

$$\dot{X}_{\mathrm{i}} \approx \dot{X}_{\mathrm{f}}$$

在深度负反馈条件下，由于 $\dot{X}_{\mathrm{i}} \approx \dot{X}_{\mathrm{f}}$，则有 $\dot{X}_{\mathrm{id}} \approx 0$，即净输入量近似为零。

对于任何组态的负反馈放大电路，只要满足深度负反馈条件，都可以利用 $\dot{X}_i \approx \dot{X}_f$ 的特点，直接估算闭环电压放大倍数。但是，必须注意对于不同的组态，$\dot{X}_i$、$\dot{X}_f$ 应取不同的电量。对于串联负反馈，反馈信号与输入信号以电压的形式求和，$\dot{X}_i$ 和 $\dot{X}_f$ 都是电压量；对于并联负反馈，反馈信号与输入信号以电流形式求和，$\dot{X}_i$ 和 $\dot{X}_f$ 都是电流量。因此，$\dot{X}_{id} \approx 0$ 可分别表示成以下两种形式：

串联负反馈 $\qquad\qquad\qquad\qquad\qquad \dot{U}_i \approx \dot{U}_f$

并联负反馈 $\qquad\qquad\qquad\qquad\qquad \dot{I}_i \approx \dot{I}_f$

可利用上述特点来分析估算具有深度负反馈的电路。

（2）闭环输入电阻和输出电阻近似看成零或无穷大　前面我们讨论过，负反馈与输入端如果是串联，则闭环输入电阻比开环要提高到 $(1 + \dot{A}\dot{F})$ 倍，即 $R_{if} = (1 + \dot{A}\dot{F})R_i$，而一般引入深度负反馈的前提是开环增益很大，比如运放，它的开环放大倍数在 10^5 以上，可以近似看成是无穷大，即 $\dot{A} \to \infty$，则 $1 + \dot{A}\dot{F} \to \infty$，所以深度串联负反馈的输入电阻也可以近似看成是无穷大；如果反馈与输入端是并联，则有 $R_{if} \dfrac{R_i}{1 + \dot{A}\dot{F}}$，由于 $\dot{A} \to \infty$，有 $R_{if} \to 0$，即深度并联负反馈的输入电阻约为零。

负反馈从输出端的取样来看，如果是电压，则闭环输出电阻是开环的 $\dfrac{1}{1 + \dot{A}\dot{F}}$ 倍，所以深度电压负反馈的输出电阻 $R_{of} \to 0$；同样，深度电流负反馈时，其闭环输出电阻 $R_{of} \to \infty$。

综上所述，引入不同组态的深度负反馈时，闭环输入电阻和输出电阻可近似看成零或无穷大。

需要注意的是，在讨论负反馈放大电路的输入电阻 R_{if} 和输出电阻 R_{of} 时，还要考虑反馈环节以外的电阻。

6.4.2　深度负反馈放大电路的估算

1. 电压串联负反馈

图 6-17a 是电压串联负反馈电路，在深度负反馈条件下，根据 $\dot{X}_i \approx \dot{X}_f$，在输入回路有 $\dot{U}_i \approx \dot{U}_f$，根据分压比定理有

$$u_F = \frac{R_1}{R_1 + R_F} u_O$$

电压放大倍数为

$$A_{uf} = \frac{u_O}{u_i} \approx \frac{u_O}{u_F} = \frac{R_1 + R_F}{R_1} = 1 + \frac{R_F}{R_1}$$

上式表明，深度负反馈时，电压串联负反馈的电压放大倍数，只取决于反馈网络电阻的阻值，与运放内部电路无关，所以非常稳定。

图 6-17b 是由分立元件组成的电压串联负反馈电路，当处于深度负反馈时有

$$u_I \approx u_F = \frac{R_{E1}}{R_{E1} + R_F} u_O$$

所以电压放大倍数为

$$A_{uf} = \frac{u_O}{u_I} = 1 + \frac{R_F}{R_{E1}}$$

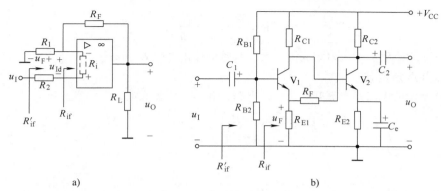

图 6-17 电压串联负反馈

a）运放电路 b）分立元件电路

如果只考虑反馈环内的输入电阻和输出电阻，则有 $R_{if} \rightarrow \infty$，输出电阻 $R_{of} \rightarrow 0$。在图 6-17a 所示电路中，当考虑到输入端存在反馈环外的电阻 R_2 时，电路的输入电阻 $R'_{if} = R_2 + R_{if} \rightarrow \infty$，电路的输出电阻仍然为 $R_{of} \rightarrow 0$。

在图 6-17b 所示电路中，考虑到反馈环外有电阻 R_{B1} 和 R_{B2}，则电路的输入电阻为

$$R'_{if} = R_{B1} // R_{B2} // R_{if} \approx R_{B1} // R_{B2}$$

电路的输出电阻亦为

$$R_{of} \rightarrow 0$$

2. 电压并联负反馈

图 6-18 所示电路是电压并联负反馈。深度负反馈时，根据 $\dot{X}_i \approx \dot{X}_f$，在输入回路有 $\dot{I}_i \approx \dot{I}_f$，净输入电流 $\dot{I}_{id} \approx 0$，因为 $\dot{A} \rightarrow \infty$，有 $u_N - u_P \rightarrow 0$，反相输入端为零电位，则

$$i_I = \frac{u_I - 0}{R_1} = \frac{u_I}{R_1}$$

$$i_F = \frac{0 - u_O}{R_F} = \frac{-u_O}{R_F}$$

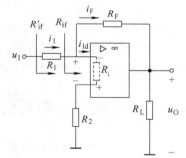

所以

$$u_I = i_I R_1$$

$$u_O = -i_F R_F$$

电压放大倍数为

$$A_{uf} = \frac{u_O}{u_I} = -\frac{R_F}{R_1}$$

图 6-18 电压并联负反馈

上式表明，深度负反馈时，电压并联负反馈的电压放大倍数只取决于 R_F 与 R_1 的比值，式中的负号表示输出电压与输入电压反相。

前面已讨论过，深度负反馈的并联负反馈的闭环输入电阻 $R_{if} \rightarrow 0$。在图示电路中，输入电阻 $R'_{if} = R_1 + R_{if} \approx R_1$，输出电阻 R_{of} 亦很小。

3. 电流串联负反馈

图 6-19 所示电路是电流串联负反馈。从图可得

$$u_F = i_O R \approx \frac{u_O}{R_L} R$$

电压放大倍数为

$$A_{uf} = \frac{u_O}{u_I} \approx \frac{u_O}{u_F} = \frac{R_L}{R}$$

图 6-19 所示电路的输入电阻为无穷大，电路的输出电阻 $R_{of} \to \infty$。

4. 电流并联负反馈

图 6-20 所示的电路是电流并联负反馈电路，若是深度负反馈，电路有 $i_F \approx i_I$，即

$$\frac{-R}{R_F + R} i_O \approx \frac{u_I}{R_1}$$

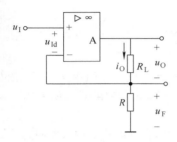

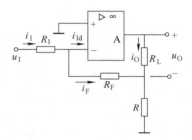

图 6-19　电流串联负反馈电路　　　　　图 6-20　电流并联负反馈电路

经推导可得，电压放大倍数为

$$A_{uf} = \frac{u_O}{u_I} = \frac{-u_I(R_F + R)R_L}{u_I R_1 R} = -\frac{(R_F + R)}{R} \frac{R_L}{R_1}$$

电路的输入电阻 $R_{if} = R_1$，电路的输入电阻很小。

通过以上例子可以看出，利用深度负反馈的特定关系，即输入量近似等于反馈量，再结合电路分压、分流定理，估算电路的电压放大倍数是比较方便的。如果不满足深度负反馈条件，用以上的方法分析，就有较大的误差，可用框图进行计算，或实测输出信号和输入信号，并根据放大倍数的定义来计算出闭环放大倍数。

6.5　负反馈放大电路的自激振荡

从 6.3 节的分析可知，交流负反馈可以改善放大电路多方面的性能，而且反馈越深，性能改善的越好。但是，有时会事与愿违，如果电路的组成不合理，反馈过深，那么在输入量为零时，输出却产生了一定频率和一定幅值的信号，称电路产生了自激振荡。此时，电路不能正常工作，不具有稳定性。

自激振荡现象产生的原因和条件是什么？深度负反馈电路是否一定会产生自激振荡呢？如何消除自激振荡呢？本节将对这些问题进行分析。

1. 自激振荡产生的原因

为什么一个表面上看是负反馈的放大电路，有时会产生自激振荡呢？原因就在于 $\dot{A}$ 和 $\dot{F}$ 是频率的函数。在中频区时，不考虑电路中电抗元件的影响，$|1 + \dot{A}\dot{F}| > 1$，电路是负反馈；但在高频区或低频区，必须考虑极间电容和耦合电容的影响，不仅 $\dot{A}\dot{F}$ 的幅值会发生变化，而且它们的相位角也会发生变化，$|1 + \dot{A}\dot{F}|$ 可能小于 1 或等于零。当 $|1 + \dot{A}\dot{F}| < 1$ 时，负反馈转化为正反馈；当 $|1 + \dot{A}\dot{F}| = 0$ 时，$\dot{A}_f \to \infty$，则 $\dot{X}_i$ 为 0，放大电路就会产生自激振荡。以阻容耦合单级共

射放大电路的幅频特性和相频特性为例发现（见图 3-43），在中频区，由于输出与输入信号相位相反，$\varphi = 180°$；当频率增加到高频区时，输出与输入信号的相位差也随着变化，最后达到 270°，其中附加相移 $\Delta\varphi = 0° \sim 90°$；当频率减小到低频区时，也有一个附加相移，为 $\Delta\varphi = -90° \sim 0°$。很显然，对于一个两级阻容耦合放大电路而言，附加相移为 $0° \sim \pm180°$，三级阻容耦合放大电路附加相移为 $0° \sim \pm270°$。

一个多级放大电路，如图 6-21 所示。在某一个频率下，当附加相移 $\Delta\varphi = \pm180°$ 时，反馈信号 $\dot{X}_f$ 的相位将与中频时相反，$\dot{X}_f$ 和 $\dot{X}_i$ 由中频时的相减变为相加，于是，负反馈变成正反馈。当正反馈强度足够大时，电路可不加输入信号（$\dot{X}_i = 0$）也会有输出，放大电路处于自激振荡状态。此时，反馈量等于净输入量，即

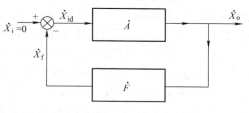

图 6-21　负反馈放大电路的自激振荡

$$\dot{X}_{id} = -\dot{X}_f$$

电路输出

$$\dot{X}_o = \dot{A}\dot{X}_{id} = -\dot{A}\dot{X}_f = -\dot{A}\dot{F}\dot{X}_o$$

从而得到

$$\dot{A}\dot{F} = -1 \tag{6-9}$$

2. 产生自激振荡的相位条件和幅值条件

由式（6-9）分析可知，负反馈放大电路产生自激振荡的条件是 $1 + \dot{A}\dot{F} = 0$ 或也可写成 $\dot{A}\dot{F} = -1$。它包括幅值条件和相位条件，即

$$|\dot{A}\dot{F}| = 1$$
$$\Delta\varphi = \pm(2n+1)\pi（式中 n 为整数） \tag{6-10}$$

单级放大电路的最大附加相移 $\Delta\varphi = \pm90°$，由式（6-10）可以得到，不会产生自激振荡，电路是稳定的；两级放大电路虽然有 $\Delta\varphi = \pm180°$，但是此时 $|\dot{A}\dot{F}| = 0$，幅值条件不满足，因此，电路也是稳定的；三级负反馈放大电路只要反馈达到一定的深度，总有一个频率点能使附加相移 $\Delta\varphi = \pm180°$，并且 $|\dot{A}\dot{F}| = 1$。所以，对于三级和三级以上的负反馈放大电路，在深度负反馈条件下，必须采取措施来破坏自激振荡条件，才能稳定工作。

3. 消除自激振荡的方法

消除负反馈放大电路自激振荡的根本方法是破坏产生自激振荡的条件，可采用减小反馈深度或改变 AF 的频率特性的办法。若通过一定的手段使电路在附加相移为 $\Delta\varphi = \pm180°$ 时，$|\dot{A}\dot{F}| < 1$，则不会自激；若通过一定的手段使电路根本不存在附加相移为 $\Delta\varphi = \pm180°$ 的频率，则不会自激。采用相位补偿的办法可以实现上述的想法。

相位补偿有多种，下面就上述思路介绍消除高频振荡的两种滞后补偿。

（1）电容滞后补偿　将电容 C 接在时间常数最大的回路中，即前级输出电阻和后级输入电阻都比较大的地方，如图 6-22 所示。此时，电路的附加是滞后的，故称为滞后补偿。

图中，$\dot{U}_1$ 为 A_1 中频段时的输出电压，$\dot{U}_2$ 为 A_2 中频段时的输入电压；C_2 为 A_1 和 A_2 连接点与地之间的总电容，包括前级的输出电容和后级的输入电容等；R 为 C_2 所在回路的等效电阻，C 为补偿电容。补偿前

$$f_H = \frac{1}{2\pi RC_2}$$

补偿后

$$f_{\mathrm{H}}' = \frac{1}{2\pi R(C_2 + C)}$$

由于加了电容 C，使最低上限频率左移，其通频带变窄，故又称窄带补偿。

（2）RC 滞后补偿　为克服电容滞后补偿后放大电路的通频带明显变窄的缺点，可以采用 RC 滞后补偿的方法。具体的做法是：在电路中将 RC 串联网络接在时间常数最大的回路中，通常可接在前级输出电阻与后级输入电阻都比较高的地方，如图 6-23 所示。由于加入了 RC 串联网络，使补偿后的通频带比电容补偿时损失小一点。

（3）密勒效应补偿　前面两种补偿电路所需的电容、电阻值一般都比较大，不便于集成。实际工作中常常利用密勒效应，将补偿电路跨接在放大电路中，如图 6-24 所示。

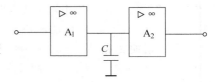

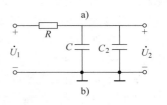

图 6-22　电容滞后补偿和补偿后的等效电路

a）电容滞后补偿　b）补偿后的等效电路

相当于在 A_2 输入端中接入大电容，达到滞后补偿的目的，即实际所需的电容量大大减小。例如，集成运放 F007 中的相位补偿就是采用这种方式，在中间级跨接一个 30pF 的电容，若 A_2 的放大倍数为 1000，则相当于在中间级的输入端对地中间并联了一个 30000pF 的电容，补偿效果很好，其密勒电容效应是由于接在输入与输出之间，等效到输入端的电容量会扩大（$1 + A_u$）倍。

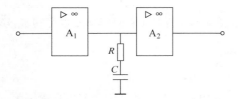

图 6-23　RC 滞后补偿电路

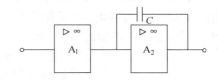

图 6-24　密勒效应补偿电路

6.6　应用电路介绍

应用一：用运放构成的电流表电路

图 6-25 所示电路是用运放构成的电流表电路，共有 5 种电流量程。电路采用反相输入来构成电压并联负反馈，输出端所接的电压表的满量程为 5V，该电流表电路自带运算放大器的工作电源。当输入端与接地端串联到被测电路中，$I_1 = I_F$。设电流表在 0.5mA 档，当输入电流为 0.5mA 时，输出电压 $U_o = -I_F(R_{F1} + R_{F2}) \approx -I_1(R_{F1} + R_{F2}) = -0.5\mathrm{mA} \times (1\mathrm{k}\Omega + 9\mathrm{k}\Omega) = -5\mathrm{V}$。在输出电压为 2V 时，表明输入电流为 0.2mA。

由于电路的输入电阻很低，电路的共模信号近似等于零，所以测量电流精度较高。

应用二：峰值检测电路

图 6-26 所示电路是输入信号峰值检测的基本电路，由运放和二极管、钽电容组成，A 点电位为输入信号的最大值，并由电容 C 保持，输出电压即为 A 点电位。从图中可以看出引入了电压串联负反馈，输入电阻很大，所以电容 C 的放电速度很慢，而二极管正向电阻很小，充电速度快，能保持输入信号的最大值。在本电路中运放构成了电压跟随器，即输出电压等于运放的输入电压（A 点电位）。但该电路还存在一些问题，如由于二极管的正向导通电压的存在，使输出电压偏离输入电压的最大值等，所以实用时还要对电路进行改进。

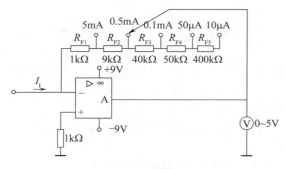

图 6-25　电流表电路

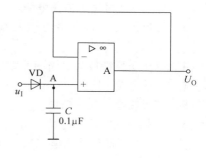

图 6-26　峰值检测的基本电路

本 章 小 结

为了改善放大电路的性能，通常引入负反馈。反馈是通过反馈网络将输出量反送到输入端，和输入量比较后，控制输出量的变化。它的实质是用输出量参与控制。

反馈分类及特点是

1. 按反馈极性划分，有正反馈和负反馈，负反馈使净输入量减小，输出变化减小，但换取了放大电路性能的改善；正反馈使净输入量增大，输出变化也增大，电路不稳定，但可构成振荡电路。判断正、负反馈的方法，可采用瞬时极性法。

2. 按反馈交直流成分划分，有直流反馈和交流反馈。直流负反馈能稳定静态工作点，交流负反馈能改善放大电路的动态性能。

3. 按反馈网络在输出端的取样划分，有电压反馈和电流反馈。电压负反馈能稳定输出电压，减小输出电阻，带负载能力增强；电流负反馈能稳定输出电流，提高输出电阻。

4. 按反馈网络在输入端的连接划分，有串联负反馈和并联负反馈。串联负反馈使输入电阻增加，并联负反馈使输入电阻减小。综合反馈网络在输出端的取样及与输入端的连接，负反馈有4 种组态：电压并联负反馈、电压串联负反馈、电流并联负反馈、电流串联负反馈。

5. 直流负反馈可以稳定静态工作点，交流负反馈能稳定放大倍数，展宽通频带，减小非线性失真，抑制内部噪声和干扰，改变放大电路的输入、输出电阻。反馈越深，性能改善越好，但输出变化也下降越多。

6. 在深度负反馈时，可根据反馈量近似等于输入量的原理，估算出负反馈放大电路的电压放大倍数。

7. 负反馈放大电路产生自激振荡的原因是：当信号频率进入低频或高频段时，$\dot{A}\dot{F}$ 会产生附加相移。当附加相移为 180° 时，负反馈就变成了正反馈，就可能产生自激振荡。因此自激振荡的条件为 $\dot{A}\dot{F} = -1$。消除自激振荡最常采用的是减小反馈深度和频率补偿法：电容补偿、RC 补偿和密勒效应补偿。

思 考 题 与 习 题

6-1　填空题

（1）将_____信号的一部分或全部返送到输入回路，称为反馈。

（2）按反馈极性不同可分为_____和_____两大类，其中_____用于改善放大电路的特性，_____可用于振荡电路之中。

（3）按反馈信号的取出与输入端的连接方式，可分为 4 种类型，它们分别是_____、_____、_____、_____。

（4）电压负反馈放大电路的反馈信号是与_____成正比，电流负反馈放大电路的反馈信号是与_____成正比。

（5）正反馈会使放大倍数_____，负反馈会使放大倍数_____。

（6）当输入信号一定时，引入_____负反馈，能使输出电压基本维持恒定；引入_____负反馈，能使输出电流基本维持恒定。

（7）负反馈放大电路是以损失_____为代价，换取放大电路性能的改善。

（8）一放大电路无反馈时的放大倍数为100，加入负反馈后，放大倍数下降为20，它的反馈深度为_____，反馈系数为_____。

（9）根据反馈电路在_____，可判别是串联还是并联反馈。通常采用_____来判别正反馈和负反馈。

（10）电流并联负反馈可以使输出电阻_____，使输入电阻_____。

（11）已知某负反馈放大电路的 $A_f = 9.09$，$F = 0.1$，则它的开环放大倍数 $A =$ _____。

（12）负反馈放大电路由_____和_____两部分电路所组成。

（13）负反馈放大电路产生自激振荡的条件是_____。

6-2 选择题

（1）放大器引入反馈后使（　　），则说明是负反馈。

A. 净输入信号减小 　　　　　　　　　　B. 净输入信号增大

C. 输出信号增大 　　　　　　　　　　　D. 输出信号减小

（2）按反馈信号的输出方式，反馈可分为（　　）。

A. 正反馈与负反馈 　　　　　　　　　　B. 串联反馈与并联反馈

C. 电压反馈与电流反馈 　　　　　　　　D. 正向馈送与反向馈送

（3）放大电路引入负反馈后，它的性能变化是（　　）。

A. 放大倍数下降，信号失真减小 　　　　B. 放大倍数下降，信号失真加大

C. 放大倍数增大，信号失真减小 　　　　D. 放大倍数不变，信号失真减小

（4）反馈系数的定义式为 $\dot{F} =$（　　）。

A. $\dfrac{\dot{X}_o}{\dot{X}_i}$ 　　　　　　B. $\dfrac{\dot{X}_f}{\dot{X}_i}$ 　　　　　　C. $\dfrac{\dot{X}_o}{\dot{X}_f}$ 　　　　　　D. $\dfrac{\dot{X}_f}{\dot{X}_o}$

（5）负反馈放大器的反馈深度等于（　　）。

A. $1 + \dot{A}_f \dot{F}$ 　　　　B. $1 + \dot{A}\dot{F}$ 　　　　C. $\dfrac{1}{1 + \dot{A}\dot{F}}$ 　　　　D. $1 - \dot{A}\dot{F}$

（6）电压并联负反馈放大器可以（　　）。

A. 提高输入电阻和输出电阻 　　　　　　B. 提高输入电阻、降低输出电阻

C. 降低输入电阻、提高输出电阻 　　　　D. 降低输入电阻和输出电阻

（7）电流串联负反馈稳定的输出量为（　　）。

A. 电流 　　　　　B. 电压 　　　　　C. 功率 　　　　　D. 静态电压

（8）能使放大器输出电阻提高的负反馈是（　　）。

A. 串联反馈 　　　　B. 并联反馈 　　　　C. 电压反馈 　　　　D. 电流反馈

6-3 判断题

（1）在负反馈放大电路中放大器的放大倍数越大，闭环放大倍数就越稳定。（ ）

（2）负反馈只能改善反馈环路内的放大性能，对反馈环路外无效。（ ）

（3）若放大电路负载固定，为使其电压放大倍数稳定，可以引入电压负反馈，也可以引入电流负反馈。（ ）

（4）电压负反馈可以稳定输出电压，流过负载的电流也就必然稳定。因此电压负反馈和电流负反馈都可以稳定输出电流，在这一点上电压负反馈和电流负反馈没有区别。（ ）

（5）负反馈能减小放大电路的噪声，因此无论噪声是输入信号中混入的还是反馈环路内部产生的，都能使输出端的信噪比得到提高。（ ）

（6）在深度负反馈的条件下，闭环放大倍数 $\dot{A}_f \approx \dfrac{1}{\dot{F}}$，它与负反馈有关，而与放大器开环放大倍数 $\dot{A}$ 无关，故此可以省去放大通路，仅留下反馈网络，来获得稳定的放大倍数。（ ）

（7）在深度负反馈的条件下，由于闭环放大倍数 $\dot{A}_f \approx \dfrac{1}{\dot{F}}$，与管子参数 β 几乎无关，因此，可以任意选用晶体管来组成放大级。（ ）

（8）阻容耦合放大电路的耦合电容、旁路电容越多，引入负反馈后越容易产生低频自激振荡。（ ）

（9）放大电路级数越多，引入负反馈后越容易产生高频自激振荡。（ ）

6-4 分析判断图 6-27 所示电路的反馈极性及反馈量（交、直流）。

6-5 分析判断图 6-28 所示电路的级间反馈极性。

6-6 分析判断图 6-29 所示各电路的反馈组态。

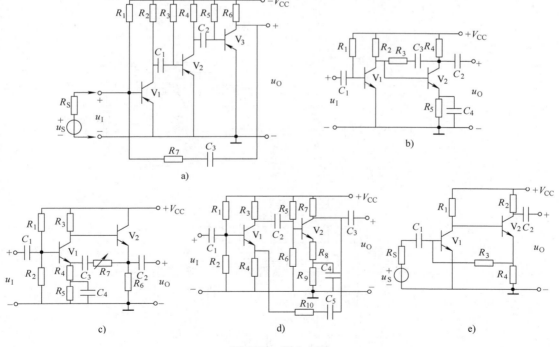

图 6-27 题 6-4 图

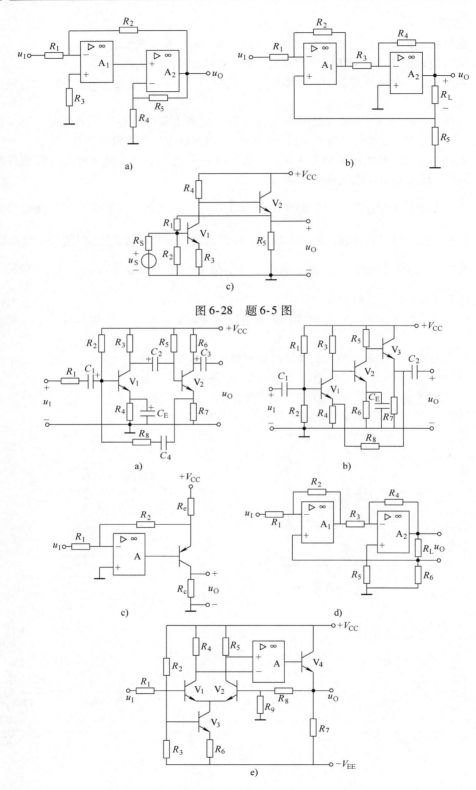

图 6-28　题 6-5 图

图 6-29　题 6-6 图

6-7 如图 6-30 所示的两个电路中集成运放的最大输出电压为 $\pm 12V$。试分别说明，在下列 3 种情况下，是否存在反馈？若有是何反馈组态？输出电压是多少？

（1）当 m 点接 a 点时；（2）当 m 点接 b 点时；（3）当 m 点接地时。

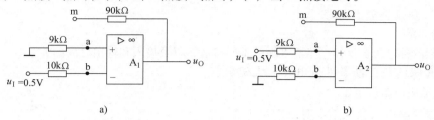

图 6-30 题 6-7 图

6-8 为什么在串联反馈中希望信号源内阻越小越好，而在并联反馈中希望信号源内阻越大越好？

6-9 有一反馈电路开环放大倍数 $A = 10^5$，反馈网络的反馈系数 $F = 0.1$，反馈组态为电压并联负反馈，试计算：

（1）引入反馈后，输入电阻和输出电阻如何变化？变化了多少？

（2）闭环放大倍数稳定性提高了多少倍？若 $\dfrac{\mathrm{d}A}{A}$ 为 25% ，问 $\dfrac{\mathrm{d}A_{\mathrm{f}}}{A_{\mathrm{f}}}$ 为多少？

6-10 假设在深度负反馈条件下，估算图 6-31 所示的电路闭环电压放大倍数。

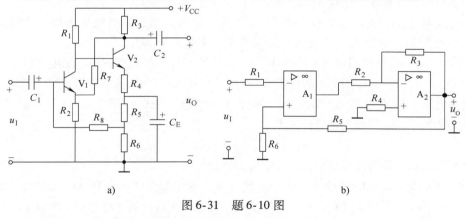

图 6-31 题 6-10 图

6-11 在雷雨天时，收音机经常出现较强的电干扰。请问能否在收音机放大电路中引入合适的反馈来减小这种干扰？为什么？

本 章 实 验

实验6 负反馈放大电路

1. 实验目的

1）熟悉两种电压负反馈电路输入端的不同接法，以及输入和输出之间的关系。

2）掌握深度负反馈条件下电压放大倍数、输入电阻、输出电阻的测试方法。

3）加深理解引入负反馈后对放大器主要性能的影响。

2. 实验仪器和器材

电子电路实验箱；函数发生器；双踪示波器；电子毫伏表；万用表；集成运算放大器 LM324；10kΩ 电阻 ×3；100kΩ 电阻；5.1kΩ 电阻；100Ω 电阻。

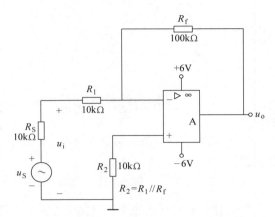

图 6-32 电压并联负反馈电路

3. 实验内容

1）电压并联负反馈电路测试

①按照图 6-32 连接好电路。

②测量电路的电压放大倍数 A_u。

a. 消振：将电路的输入端接地，即 $U_i = 0$，接通电源，用示波器观察是否有自激振荡。若有，则应首先在 R_f 上并联 C_f 以消振，C_f 取值范围为 $100pF \sim 1\mu F$。

b. 使 $R_L = \infty$，在反相端加入 $f = 500Hz$ 的正弦信号 U_i，用示波器观察输出电压波形，在输出电压波形不失真的条件下，用毫伏表测量 U_i 和 U_o，计算 A_u 并与理论估算值进行比较。

③测量电路的输入电阻 R_{if}（方法同单管放大电路）：在 R_1 前串联一个电阻 R_S（可取 10kΩ），测量 U_S、U_i，根据测量值计算 R_{if}。

$R_{if} = （\qquad）（公式）=$

④观察电压负反馈的稳压作用，测量电路的输出电阻 R_{of}。

a. 输入 500Hz，$U_i = 0.1V$ 的正弦信号。改变 R_L，使之分别为 ∞、10kΩ、5.1kΩ，测量并自拟表格记录所对应的每个 U_o 值，观察 U_o 的变化，说明电压负反馈电路稳定输出电压的作用。

b. 取 $R_L = \infty$ 时的输出值 U'_{oo} 和 $R_L = 100\Omega$ 时的输出值 U_o，计算输出电阻 R_{of}（方法同单管放大电路）。

$R_{of} = （\qquad）（公式）=$

2）电压串联负反馈电路

①按照图 6-33 所示连接好电路。

②参照电压并联负反馈电路的测量方法，分别测试电压放大倍数、输入电阻、输出电阻。自拟表格记录数据，并分析数据。

3）两级负反馈放大电路

①按照图 6-34 连接好电路。

②测量电路的静态工作点：在输入交流信号为零时，分别调节 RP$_1$、RP$_2$ 使 I_{CQ1}、I_{CQ2} 为

1mA、1.5mA 左右。

③在断开 S_2 后，输入 $f=1\text{kHz}$、$U_{\text{RMS}}=10\text{mV}$ 的正弦波电压，测量基本放大器的总放大倍数、输入电阻、输出电阻，并记录输入、输出电压波形于表 6-3 中。

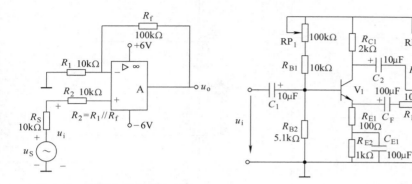

图 6-33　电压串联负反馈电路　　　　图 6-34　两级负反馈放大电路

表 6-3　输入、输出电压波形记录表（断开 S_2）

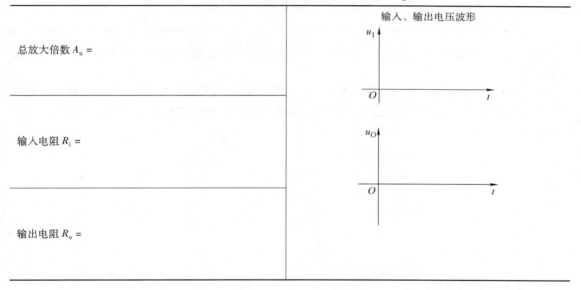

	输入、输出电压波形
总放大倍数 $A_\text{u}=$	
输入电阻 $R_\text{i}=$	
输出电阻 $R_\text{o}=$	

④在闭合 S_2 后，输入 $f=1\text{kHz}$、$U_{\text{RMS}}=10\text{mV}$ 的正弦波电压，测量反馈放大器的总放大倍数、输入电阻、输出电阻，并记录输入、输出电压波形于表 6-4 中。

⑤分别在断开和闭合 S_2 后，输入 $f=1\text{kHz}$、$U_{\text{RMS}}=10\text{mV}$ 的正弦波电压，分别测量放大器的上限频率 f_H 和下限频率 f_L 填在表 6-5 中，计算出通频带 $\text{BW}=f_\text{H}-f_\text{L}$。

4. 实验报告和思考题

1）写出你对本次实验内容中一个最有收获的实验报告。（能自己设计一个实验，并写出报告更好。）

2）分析加入负反馈后对放大器非线性失真改善的原因。

3）本实验的两级负反馈放大电路的名称是什么？引入级间负反馈后对放大器的各项性能指标分别有什么影响？

表 6-4 输入、输出电压波形记录表（闭合 S_2）

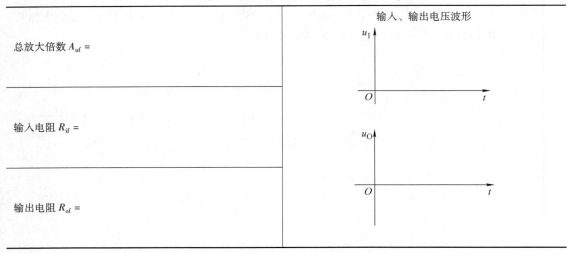

	输入、输出电压波形
总放大倍数 A_{uf} =	
输入电阻 R_{if} =	
输出电阻 R_{of} =	

表 6-5 放大器的上限频率和下限频率记录表

基本放大器	f_H =	f_L =	BW =
反馈放大器	f_{Hf} =	f_{Lf} =	BW_f =

4）本实验的两级负反馈放大电路的闭环深度负反馈放大倍数 A_{uf} 估算和实测值是否一致？试分析原因。

5）欲将某放大电路的上限截止频率 $f_H = 0.5\mathrm{MHz}$，提高到不低于 $10\mathrm{MHz}$，要引入多深的负反馈？如果要求在引入上述负反馈后，闭环增益不低于 $60\mathrm{dB}$，问基本放大电路的开环增益应不低于多少？

第7章 功率放大电路

电子设备电路的一般结构是由电源、输入级、中间级和输出级等部分组成，输出级通常输出足够大的功率，驱动一定的负载。负载的形式是多种多样的，如收音机中扬声器的音圈、电动机控制绕组、继电器等。要完成这些工作，就要求输出级向负载提供足够大的信号功率，即要求输出级向负载提供足够大的输出电压和输出电流，这种放大器称为功率放大电路（power amplifier）。

早期的功率放大电路多由晶体管构成，电路形式变化多样，设计调试也较复杂。随着半导体技术的迅速发展，出现了各种功放集成电路，功能更多更完善，性能更好，大大减少了设计、调试电路的工作量。

本章以分析功放电路的输出功率、效率和非线性失真之间的矛盾为主线，逐步提出解决矛盾的措施。在电路方面，以互补对称推挽功放电路为重点，进行了较详细的分析和计算。

7.1 功率放大电路的特点和分类

与小信号电压放大电路有所不同，功率放大电路主要考虑的是如何获取最大的、不失真的交流输出功率。因此一个功率放大电路不仅要有足够大的输出电压幅度，而且还要有足够大的输出电流幅度，只有这样，才能获得足够大的输出功率。由此，功率放大电路应具有以下几个方面的特点：

1）要有尽可能大的输出功率。通常用最大不失真输出功率 P_{om} 表示，它是指输出电压和电流波形不失真或失真程度在允许范围内的最大输出功率。

2）效率要高。功率放大电路主要把直流电源供给的直流电能转换成交流电能输送给负载。由于电路消耗的功率大，所以必须考虑功率转换的效率问题。

3）非线性失真要小。由于功率晶体管处于大信号工作状态，所以由晶体管特性的非线性引起的非线性失真不可避免。因此，将非线性失真限制在允许的范围内，是设计功放电路必须考虑的问题之一。

4）由于功率晶体管工作在接近于极限工作的状态，因此，在选择功率晶体管时必须考虑使它的工作状态不超过其极限参数 I_{CM}、P_{CM} 和 $U_{(BR)CEO}$。

5）由于功率晶体管的管耗较大，因此，在设计功放电路时，散热问题及过载保护问题不能忽视。通常对功率晶体管加上一定面积的散热片和过电流保护环节。

功率放大电路的分类方式很多，常见的分类方式有以下几种：

（1）按处理信号的频率分类

低频功放：音频范围在几十赫至几十千赫。

高频功放：频率范围在几百千赫至几十兆赫。

（2）按功放电路中晶体管的导通时间分类

A类功率放大电路（Class A Amplification）：晶体管的静态工作点处于放大区的中心，在输入信号的整个周期内，晶体管均导通，有电流流过。A类功率放大电路又称为甲类功率放大电路。这类放大电路由于不论有无信号，始终有较大的静态工作电流 I_{CQ}，要消耗一定的电源功率，故能量转换效率最低，但非线性失真相对较小，如图 7-1a 所示。一般用于对失真比较敏感的场合，如 Hi-Fi 音响等。

B 类功率放大电路（Class B Amplification）：晶体管的静态工作点处于截止区，在输入信号的整个周期内，晶体管仅在半个周期内导通。B 类功率放大电路又称为乙类功率放大电路，这类放大电路一般有两个互补的晶体管推挽工作，效率比 A 类功率放大电路高，但由于工作在截止区，具有交越失真，如图 7-1b 所示。B 类功率放大电路基本上无静态电流，转换效率高，但会造成交越失真（Cross Over Distortion）。

AB 类功率放大电路（Class AB Amplification）：晶体管的静态工作点处于放大区但接近于截止区，如图 7-1c 所示，在输入信号的整个周期内，晶体管导通时间大于半个周期而小于全周期，AB 类功率放大电路又称为甲乙类功率放大电路，这类功率放大电路可以避免产生交越失真，应用较为广泛。

C 类功率放大电路（Class C Amplification）：输入信号的整个周期内，晶体管导通时间小于半个周期，如图 7-1d 所示。C 类功率放大电路又称为丙类功率放大电路，这类功率放大电路一般用于高频的谐振功放。

D 类功率放大电路（Class D Amplification）：晶体管工作在开关状态，关闭时几乎不向直流电源提取电流，开启时才进行能量转换，因此效率很高，可以达到 80% ~ 95%。电路主要有两种类型，即脉冲宽度调制（PWM）型和脉冲密度调制（PDM）型。D 类功率放大电路又称为丁类功率放大电路。这类功率放大电路较为复杂，高频特性差。主要用于小型化、电池供电以及要求高效率的场合。

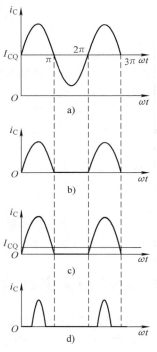

图 7-1 功率放大电路的工作状态
a）A 类 b）B 类 c）AB 类
d）C 类

E 类功率放大电路（Class E Amplification）：又称为戊类功率放大电路，是一个较理想的半导体技术应用电路，它在所有工作时间内，通过的电压或电流是较小的，亦即功率耗散很低。它仅用于射频技术，而不用于音频。

由于功率放大电路中的放大器通常工作在输出大信号的状态，因此在对功率放大电路分析时，不宜采用微变等效电路法，而采用图解法对功率放大电路进行静态和动态分析。

7.2 甲类功率放大器

图 7-2a 所示为一个变压器耦合的甲类（A 类）单管功率放大电路，其中共射组态放大电路的集电极电阻被一个变压器替代，输出接到变压器的一次侧，变压器的二次侧连接负载，变压器除具有耦合作用外，还具有阻抗变换作用，可通过调整匝数，将负载变换为满足获得最大功率条件的最佳负载 $R_L' = \left(\dfrac{N_1}{N_2}\right)^2 R_L$，从而提高输出功率和效率。

变压器二次绕组的直流电阻很小，可视为短路，因此晶体管集电极电位近似等于 V_{CC}，放大电路的直流负载线方程近似为

$$u_{CE} \approx V_{CC}$$

由上式可知，直流负载线是过 $(V_{CC}, 0)$ 且与纵轴几乎平行的直线，如图 7-2b 所示。直流

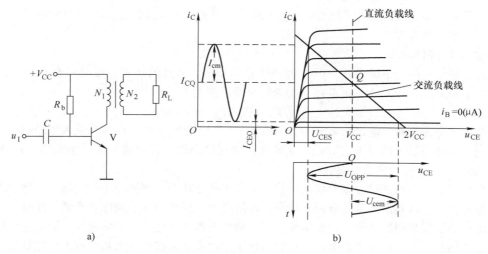

图 7-2 甲类单管功率放大电路

a）基本电路 b）图解分析

负载线与 I_{BQ} 对应的那条输出特性曲线的交点为静态工作点 Q。

1. 最大交流输出功率

放大电路的交流负载就是变压器的二次侧等效电阻，即 $R_L' = n^2 R_L$。过静态工作点 Q 作斜率为 $-\dfrac{1}{R_L'}$ 的交流负载线，如忽略晶体管的饱和电压降 U_{CES} 和穿透电流 I_{CEO}，假设放大电路的交流负载已经调整到了最优（即输出功率最大，也就是交流负载线与横轴的交点是 $2V_{CC}$）。

这时集电极输出电压达到最大幅值

$$U_{cem} \approx V_{CC}$$

集电极电流的最大幅值为

$$I_{cem} \approx I_{CQ}$$

若输入为正弦波时，晶体管的最大交流输出功率为

$$P_{omax} = \frac{U_{cem}}{\sqrt{2}}\frac{I_{cem}}{\sqrt{2}} \approx \frac{1}{2}V_{CC}I_{CQ} \tag{7-1}$$

2. 电源功率

直流电源的输出电压是 V_{CC}，输出电流近似为集电极的瞬时电流，集电极瞬时电流由静态电流 I_{CQ} 和交流电流 $I_{cem}\sin\omega t$ 组成。

由图 7-2b 中的交流负载线可以知道，交流电流的最大幅值 $I_{cem} \approx I_{CQ}$，所以集电极瞬时电流为

$$i_C(t) = I_{CQ} + I_{CQ}\sin\omega t$$

直流电源的输出功率为

$$P_E = \frac{1}{2\pi}\int_0^{2\pi} V_{CC}i_C(t)\,d(\omega t) = \frac{1}{2\pi}\int_0^{2\pi} V_{CC}(I_{CQ} + I_{CQ}\sin\omega t)\,d(\omega t) = V_{CC}I_{CQ} \tag{7-2}$$

直流电源的输出功率 P_E 是一个常数，它与信号大小、信号有无无关。

在输出功率达到最大的情况下，最大转换效率为

$$\eta = \frac{P_{omax}}{P_E} = \frac{\frac{1}{2}V_{CC}I_{CQ}}{V_{CC}I_{CQ}} = 50\% \tag{7-3}$$

在实际应用中，考虑到管子饱和电压降 $|U_{CES}|$ 和穿透电流 I_{CEO} 及变压器的功率损耗，功率放大的实际效率一般为 $25\% \sim 35\%$。

3. 集电极损耗功率

直流电源供给的功率最多只有 50% 转换为输出功率，其他的功率主要消耗在晶体管的集电结（以热能形式消耗掉）上，即晶体管的损耗功率近似为

$$P_V = P_E - P_o \tag{7-4}$$

当输入信号为零时，输出功率 $P_o = 0$，此时晶体管功耗 $P_V = P_E$，即没有输入信号时，直流电源的所有功率都转换为晶体管的功耗，晶体管的功耗达到最大；当输入信号增大时，P_o 逐渐变大，P_V 变小，晶体管的功耗反而变小。

单管功率放大电路在信号整个周期内管子都处于导通状态，即甲类工作状态，晶体管不论输入信号是否存在，都要消耗直流电源的功率，始终有静态损耗功率，因此效率低。同时，甲类功率放大电路为了实现阻抗匹配，需要用变压器，而变压器体积庞大，不宜集成，同时在低频和高频部分存在相移，容易产生自激振荡。一般只用于小功率放大或作为大功率放大的推动级。

7.3 互补对称功率放大电路

互补功率放大电路有两种形式：一种是采用双电源的无输出电容的直接耦合互补对称电路，一般称为 OCL 电路（Output Capacitorless，OCL），即无输出电容的互补对称电路。另一种是采用单电源供电的功率放大电路，其中包括采用大容量的电容器与负载耦合的互补对称电路，称为 OTL 电路（Output Transformerless，OTL），即无输出变压器的互补对称电路；桥式推挽电路（Balanced Transformerless，BTL）。

7.3.1 OCL 功率放大电路

1. B 类功率放大电路

（1）电路组成　如图 7-3 所示，电路由一对特性和参数完全相同的 PNP 管和 NPN 管组成射极输出电路，输入信号接在两管基极，负载接在两管发射极，由正、负双电源供电。这种采用双电源的不需要耦合电容的直接耦合互补对称电路，一般称为 OCL 电路（Output Capacitorless，OCL），即无输出电容的互补对称电路。

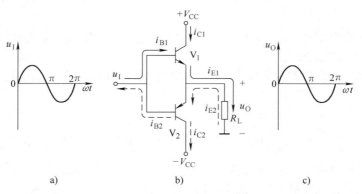

图 7-3　B 类双电源功率放大电路
a）输入信号　b）基本电路　c）输出信号（理想情况）

（2）工作原理 静态时，$u_I = 0$，由于电路无偏置电压，故两管的静态参数 I_{BQ}、I_{CQ} 均为零，即管子工作在截止区，电路属于 B 类工作状态。此时，发射极电位为零，负载上无电流。

设输入信号为正弦电压 u_1，如图 7-3b 所示。当输入信号为正半周时，V_1 的发射结正偏导通，V_2 发射结反偏截止。电流从 $+V_{CC}$ 经 V_1 的 c-e、R_L 到地，如实线所示在负载 R_L 上获得正半周输出信号电压，u_o 跟随 u_1 变化，其最大输出可接近 $+V_{CC}$；当输入信号为负半周时，V_1 发射结截止，V_2 发射结导通，电流从地经 R_L、V_2 的 e-c 到 $-V_{CC}$，如虚线所示在负载 R_L 上获得负半周信号电压，u_o 跟随 u_1 变化，其最大输出可接近 $-V_{CC}$。因此，在输入信号 u_1 的整个周期内，u_o 跟随 u_1 变化，并且由于 V_1、V_2 管对称，故输出电压正负也对称，如图 7-2c 所示。

这种电路结构对称，且 V_1、V_2 两管在信号的两个半周内轮流导通，它们交替工作，两路电源交替供电，输出电压双向跟随。故也称为 B 类互补对称（complementary symmetry）电路。

（3）电路的输出功率及效率计算

1）输出功率：负载获得的功率就是功率放大电路的输出功率 P_o，为负载两端交流电压的有效值和交流电流有效值的乘积。由以上的分析可知，在输入为正弦波时，输出功率为

$$P_o = U_o I_o = \frac{U_{om}}{\sqrt{2}} \frac{I_{om}}{\sqrt{2}} = \frac{U_{om}^2}{2R_L} \tag{7-5}$$

式中，U_{om}、I_{om} 分别为负载上电压和电流的峰值。

如果晶体管的饱和电压降为 $|U_{CES}|$，则负载能够获得的最大不失真输出电压有效值为

$$U_{omax} = \frac{V_{CC} - |U_{CES}|}{\sqrt{2}}$$

故得到最大不失真输出功率为

$$P_{omax} = \frac{(V_{CC} - |U_{CES}|)^2}{2R_L} \tag{7-6}$$

如果忽略晶体管的饱和电压降和穿透电流，负载获得最大输出电压时，其输出电压峰值近似等于电源电压 V_{CC}，故负载得到的最大不失真输出功率可近似表示为

$$P_{omax} \approx \frac{V_{CC}^2}{2R_L} \tag{7-7}$$

2）直流电源提供的功率 P_E：直流电源提供的平均功率为

$$P_E = \frac{1}{2\pi} \int_0^{2\pi} V_{CC} i_E \, \mathrm{d}(\omega t)$$

式中，i_E 为通过直流电源的电流。

流过 $+V_{CC}$ 的电流 i_{E1} 为

$$i_{E1} = \begin{cases} I_{om} \sin\omega t & (0 \leqslant \omega t \leqslant \pi) \\ 0 & (\pi \leqslant \omega t \leqslant 2\pi) \end{cases}$$

所以 $+V_{CC}$ 的平均功率为

$$P_{E1} = \frac{1}{2\pi} \int_0^{2\pi} V_{CC} i_{E1} \, \mathrm{d}(\omega t) = \frac{V_{CC} I_{om}}{\pi} = \frac{V_{CC} U_{om}}{\pi R_L}$$

因此，电路输出功率最大时两个电源提供的功率为

$$P_E = \frac{2V_{CC} I_{om}}{\pi} = \frac{2V_{CC} U_{om}}{\pi R_L} = 2V_{CC} \frac{V_{CC} - |U_{CES}|}{\pi R_L} \tag{7-8}$$

当 $V_{CC} \gg U_{CES}$ 时，两个直流电源提供的最大功率为

$$P_{Emax} \approx \frac{2V_{CC}^2}{\pi R_L} \tag{7-9}$$

3）效率：功率放大器的效率为输出功率与直流电源提供功率之比。根据式（7-6）和式（7-8），可得电路最大输出功率时效率为

$$\eta = \frac{P_{omax}}{P_E} = \frac{\pi}{4} \frac{V_{CC} - |U_{CES}|}{V_{CC}} \tag{7-10}$$

如果 $U_{CES} = 0$，则

$$\eta = \frac{\pi}{4} \approx 78.5\% \tag{7-11}$$

实际上，由于功率晶体管 V_1、V_2 的饱和电压降不为零，所以电路的最大效率低于 78.5%。

4）管耗：直流电源提供的平均功率，一部分转换为交流输出功率，其余的就是管耗。

$$P_V = P_E - P_o = \frac{2U_{om}V_{CC}}{\pi R_L} - \frac{U_{om}^2}{2R_L} \tag{7-12}$$

由分析可知，当 $U_{om} = \frac{2V_{CC}}{\pi}$ 时，晶体管总管耗最大，它并不是在最大输出功率时发生的，管耗最大值为

$$P_{Vmax} = \frac{2V_{CC}^2}{\pi^2 R_L} = \frac{4}{\pi^2} P_{omax} \approx 0.4 P_{omax} \tag{7-13}$$

单管的最大管耗为

$$P_{V1} = P_{V2} = \frac{1}{2} P_{Vmax} = \frac{V_{CC}^2}{\pi^2 R_L} \approx 0.2 P_{omax} \tag{7-14}$$

这里应注意的是：管耗最大时，电路的效率并不是 78.5%，读者可自行分析效率最高时的管耗（最大输出功率时）。

5）功率晶体管的选择：功率晶体管的极限参数有 P_{CM}、I_{CM} 和 $U_{(BR)CEO}$，应满足下列条件：

①功率晶体管集电极的最大允许功耗：功率晶体管的最大功耗应大于单管的最大功耗，即

$$P_{CM} \geqslant \frac{1}{2} P_{Vmax} \approx 0.2 P_{omax} \tag{7-15}$$

②功率晶体管的最大耐压

$$U_{(BR)CEO} \geqslant 2V_{CC} \tag{7-16}$$

这是由于一只管子饱和导通时，另一只管子承受的最大反向电压约为 $2V_{CC}$。

③功率晶体管的最大集电极电流

$$I_{CM} \geqslant \frac{V_{CC}}{R_L} \tag{7-17}$$

2. AB 类互补对称功率放大电路

由晶体管的输入特性可知，晶体管有一死区电压，对硅管而言，在输入信号电压 $|u_1| < 0.5V$ 时管子不导通，输出电压 u_o 仍为零，因此在信号过零附近的正负半波交接处无输出信号，出现了失真，该失真称为交越失真，如图 7-4 所示。

究其原因，交越失真源自于晶体管输入特性的非线性和两管工作在 B 类状态。因此，为了减小或消除交越失真，就要使两个晶体管在输入信号 $|u_1| < 0.5V$ 时均工作在微导通状态，即工作在 AB 类状态，则当信号输入时至少有一个晶体管导通，输出电压即可不失真地随输入电压变

化了，从而消除交越失真。

如图 7-5 所示，利用 VD_1、VD_2 和 R_2 的支路给两管加上直流偏置电压。在工程上，静态偏置应设置得使电路工作在 AB 类且接近 B 类的状态，调整 R_2 可调整 V_1、V_2 发射极的偏置电压，从而改变 V_1、V_2 的静态工作电流，这样既解决了交越失真问题，又可减小损耗，提高效率。由于电路两半对称，两管微小的静态电流相等，因而在静态时负载电阻中没有电流流通，两管发射极的静态电位也就是静态输出电压为零。

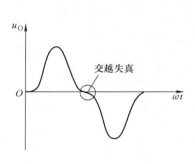

图 7-4　交越失真波形

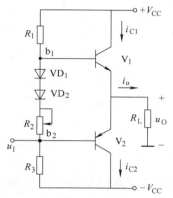

图 7-5　AB 类互补对称功率放大电路

输入交流信号 u_1 后，由于二极管的动态电阻很小，而且电阻 R_2 阻值也很小，故 b_1 和 b_2 点之间的交流电压降很小，这样可近似认为加在两管基极的电压相等，均为 u_1。由于 I_{CQ} 的存在，AB 类功放电路的效率较 B 类功放电路低一些。

AB 类互补对称功放电路参数计算与 B 类功率放大电路基本相同。

图 7-6 所示电路采用的是 U_{BE} 倍增偏置电路。两互补功率晶体管 V_1、V_2 基极之间的偏置电压为 U_{BB}，由 V_3 管的集 – 射电压 U_{CE3} 提供。由于 V_3 管的 β 值一般较大，故其基极电流可以忽略不计，因此可得

$$I_{R2} \approx I_{R3} = \frac{U_{BE3}}{R_3}$$

$$U_{BB} = U_{CE3} = I_{R2}(R_2 + R_3) = \frac{U_{BE3}}{R_3}(R_2 + R_3) = U_{BE3}\left(1 + \frac{R_2}{R_3}\right) \tag{7-18}$$

由于 V_3 管电压降 U_{CE3} 可为 U_{BE3} 的数倍，故称为 U_{BE} 倍增偏置电路。调整 R_2/R_3 的比值，即可改变电路的偏置状态。此外，在该电路中，V_3 发射结电压降 U_{BE3} 具有与 V_1、V_2 发射结电压降几乎相同的温度系数，因而具有温度补偿的作用。

例 7-1：如图 7-5 所示的 AB 类 OCL 功率放大电路的 V_{CC} = ±15V，R_L = 4Ω，U_{CES} = 3V，设输入信号为正弦波电压，试求：

（1）最大不失真功率 P_{omax}、效率 η 和管耗 P_{V1}、P_{V2}；

（2）计算功率晶体管的参数。

解：（1）最大输出功率

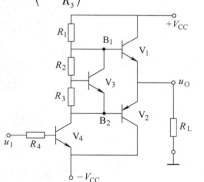

图 7-6　甲乙类互补对称
功率放大电路

$$P_{\text{omax}} = \frac{(V_{\text{CC}} - |U_{\text{CES}}|)^2}{2R_{\text{L}}} = \frac{(15-3)^2}{2 \times 4}\text{W} = 18\text{W}$$

$$\eta = \frac{\pi}{4} \frac{V_{\text{CC}} - |U_{\text{CES}}|}{V_{\text{CC}}} = \frac{\pi(15-3)}{4 \times 15} = 62.8\%$$

$$P_{\text{V}} = P_{\text{E}} - P_{\text{O}} = \frac{2U_{\text{om}}V_{\text{CC}}}{\pi R_{\text{L}}} - \frac{U_{\text{om}}^2}{2R_{\text{L}}}$$

$$= \frac{2(15-3) \times 15}{4\pi} - \frac{(15-3)^2}{2 \times 4}\text{W} \approx 10.67\text{W}$$

$$P_{\text{V1}} = P_{\text{V2}} = \frac{1}{2}P_{\text{V}} \approx 5.33\text{W}$$

（2） $P_{\text{CM}} \geqslant \frac{1}{2}P_{\text{Vmax}} \approx 0.2P_{\text{omax}} = 0.2 \times \frac{15^2}{2 \times 4}\text{W} = 5.63\text{W}$ （单管最大管耗）

$$U_{\text{(BR)CEO}} \geqslant 2V_{\text{CC}} = 30\text{V}$$

$$I_{\text{CM}} \geqslant \frac{V_{\text{CC}}}{R_{\text{L}}} = \frac{15}{4}\text{A} = 3.75\text{A}$$

实际选择功率晶体管时，极限参数均应有一定的余量，一般应提高 50% 以上，P_{CM}、$U_{\text{(BR)CEO}}$、I_{CM} 皆取 2 倍的余量。

3. 用复合管组成的互补对称电路

（1）复合管　在实际应用中，功率放大电路的输出电流一般很大，通常达到几安，甚至几十安、上百安。而一般功率晶体管的电流放大系数均不大，前级放大电路只能提供几毫安电流，为此需要进行电流放大。一般通过复合管来解决此问题，即将第一管的集电极或发射极接至第二管的基极，就能起到电流放大作用。如图 7-7 所示为常用的几种复合管。

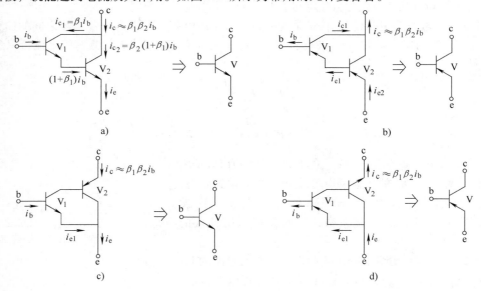

图 7-7　复合管

a）NPN 型与 NPN 型复合成 NPN 型　b）PNP 型与 PNP 型复合成 PNP 型
c）NPN 型与 PNP 型复合成 NPN 型　d）PNP 型与 NPN 型复合成 PNP 型

由图 7-7a 可知，V_1 的发射极电流为 V_2 的基极电流，复合之后等效成其右图所示的 NPN 型

管，该管的集电极电流为

$$i_C = i_{C1} + i_{C2} = \beta_1 i_{B1} + (1 + \beta_1)\beta_2 i_{B1}$$

$$= (\beta_1 + \beta_2 + \beta_1\beta_2) i_{B1}$$

$$= (\beta_1 + \beta_2 + \beta_1\beta_2) i_B$$

通常可认为 $\beta_1\beta_2 >> \beta_1 + \beta_2$，所以复合管的电流放大系数为

$$\beta = \frac{\Delta i_C}{\Delta i_B} \approx \beta_1\beta_2 \tag{7-19}$$

同理，分析图 7-7b 可知，等效电流放大系数均近似为式 (7-19)。

综上所述，采用复合管增大了电流放大系数，解决了大功率晶体管 β 低的问题。此外，还可以用不同类型的管子构成所需类型的管子，如图 7-7c、d 所示。

（2）采用复合管的互补功率放大电路　由复合管组成的互补功率放大电路如图 7-8 所示。图中要求 V_3、V_4 既要互补又要能完全对称，这对于 NPN 型和 PNP 型两种大功率晶体管来说，一般是比较难以实现的（一对是 NPN 型硅管，而另一对是 PNP 型锗管时）。为此，可以选 V_3、V_4 是同一类型的管子，通过复合管的接法来实现互补，这样组成的电路称为准互补电路，如图 7-9 所示。

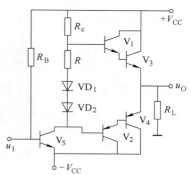

图 7-8　由复合管组成的互补功率放大电路

7.3.2　OTL 功率放大电路

如图 7-10 所示为 OTL 功率放大电路。电路采用单电源供电，只要在输入或输出端接入隔直电容即可，这个电路通常称为无输出变压器的电路，简称 OTL 电路。

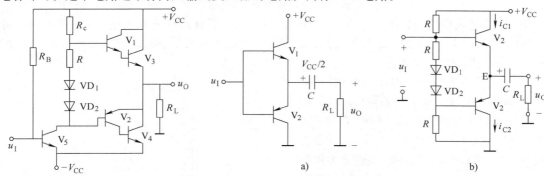

图 7-9　准互补功率放大电路

图 7-10　单电源互补对称功率放大电路
a）基本电路　b）甲乙类单电源互补对称功率放大电路

在图 7-10a 电路中，假设功放管 V_1、V_2 参数对称，在静态（即输入电压 u_1 为零）时，功放管的基极电位和发射极电位皆为 $\dfrac{V_{CC}}{2}$，两个功放管均截止。

设输入信号为正弦电压 u_1，功放管的基极电位应加有 $\dfrac{V_{CC}}{2}$ 的静态直流电压，才能在输入电压

u_I 正半周时，V_1 正偏导通，V_2 反偏截止，电流从 $+V_{CC}$ 经 V_1 的 c-e、电容 C、R_L 到地，在负载 R_L 上获得正半周输出信号电压，u_O 跟随 u_I 变化，电容 C 充电；当输入信号为负半周时，V_1 截止，V_2 导通，电流从电容 C 的"＋"经 V_2 的 c-e、地、R_L 到电容 C 的"－"，在负载 R_L 上获得负半周信号电压，u_O 跟随 u_I 变化，电容 C 放电。因此，在输入信号 u_I 的整个周期内，u_O 跟随 u_I 变化。

只要选择电容 C 的充、放电时常数 $R_L C$ 足够大（即远大于信号的周期），就可以使电容电压基本维持不变，平均等于 $\dfrac{V_{CC}}{2}$。

从基本工作原理上看，两个电路基本相同，只不过在单电源互补对称电路中每个管子工作电压不是 V_{CC}，而是 $\dfrac{V_{CC}}{2}$，输出电压最大值也只能达到 $\dfrac{V_{CC}}{2}$。所以对前面 OCL 电路导出的输出功率、管耗和最大管耗的估算公式，要加以修正才能使用。修正时，只要以 $\dfrac{V_{CC}}{2}$ 代入原式中的 V_{CC} 即可。

如果晶体管的饱和电压降为 $|U_{CES}|$，则负载能够获得的最大不失真输出电压为

$$U_{omax} = \frac{\dfrac{V_{CC}}{2} - |U_{CES}|}{\sqrt{2}}$$

故得到在输入为正弦波时，最大输出功率为

$$P_{omax} = \frac{\left(\dfrac{V_{CC}}{2} - |U_{CES}|\right)^2}{2R_L} \tag{7-20}$$

如果忽略晶体管的饱和电压降，则负载得到的最大输出功率可近似表示为

$$P_{omax} \approx \frac{V_{CC}^2}{8R_L} \tag{7-21}$$

OTL 功率放大电路的理想效率亦为 78.5%。与双电源互补对称电路相比，单电源互补对称电路的优点是少用一个电源，故使用方便，缺点是由于电容 C 在低频时的容抗可能比 R_L 大，所以 OTL 电路的低频响应较差。

图 7-11 是实用的单电源互补对称电路，图中 V_5 构成前置放大级，它给输出级提供足够大的信号电压和信号电流，以驱动功率级工作。电路中采用了复合管，V_1、V_3 复合管等效为一个 NPN 型管；V_2、V_4 复合管等效为一个 PNP 型管，其中 V_3、V_4 是采用同类型的大功率晶体管来组成复合准互补对称电路。由于采用复合功率晶体管，可使 V_1、V_2 管的基极信号电流大大减小。RP_1 引入了交直流电压并联负反馈，适当调整电位 RP_1，可改变 V_5 的静态集电极电流，从而改变 U_{b1}、U_{b2}，使 K 点对地电压 $U_K = \dfrac{V_{CC}}{2}$（K 点称为中

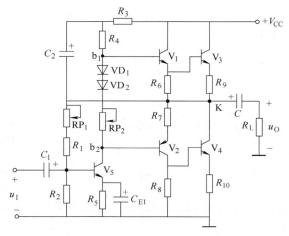

图 7-11 实用的单电源互补对称电路

点）。RP_1 还具有稳定 K 点电位的负反馈作用。如果由于某种原因使 K 点电位升高，通过 RP_1 和 R_1 分压，就可使 V_5 基极电位升高，I_{C5} 增加，V_1、V_2 基极电位下降，使 K 点电位下降。显然，RP_1 还起到交流负反馈作用，可改善放大器的动态性能。二极管 VD_1、VD_2 给 $V_1 \sim V_4$ 提供一个合适的静态偏压，以消除交越失真，同时具有温度补偿作用，使 $V_1 \sim V_4$ 的静态电流不随温度而变，RP_2 是起到调节交越失真的作用。C_2、R_3 组成 "自举电路"（bootstrapping），它的作用是提高互补对称电路的正向输出电压幅度。R_6 和 R_8 上直流电压为 V_3、V_4 提供正向电压，并使 V_1、V_2 的穿透电流分流。R_9 和 R_{10} 是为了稳定输出电流，使电路更加稳定，另外当负载短路时，R_9、R_{10} 还具有一定的限流保护作用。

例 7-2：某收音机的输出电路如图 7-12 所示。

（1）说出功放电路形式，并作出简单说明；

（2）简述电路中电容 C_2、C_3 和电阻 R_4、R_5 的作用；

（3）已知 $V_{CC} = 24\text{V}$，电路的最大输出功率 $P_{omax} = 6.25\text{W}$，估算对称功率晶体管 V_2、V_3 的饱和电压降；

（4）如果 $|U_{CES}| = 0$，求最大正弦波输出时，电路的输出功率 P_{omax}，每个功率晶体管的最大管耗 P_{Vmax}。

解：（1）电路为单电源，且有输出电容 C_4，所以该功率放大电路是 OTL 互补对称功率放大电路。

（2）C_2 与 R_2 组成自举电路，可增大输出幅度；C_3 能使加到 V_2、V_3 管的交流信号相等，有助于使输出波正、负对称；R_4 为 V_2、V_3 管提供偏置电压，克服交越失真；R_5 通过直流负反馈的方式为 V_1 管提供偏置且稳定静态工作点。通过调节 R_5 可使 K 点电位达到 $\dfrac{V_{CC}}{2}$。在信号源有内阻的情况下，R_5 同时也引入交流的电压并联负反馈，有助于改善放大性能。

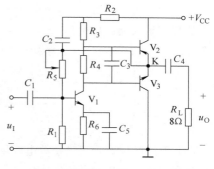

图 7-12　例 7-2 图

（3）由

$$P_{omax} = \frac{\left(\dfrac{V_{CC}}{2} - |U_{CES}| \right)^2}{2R_L} = 6.25\text{W}$$

可解得 $U_{CES} = 2\text{V}$

（4）如果 $|U_{CES}| = 0$，则

$$P_{omax} = \frac{V_{CC}^2}{8R_L} = \frac{24^2}{8 \times 8}\text{W} = 9\text{W}$$

7.3.3　BTL 功率放大电路

OTL 电路低频特性的好坏取决于耦合电容容量的大小，大容量电容均为电解电容；当容量大到一定程度时，因其极板面积大且卷成筒状放入外壳中会产生电感效应和漏阻，使其不是纯电容。为实现单电源供电，且不用变压器和大电容，可采用桥式推挽功率放大电路，简称 BTL 电路。BTL 电路充分利用了电源电压，并可以减小开环失真，在采用蓄电池供电、对信噪比要求不是非常严格（如汽车音响）的低压供电中应用非常广泛。

如图 7-13 所示电路中用 4 只功率晶体管组成桥式结构，$V_1 \sim V_4$ 具有相同的特性。在静态时，两组功放的中点电压均为 0，负载两端的直流电位相等，没有电流流过 R_L，此时电桥处于平衡状态。

在输入信号 u_I 正弦波的正半周，两个输入端信号的相位相反，V_1 与 V_3 的基极为 "+"，V_2 与 V_4 的基极为 "–"，V_1 与 V_4 导通，V_2 与 V_3 截止，电流从 $+V_{CC}$ 经 V_1、R_L、V_4 到地，在 R_L 上将得到正半周的输出，输出 u_O 跟随 u_I 变化。而在 u_I 负半周时，

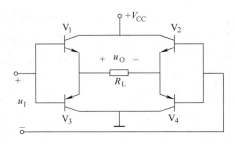

图 7-13　BTL 电路

V_1 与 V_3 的基极为 "–"，V_2 与 V_4 的基极为 "+"，V_2 与 V_3 导通，V_1 与 V_4 截止，电流从 $+V_{CC}$ 经 V_2、R_L、V_3 到地，输出 u_O 跟随 u_I 变化。故在 R_L 上将得到完整的正弦波电压输出。如果忽略所有的晶体管电压降，则负载两端将得到 V_{CC} 的最大输出电压，负载的输出功率也由此近似增大为单端输出时的 4 倍。

电路的最大输出电压为

$$U_{omax} = \frac{V_{CC} - 2\,|\,U_{CES}\,|}{\sqrt{2}} \tag{7-22}$$

故得到最大输出功率为

$$P_{omax} = \frac{(V_{CC} - 2\,|\,U_{CES}\,|)^2}{2R_L} \tag{7-23}$$

效率为

$$\eta = \frac{\pi}{4}\,\frac{V_{CC} - 2\,|\,U_{CES}\,|}{V_{CC}} \tag{7-24}$$

BTL 电路的优点是只需要单电源供电，而且不用变压器和大电容，输出功率高。缺点是所用晶体管数量多，晶体管总损耗大，转换效率低于 OCL。

7.4　丙类和丁类功率放大器

7.4.1　丙类功率放大电路

与低频功率放大电路一样，输出功率、效率和非线性失真同样是高频功率放大电路的 3 个最主要的技术指标。不言而喻，安全工作仍然是首先必须考虑的问题。在通信系统中，高频功率放大电路作为发射机的重要组成部分，用于对高频已调波信号进行功率放大，然后经天线将其辐射到空间，所以要求输出功率很大。输出功率大，从节省能量的角度考虑，效率更加显得重要。因此，高频功放常采用效率较高的丙类（C 类）工作状态，即晶体管集电极电流导通时间小于输入信号半个周期，输出功率效率很高，但失真较大。同时，为了滤除丙类工作时产生的众多高次谐波分量，采用 LC 谐振回路作为选频网络，故称为丙类谐振功率放大电路。主要应用在无线电发射机中，用来对载波信号或高频已调波信号进行功率放大。

高频功率放大器按电路形式分为谐振式功放（也称窄带功放）和非谐振式功放（也称宽带功放）。谐振式高频功率放大器属于窄带功放，一般只能用来放大某一频道信号，其特点是单级增益高，每级均有选择功能（选择特性），晶体管非线性失真产生的高频谐波不能通过输出谐振

回路，可减小放大器的谐波输出，在过去的发射机功
放电路中得到广泛应用。一般窄带功放的工作频带要
大于等于 20MHz，以便能在多级级联后得到较好的传
输特性，有利于调整制造。

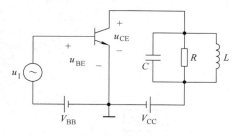

图 7-14　谐振功率放大电路原理图

如图 7-14 所示为谐振功率放大电路。LC 谐振回路
起到滤波和匹配作用。基极电源 V_{BB} 应小于死区电压以
保证晶体管工作于丙类状态。集电极电压 V_{CC} 是功率放
大器的能量来源。

设输入一余弦信号

$$u_I = U_{Im}\cos\omega t$$

则晶体管的发射结电压为

$$u_{BE} = V_{BB} + u_I = V_{BB} + U_{Im}\cos\omega t \qquad (7\text{-}25)$$

因为管子只在小半周期内导通，因而 i_B 为脉冲电流。放大后的 i_C 也为脉冲电流。根据傅里
叶级数展开得

$$i_C = I_{c0} + I_{c1m}\cos\omega t + I_{c2m}\cos2\omega t + \cdots + I_{cnm}\cos n\omega t \qquad (7\text{-}26)$$

式中，I_{c0} 和 I_{c1m} 分别是集电极电流 i_C 中的直流分量和基波振幅。

在丙类谐振功率放大器中，若将输出谐振回路调谐在输入信号频率的 n 次谐波上，可认为输
出谐振回路上仅有 i_C 的 n 次谐波分量产生高频电压，而其他分量产生的电压均可忽略，因而在
负载 R_L 上得到了频率为输入信号 n 倍的输出信号功率。

7.4.2　丁类功率放大电路

影响功率放大电路转换效率的主要因素是静态时的直流功耗。由于丁类（D 类）功率放大
电路工作于脉冲信号放大状态，功放管处于开关工作方式，关闭时几乎不向直流电源提取电流，
开启时才进行能量转换。因此，转换效率很高，一般可达 80% ~ 95%。

D 类功率放大器在 20 世纪 70 年代就已问世，但由于音质方面的原因，在当时并未得到普遍
应用。时隔 20 多年后，随着电子技术和元器件制造工艺的进步，人们对环境保护意识的增强，
数字放大器重新崛起。由于数字放大器的功率放大级工作于开关状态，放大器具有小型、轻量、
能源利用效率高、输出功率大、发热量小等诸多优点，已成为音频功率放大器的重要发展趋势。

D 类功放电路有两种类型：一种是脉冲宽度调制（PWM）型；另一种是脉冲密度调制
（PDM）型。现以脉冲宽度调制（PWM）型 D 类功放电路为例，对其工作原理作一简要介绍。

PWM 型 D 类劝放电路的一般结构框图及 PWM 波形图如图 7-15 所示。D 类功率放大电路，
就是将输入信号 u_I 转成脉宽变化的形式，再由脉冲放大器放大输出，然后通过滤波电路还原，
由于脉冲放大器工作在开关状态，电路本身的损耗只限于晶体管（或场效应晶体管）导通时饱
和电压降引起的损耗和元件开关损耗，适当选择元件，可以使得总损耗较小，因而电路工作效率
较高。将信号幅度的大小体现在脉冲信号的宽度中，脉冲宽度大代表信号幅度大；反之，脉冲宽
度小代表信号幅度小。

D 类功率放大器的输出以全桥驱动为宜，这样在有限的工作电源电压下，可以获得最大的输出
功率。在输出电路中，还需要连接 LC 低通滤波电路，以滤除高频脉冲信号，保留原来的信号输出。

假定载波信号为等腰三角波 u_b，调制信号即是输入信号 u_a 为正弦波，并设偏置电压为零，

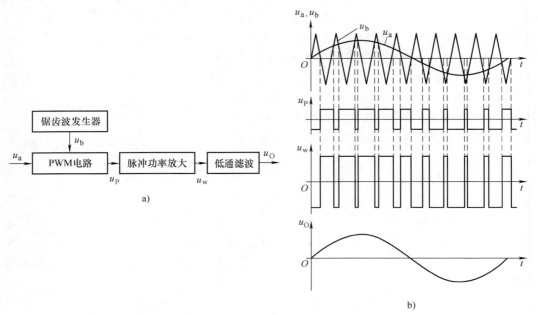

图 7-15　PWM 型 D 类功放电路原理图

a）原理框图　b）波形图

调制器为集成运放组成的比较器。当载波信号与调制信号同时加到调制器上进行脉冲宽度调制之后，输出即为宽度近似呈正弦变化的脉冲波，即 PWM 信号，如图 7-15b 所示。PWM 信号送至开关工作方式的脉冲功率放大电路进行增幅，然后经滤波电路滤除载波信号后，即可得到完整的输出正弦波信号。

一种简单的 PWM 型 D 类功放电路如图 7-16 所示。

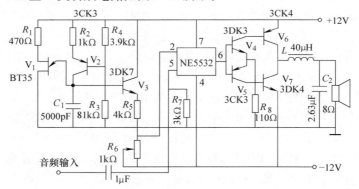

图 7-16　简单的 PWM 型 D 类功放电路

图中，晶体管 $V_1 \sim V_3$ 组成线性良好的 100kHz 锯齿波振荡器。其中单结晶体管 V_1 采用 BT35 作为开关，电容 C_1 的充电电压大于单结晶体管的峰点电压 U_P 时 V_1 导通，电容 C_1 的放电电压至单结晶体管的谷点电压 U_V 时 V_1 截止，V_2 管组成单管晶体管电流源，对电容 C_1 恒流充电，以改善锯齿波信号的线性度。V_3 管接成射极跟随器，用以增强驱动能力，产生的锯齿波信号即是电路的载波信号。集成运放 NE5532 作为调制器，其输出是内输入信号调制载波锯齿波信号生成的调宽脉冲。晶体管 $V_4 \sim V_7$ 组成复合型互补功率放大电路，这种接法可使 V_6、V_7 管有最小的饱和电压降，有利于提高转换效率。电感 L 及电容 C_2 组成低通滤波器，向负载输出正弦波信号。

这一 PWM 型 D 类功放电路，输出功率为 9W，频率范围为 0 ~ 20kHz，效率 >85%，失真度 <2%。

7.5　集成功率放大器

利用集成电路工艺已经生产出不同类型的集成功率放大器，集成功率放大器和分立元件功率放大器相比，具有体积小、重量轻、调试简单、效率高、失真小、使用方便等优点，因此获得广泛应用。集成功率放大器的种类很多，从用途划分，有通用型功放和专用型功放；从芯片内部的构成划分，有单通道功放和双通道功放；从输出功率划分，有小功率功放和大功率功放等。例如，音响功率放大电路就是音响系统中不可缺少的重要部分，其主要任务是将音频信号放大到足以驱动外接负载（如扬声器等）。

集成功放使用时不能超过规定的极限参数，主要有功耗和最大允许电源电压。另外，集成功放还要有足够大的散热器，以保证在额定功耗下温度不超过允许值。

7.5.1　LM386 通用型集成音频功率放大器

1. LM386 的内部电路

LM386 是通用型集成音频功率放大器，其内部电路原理图如图 7-17 所示。与通用型集成运放相类似，它是一个三级放大电路。第一级为差动放大电路，其中 V_1、V_2 组成差动放大，V_3、V_4 均为射极输出电路，分别作为 V_1、V_2 的输入电路，以提高差动放大电路的输入电阻。V_5、V_6 组成镜像电流源，作为差动放大电路的有源负载，差动放大后的信号自 V_2 的集电极输出至第二级；第二级共射放大电路由 V_7 组成；第三级是甲乙类推挽功率放大电路，V_8、V_9 组成 PNP 复合管，与 V_{10} 构成准互补对称电路，两个二极管 VD_1 和 VD_2 的作用是为了克服交越失真而提供静态偏置电压。电阻 R_7 从输出端连接到 V_2 的发射极，形成反馈通路，与 R_5、R_6 引入电压串联负反馈。集成音频功放 LM386 的引脚图如图 7-18 所示。

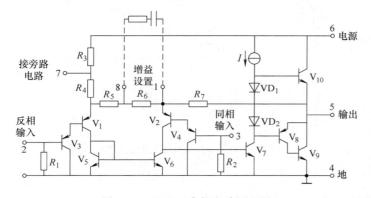

图 7-17　LM386 内部电路原理图

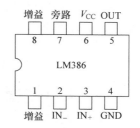

图 7-18　集成音频功放
LM386 的引脚图

引脚 2 为反相输入端，引脚 3 为同相输入端，引脚 1 和引脚 8 之间进行增益设置。在引脚 1 和引脚 8 之间可以直接跨接一个电容，这时电压增益达到最大，大约为 200 倍；如果引脚 1 和引脚 8 开路，电压增益达到最小，大约为 20 倍；如果在引脚 1 和引脚 8 之间串接一个电阻和电容，可以对增益进行调整，使电压增益在 20 ~ 200 倍之间。引脚 6 和引脚 4 分别为电源和地，引脚 5 为输出端，引脚 7 和地之间接旁路电容，一般为 $10\mu F$。由于采用单电源供电，引脚 5 的输出端必须外接大电容。

2. LM386 的应用

（1）OTL 电路 图 7-19 所示为 LM386 组成的 OTL 电路。同相输入端输入音频电压信号，反向输入端交流接地。引脚 1 和引脚 8 接电容（引脚 1 和引脚 8 交流短路），实现最大电压增益为 200 倍（46dB）。输出通过大电容耦合接扬声器负载，将音频输出电压信号转换为声音信号。扬声器获得的最大输出电压幅度和最大功率为

$$U_{omax} = \frac{V_{CC}}{2} - |U_{CES}| \approx \frac{V_{CC}}{2}$$

$$P_{omax} = \frac{U_{om}^2}{2R_L} \approx \frac{\left(\frac{V_{CC}}{2}\right)^2}{2R_L} = \frac{V_{CC}^2}{8R_L} = \frac{16^2}{8 \times 32}W = 1W$$

（2）BTL 电路 如图 7-20 所示为由 LM386 组成的 BTL 电路。A_1 组成同相音频功率放大电路，A_2 组成反相音频功率放大电路，扬声器跨接于两个功率放大电路的输出端，形成 BTL 电路。输出信号幅度是单个功率放大电路的两倍，最大电压增益为 52dB。

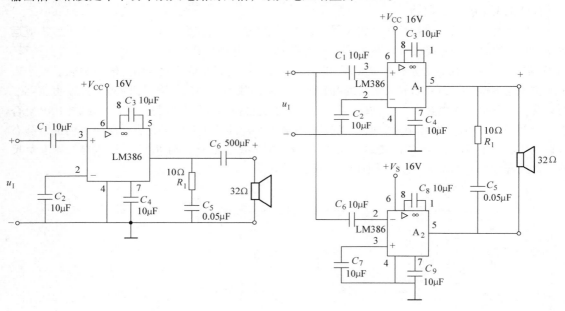

图 7-19 LM386 组成的 OTL 电路   图 7-20 LM386 组成的 BTL 电路

7.5.2 TDA2030A 音频集成功率放大器

TDA2030A 是性能价格比较高的一种集成功率放大器，与其性能类似的其他功放相比，它的引脚少和外部元件较少。

TDA2030A 的电气性能稳定，能适应长时间连续工作，集成块内部的放大电路和集成运放相似，但在内部集成了过载保护和热切断保护电路，若输出过载或输出短路及管芯温度超过额定值时均能立即切断输出电路，起保护作用，不致损坏功放电路。其金属外壳与负电源引脚相连，所以在单电源使用时，金属外壳可直接固定在散热片上并与地线（金属机箱）相接，无须绝缘，

使用很方便。

1. TDA2030A 的内部电路

TDA2030A 集成功放的内部电路如图 7-21 所示。

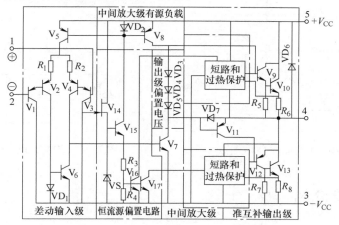

图 7-21　TDA2030A 集成功放的内部电路

TDA2030A 适用于在收录机和有源音箱中作音频功率放大器，也可作其他电子设备的中功率放大。因其内部采用的是直接耦合，亦可以作直流放大。主要性能参数如下：

电源电压 V_{CC}	$\pm 3 \sim \pm 18V$
输出峰值电流	3.5A
频响 BW	$0 \sim 140kHz$
静态电流	$< 60mA$（测试条件：$V_{CC} = \pm 18V$）
谐波失真 THD	$< 0.5\%$
电压增益	30dB
输入电阻 R_1	$> 0.5M\Omega$

在电源为 $\pm 15V$、$R_L = 4\Omega$ 时输出功率为 14W。

TDA2030A 引脚的排列及功能如图 7-22 所示。

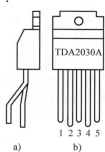

图 7-22　TDA2030A
引脚排列及功能
a）正视图　b）侧视图

2. TDA2030A 集成功放的典型应用

（1）双电源（OCL）应用电路　图 7-23 电路是由 TDA2030A 构成的 OCL 电路。信号 u_I 由同相端输入，R_1、R_2、C_2 构成交流电压串联负反馈，因此闭环电压放大倍数为

$$A_{uf} = 1 + \frac{R_1}{R_2}$$

为了保持两输入端直流电阻平衡，使输入级偏置电流相等，选择 $R_3 = R_1$。

R_4、C_5 为高频校正网络，用以消除自激振荡。VD_1、VD_2 起保护作用，用来释放 R_L 产生的自感应电压，将输出端的最大电压钳位在（$V_{CC} + 0.7V$）和（$-V_{EE} - 0.7V$）上，电解电容 C_6、C_7 为退耦电容；C_3、C_4 为高频退耦电容，用于减少电源内阻对交流信号的影响。C_1、C_2 为耦合电容。

（2）单电源（OTL）应用电路　对仅有一组电源的中、小型录音机的音响系统，可采用单电源连接方式，如图 7-24 所示。由于采用单电源，故正输入端必须用 R_1、R_2 组成分压电路，K 点电位为 $V_{CC}/2$，通过 R_3 向输入级提供直流偏置，在静态时，正、负输入端和输出端皆为 $V_{CC}/2$。其他元件作用与双电源电路相同。

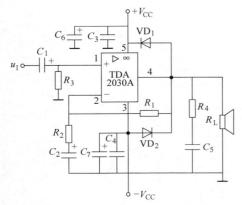

图 7-23　TDA2030A 构成的 OCL 电路

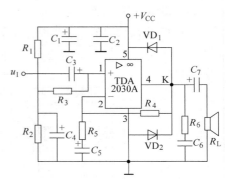

图 7-24　TDA 2030A 构成的 OTL 电路

7.6　应用电路介绍

应用一：简易调频对讲机

这里介绍的调频对讲机电路在开阔地的对讲距离在 500m 以内，并可与调频收音机配合作无线传声器使用。

电路如图 7-25 所示。晶体管 V 和电感线圈 L_1、电容器 C_1、C_2 等组成电容三点式振荡电路，产生频率约为 100MHz 的载频信号。集成功放电路 LM386 和电容器 C_8、C_9、C_{10}、C_{11} 等组成低频放大电路。扬声器 B 兼作传声器使用。电路工作在接收状态时，将收/发转换开关置于"接收"位置，从天线 ANT 接收到的信号经晶体管 V、电感线圈 L_1、电容器 C_1、C_2 及高频阻流圈 L_2 等组成的超再生检波电路进行检波。检波后的音频信号，经电容器 C_8 耦合到低频放大器的输入端，经放大后由电容器 C_{11} 耦合驱动扬声器 B 发声。

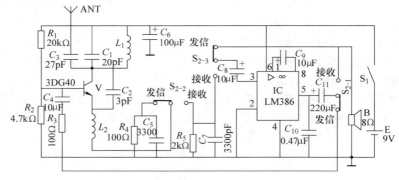

图 7-25　简易调频对讲机电路

电路工作在发信状态时，S_2 置于"发信"位置，由扬声器将语音变成电信号，经 LM386 低频放大后，由输出耦合电容 C_{11}、S_2、R_3、C_4 等将信号加到振荡管 V 的基极，使该管的 bc 结电容随着语音信号的变化而变化，而该管的 bc 结电容是并联在 L_1 两端的，所以振荡电路的频率也随之变化，实现了调频的功能，并将已调波经电容 C_3 从天线发射出去。

应用二：实用小功放电路

图 7-26 所示为一输出功率可达 1W 的简易小功放，具有等响度、降噪、音量和音调调控等功能，且成本低。图中，R_L 为匹配电阻，其值应与随身听标称负载一致，用以确保随身听的输

出级电路工作在最佳工作状态。C_3、C_4、W_2 和 C_1、C_2、W_1 分别是左、右声道的音量调控及等响度电路，并对高频噪声有一定抑制作用。$R_5 \sim R_8$、W_5、W_6、$C_9 \sim C_{12}$ 和 $R_1 \sim R_4$、W_3、W_4、$C_5 \sim C_8$ 分别构成简易的左、右声道音调调控电路。$R_{13} \sim R_{16}$、C_{14} 和 $R_9 \sim R_{12}$、C_{13} 分别构成左、右声道的简易降噪电路及低通滤波器，与音调控制电路等巧妙配合，可在 TDA2822 的输入端获得对高、中、低各频段均衡控制后的信号波形。R_{18} 和 R_{20} 为输出保护电阻，用于防止因输出端对地短路而损坏 TDA2822。R_{22}、VL_1、VL_2 等组成过电流指示电路，当功放工作电流大于 400mA 时，VL_1 和 VL_2 就会发光。C_{13} 和 C_{14} 为输入隔直耦合电容，应采用漏电极小的优质电解电容，以利于音频信号顺利通过，不阻塞信号。C_{17} 和 C_{18} 为输入回放的对地通路，在典型电路中常为 $10\mu F$ 或 $47\mu F$。其输入阻抗过大，会引起信号阻塞或引起自激，在这里可将 C_{17} 和 C_{18} 加大到 $100\mu F$，其音质有所改善，音域变宽。C_{26} 和 C_{27} 为输出隔直耦合电容，通常选择为 $220\mu F$，这样显得输出阻抗过高，信号阻塞，引起失真，甚至自激，现将 C_{26} 和 C_{27} 加大到 $680\mu F$，音质明显改善，音域也变宽了。

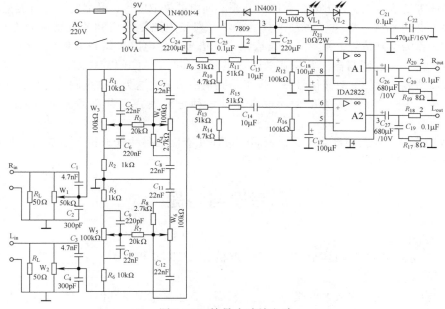

图 7-26　简易小功放电路

本 章 小 结

1. 功率放大电路的功能，是在一定的供电电源下，向负载提供一个最大的不失真或轻微失真的信号功率。因此功率放大电路具有以下特点：输出功率尽可能大，效率尽可能高，非线性失真按要求尽可能小，晶体管的损耗要尽可能小。电路的主要技术指标是输出功率、管耗、效率、非线性失真等。

2. 功率放大电路根据晶体管的工作状态可以分为 A 类、B 类、AB 类和 C 类等功率放大电路。A 类功率放大电路的导通角为 360°，电路效率低，在理想情况下，转换效率为 50%。B 类功率放大电路的导通角为 180°，转换效率较 A 类功率放大电路高，在理想情况下，最大效率为 78.5%，但存在交越失真。AB 类功率放大电路的导通角介于 180°与 360°之间，既提高了效率，又克服了交越失真。

3. 互补功率放大电路分为双电源和单电源互补对称电路，其中单电源互补对称电路包括

OTL 电路和 BTL 电路。互补对称功率放大电路是由两个管型相反的射极输出器组合而成，功率晶体管工作在大信号状态；为了解决功率晶体管的互补对称问题，利用互补复合可获得大电流增益和较为对称的输出特性，保证功放输出级在同一信号下，两输出管交替工作，组成采用复合管的互补功率放大电路。

4. 功率放大电路可以工作在 A 类、B 类或 C 类（即丙类）状态。相比之下，C 类谐振功放的输出功率虽不及 A 类和 B 类大，但效率高，节约能源，所以是高频功放中经常选用的一种电路形式。

5. C 类谐振功放效率高的原因在于导通角小，也就是晶体管导通时间短，集电极功耗减小。但导通角越小，将导致输出功率越小。所以选择合适的导通角，是丙类谐振功放在兼顾效率和输出功率两个指标时的一个重要考虑。

6. D 类（即丁类）功率放大电路是一种全新概念的数字功放电路。电路工作于脉冲放大状态，功率晶体管处于开关工作方式，关闭时几乎不向电源提取电流，开启时才进行能量转换，因此转换效率可高达80% ~ 95%，而且失真度较小。典型电路是采用脉冲宽度调制方法构成的，利用输入信号作为调制信号，并由三角波或锯齿波信号产生电路提供载波信号（频率通常为调制信号的 10 倍），通过调制器（集成运放组成的比较器）产生出 PWM 波，并进行脉冲功率放大，再由低通滤波电路滤除载波信号后，即可得到输出信号。这类功放电路已有多种集成模块面世，其体积小、发热量少已成为新型功放电路的一种重要模式，受到了普遍的关注和广泛的应用。

7. 集成功率放大器应用日益广泛，使用时应注意查阅器件手册，按手册提供的典型应用电路连接外围元件和散热器。

思考题与习题

7-1　填空题

（1）功率放大电路按晶体管静态工作点的位置不同可分为＿＿＿＿类、＿＿＿＿类、＿＿＿＿类和＿＿＿＿类。

（2）B 类互补推挽功率放大电路的＿＿＿＿较高，在理想情况下其值可达＿＿＿＿。但这种电路会产生一种被称为＿＿＿＿失真的非线性失真现象。为了消除这种失真，应当使推挽功率放大电路工作在＿＿＿＿类状态。

（3）由于在功放电路中功放管经常处于极限工作状态，因此，在选择功放管时要特别注意＿＿＿＿、＿＿＿＿和＿＿＿＿ 3 个参数。

（4）设计一个输出功率为 20W 的扩音机电路，若用 B 类 OCL（即双电源）互补对称功放电路，则应选 P_{CM} 至少为＿＿＿＿的功率晶体管两个。

7-2　选择题

（1）甲类单管功率放大电路结构简单，但最大缺点是＿＿＿＿。

A. 有交越失真　　　　B. 易产生自激　　　　C. 效率低，耗电量大

（2）在互补对称功率放大电路中。引起交越失真的原因是＿＿＿＿。

A. 输入信号过大　　　　B. 晶体管 β 值太大

C. 电源电压太高　　　　D. 晶体管输入特性曲线的非线性

（3）作为输出级的互补对称电路常采用的接法是＿＿＿＿。

A. 共射　　　　　　B. 共基　　　　　　C. 共集　　　　　　D. 无所谓

（4）电路最大不失真输出功率是指输入信号幅值足够大，而输出信号基本不失真且幅值最大时_____。

A. 晶体管得到的最大功率　　　　　　B. 电源提供的最大功率

C. 负载上获得的最大直流功率　　　　D. 负载上获得的最大交流功率

（5）功率放大电路与电压放大电路的共同点是_____。

A. 都使输出电压大于输入电压

B. 都使输出电流大于输入电流

C. 都使输出功率大于信号源提供的输入功率

（6）OTL 电路输出耦合电容的作用是_____。

A. 隔直耦合　　　　　　B. 对地旁路　　　　　　C. 相当于提供负电源

7-3　判断题

（1）当 A 类功放电路的输出功率为零时，管子消耗的功率最大。　　　　　　（　　）

（2）在功率放大电路中，输出功率最大时，功放管的功率损耗也是最大。　　（　　）

（3）在输入电压为零时，AB 类互补推挽功放电路中的电源所消耗的功率是两个管子的静态电流与电源电压的乘积。　　　　　　　　　　　　　　　　　　　　　　　　（　　）

（4）在管子的极限参数中，集电极最大允许耗散功率 P_{CM}，是集电极最大电流 I_{CM} 与基极开路时集电极 – 发射极间反向击穿电压 $U_{BR(CEO)}$ 的乘积。　　　　　　　　　　（　　）

（5）只有当两个晶体管的类型相同时才能组成复合管。

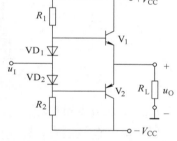

（　　）

（6）复合管的类型（NPN 或 PNP）与组成它的最前面的管子类型相同。　（　　）

7-4　在如图 7-27 所示电路中，已知 $V_{CC} = 16V$，$R_L = 4\Omega$，V_1 管和 V_2 管的饱和管电压降 $|U_{CES}| = 2V$，输入电压足够大。试问：

（1）最大输出功率 P_{Omax} 和效率 η 各为多少？（2）晶体管的最大功耗 P_{Vmax} 为多少？（3）为了使输出功率达到 P_{Omax}，输入电压的有效值约为多少？

图 7-27　题 7-4 图

7-5　在如图 7-28 所示电路中，已知 $\pm V_{CC} = 15V$，V_1 和 V_2 管的饱和管电压降 $|U_{CES}| = 1V$，设集成运放的最大输出电压幅值为 $\pm 13V$，二极管的导通电压为 0.7V。

（1）若输入电压幅值足够大，则电路的最大输出功率为多少？

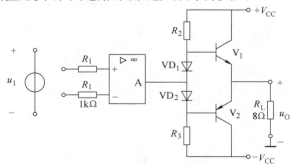

图 7-28　题 7-5 图

（2）为了提高输入电阻，稳定输出电压，且减小非线性失真，应引入哪种组态的交流负反馈？画出图来。

（3）若 $u_1 = 0.1V$ 时，$u_0 = 5V$，则反馈网络中电阻的取值约为多少？

7-6 OTL 电路如图 7-29 所示。

（1）为了使最大不失真输出电压幅值最大，静态时 V_1 管和 V_2 管的发射极电位应为多少？若不合适，则一般应调整哪个元件参数？

（2）若 V_2 管和 V_4 管的饱和管压降 $U_{CES} = 2.5V$，输入电压足够大，则电路的最大输出功率 P_{Om} 和效率 η 各为多少？

（3）V_2 管和 V_4 管的 I_{CM}、$U_{BR(CEO)}$ 和 P_{CM} 如何选择？

7-7 如图 7-30 所示为一未画全的功率放大电路。要求：

（1）画上晶体管 $V_1 \sim V_4$ 管的发射极箭头，加上连线使之构成一个完整的互补 OTL 功率放大电路；（2）说明 VD_1、VD_2、R_3 和 C_2 的作用；（3）已知电路的最大输出功率 $P_{Omax} = 4W$，估算 V_3、V_4 管集电极 – 发射极的最小电压降。

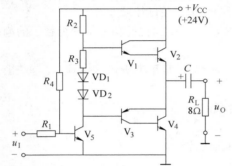 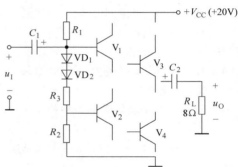

图 7-29 题 7-6 图　　　　　　　图 7-30 题 7-7 图

7-8 OTL 互补对称功放电路如图 7-31a 所示，试问：

（1）晶体管 V_1、V_2、V_3、V_4 为那种工作方式？（2）静态时，电容 C 两端电压应是多少？调整哪个电阻能满足这一要求？（3）动态时，如输出电压 u_0 出现图 7-31b 所示的波形，则为何种失真？应调整哪个电阻？如何调整？

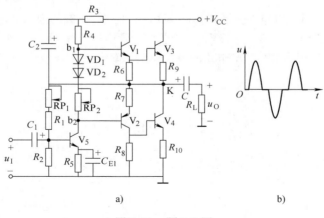

图 7-31 题 7-8 图

a）电路　b）输出波形

本 章 实 验

实验 7　深度实验

1. 实验目的

结合理论课程中某些问题做深入的研究。

2. 实验要求

自己拟定一个深度实验选题，自选实验室的仪器仪表，自己独立选择实验电路、测试电路、改进电路，完成研究实验数据的记录和实验总结。

3. 深度实验选题

减小功率放大电路失真研究；

提高功率放大电路效率研究；

提高电压放大倍数的稳定性研究；

增大共模抑制比研究；

提高稳流系数研究；

提高稳压系数研究；

运算放大器的自动增益控制研究。

4. 深度实验举例

减小功率放大电路失真研究的内容和步骤：

1）组建如图 7-32 或图 7-33 所示的功率放大电路（也可以自拟其他功率放大电路）。

2）正确进行电路的静态和动态调试。（选用万用表、函数发生器、示波器、毫伏表、直流稳压电源）

3）输入 1kHz 正弦波信号，测量电路达到额定最大不失真输出功率 P_{om} 时的失真度（负载 8Ω 和 4Ω 时），进行减小功率放大电路失真调试和电路改进。（选用晶体管图示仪、同步失真仪）

4）完成深度实验电路图、研究实验数据的记录和电路改进的实验报告。

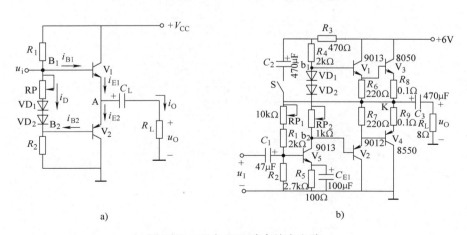

图 7-32　两个 OTL 功率放大电路

a）OTL 功率放大电路　b）复合互补 OTL 功率放大电路

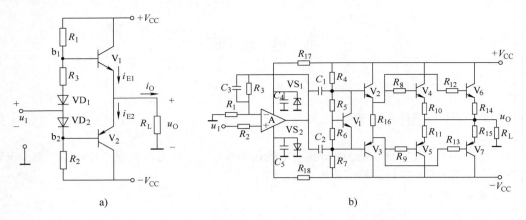

图 7-33　两个 OCL 功率放大电路

a）OCL 功率放大电路　b）全对称复合互补 OCL 功率放大电路

第 8 章　有源滤波器

电子电路的输入信号中一般包含有很多的频率分量，其中有需要的和不需要的频率分量，不需要的频率分量对电子电路工作构成不良影响（如高频干扰和噪声）。滤波的目的是选择有用的信号频率分量，即允许一部分有用频率的信号顺利通过，而另一部分无用频率的信号尽量急剧衰减（即被滤除）。具有频率选择功能的电路称为滤波器，它在无线电通信工程、自动控制、仪器仪表等领域中有着广泛的应用。

工程上常用它来作信号处理、数据传送和抑制干扰等。无源滤波电路是由 R、C 或 L 等元件组成。由工作在线性区的集成运放和 R、C 组成的有源滤波电路，具有不用电感、体积小、重量轻等优点。此外由于集成运放的开环电压增益和输入阻抗均很高，输出阻抗又低，故构成有源滤波电路后还具有一定的电压放大和缓冲作用。

但是，集成运放的带宽有限，所以目前有源滤波电路的工作频率难以做得很高，这是它的不足之处。

8.1　基本概念

8.1.1　滤波器的分类

根据截止频率附近幅频特性或相频特性的不同，典型的滤波器可以分为巴特沃斯（Butterworth）滤波器、切比雪夫（Chebyshev）滤波器、贝塞尔（Bessel）滤波器等。

根据阶数，滤波器可以分为一阶滤波器、二阶滤波器等。

根据滤波器通带和阻带的频率范围，滤波器可分为低通滤波器（Low Pass Filter, LPF）、高通滤波器（High Pass Filter, HPF）、带通滤波器（Band Pass Filter, BPF）、带阻滤波器（Band Elimination Filter, BEF）和全通滤波器（All Pass Filter, APF）等。

一般用幅频响应来表征滤波电路的特性，把能通过的频率范围称为通带，而把受阻或衰减的频率范围称为阻带，通带和阻带的界限频率称为截止频率。几种滤波器的理想幅频特性如图 8-1 所示。

（1）低通滤波器　其功能是顺利通过从零频率（直流）到 f_p 的低频信号，而对于超过 f_p 的所有频率分量则全部加以抑制。

（2）高通滤波器　其功能是对于从零频率（直流）到 f_p 的低频信号加以抑制，而顺利通过超过 f_p 的所有频率分量。高通滤波电路的通带理论上应延伸到无穷大，但实际上其通带也是有限的。

（3）带通滤波器　顺利通过 $f_{p1} \sim f_{p2}$ 频率范围的信号，而对于低于该范围和高于该范围的信号加以抑制。

（4）带阻滤波器　阻止通过 $f_{p1} \sim f_{p2}$ 频率范围的信号，而对于低于该范围和高于该范围的信号则顺利通过。

（5）全通滤波器　对于频率从零到无穷大的信号能顺利通过，但对于不同频率的信号可产生不同的相移。

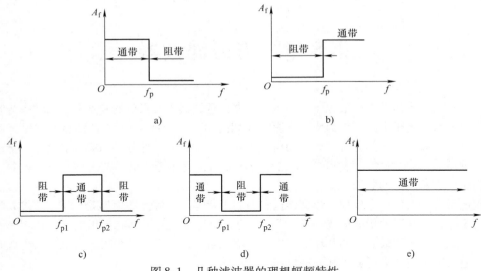

图8-1 几种滤波器的理想幅频特性

a）低通 b）高通 c）带通 d）带阻 e）全通

8.1.2 无源滤波器简介

如图8-2所示为一简单的无源 RC 低通滤波电路，设 f 为外加正弦波信号频率，其电压放大倍数为

$$\dot{A}_u = \frac{\dot{U}_o}{\dot{U}_i} = \frac{\dfrac{1}{j\omega C}}{R + \dfrac{1}{j\omega C}} = \frac{1}{1 + jR\omega C}$$

令 $f_n = \dfrac{1}{2\pi RC}$，则

$$\dot{A}_u = \frac{\dot{U}_o}{\dot{U}_i} = \frac{1}{1 + j\dfrac{f}{f_n}} \qquad (8\text{-}1)$$

其模为

$$|\dot{A}_u| = \frac{1}{\sqrt{1 + \left(\dfrac{f}{f_n}\right)^2}} \qquad (8\text{-}2)$$

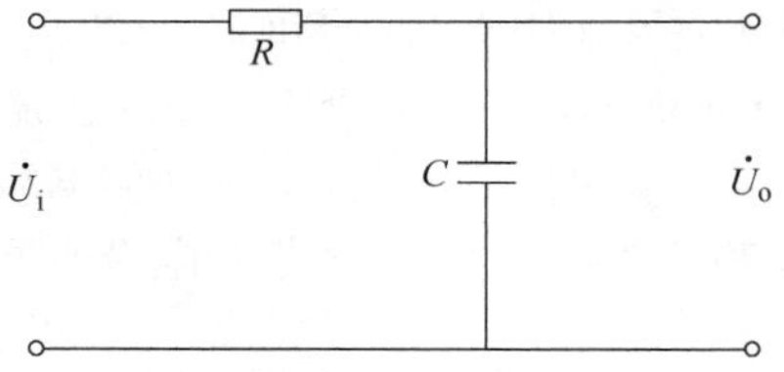

图8-2 无源 RC 低通滤波电路

由式（8-2）可得其幅频特性如图8-3所示。

其中，f_n 称为特征频率（由电路决定的具有频率量纲的常数）。由于电容 C 的容抗随信号 $\dot{U}_i$ 的频率增加而减小，使输入 $\dot{U}_i$ 经滤波器处理后的电压放大倍数值也随频率的增加而下降。式（8-2）表明，当频率趋于零时，电压放大倍数 $|\dot{A}_u| = 1$；当 $f = f_n$ 时，电压放大倍数 $|\dot{A}_u| = \dfrac{1}{\sqrt{2}} \approx$ 0.707，即电压增益为 -3dB；当 $f \geq 10f_n$ 时，电压增益下降为 -20dB；在 $f_n \sim 10f_n$ 为按 $-20\text{dB}/$十倍频的斜率衰减；当频率趋于无穷大时，电压放大倍数趋于零。所以频率越高，$|\dot{U}_o|$ 越小，而低频信号的衰减较小，易于通过，所以称为低通滤波器。

如图8-4所示为一简单的无源 RC 高通滤波电路，其电压放大倍数为

$$\dot{A}_{u} = \frac{\dot{U}_{o}}{\dot{U}_{i}} = \frac{R}{R + \frac{1}{j\omega C}} = \frac{1}{1 + \frac{1}{jR\omega C}}$$

令 $f_{n} = \frac{1}{2\pi RC}$，则

$$\dot{A}_{u} = \frac{\dot{U}_{o}}{\dot{U}_{i}} = \frac{1}{1 - j\frac{f_{n}}{f}} \qquad (8\text{-}3)$$

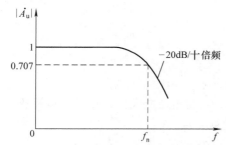

图 8-3 低通无源滤波电路实际的幅频特性

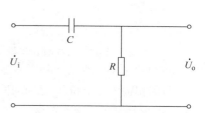

图 8-4 无源 RC 高通滤波电路

由式（8-3）可得其幅频特性和相频特性，如图 8-5 所示。

当 $\dot{U}_{i}$ 频率趋于零时，电压放大倍数趋于零；当 $f = f_{n}$ 时，电压放大倍数 $|\dot{A}_{u}| = \frac{1}{\sqrt{2}} \approx 0.707$，即电压增益为 -3dB；在 $f_{n} \sim 0.1f_{n}$ 为按 $+20\text{dB}/$十倍频的斜率上升；当频率趋于无穷大时，电压放大倍数为 1。所以频率越低，$|\dot{U}_{o}|$ 越小，而高频信号的衰减较小，易于通过，所以称为高通滤波器。当频率很低时，容抗可视为无穷大，作开路处理，电压放大倍数为零。当频率升至一定值时，电容的容抗可视为零。

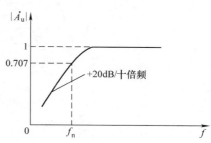

图 8-5 高通无源滤波电路的幅频特性

8.1.3 有源滤波器简介

与无源滤波器相比，在有源滤波电路中，集成运放起着放大的作用，提高了电路的增益，而且因集成运放输入阻抗很高，故对 RC 网络的影响小，同时又因其输出电阻低，带负载能力就强；另外由于不使用电感元件，可减小滤波器的体积和重量。但是，由于通用型集成运放的带宽有限，所以目前有源滤波器的工作频率较低，一般在几千赫以下（采用特殊器件也可以做到几兆赫）。而在频率较高的场合，采用 LC 无源滤波器效果较好。有源滤波器还需要工作电源，不适用于高电压大电流负载，仅用于信号的处理。

8.2 滤波电路分析

8.2.1 有源低通滤波器

有源滤波器是利用放大电路将经过无源滤波网络处理的信号进行放大，它不但可以保持原来

的滤波特性（幅频特性），而且还可提供一定的信号增益。

1. 一阶低通滤波器

如图 8-6a 所示为一阶有源低通滤波器，它由一阶 RC 低通环节和同相比例运算电路组成。

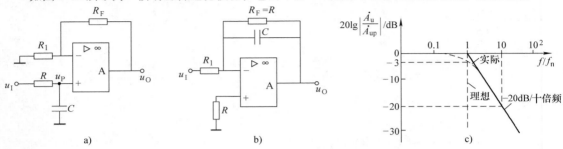

图 8-6　一阶有源低通滤波器电路

a）带同相比例放大电路的 LPF　b）带反相比例放大电路的 LPF　c）幅频特性

由图 8-6a 分析可知，当信号频率为零时，电路的通带电压放大倍数 $\dot{A}_{up}$ 等于运算放大电路的输出电压 $\dot{U}_o$ 与同相输入端电位 $\dot{U}_p$ 之间的同相比例运算关系：

$$\dot{A}_{up} = \frac{\dot{U}_o}{\dot{U}_p} = 1 + \frac{R_F}{R_1}$$

$$\dot{A}_u = \frac{\dot{U}_o}{\dot{U}_i} = \frac{\dot{U}_o}{\dot{U}_p}\frac{\dot{U}_p}{\dot{U}_i} = \left(1 + \frac{R_F}{R_1}\right)\frac{\dot{U}_p}{\dot{U}_i} = \dot{A}_{up}\frac{\dfrac{1}{j\omega C}}{R + \dfrac{1}{j\omega C}} = \frac{\dot{A}_{up}}{1 + j\omega RC}$$

$$\dot{A}_u = \frac{\dot{U}_o}{\dot{U}_i} = \frac{\dot{A}_{up}}{1 + j\dfrac{f}{f_n}} \tag{8-4}$$

$$f_n = f_p = \frac{1}{2\pi RC}$$

其中，f_n 为特征频率，即为通带截止频率 f_p（衰减 3dB 处的频率）。当 $f = f_n = f_p$ 时，电路的电压放大倍数 $\dfrac{|\dot{A}_u|}{|\dot{A}_{up}|} = \dfrac{1}{\sqrt{2}} = 0.707$；当 $f \gg f_p$ 时，$20\lg|\dot{A}_u|$ 按 $-20\text{dB}/$十倍频下降。其幅频特性如图 8-6c 所示。对频率大于 f_p 的信号的电压放大倍数减小，能有效地抑制高频干扰信号。

图 8-6b 是由反相比例放大器组成的低通滤波器，其频率特性表达式为

$$\dot{A}_u = \frac{\dot{U}_o}{\dot{U}_i} = \frac{-R /\!/ \dfrac{1}{j\omega C}}{R_1} = \frac{1}{1 + j\omega RC}\left(-\frac{R}{R_1}\right) = \frac{\dot{A}_{up}}{1 + j\omega RC}$$

$$\dot{A}_u = \frac{\dot{A}_{up}}{1 + j\dfrac{f}{f_n}} \tag{8-5}$$

式中，$\dot{A}_{up}$ 为反相比例放大器的电压放大倍数，$\dot{A}_{up} = \dfrac{-R}{R_1}$。

由式（8-4）、式（8-5）可知，式中分母 f 为一次幂，故称图 8-6a、b 所示电路为一阶低通有源滤波电路。

　　由图 8-6c 可以看出，一阶低通滤波器的滤波特性和图 8-1a 理想低通滤波器的特性差距较大。理想低通滤波器当频率 $f \geqslant f_p$ 时，电压增益立即降到零，而实际的低通滤波器则只是以 $-20\text{dB}/$十倍频的斜率衰减，选择性较差。

2. 二阶低通滤波器

　　为了使实际低通滤波器特性更接近理想特性，可以在图 8-6a 的基础上再串接一节 RC 低通网络，使高频段的衰减斜率更大一些，这样就构成了二阶低通滤波器。

　　如图 8-7 所示为二阶有源低通滤波器。

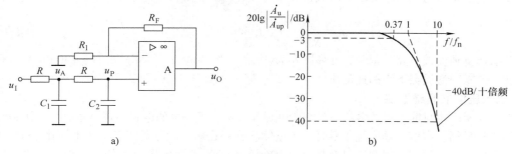

图 8-7　二阶有源低通滤波器
a) 电路　b) 幅频特性

由图可得通带电压放大倍数：

$$\dot{A}_{\text{up}} = \frac{\dot{U}_o}{\dot{U}_p} = 1 + \frac{R_F}{R_1}$$

$$\dot{U}_A = \frac{\dfrac{1}{j\omega C_1} \Big/\!\!\Big/ \left(R + \dfrac{1}{j\omega C_2} \right)}{R + \dfrac{1}{j\omega C_1} \Big/\!\!\Big/ \left(R + \dfrac{1}{j\omega C_2} \right)} \dot{U}_i$$

$$\dot{U}_p = \frac{\dfrac{1}{j\omega C_2}}{R + \dfrac{1}{j\omega C_2}} \dot{U}_A = \frac{1}{1 + j\omega R C_2} \dot{U}_A$$

$$\dot{A}_u = \frac{\dot{U}_o}{\dot{U}_i} = \left(1 + \frac{R_F}{R_1} \right) \frac{\dot{U}_p}{\dot{U}_i} = \dot{A}_{\text{up}} \cdot \frac{1}{1 + j\omega R C_2} \cdot \frac{\dfrac{1}{j\omega C_1} \Big/\!\!\Big/ \left(R + \dfrac{1}{j\omega C_2} \right)}{R + \dfrac{1}{j\omega C_1} \Big/\!\!\Big/ \left(R + \dfrac{1}{j\omega C_2} \right)}$$

令 $C_1 = C_2 = C$，则可得

$$\dot{A}_u = \dot{A}_{\text{up}} \frac{1}{1 + j\omega R C} \frac{\dfrac{1}{j\omega C} \Big/\!\!\Big/ \left(R + \dfrac{1}{j\omega C} \right)}{R + \dfrac{1}{j\omega C} \Big/\!\!\Big/ \left(R + \dfrac{1}{j\omega C} \right)}$$

$$= \dot{A}_{\text{up}} \frac{1}{1 + 3j\omega R C + (j\omega R C)^2}$$

令 $\omega_n = 2\pi f_n = \dfrac{1}{RC}$，即 $f_n = \dfrac{1}{2\pi RC}$（电路的特征频率），则

$$\dot{A}_\mathrm{u} = \dot{A}_\mathrm{up} \frac{1}{1 - \left(\dfrac{f}{f_\mathrm{n}}\right)^2 + 3\mathrm{j}\dfrac{f}{f_\mathrm{n}}} \tag{8-6}$$

当 $f = f_\mathrm{p}$ 时，使式（8-6）分母的模为 $\sqrt{2}$，即

$$\left| 1 - \left(\frac{f_\mathrm{p}}{f_\mathrm{n}}\right)^2 + 3\mathrm{j}\frac{f_\mathrm{p}}{f_\mathrm{n}} \right| = \sqrt{2}$$

可得二阶有源低通滤波电路的上限截止频率为

$$f_\mathrm{p} = \sqrt{\frac{\sqrt{53} - 7}{2}}\, f_\mathrm{n} \approx 0.37 f_\mathrm{n} \tag{8-7}$$

二阶有源低通滤波电路的幅频特性如图 8-7b 所示。当 $f \gg f_\mathrm{n}$ 时，$20\lg|\dot{A}_\mathrm{u}|$ 按 $-40\mathrm{dB}/$十倍频下降，比一阶低通滤波器下降的速度快。

3. 二阶压控低通滤波器

如图 8-8 所示为目前用得较多的一种二阶低通滤波器。第一级的电容不是接地而是改接到输出端，形成正反馈。在信号频率趋于零时，正反馈很弱；在信号频率趋于无穷大时，由于 C_2 的电抗趋于无穷大，正反馈也很弱；只有接近 f_p 的频段，正反馈使电压放大倍数增大，只要正反馈适当引入，使幅频特性曲线有所拉升。此电路使电压放大倍数在一定程度上受输出电压的控制，故该电路又称为二阶压控电压源低通滤波器。

令 $C_1 = C_2 = C$，则可得电路的特征频率

$$f_\mathrm{n} = \frac{1}{2\pi RC}$$

当信号频率为零时，电路的通带电压放大倍数为

$$\dot{A}_\mathrm{up} = \frac{\dot{U}_\mathrm{o}}{\dot{U}_\mathrm{p}} = 1 + \frac{R_\mathrm{F}}{R_1}$$

二阶压控电路的电压放大倍数整理可得：

$$\dot{A}_\mathrm{u} = \frac{\dot{A}_\mathrm{up}}{1 - \left(\dfrac{f}{f_\mathrm{n}}\right)^2 + \mathrm{j}(3 - \dot{A}_\mathrm{up})\dfrac{f}{f_\mathrm{n}}} = \frac{\dot{A}_\mathrm{up}}{1 - \left(\dfrac{f}{f_\mathrm{n}}\right)^2 + \mathrm{j}\dfrac{1}{Q}\dfrac{f}{f_\mathrm{n}}} \tag{8-8}$$

其中

$$Q = \frac{1}{3 - \dot{A}_\mathrm{up}} \tag{8-9}$$

Q 为 $f = f_\mathrm{n}$ 时电压放大倍数的模与通带电压放大倍数之比，称为等效品质因数（描述滤波器过渡特性的常数）。

由式（8-8）可知，当 $f = f_\mathrm{n}$ 时，$|\dot{A}_\mathrm{u}| = \left|\dfrac{\dot{A}_\mathrm{up}}{3 - \dot{A}_\mathrm{up}}\right| = |Q\dot{A}_\mathrm{up}|$，当 $2 < |\dot{A}_\mathrm{up}| < 3$ 时，即 $R_1 < R_\mathrm{F} < 2R_1$ 时，$Q > 1$，$|\dot{A}_\mathrm{u}|_{f=f_\mathrm{n}} > |\dot{A}_\mathrm{up}|$，幅频特性在 $f = f_\mathrm{n}$ 处被抬高。当 $|\dot{A}_\mathrm{up}| = 3$ 时，$Q = \infty$，电路由于正反馈过强而产生自激振荡，不能正常工作。当 Q 分别为 1 和 $\dfrac{1}{\sqrt{2}}$ 时，对应的 $20\lg\left|\dfrac{A_\mathrm{u}}{A_\mathrm{up}}\right|$ 为 $0\mathrm{dB}$ 和 $-3\mathrm{dB}$。通过选择合适的 Q 值，不仅可以加大幅频特性在 $f > f_\mathrm{n}$ 处的衰减速度，而且还可以使其不过于抬高。电路的幅频特性如图 8-8b 所示。

例 8-1：在图 8-8 所示的二阶低通滤波器中，设 $R = R_1 = 10\mathrm{k}\Omega$，$C_1 = C_2 = C = 0.1\mu\mathrm{F}$，$R_\mathrm{F} =$

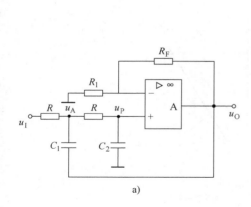 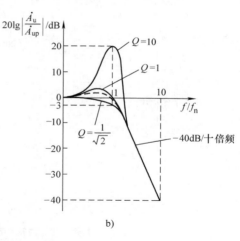

a) b)

图 8-8 二阶低通滤波器

a）电路 b）幅频特性

$10\text{k}\Omega$。计算通带电压放大倍数 A_{up} 和通带截止频率 f_p。

解：特征频率：$f_n = \dfrac{1}{2\pi RC} = \dfrac{1}{2 \times 3.14 \times 10 \times 10^3 \times 0.1 \times 10^{-6}} \text{Hz} = 159 \text{Hz}$

通带电压放大倍数

$$A_{up} = 1 + \frac{R_F}{R_1} = 1 + \frac{10}{10} = 2$$

电路的等效品质因数 $Q = \dfrac{1}{3 - A_{up}} = 1$，由 $\dot{A}_u = \dfrac{\dot{A}_{up}}{1 - \left(\dfrac{f}{f_n}\right)^2 + j\dfrac{1}{Q} \cdot \dfrac{f}{f_n}}$ 得

$$A_u(f) = \frac{2}{1 - \left(\dfrac{f}{f_n}\right)^2 + j\dfrac{f}{f_n}}$$

设 -3dB 截止频率 $f_p = kf_n$，则有

$$\left| 1 - k^2 + jk \right| = \sqrt{2}$$

由此解得 $k = 1.27$，故：$f_p = 1.27 \times 159 \text{Hz} = 202 \text{Hz}$。

8.2.2 有源高通滤波器

1. 一阶高通滤波器

如图 8-9 所示为一阶有源高通滤波器，它由一阶 RC 高通环节和同相比例运算电路组成。

由图 8-9a 分析可得，当信号频率为高频时，电容相当于"短路"，电路的通带电压放大倍数是运算放大电路的同相输入端电压 u_P 与输出电压 u_O 之间的同相比例运算关系：

$$\dot{A}_{up} = \frac{\dot{U}_o}{\dot{U}_P} = 1 + \frac{R_F}{R_1}$$

$$\dot{A}_u = \frac{\dot{U}_o}{\dot{U}_i} = \left(1 + \frac{R_F}{R_1}\right)\frac{\dot{U}_P}{\dot{U}_i} = \dot{A}_{up}\frac{R}{R + \dfrac{1}{j\omega C}} = \frac{\dot{A}_{up}j\omega RC}{1 + j\omega RC}$$

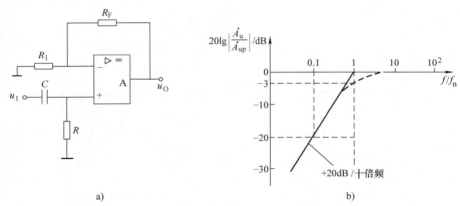

图 8-9 一阶有源高通滤波电路
a) 带同相比例放大电路的 HPF b) 幅频特性

$$\dot{A}_u = \frac{\dot{U}_o}{\dot{U}_i} = \frac{j \dfrac{f}{f_n}}{1 + j \dfrac{f}{f_n}} \dot{A}_{up} \tag{8-10}$$

$$f_n = f_p = \frac{1}{2\pi RC}$$

当 $f = f_n$ 时，电路的电压放大倍数 $\dfrac{|\dot{A}_u|}{|\dot{A}_{up}|} = \dfrac{1}{\sqrt{2}} = 0.707$，即截止频率处电压放大倍数小了 3dB。

当 $f \ll f_p$ 时，$20\lg|\dot{A}_u|$ 按 -20dB/十倍频下降。其幅频特性如图 8-9b 所示，幅频特性的斜率为 $+20$dB/十倍频。一阶高通滤波器中的信号频率越低，电压放大倍数 A_u 越小，可以有效地对频率小于 f_p 的信号进行抑制。

2. 二阶压控高通滤波器

如图 8-10 所示为二阶压控高通滤波器。

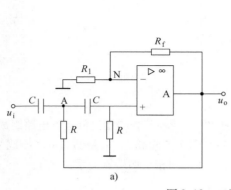

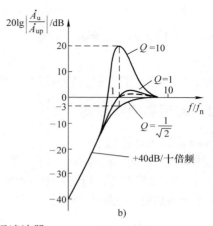

图 8-10 二阶压控高通滤波器
a) 电路 b) 幅频特性

可得电路的特征频率

$$f_n = \frac{1}{2\pi RC}$$

由图可得

$$\dot{A}_{\text{up}} = \frac{\dot{U}_\text{o}}{\dot{U}_\text{p}} = 1 + \frac{R_\text{F}}{R_1}$$

$$\dot{A}_\text{u} = \frac{\dot{A}_{\text{up}}}{1 - \left(\dfrac{f_\text{n}}{f}\right)^2 - \text{j}(3 - \dot{A}_{\text{up}})\dfrac{f_\text{n}}{f}} = \frac{\dot{A}_{\text{up}}}{1 - \left(\dfrac{f_\text{n}}{f}\right)^2 - \text{j}\dfrac{1}{Q}\dfrac{f_\text{n}}{f}} \tag{8-11}$$

其中

$$Q = \frac{1}{3 - \dot{A}_{\text{up}}} \tag{8-12}$$

当 $|\dot{A}_{\text{up}}| = 3$ 时，电路产生自激振荡，不能正常工作，通常选择 $|\dot{A}_{\text{up}}| > 3$。由式（8-12）可得电路的幅频特性，如图 8-10b 所示。当 $f \ll f_\text{n}$ 时，$20\lg\left|\dfrac{\dot{A}_\text{u}}{\dot{A}_{\text{up}}}\right|$ 按 +40dB/十倍频斜率上升。

8.2.3　有源带通滤波器

如果一个低通滤波电路的截止频率 f_{p2} 大于一个高通滤波电路的截止频率 f_{p1}，把它们串联起来，则可以使频率 f_{p1} 和 f_{p2} 之间的信号能通过，其余频率的信号不能通过，即构成带通滤波电路。带通滤波电路的构成原理如图 8-11 所示。

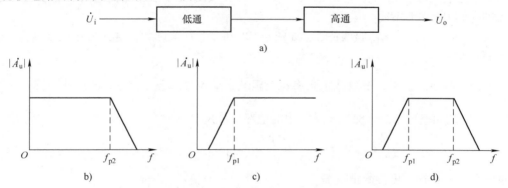

图 8-11　带通滤波器的构成原理
a）原理框图　b）低通滤波幅频特性　c）高通滤波幅频特性　d）带通滤波幅频特性

实际电路中常采用单个集成运放构成压控电压源二阶有源带通滤波电路，如图 8-12a 所示。

通常选取 $C_1 = C_2 = C$，$R_1 = R_3 = R$，$R_2 = 2R$。由电路分析可得运算放大电路的同相输入端电位 u_p 与输出电压 u_o 之间为同相比例运算关系：

$$\dot{A}_{\text{uf}} = \frac{\dot{U}_\text{o}}{\dot{U}_\text{p}} = 1 + \frac{R_\text{F}}{R_1}$$

$$\dot{A}_\text{u} = \frac{\dot{A}_{\text{uf}}}{3 - \dot{A}_{\text{uf}}}\frac{1}{1 + \text{j}\dfrac{1}{3 - \dot{A}_{\text{uf}}}\left(\dfrac{f}{f_\text{n}} - \dfrac{f_\text{n}}{f}\right)} = \frac{\dot{A}_{\text{up}}}{1 + \text{j}Q\left(\dfrac{f}{f_\text{n}} - \dfrac{f_\text{n}}{f}\right)} \tag{8-13}$$

其中

$$f_\text{n} = \frac{1}{2\pi RC} \tag{8-14}$$

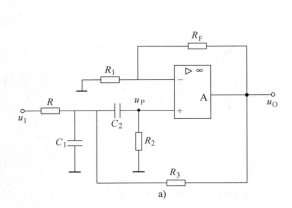 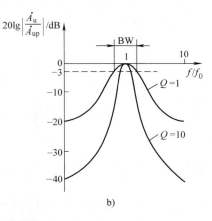

图 8-12　压控电压源带通滤波器

a）电路　b）幅频特性

$$Q = \frac{1}{3 - \dot{A}_{uf}} \tag{8-15}$$

$$\dot{A}_{up} = \frac{\dot{A}_{uf}}{3 - \dot{A}_{uf}} = Q\dot{A}_{uf} \tag{8-16}$$

通带电压放大倍数 $\dot{A}_{up}$ 为 $f = f_n$ 时的电压放大倍数，它不等于同相比例电路的电压放大倍数，与前面讲的 LPF、HPF 不同。

根据式（8-13），可画出幅频特性，如图 8-12b 所示。Q 值越大，电路的通频带越窄，选频特性越好。

根据截止频率的定义，下限截止频率和上限截止频率使增益下降 $-3\mathrm{dB}$，即 $|\dot{A}_u| = \dfrac{|\dot{A}_{up}|}{\sqrt{2}} = 0.707\,|\dot{A}_{up}|$ 时的频率。令式（8-13）分母中的虚部系数为 1，则得

$$\left| Q\left(\frac{f}{f_n} - \frac{f_n}{f} \right) \right| = 1$$

解方程，取正根，可得截止频率

$$f_{p1} = \frac{f_n}{2}\left(\sqrt{\frac{1}{Q^2} + 4} - \frac{1}{Q} \right) \tag{8-17}$$

$$f_{p2} = \frac{f_n}{2}\left(\sqrt{\frac{1}{Q^2} + 4} + \frac{1}{Q} \right) \tag{8-18}$$

因而可得电路的通带宽度为

$$\mathrm{BW} = f_{p2} - f_{p1} = \frac{f_n}{Q}$$

$$= (3 - \dot{A}_{uf})f_n \tag{8-19}$$

由此可知，Q 越大，通带宽度越窄。通过改变 R_1、R_F 的阻值，就可以改变通带宽度，而 f_n 不受影响。这种带通滤波器常用于音响的调音电路中。

8.2.4　有源带阻滤波器

带阻滤波器的作用和带通滤波器相反，即对于在规定的某一频段内的信号有衰减或抑制作

用，而在该频段外的信号，可以顺利通过，因此也被称为陷波滤波器。常用于抗干扰设备中阻止某个频段范围内的干扰和噪声信号。例如在工业检测仪器中，使用 50Hz 带阻滤波器，用来抑制来自 50Hz 交流电源引起的干扰信号。

　　将低通滤波器和高通滤波器并联起来使用，就可以构成带阻滤波器，条件是低通滤波器的截止频率 f_{p1} 小于高通滤波器的截止频率 f_{p2}，其组成框图如图 8-13 所示。将输入信号同时作用于低通滤波器和高通滤波器，再对两个滤波器的输出求和，实现的电路及幅频特性如图 8-14 所示。

　　该滤波器是在无源双 T 形带阻滤波电路的基础上加入了同相比例运算电路，并引入正反馈。当输入高频信号时，电容的容抗小，可视为"短路"，高频信号由上方的两个电容和一个电阻组成的 T 形网络通过；当输入低频信号时，电容的容抗大，可视为"开路"，低频信号由下方的两个电阻和一个电容组成的 T 形网络通过；而在低频和高频之间的频带信号无法通过双 T 形网络。

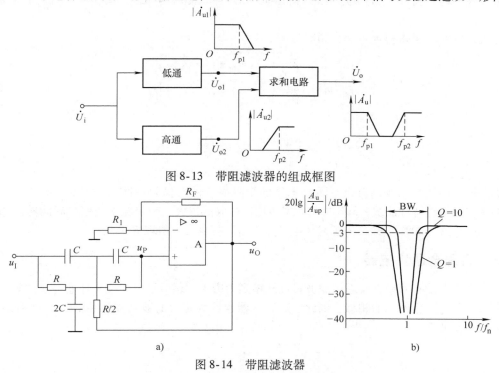

图 8-13　带阻滤波器的组成框图

图 8-14　带阻滤波器

a）电路　b）幅频特性

当频率趋于零或无穷大时，通带电压放大倍数等于比例运算电路的比例系数：

$$\dot{A}_{up} = \frac{\dot{U}_o}{\dot{U}_p} = 1 + \frac{R_F}{R_1}$$

$$\dot{A}_u = \frac{1 - \left(\dfrac{f}{f_n}\right)^2}{1 - \left(\dfrac{f}{f_n}\right)^2 + j2(2 - \dot{A}_{up})\dfrac{f}{f_n}} \dot{A}_{up}$$

$$= \frac{\dot{A}_{up}}{1 + j2(2 - \dot{A}_{up})\dfrac{f f_n}{f_n^2 - f^2}}$$

$$= \frac{\dot{A}_{up}}{1 + j\frac{1}{Q}\frac{ff_n}{f_n^2 - f^2}} \tag{8-20}$$

其中

$$f_n = \frac{1}{2\pi RC} \tag{8-21}$$

f_n 为带阻滤波器的特征频率。

$$Q = \frac{1}{2(2 - \dot{A}_{up})} \tag{8-22}$$

由式（8-20）可知，当 $f = f_n$ 时，$|\dot{A}_u| = 0$；当 $f = 0$ 或 $f \to \infty$ 时，$|\dot{A}_u| \approx |\dot{A}_{up}|$，呈"带阻"特性。

由式（8-20）可求得通带截止频率为

$$f_{p1} = \left[\sqrt{(2 - \dot{A}_{up})^2 + 1} - (2 - \dot{A}_{up}) \right] f_n \tag{8-23}$$

$$f_{p2} = \left[\sqrt{(2 - \dot{A}_{up})^2 + 1} + (2 - \dot{A}_{up}) \right] f_n \tag{8-24}$$

阻带宽度为

$$\mathrm{BW} = f_{p2} - f_{p1} = \frac{f_n}{Q}$$
$$= 2(2 - \dot{A}_{up})f_n \tag{8-25}$$

根据式（8-20）可画出对应不同 Q 取值的带阻滤波器的幅频特性，如图 8-14b 所示，其带阻宽度是在同一组特性曲线 $-3\mathrm{dB}$ 处的频率范围。Q 取值越大，带阻宽度越窄，滤波器的选频特性越好。由式（8-20）可知，为了避免电路产生自激振荡，一般取 $R_f < R_1$。

8.2.5 有源全通滤波器

全通滤波器没有阻带，其理想滤波特性从零到无穷大，信号可以无衰减地通过滤波器，但不同频率的信号将产生不同的相移。因此全通滤波器也称为延时滤波器或移相器。如图 8-15 所示为一阶全通滤波器。

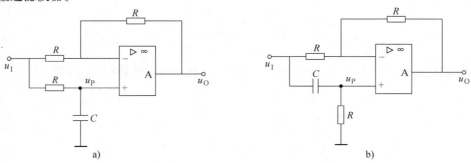

图 8-15 一阶全通滤波器

a）电路一 b）电路二

由图 8-15a 用叠加原理分析输出电压可得

$$\dot{U}_o = \left(1 + \frac{R}{R}\right)\dot{U}_p - \frac{R}{R}\dot{U}_i = -\dot{U}_i + 2\dot{U}_p$$

由图 8-15a 分析可得

$$\dot{U}_\mathrm{p} = \frac{1}{1 + \mathrm{j}\omega RC}\dot{U}_\mathrm{i}$$

$$\dot{A}_\mathrm{u} = \frac{\dot{U}_\mathrm{o}}{\dot{U}_\mathrm{i}} = \frac{1 - \mathrm{j}\omega RC}{1 + \mathrm{j}\omega RC} = \frac{1 - \mathrm{j}\dfrac{f}{f_\mathrm{n}}}{1 + \mathrm{j}\dfrac{f}{f_\mathrm{n}}} \tag{8-26}$$

其中

$$f_\mathrm{n} = \frac{1}{2\pi RC} \tag{8-27}$$

由式（8-26）可以得到幅频特性和相频特性表达式

$$|\dot{A}_\mathrm{u}| = \frac{\sqrt{1 + \left(\dfrac{f}{f_\mathrm{n}}\right)^2}}{\sqrt{1 + \left(\dfrac{f}{f_\mathrm{n}}\right)^2}} = 1 \tag{8-28}$$

$$\varphi = -\arctan\frac{f}{f_\mathrm{n}} - \arctan\frac{f}{f_\mathrm{n}} = -2\arctan\frac{f}{f_\mathrm{n}} \tag{8-29}$$

由图 8-15a 电路的幅频特性和相频特性可知，信号通过全通滤波器的幅度保持不变，相位移随频率变化。当 $f = 0$ 时，$\varphi = 0°$；当 $f = f_\mathrm{n}$ 时，$\varphi = -90°$；当 $f \to \infty$ 时，$\varphi = -180°$。相频特性如图 8-16 所示。图 8-15a 全通滤波器电路一的相频特性如图 8-16b 中实线所示。

同理可得图 8-15b 一阶全通滤波器电路二的相频特性表达式为

$$\varphi = 180° - 2\arctan\frac{f}{f_\mathrm{n}} \tag{8-30}$$

图 8-15b 全通滤波器电路二的相频特性如图 8-16b 中虚线所示。

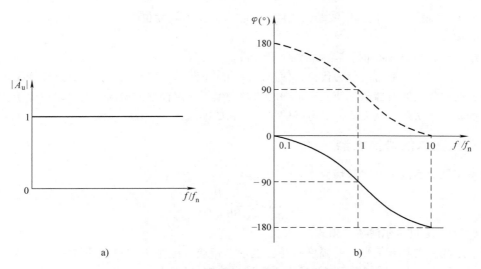

图 8-16 全通滤波器电路的幅频特性和相频特性

a）幅频特性 b）相频特性

8.3 滤波电路综合

在实际应用中，改变电路参数，滤波器就可以得到不同的频率特性，其中典型的主要有巴特沃思（Butterworth）、切比雪夫（chebyshev）、贝塞尔（Bessel）特性曲线。每一种滤波器都可以通过改变与时间常数有关的参数得到与巴特沃思、切比雪夫、贝塞尔特性曲线相对应的滤波特性。这里以低通滤波器为例简要介绍这3种滤波器。

8.3.1 巴特沃思低通滤波器

巴特沃思 n 阶低通滤波器的幅频响应为

$$|H(\Omega)| = \frac{1}{\sqrt{1 + \varepsilon^2 \Omega^{2n}}} \qquad (8\text{-}31)$$

式中，Ω 是归一化频率，$\Omega = \omega/\omega_P$，ω 是给定频率，ω_P 是 $-3\mathrm{dB}$ 截止频率；n 是滤波器的阶数，即滤波器包含的 RC 环节的数目；ε 是决定最大通带起伏量的常数。

由式（8-31）可知，$|H(\Omega)|$ 的 $2n-1$ 阶导数在 $\omega = 0$ 处的值为零。因此巴特沃思低通滤波器在 $\omega = 0$ 处最大平滑、无衰减，通带内的频率特征是平坦无凹凸，并且在允许条件下可得到最大带宽。因此巴特沃思滤波器具有最大平坦特性，其阶数 n 越高，滤波响应曲线越趋于理想特性。

8.3.2 切比雪夫低通滤波器

切比雪夫低通滤波器的幅频响应为

$$|H(\Omega)| = \frac{1}{\sqrt{1 + \varepsilon^2 C_n^2(\Omega)}} \qquad (8\text{-}32)$$

式中，$\varepsilon^2 < 1$，表示通带内幅度波动的程度，ε 越大，波动幅度也越大；$\Omega = \omega/\omega_P$；$C_n^2(\Omega)$ 为切比雪夫多项式。

可以看出，当 $\omega > \omega_P$ 时，幅频特性下降较陡。

该滤波器以引入通带起伏为代价，使过渡带曲线下降的速率最大。在给定过渡带截止速率的情况下，切比雪夫滤波器虽然使在通带内的曲线产生了一定幅度的振荡，但可以用低于巴特沃思滤波器的阶次来实现，从而降低了电路的复杂性和成本。

8.3.3 贝塞尔低通滤波器

贝塞尔低通滤波器的幅频响应为

$$H(\Omega) = \frac{H_0}{E_n(\Omega)} \qquad (8\text{-}33)$$

式中，$E_n(\Omega)$ 为贝塞尔滤波多项式。

贝塞尔滤波器具有最平坦的幅度和相位响应。带通（通常为用户关注区域）的相位响应近乎呈线性。Bessel 滤波器可用于减少所有无限冲击响应（Infinite Impulse Reponse，IIR）滤波器固有的非线性相位失真。

如图 8-17 所示为巴特沃思滤波器、切比雪夫滤波器、贝塞尔滤波器的频率特性。巴特沃思滤波器具有最平坦的通带，但过渡带不够陡峭。切比雪夫滤波器带内有起伏，但过渡带比较陡峭。贝塞尔滤波器过渡带宽而不陡，但具有线性相频特性。我们应根据实际需要来设计所需的滤波器特性。

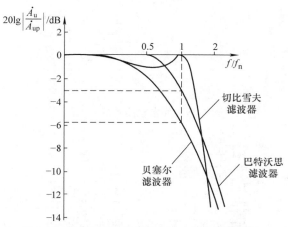

图 8-17　3 种类型滤波器二阶 LPF 的幅频特性

8.4　应用电路介绍

应用一：光电检测电路

光电探测器所接收到的信号一般都非常微弱，而且光探测器输出的信号往往被深埋在噪声之中，因此，要对这样的微弱信号进行处理，一般都要先进行预处理，把大部分噪声滤除掉，并将微弱信号放大到后续处理器所要求的电压幅度。这样，就需要通过前置放大电路、滤波电路和主放大电路来输出幅度合适、并已滤除掉大部分噪声的待检测信号。其光电检测电路框图如图 8-18 所示。

图 8-18　光电检测电路框图

光电检测系统的电路如图 8-19 所示。前级部分由光电转换二极管与前级放大器组成，选用高性能低噪声运算放大器来实现电路匹配并将光电流转换成电压信号，以实现放大。虽然前级放大倍数可以设计得很大，但由于反馈电阻会引入热噪声而限制电路的信噪比，因此前级信号不能无限放大。

为保证测量的精确性，在前置放大电路之后加入二阶带通滤波电路，以除去有用信号频带以外的噪声，包括环境噪声及由前置放大器引入的噪声。在图 8-19 中，二阶带通滤波器是一种二阶压控电压源（VCVS）带通滤波器，其滤波电路采用有源滤波器完成，并由二阶压控电压源低通滤波器和二阶压控电压源高通滤波器串接组成带通滤波器。

应用二：机械振动信号调理电路

集成有源滤波器的外围电路使用简单，受分布电容的影响小，因而有广泛的应用。如图 8-20 所示为机械振动信号调理电路的硬件电路。LTC1068 是 Linear 公司生产的 4 通道通用滤波器，它有很低的失调电流、漂移电流和偏置电流，并且具有很高的动态范围，达到截止频率的 200 倍时无混叠现象。工作电压为 1.5 ~ 5V。LTC1068 采用 24 引脚 PDIP 和 28 引脚 SSOP 两种封装。

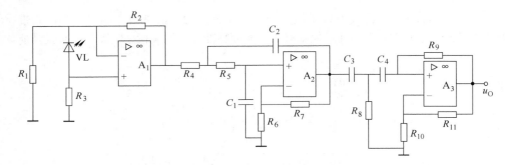

图 8-19　光电检测系统的电路

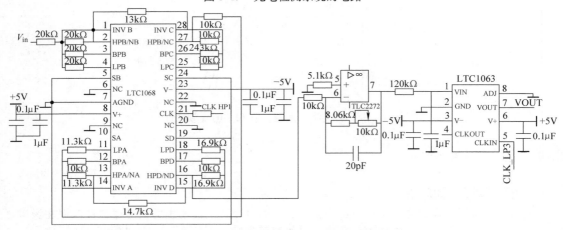

图 8-20　机械振动信号调理电路的硬件电路

V+、V-：滤波器电源正负输入端。通常情况下在该引脚与模拟地之间接一个 0.1μF 的旁路电容器以抗击干扰。AGND：模拟地。CLK：时钟信号输入端。INV A、INV B、INV C、INV D：滤波器信号输入端。SA、SB、SC、SD：加法求和输入端，也是电压输入引脚。HPA、HPB、HPC、HPD：A、B、C、D 4 个通道的高通输出端。LPA、LPB、LPC、LPD：A、B、C、D 4 个通道的低通输出端。BPA、BPB、BPC、BPD：A、B、C、D 4 个通道的带通输出端。

TLC2272 是单芯片双运放放大器，与其他 CMOS 型放大器相比，具有高输入阻抗、低噪声、低输入偏置电流、低功耗等优点，其动态应用范围大，可以提供 2MHz 的带宽和 3V/μs 的电压转换速率。

在进行数据处理时，为提高信噪比，突出被测机械设备的特性信息，通常要对采样的信号进行滤波处理，因此滤波电路是信号调理电路中很重要的一部分。电路采用高通滤波器和低通滤波器组成的带通滤波器来实现滤波功能，其中低通滤波器采用 LTC1063，高通滤波器采用 LTC1068。通过这两个高精度滤波器的配合使用，减小了温漂、零漂和直流偏置，提高了信噪比，从而满足了采集系统调理电路高精度和高稳定性的要求。

本 章 小 结

1. 有源滤波电路一般由 RC 网络和集成运算放大电路组成，主要用于小信号处理。按其幅频特性分为低通、高通、带通、带阻和全通等滤波电路。应用时应根据有用信号、无用信号和干扰等所占频段来选择合理的类型。

2. 有源滤波电路一般均引入电压负反馈，因而集成运放工作在线性区，分析方法与信号运算电路基本相同。

3. 为了改善滤波性能，还适当引入正反馈。在实际使用中要合理选择电路参数，以避免电路产生自激振荡。

4. 通过选择不同的参数，可以得到不同的频率特性，主要有巴特沃思、切比雪夫和贝塞尔等类型。巴特沃思滤波器的特点为通带内幅频曲线的幅度平坦，没有起伏，相移与频率的关系不是很线性的，阶跃响应有过冲；切比雪夫滤波器的特点为下降最陡，但通带之间幅频曲线有波纹；贝塞尔滤波器的特点为延时特性最平坦，幅频特性最平坦区较小，从通带到阻带衰减缓慢。贝塞尔滤波器的幅频特性比巴特沃思或切比雪夫滤波器略差。

思考题与习题

8-1 填空题

（1）在 $f = 0$ 或 $f \to \infty$ 时的电压放大倍数均等于零的电路是_____滤波器。

（2）一阶 RC 高通电路截止频率决定于_____的倒数，在截止频率处输出信号比通带内输出信号下降_____ dB。

（3）一阶滤波电路阻带幅频特性以_____/十倍频斜率衰减，二阶滤波电路则以_____/十倍频斜率衰减。阶数越_____，阻带幅频特性衰减的速度就越快，滤波电路的滤波性能就越好。

（4）_____滤波器的直流电压放大倍数就是它的通带电压放大倍数。

（5）在理想情况下，_____滤波器在 $f \to \infty$ 的电压放大倍数就是它的通带电压放大倍数。

（6）设某一阶有源滤波电路的电压放大倍数为 $\dot{A} = \dfrac{200}{1 + \text{j}\dfrac{f}{200}}$，则此滤波器为_____滤波器，

其通带放大倍数为_____，截止频率为_____。

8-2 选择填空题

（1）带阻滤波器可以由_____组成。

A. 低通滤波电路和高通滤波电路并联

B. 低通滤波电路和高通滤波电路串联

C. 带通滤波电路和反相器串联

D. 带通滤波电路和减法电路串联效率低，耗电量大

（2）某电路有用信号频率为 2kHz，可选用_____。

A. 低通滤波器   B. 高通滤波器   C. 带通滤波器   D. 带阻滤波器

（3）在有源滤波器和滞回比较器中，运算放大器分别工作在_____。

A. 截止区、非线性区   B. 线性区、非线性区

C. 饱和区、线性区   D. 线性区、线性区

（4）抑制 50Hz 交流电源的干扰和从输入信号取出频率低于 2kHz 的信号，应分别采用_____滤波电路。

A. 低通滤波器、低通滤波器   B. 高通滤波器、低通滤波器

C. 带通滤波器、低通滤波器   D. 带阻滤波器、高通滤波器

8-3 判断题

（1）高通滤波器的通频带是指电压的放大倍数基本不变的频率范围。　　　　（　　）

（2）在带阻滤波器的阻带内，所有频率信号的电压放大倍数一定低于通带的放大倍数。

　　　　　　　　　　　　　　　　　　　　　　　　　　　　　　　　　　　（　　）

（3）全通滤波器也是直流放大器。　　　　　　　　　　　　　　　　　　　　（　　）

8-4　在下列几种情况下，应分别采用哪种类型的滤波电路（低通、高通、带通、带阻）。

（1）从输入信号中提取 100 ～ 200kHz 的信号；（2）抑制 1MHz 以上的高频噪声信号；（3）有用信号频率为 1GHz 以上的高频信号；（4）干扰信号频率介于 1 ～ 10kHz。

8-5　试判断图 8-21 中各电路是什么类型的滤波器。（是低通、高通、带通、还是带阻滤波器，是有源还是无源滤波，几阶滤波？）

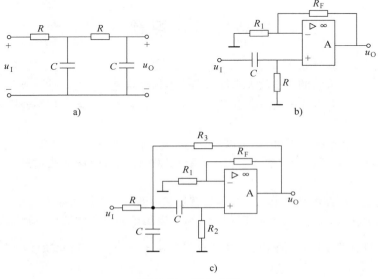

图 8-21　题 8-5 图

8-6　图 8-22 所示电路为一个一阶低通滤波电路。试推导电路的电压放大倍数，并求出 -3dB 时的通带截止频率。

8-7　根据图 8-23 所示电路，试回答：

（1）电路为何种类型的滤波器？（2）求通带电压放大倍数 A_{up}；（3）电路的 Q 值是多少？（4）$f = f_p$ 时的电压放大倍数是多少？

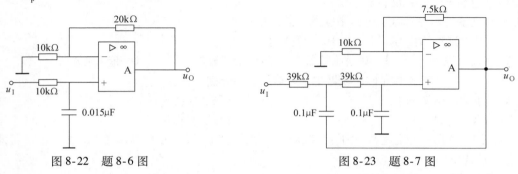

图 8-22　题 8-6 图　　　　　　　图 8-23　题 8-7 图

8-8　能否利用低通滤波电路、高通滤波电路来组成带通滤波电路？组成的条件是什么？

8-9　试分析图 1-10 中有源滤波电路的作用。

本 章 实 验

实验8　无源和有源低通滤波器

1. 实验目的

1）了解无源滤波器和有源滤波器的种类、基本结构和特性。

2）对比研究无源滤波器和有源滤波器的滤波特性。

3）通过理论分析和实验测试加深对有源滤波器的认识。

2. 实验仪器和器材

电子计算机（安装 Multisim 电子设计软件）。

3. 实验内容

（1）一阶无源低通滤波电路

1）运行 Multisim 电子设计软件，在电子工作平台上建立如图 8-24 所示的一阶无源低通滤波电路。

2）改变输入交流电压 u_i 的频率 f，分别测量无 R_L 和有 R_L 时的输出电压 u_o 的值，再计算各频率点 U_o 与 U_i 的比值，填入表 8-1 中。

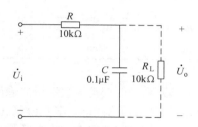

图 8-24　一阶无源低通滤波电路

表 8-1　一阶无源低通滤波电路测量值　　　　　$U_i =$ 　　　V

	f/Hz	10	50	100	120	130	140	150	160	170	180
$R_L = \infty$	U_o/V										
	A_u										
	A_u/dB										
$R_L = 10\mathrm{k}\Omega$	U_o/V										
	A_u										
	A_u/dB										

3）通过改变信号发生器的输出频率测量出 A_u 值在下降 3dB 时的 f（测量值）= _____ Hz，计算出理论截止频率 f（理论值）= _____ Hz。

（2）一阶有源低通滤波电路

1）运行 Multisim 电子设计软件，在电子工作平台上建立如图 8-25 所示的一阶有源低通滤波电路。

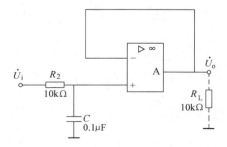

图 8-25　一阶有源低通滤波电路

2）改变输入交流电压 u_i 的频率 f，分别测量无 R_L 和有 R_L 时的输出电压 u_o 的值，再计算各频率点 U_o 与 U_i 的比值，填入表8-2中。

表8-2　一阶有源低通滤波电路测量值　　　　　$U_i = $ 　　　V

	f/Hz	10	50	100	120	130	140	150	160	170	180
$R_L = \infty$	U_o/V										
	A_u										
	A_u/dB										
$R_L = 10\text{k}\Omega$	U_o/V										
	A_u										
	A_u/dB										

3）通过改变信号发生器的输出频率测量出 A_u 值在下降3dB时的 f（测量值）= ＿＿＿＿Hz，计算出理论截止频率 f（理论值）= ＿＿＿＿Hz。

4）用波特仪测定一阶有源低通滤波电路增益－频率响应曲线，单位为dB值，自拟频率范围并纪录曲线图。

（3）二阶有源低通滤波电路　运行 Multisim 电子设计软件，在电子工作平台上用波特仪测定二阶有源低通滤波电路增益－频率响应曲线和相频特性曲线，单位为dB，自拟频率范围并纪录曲线图。

（4）一阶有源高通滤波电路　运行 Multisim 电子设计软件，在电子工作平台上用波特仪测定一阶有源高通滤波电路增益－频率响应曲线，单位为dB，自拟频率范围并纪录曲线图。

（5）一阶有源带通滤波电路　运行 Multisim 电子设计软件，在电子工作平台上用波特仪测定一阶有源带通滤波电路增益－频率响应曲线，单位为dB，自拟频率范围并纪录曲线图。

（6）一阶有源带阻滤波电路　运行 Multisim 电子设计软件，在电子工作平台上用波特仪测定一阶有源带阻滤波电路增益－频率响应曲线，单位为dB，自拟频率范围并纪录曲线图。

4. 实验报告和思考题

1）分析比较一阶有源低通滤波电路在无 R_L 和有 R_L 时两次 A_u 值的不同，分析其原因。

2）整理实验数据，画出一阶有源低通、高通、带通和带阻电路实测的幅频特性，标出它们的截止频率。

3）总结有源滤波电路和无源滤波电路的不同特性。

第9章 波形发生和变换电路

在工程实际中，广泛采用各种类型的波形发生电路和波形变换电路，就其波形而言，所产生的可能是正弦波或非正弦波信号。正弦波振荡器能产生正弦波交流信号。它是电气工程和电子信息工程中主要使用的信号源之一，在测控、无线电通信、广播电视、自动控制、热加工和仪器仪表等领域都有着广泛的应用。非正弦波信号（矩形波、三角波等）发生器在测量设备、仪器仪表、数字通信和自动控制系统中的应用也日益广泛。

波形发生电路包括正弦波振荡电路和非正弦波振荡电路，它们不需要外加输入信号就能产生各种周期性的连续波形，如正弦波、方波、三角波和锯齿波等。波形变换电路能将输入信号从一种波形变换成另一种波形，如将方波变换成三角波、将三角波变换成锯齿波或正弦波等。本章主要介绍这些波形的产生和变换。

9.1 正弦波振荡电路

9.1.1 正弦波振荡电路的基本概念

1. 产生正弦波振荡的条件

正弦波振荡器的振荡条件与第7章负反馈放大电路的自激条件极为相似，只不过负反馈放大电路的自激是在某一信号频率处产生附加相移、负反馈变成正反馈时出现的一种物理现象，而正弦波振荡器是有意引入正反馈，目的就是要使它振荡起来，此时振荡器的净输入信号由反馈信号来维持。

在如图 9-1 所示正弦波振荡电路的框图中，基本放大电路的输出信号通过反馈网络送到它的输入端，把电路接成了正反馈系统，而且输入信号 $\dot{X}_i = 0$，反馈信号 $\dot{X}_f$ 完全等于净输入信号 $\dot{X}_{id}$，这就形成了无输入信号也有输出信号 $\dot{X}_o$ 的状况，即产生了自激振荡。由图 9-1 可写出闭环系统的表达式如下：

$$\dot{X}_o = \dot{A}\dot{F}\dot{X}_o \qquad (9-1)$$

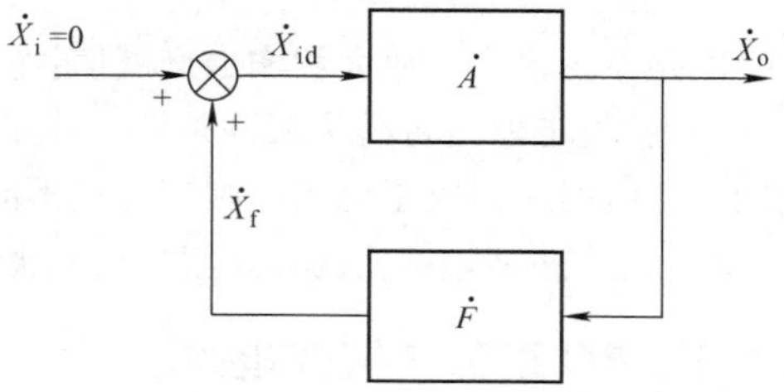

即得到正弦波振荡电路的平衡条件：

图 9-1 正弦波振荡电路的框图

$$\dot{A}\dot{F} = 1 \qquad (9-2)$$

分解成幅值平衡条件和相位平衡条件如下：

$$\begin{cases} |\dot{A}\dot{F}| = 1 \\ \varphi_A + \varphi_F = 2n\pi, \ n \ \text{为整数} \end{cases} \qquad (9-3)$$

相位平衡条件表明放大电路的相移与反馈网络的相移之和为 $2n\pi$，即同相位，也即必须引入正反馈。

要使振荡从无到有、从小到大地建立起来，除了要满足相位平衡条件外，还需要满足电路的起振条件：

$$|\dot{A}\dot{F}| > 1 \qquad (9-4)$$

只有这样，起初极其微弱的干扰噪声信号才能经过放大、正反馈、再放大、再正反馈，如此周而复始，循环不已，信号幅度从小到大，从而产生正弦波输出信号。

2. 正弦波振荡电路的组成

为了产生正弦振荡，电路由基本放大电路、正反馈网络、选频网络和稳幅电路4部分组成。正反馈网络是正弦波振荡器的主要组成部分，电路起振后形成增幅振荡，当增大到一定程度时，靠放大器的非线性特性去限制幅度，使电路的增益下降。为了得到稳幅振荡，振荡器需要有一个自动稳幅电路（通常采用负反馈电路的自动环路增益来得到稳定输出电压的幅度）。而为了获得单一频率的正弦波信号，又应该有选频网络。通常将电路的选频网络与正反馈网络或基本放大电路合二为一。因选频网络由 RC 或 LC 等元器件组成，故振荡器由这些元器件来命名，如 RC 振荡器、LC 振荡器等。一般来说，正弦波振荡器的4个部分电路的功能为

（1）放大电路　具有放大信号作用，使电路对某个频率的信号有正反馈作用，能从小到大，直到稳幅；并将直流电源转换成振荡的能量。

（2）反馈网络　它形成正反馈，能满足相位平衡条件。

（3）选频网络　在正弦波振荡电路中，它的作用是选择某一频率 f_0，使之满足振荡条件，形成单一频率的振荡。

（4）稳幅电路　是一个非线性环节，用于稳定振幅、改善波形。

3. 正弦波振荡电路的分类

正弦波振荡电路通常用选频网络所用元器件进行分类：

（1）RC 正弦波振荡电路　其振荡频率较低，一般在几百千赫以下。

（2）LC 正弦波振荡电路　其振荡频率较高，一般在几百千赫～几百兆赫。

（3）石英晶体正弦波振荡电路　其振荡频率等于石英晶体的固有频率，振荡频率稳定。

4. 正弦波振荡电路的分析方法

1）检查振荡器是否存在放大电路、反馈网络、选频网络和稳幅环节，尤其前3个环节。

2）分析基本放大电路能否正常工作，主要检查基本放大电路的静态工作点设置得是否合理，电路能否输入、放大和输出交流信号。

3）检查电路是否满足振荡条件，首先检查是否满足相位平衡条件，可以用瞬时极性法进行判别，若电路未构成正反馈，则它肯定不能振荡；然后检查幅值条件和起振条件是否满足。

4）估算振荡频率 f_0，其数值往往取决于选频网络的参数。

9.1.2 RC 正弦波振荡电路

按照选频网络的不同，正弦波振荡电路分为 RC 串并联网络（桥式）、移相式和双T形电路等类型。工程实际中最常用的是 RC 桥式振荡电路，它具有波形好、振荡稳定等特点，应用很广泛。本节将重点讨论 RC 桥式振荡电路。

1. RC 串并联网络的频率特性

RC 串并联网络如图9-2a所示。设输入为幅度恒定、频率可变的电压 $\dot{U}_\mathrm{o}$，观察 $\dot{U}_\mathrm{f}$ 与 $\dot{U}_\mathrm{o}$ 相位差 φ 的变化。

1）当信号频率较低时，在上半部分串联回路中，C_1 的容抗 $\dfrac{1}{\omega C_1} >> R_1$，$R_1$ 可以忽略不计；

在并联回路中，C_2 的容抗 $\dfrac{1}{\omega C_2} >> R_2$，所以 C_2 的容抗可以忽略不计。这样就可得到如图9-2b所

示的低频等效电路。频率 f 越低，$|\dot{U}_\mathrm{f}|$ 越小，串并联网络反馈系数 $|\dot{F}| = \dfrac{|\dot{U}_\mathrm{f}|}{|\dot{U}_\mathrm{o}|}$ 也越小，相移 $\varphi = \varphi_\mathrm{f} - \varphi_\mathrm{o}$ 越大。当 $f \to 0$，$|\dot{F}| \to 0$，$\varphi \to +90°$，即超前 $90°$。

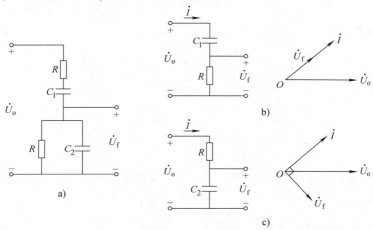

图 9-2　RC 串并联网络、等效电路及相量图

a）RC 串并联网络　b）低频等效电路及其相量图　c）高频等效电路及其相量图

2）当信号频率较高时，在串联回路中，容抗 $\dfrac{1}{\omega C_1} \ll R_1$，$C_1$ 的容抗可以忽略不计；在并联回路中，C_2 的容抗 $\dfrac{1}{\omega C_2} \ll R_2$，所以 R_2 的阻抗可以忽略不计，这样就可以得到图 9-2c 所示的高频等效电路图。频率越高，$|\dot{U}_\mathrm{f}|$ 也越小，串并联网络反馈系数 $|\dot{F}|$ 也越小，相移 $\varphi = \varphi_\mathrm{f} - \varphi_\mathrm{o}$ 负值越大。当 $f \to \infty$，$|\dot{F}| \to 0$，$\varphi \to -90°$，即滞后 $90°$。

由以上分析可知，当 f 由 $0 \to \infty$ 变化时，反馈系数 $|\dot{F}|$ 从零增加，最后又减到零，相移 φ 则从 $+90°$ 变到 $-90°$，可见，在某一频率 f_0 时，$|\dot{F}|$ 可达最大值，而相移 φ 可以变为零。

由图 9-2 可得 RC 串并联网络的反馈系数为

$$\dot{F} = \frac{\dot{U}_\mathrm{f}}{\dot{U}_\mathrm{o}} = \frac{Z_2}{Z_1 + Z_2} = \frac{R_2 \,//\, \dfrac{1}{j\omega C_2}}{\left(R_1 + \dfrac{1}{j\omega C_1}\right) + \left(R_2 \,//\, \dfrac{1}{j\omega C_2}\right)} = \frac{1}{\left(1 + \dfrac{R_1}{R_2} + \dfrac{C_2}{C_1}\right) + j\left(\omega R_1 C_2 - \dfrac{1}{\omega R_2 C_1}\right)}$$

通常取 $R_1 = R_2 = R$，$C_1 = C_2 = C$，则有

$$\dot{F} = \frac{1}{3 + j\left(\omega RC - \dfrac{1}{\omega RC}\right)} \tag{9-5}$$

由式（9-5）可知，当分母的虚数为零时，$\dot{U}_\mathrm{f}$ 与 $\dot{U}_\mathrm{o}$ 同相，即相移 $\varphi = 0$，此时 $|\dot{F}| = \dfrac{1}{3}$ 达最大值。满足这个条件的频率可由式（9-5）推出：

令 $\omega_0 = \dfrac{1}{RC}$，为网络的固有频率，即

$$f_0 = \frac{1}{2\pi RC} \tag{9-6}$$

将式（9-6）代入式（9-5）可得

$$\dot{F} = \cfrac{1}{3 + \mathrm{j}\left(\cfrac{f}{f_0} - \cfrac{f_0}{f}\right)} \tag{9-7}$$

因此幅频特性和相频分别为

$$|\dot{F}| = \cfrac{1}{\sqrt{3^2 + \left(\cfrac{f}{f_0} - \cfrac{f_0}{f}\right)^2}} \tag{9-8}$$

$$\varphi_{\mathrm{f}} = -\arctan \cfrac{\cfrac{f}{f_0} - \cfrac{f_0}{f}}{3} \tag{9-9}$$

当 $\omega = \omega_0$ 时，幅频响应达到最大，即 $|\dot{F}| = \dfrac{1}{3}$，且相移 $\varphi_{\mathrm{f}} = 0°$。如图 9-3 所示的是 RC 串并联选频网络的频率特性图。

由以上分析可知，RC 串并联网络在输入信号的频率 $f = f_0 = \dfrac{1}{2\pi RC}$ 时，网络的反馈系数最大为 $1/3$，即正反馈最强，且相移 $\varphi = 0°$。在其他频率时，$|\dot{F}|$ 很快衰减，且存在一定的相移，所以，RC 串并联网络具有选频特性。而 RC 串并联网络的频率稳定性主要取决于 R 和 C 的温度稳定性，若采用低温漂的 R、C 元件，它的频率稳定性可达 0.1%。

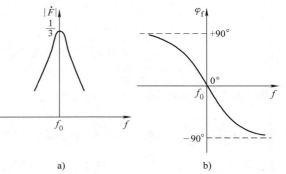

图 9-3　RC 串并联网络的频率特性图
a）幅频特性　b）相频特性

2. RC 桥式正弦波振荡电路

（1）电路的组成　桥式正弦波振荡电路如图 9-4 所示。RC 串并联电路为正反馈网络（当 $f = f_0$ 时），该电路中还设置了自动稳幅电路（R_1、R_F 组成的负反馈网络）。由图可见，电路中不仅由 RC 串联臂、RC 并联臂、电阻 R_F 和 R_1 构成了一个 4 臂电桥，而且集成运放的同相、反相输入端恰好是电桥的对角线，故将此电路称为桥式正弦波振荡电路。桥式正弦波振荡电路也称为文氏桥振荡电路。

（2）振荡频率　RC 桥式正弦波振荡电路的振荡频率为

$$f_0 = \cfrac{1}{2\pi RC} \tag{9-10}$$

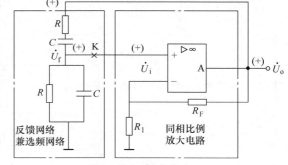

图 9-4　桥式正弦波振荡电路

可见，改变 R、C 的参数值，就可以调节振荡频率。为了使 RC 桥式正弦波振荡电路的振荡频率连续可调，常在 RC 串并联选频网络中，用双层波段开关接不同容量的电容来实现振荡频率的粗调，采用同轴电位器来实现振荡频率的微调。

（3）起振条件　因为 $|\dot{F}| = \dfrac{1}{3}$，根据起振条件 $|\dot{A}\dot{F}| > 1$，所以要求电压串联负反馈放大电路

的电压放大倍数 $|\dot{A}_f| = 1 + \dfrac{R_F}{R_1}$ 应略大于 3。若 R_F 略大于 $2R_1$，就能顺利起振；若 $R_F < 2R_1$，即

$|\dot{A}_f| < 3$，电路不能振荡；若 $|\dot{A}_f| \gg 3$，输出 U_o 的波形会产生严重失真，变成近似于方波输出。

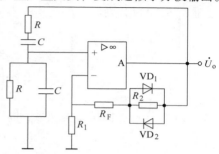

（4）稳幅措施　可以采用负温度系数的热敏电阻 R_t 来代替 R_F，当起振时，由于输出电压幅值较小，流过 R_t 的电流也较小，其阻值较大，因而放大电路的电压放大倍数较大，有利于起振；当振幅增大时，流过 R_t 的电流随之增大，电阻的温度升高，阻值减小，从而电压放大倍数下降，从而实现了增益的自动调节，使电路输出幅值稳定。

图 9-5　利用二极管稳幅的非线性自动
完成稳幅的电路

如图 9-5 所示为利用二极管稳幅的非线性自动完成稳幅的电路。在负反馈电路中，二极管 VD_1、VD_2 与电阻 R_2 并联。不论输出信号是正半周还是负半周，总有一个二极管导通，放大倍数为

$$A_{uf} = 1 + \frac{(r_D /\!/ R_2) + R_F}{R_1} \tag{9-11}$$

式中，r_D 是二极管 VD_1 和 VD_2 的交流电阻。

振荡电路起振时，输出电压较小，二极管正向交流电阻较大，负反馈较弱，使 $|\dot{A}\dot{F}|$ 略大于 3，有利于起振。当输出电压增大时，通过二极管电流也相应增大，二极管的交流电阻 r_D 减小，负反馈增强，使 $|\dot{A}\dot{F}|$ 减小，从而达到自动稳定输出的目的。

RC 正弦波振荡器的特点是电路简单，容易起振，但调节频率不方便，振荡频率不高，一般适用于 $f_0 < 1\text{MHz}$ 的场合。

9.1.3　LC 正弦波振荡电路

LC 正弦波振荡电路采用 LC 并联回路作选频网络。它主要用来产生高频正弦波信号。按反馈电路的形式不同，LC 正弦波振荡电路有变压器反馈式、电感反馈式、电容反馈式等几种。

1. LC 并联网络的选频特性

LC 并联选频网络如图 9-6 所示。图 9-6b 为实际电路，其中 R 表示电感和回路其他损耗的等效总电阻。

在如图 9-6a 所示理想电路中，当信号频率很低时，电容的容抗很大，电路呈感性；当信号频率很高时，电感的感抗很大，电路呈容性；当信号频率为 f_0（即谐振频率）时，电路呈纯阻性，且电阻为无穷大。LC 并联网络的谐振频率决定于电感和电容的取值，即

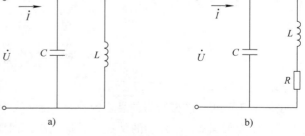

a)　　　　　　　　　b)

图 9-6　LC 并联选频网络
a）理想电路　b）实际电路

$$f_0 = \frac{1}{2\pi \sqrt{LC}} \tag{9-12}$$

由图 9-6b 可得电路的等效阻抗为

$$Z = \frac{1}{j\omega C} /\!/ (R + j\omega L) = \frac{\frac{1}{j\omega C}(R + j\omega L)}{\frac{1}{j\omega C} + R + j\omega L}$$

通常 $R \ll \omega L$，则

$$Z \approx \frac{\frac{1}{j\omega C} j\omega L}{R + j\left(\omega L - \frac{1}{\omega C}\right)} = \frac{L/C}{R + j\left(\omega L - \frac{1}{\omega C}\right)} \tag{9-13}$$

当 $\omega L = \frac{1}{\omega C}$ 时，阻抗 Z 为实数，即纯电阻性，发生了并联谐振。并联回路的谐振角频率为

$$\omega_0 = \frac{1}{\sqrt{LC}} \tag{9-14}$$

或谐振频率为

$$f_0 = \frac{1}{2\pi\sqrt{LC}} \tag{9-15}$$

谐振时的阻抗为

$$Z_0 = \frac{L}{RC} \tag{9-16}$$

品质因数为

$$Q = \frac{\omega_0 L}{R} = \frac{1}{R\omega_0 C} = \frac{1}{R}\sqrt{\frac{L}{C}} \tag{9-17}$$

把式（9-15）~式(9-17) 代入式（9-13）中，整理可得 LC 并联谐振回路的阻抗，即

$$Z = \frac{Z_0}{1 + jQ\left(\dfrac{\omega}{\omega_0} - \dfrac{\omega_0}{\omega}\right)} = \frac{Z_0}{1 + jQ\left(\dfrac{f}{f_0} - \dfrac{f_0}{f}\right)} \tag{9-18}$$

其幅频特性和相频特性为

$$|Z| = \frac{Z_0}{\sqrt{1 + Q^2\left(\dfrac{f}{f_0} - \dfrac{f_0}{f}\right)^2}} \tag{9-19}$$

$$\varphi = -\arctan\left[Q\left(\frac{f}{f_0} - \frac{f_0}{f}\right)\right] \tag{9-20}$$

其对应的频率特性如图 9-7 所示。

由图 9-7 可知，谐振网络的品质因数 Q 越大，幅频特性越尖锐，相频特性变化越急剧，选频效果越好。在相同 L、C 大小的情况下，R 越小，回路谐振时的能量损耗越小。一般 Q 值在几十至几百范围内。

2. 变压器反馈式振荡电路

如图 9-8 所示为变压器反馈式（transformer feedback）振荡电路。

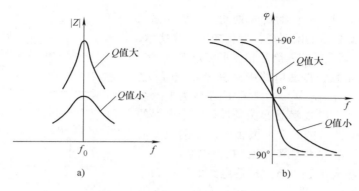

图 9-7 LC 并联回路的频率特性

a）幅频特性 b）相频特性

（1）电路组成

放大电路：图中采用分压式负反馈偏置的共射极电路，起放大和控制振荡幅度作用。电容 C_B 和 C_E 容量较大，对交流的阻抗小，近似为短路，分别起到耦合和旁路的作用。

选频网络：图中 LC 并联谐振网络接在集电极，能选择振荡频率，使得在谐振频率处获得振荡电压输出。其振荡频率为

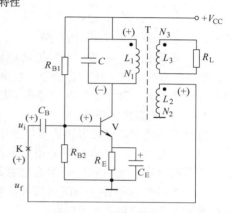

图 9-8 变压器反馈式振荡电路

$$f_0 \approx \frac{1}{2\pi \sqrt{LC}} \qquad (9\text{-}21)$$

反馈网络：变压器二次绕组 L_2 作为反馈绕组。将输出电压的一部分反馈到输入端。

（2）相位平衡条件 为了使振荡电路自激起振，必须正确连接反馈绕组 L_2 的正负极，使之符合正反馈的要求，满足相位平衡条件。其过程可表示为：假设反馈端 K 点断开，并引入输入信号 u_i 为（+），则各点的瞬时极性的变化如图 9-8 所示。

经分析可知，u_f 与 u_i 同相，即正反馈，满足相位平衡条件。图中若 L_1、L_2 的同名端接错，则为负反馈，就不满足相位平衡条件，不能自激振荡。

反馈信号 u_f 的大小由匝数比 $\dfrac{N_2}{N_1}$ 决定，当晶体管的 β 和匝数比合适时，满足了幅值条件和起振条件 $|\dot{A}\dot{F}| \geqslant 1$。

（3）电路特点 变压器反馈 LC 振荡电路容易起振，若用可变电容器代替固定电容 C，则调频比较方便，缺点是振荡频率不太高，通常为几兆赫至十几兆赫。

3. 电感反馈式振荡电路

电感三点式振荡电路又称为哈特莱振荡电路（Hartly circuit），如图 9-9 所示。

（1）电路组成

放大电路：本电路采用分压式偏置。由于 C_B 的容量较大，对交流信号而言，基极是信号的公共端，所以是共基极放大电路。

选频网络：电感（L_1 和 L_2 两部分）与电容 C 并联，接在集电极，构成选频网络。

反馈网络：电感 L_1 上的电压为反馈电压 u_F，送到晶体管的输入端 e 端。

（2）相位平衡条件　设反馈端 K 处断开，加入输入信号 u_i 为（＋），则各点的瞬时极性变化如图9-9所示。因此 u_f 与 u_i 同相，即正反馈，满足相位平衡条件。

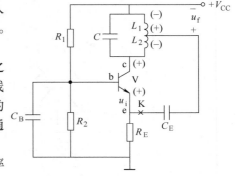

图9-9　电感三点式振荡电路

在电感反馈式正弦波振荡电路中，由于 L_1 与 L_2 之间的耦合紧密，所以容易起振，通常 L_1 的匝数为电感线圈总匝数的 $1/8 \sim 1/4$，就能满足起振条件。由于电感的3个端子分别与晶体管 V 的3个电极相连，L_1 的上端通过电源与基极相连，故称为电感三点式振荡电路。

（3）振荡频率 f_0　电感三点式振荡电路的振荡频率由 LC 并联谐振频率确定，即

$$f_0 \approx \frac{1}{2\pi \sqrt{LC}} \approx \frac{1}{2\pi \sqrt{(L_1 + L_2 + 2M)C}} \quad (9\text{-}22)$$

式中，M 是电感 L_1 和 L_2 间的互感。

（4）电路特点　电感三点式振荡电路简单，容易起振，调频方便。由于反馈信号取自电感 L_2，电感对高次谐波感抗大，所以高次谐波的正反馈比基波强，使输出波形含有较多的高次谐波成分，波形较差。常用于对波形要求不高的设备中，其振荡频率通常在几十兆赫以下。

4. 电容反馈式振荡电路

电容三点式振荡电路又称为考毕兹电路（Colpitts circuit），如图9-10所示。

（1）电路组成　放大电路采用分压式偏置的共射电路。选频网络由电容（C_1 和 C_2 串联）与电感 L 并联组成。反馈信号 u_f 取自电容 C_2 两端，送到晶体管的输入端 b 端。

（2）相位平衡条件　用瞬时极性法判断：反馈端 K 处断开，加入输入信号 u_i 为（＋），则各点瞬时极性变化如图9-10所示。

可以看出，u_f 与 u_i 同相，即电路为正反馈，满足相位平衡条件。

由于电容的3个端子分别与晶体管的3个电极相连，称为电容三点式振荡电路。

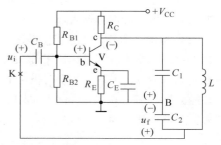

图9-10　电容三点式振荡电路

（3）振荡频率 f_0　振荡频率由 LC 回路谐振频率确定，电路的振荡频率为

$$f_0 \approx \frac{1}{2\pi \sqrt{LC}} = \frac{1}{2\pi \sqrt{L \dfrac{C_1 C_2}{C_1 + C_2}}} \quad (9\text{-}23)$$

（4）电路特点　由于反馈电压取自电容两端，电容对高次谐波容抗小，对高次谐波的正反馈比基波弱，使输出波形中的高次谐波成分少，波形较好。振荡频率较高，可达 100MHz 以上。常在电感 L 两端并联可变电容器，调节频率，但调节范围较小。

例9-1：试用相位平衡条件判断图9-11a所示电路能否产生正弦波振荡？若能振荡，试计算其振荡频率，并指出它属于哪种类型的振荡电路。

解：从图9-11中可以看出，C_1、C_2、L 组成并联谐振回路。它的交流通路如图9-11b所示。电容 C_1 上的电压为反馈电压。根据交流通路，用瞬时极性法判断，可知反馈电压 u_f 和放大电路输入电压 u_i 极性相同，故满足相位条件。

振荡频率为

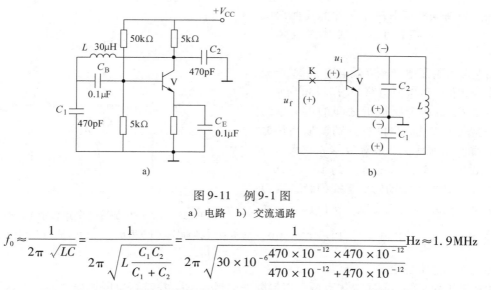

图 9-11 例 9-1 图

a) 电路 b) 交流通路

$$f_0 \approx \frac{1}{2\pi \sqrt{LC}} = \frac{1}{2\pi \sqrt{L \frac{C_1 C_2}{C_1 + C_2}}} = \frac{1}{2\pi \sqrt{30 \times 10^{-6} \frac{470 \times 10^{-12} \times 470 \times 10^{-12}}{470 \times 10^{-12} + 470 \times 10^{-12}}}} \text{Hz} \approx 1.9\text{MHz}$$

由图 9-11b 可知，晶体管的 3 个电极分别与电容 C_1、C_2 的 3 个端子相连，所以该电路属于电容三点式振荡电路。

9.1.4 石英晶体振荡电路

在工程应用中，对频率稳定度有一定要求，频率稳定度一般用频率的相对变化量 $\Delta f/f_0$ 来表示。若用 RC 正弦波振荡电路则不难获得 0.1% 的频率稳定度，这对于许多场合已足够高，如袖珍计算器中的多位数字显示器。但是作为稳定的交流信号源，用 LC 振荡电路则更好一些，它的稳定度在相当长的时间内可达到 0.01%，故它能满足无线电接收机和电视机的要求。然而在要求频率稳定度低于 10^{-4} 数量级的场合，就必须采用晶振电路，它的稳定度是其他振荡电路所望尘莫及的。

石英晶体振荡器（简称晶振）是用石英谐振器控制和稳定 f_0 的振荡电路，它的特点是振荡频率的稳定性好。石英晶体振荡器的频率稳定度可达 $10^{-9} \sim 10^{-7}$。所以在对频率稳定度要求高的场合，常采用石英晶体振荡电路，它广泛应用于标准频率发生器、频率计、手机、计算机等设备中。

1. 石英晶体

石英晶体谐振器是从一块石英晶体上按一定方位角切下的薄片（称为晶体），在晶体片的两个对应的表面上涂敷银层作为两个电极，并将其接出引脚，然后再加上金属或玻璃外壳封装而成，简称石英晶体，其外形、结构和电路符号如图 9-12 所示。

如果在石英晶片上加一个交变电压（电场），晶片就会产生与该交变电压频率相似的机械变形振动。而晶片的机械振动，又会在其两个电极之间产生一个交变电场，这种

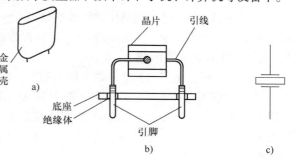

图 9-12 石英晶体谐振器

a) 石英晶体的外形 b) 石英晶体的结构

c) 石英晶体的电路符号

现象称为压电效应。在一般情况下，这种机械振动和交变电场的幅度是极其微小的，只有在外加交变电压的频率等于石英晶片的固有振动频率时，振幅才会急剧增大，这种现象称为压电谐振。

石英晶片的谐振频率取决于晶片的几何形状和切片方向，体积越小，一般其谐振频率越高。

石英晶片的压电谐振等效电路和 LC 谐振回路十分相似，其等效电路如图 9-13a 所示。

图中 C_0 表示金属极板之间的电容，约几皮法至几十皮法，L 和 C 分别模拟晶片振动时的惯性和弹性，一般等效的 L 很大，约 $10^{-3} \sim 10^2$ H，等效的 C 很小，约 $10^{-2} \sim 10^{-1}$ pF，R 是模拟晶片振动时的摩擦损耗，其等效值很小，约几欧 ~ 几百欧。所以，回路品质因数 $Q\left(Q = \dfrac{1}{R}\sqrt{\dfrac{L}{C}}\right)$ 很大，可达 $10^4 \sim 10^6$，使得振荡频率非常稳定。

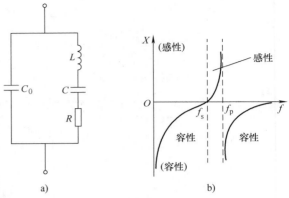

图 9-13 石英晶体的等效电路和频率特性
a) 石英晶体的等效电路　b) 石英晶体的频率特性

由等效电路可知，石英晶体有两个谐振频率，当 L、R、C 支路串联谐振时，其串联谐振频率为

$$f_s \approx \frac{1}{2\pi\sqrt{LC}} \tag{9-24}$$

由于 C_0 很小，其容抗比 R 大很多，因此，串联谐振的等效阻抗近似为 R，呈纯阻性。当频率低于 f_s 时，L、R、C 支路呈容性；当频率高于 f_s 时，L、R、C 支路呈感性，可与 C_0 产生并联谐振，其并联谐振频率为

$$f_p \approx \frac{1}{2\pi\sqrt{L\dfrac{CC_0}{C+C_0}}} \tag{9-25}$$

因为 $C \ll C_0$，所以

$$f_p \approx \frac{1}{2\pi\sqrt{LC}} \approx f_s \tag{9-26}$$

如图 9-13b 所示是石英晶体谐振器的频率特性曲线，两个谐振频率 f_s 和 f_p 非常接近，当 $f_s < f < f_p$ 时，石英晶体呈感性；当频率为 f_s 时，石英晶体呈纯阻性；在其余频率范围内，均呈容性。

2. 石英晶体谐振电路

石英晶体振荡电路的基本形式有串联型和并联型两类。

（1）并联型石英晶体振荡电路　图 9-14 所示电路中，利用频率在 $f_s \sim f_p$ 之间时，晶体阻抗呈感性的特点，与外接电容 C_1、C_2 构成电容三点式振荡电路。石英晶体为感性元件，该电路的振荡频率 f_0 接近于 f_s，但略高于 f_s，C_1、C_2 对 f_0 的影响很小，但改变 C_1 或 C_2 可以在很小的范围内微调 f_0。

（2）串联型石英晶体振荡电路　图 9-15 为串联型石英晶体振荡电路。当频率等于石英晶体的串联谐振频率 f_s 时，晶体阻抗最小，且为纯电阻，此时石英晶体和 R 串联构成的反馈为正反馈，满足相位平衡条件，且在 $f = f_s$ 时，正反馈最强，电路产生正弦振荡，所以振荡频率稳定在 f_s，图中的 RP 用来调节反馈量，使输出的振荡波形失真较小，且幅度稳定，对于偏离 f_s 其他信号，晶体的等效阻抗增大，且 $\varphi_f \neq 0$，所以不满足振荡条件。

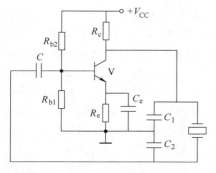

图 9-14 并联型石英晶体振荡电路

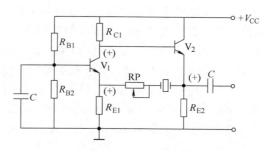

图 9-15 串联型石英晶体振荡电路

9.2 非正弦信号发生电路

在实际的电子设备中，除了需要用到常见的正弦波信号之外，有时要用到矩形波、三角波等非正弦波信号。本节只讨论方波、三角波、锯齿波的产生电路。由于这些电路通常由迟滞电压比较器和 *RC* 充放电电路组成，工作过程有一张一弛的变化，所以又将这些电路称为张弛振荡器（relaxation oscillator）。

9.2.1 矩形波发生电路

工程中矩形波信号有两种：一种是输出电压处于高电平与低电平的时间相等，即占空比为50%，这种波形称为方波；另一种是输出电压处于高电平与低电平的时间不相等，即占空比不等于50%，这种波形称为矩形波。实际上，方波发生电路是矩形波电路的特例。

1. 方波发生电路

（1）电路组成 图 9-16 为方波发生电路，由滞回电压比较器和 *RC* 电路组成。*RC* 构成负反馈回路，同时又作为延迟环节，通过 *RC* 充放电实现输出状态的转换。R_1、R_2 构成正反馈，电路的输出电压由运放的同相端电压 U_P 与反相端电压 U_N 比较决定。

由图 9-16 可知，滞回电压比较器的输出电压为 $u_O = \pm U_Z$，有两个门限电压为

$$\pm U_{TH} = \pm \frac{R_2}{R_1 + R_2} U_Z \tag{9-27}$$

其电压传输特性如图 9-17 所示。

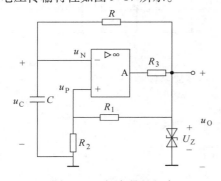

图 9-16 方波发生电路

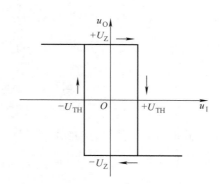

图 9-17 电压传输特性

（2）电路工作原理 假设电容的初始电压为0，因而 $u_N = 0$；电路通电后，由于电流由零突然增大，产生骚动干扰，在同相端获得一个最初的输入电压。因为电路有强烈的正反馈，输出电压可能迅速升到最大值 $+U_Z$，也可能降到最小值 $-U_Z$。设开始时输出电压为 $+U_Z$，此时同相输入端的电压 $U_{P1} = +U_{TH}$，输出电压 $+U_Z$ 通过电阻 R 向电容 C 充电，使电容电压 u_C 逐渐上升。当 u_C 稍大于门限电压 $+U_{TH}$ 时，电路发生翻转，输出电压迅速由 $+U_Z$ 跳变为 $-U_Z$，此时同相输入端的电压 $U_{P1} = -U_{TH}$，因为 R 上的电压为左正右负，所以电路翻转后，电容 C 就开始经 R 放电，u_C 逐渐下降，u_C 降至零后由于输出端为负电压，所以电容 C 开始反向充电，u_C 继续下降，当 u_C 下降到稍低于另一门限电压 $-U_{TH}$ 时，电路又发生翻转，输出电压由 $-U_Z$ 迅速变成 $+U_Z$。

输出电压变成 $+U_Z$ 后，电容又反过来充电，如此充电放电……循环不已。在输出端即产生方波电压，其占空比（pulse duration ration）为 $q = \dfrac{t_2}{t_1 + t_2} = 50\%$。$RC$ 的乘积越大，充放电时间就越长，输出方波的频率就越低。如图9-18所示为输出的波形图。

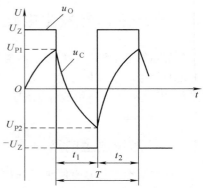

图9-18 方波发生电路输出的波形图

经计算分析可知：方波的周期为

$$T = 2RC\ln\left(1 + 2\frac{R_2}{R_1}\right) \qquad (9\text{-}28)$$

2. 矩形波发生电路

由方波发生电路的分析可知，如果改变输出波形的占空比，使之不等于50%，则电路就变成矩形波发生电路。如图9-19a所示是一种矩形波发生电路。

在图9-19a电路中，当电容 C 充电时，如果忽略二极管 VD_1 的导通电阻，则充电时间为

$$T_1 = (R_3 + R_{RP1})C\ln\left(1 + 2\frac{R_2}{R_1}\right) \qquad (9\text{-}29)$$

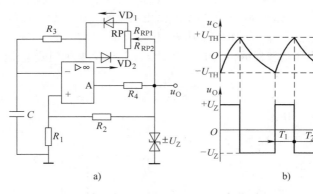

图9-19 矩形波发生电路及其波形
a）矩形波发生电路 b）波形

当电容 C 放电时，如果忽略二极管 VD_2 的导通电阻，则充电时间为

$$T_2 = (R_3 + R_{RP2})C\ln\left(1 + 2\frac{R_2}{R_1}\right) \qquad (9\text{-}30)$$

故输出波形的振荡周期为

$$T = T_1 + T_2 = (2R_3 + R_{RP}) C \ln\left(1 + 2\frac{R_2}{R_1}\right) \qquad (9\text{-}31)$$

调节电位器滑动端，就可以改变输出矩形波的占空比，但输出波形的周期能保持不变。

9.2.2 三角波发生电路

三角波发生电路如图 9-20a 所示，它由滞回电压比较器和反相输入积分电路组成，比较器的输出作为积分电路的输入信号，积分电路的输出信号反馈送到电压比较器的输入端，作为比较器的输入信号，它们共同构成闭环系统。由上述讨论可知，分析该电路的关键是：找到积分电路的输出信号，以及使比较器的输出电平发生跳变的临界条件。

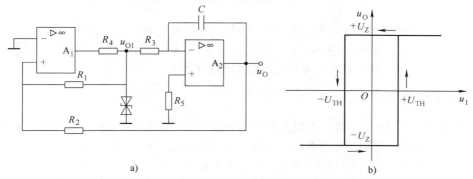

图 9-20 三角波发生器

a）电路 b）同相输入滞回电压比较器的电压传输特性

由图 9-20 可知，滞回电压比较器的输出电压为 $u_{O1} = \pm U_Z$，A_1 的同相输入端电压 u_P 由前、后级输出电压共同决定，其值为

$$u_{P1} = u_{O1}\frac{R_2}{R_1 + R_2} + u_O\frac{R_1}{R_1 + R_2} \qquad (9\text{-}32)$$

令 $u_P = u_N = 0$，并将 $u_{O1} = \pm U_Z$ 代入，可得 u_{O1} 翻转时所需的 u_O 值（输出峰值）即为门限电压

$$\left.\begin{array}{l} \text{当 } u_{O1} = -U_Z \text{ 时，} U_{TH1} = U_Z\dfrac{R_2}{R_1} \\[3mm] \text{当 } u_{O1} = +U_Z \text{ 时，} U_{TH2} = -U_Z\dfrac{R_2}{R_1} \end{array}\right\} \qquad (9\text{-}33)$$

其电压传输特性如图 9-20b 所示。

假设接通电源瞬间，$u_{O1} = -U_Z$，电容 C 上无电压，A_2 的输出为零，A_1 的同相输入端电压 u_{P1} 为负值，这时，积分器的输出电压 u_O 从零值开始线性上升。这样 A_1 的同相输入端电压 u_{P1} 由负值渐渐上升。当 u_{O1} 达到 U_{TH1} 时，过零电压比较器 A_1 翻转，使 u_{O1} 迅速跳变到 $+U_Z$。

u_{O1} 变成正值（$+U_Z$）后，积分器的输出电压 u_O 开始线性下降，这时 A_1 的 u_{P1} 也逐渐下降。当 u_{O1} 降至 U_{TH2}，电压比较器又发生翻转，u_{O1} 迅速由 $+U_Z$ 跳变成 $-U_Z$。

三角波发生器的输出波形如图 9-21 所示，图中 u_{O1} 为方波，其幅值为 $\pm U_Z$，u_O 为三角波，其幅值为 $\dfrac{R_2}{R_1}U_Z$。

滞回电压比较器的输出电压 u_{O1} 作为积分器的输入，电路的输出分别可得

$$u_O = -\frac{1}{R_3 C}U_Z(t_2 - t_1) + u_O(t_1) \quad (9\text{-}34)$$

$$u_O = +\frac{1}{R_3 C}U_Z(t_3 - t_2) + u_O(t_2) \quad (9\text{-}35)$$

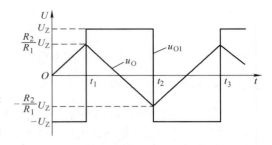

图9-21 三角波发生器的输出波形

方波和三角波的周期是 u_O 从零变至 $\frac{R_2}{R_1}U_Z$ 所需时间的4倍，所以经过计算，方波和三角波的周期为

$$T = 4\frac{R_2 R_3}{R_1}C \quad (9\text{-}36)$$

由式（9-36）可知，该电路产生的方波和三角波的周期与 R_1、R_2、R_3 及 C 有关。三角波输出的正负幅值为 $\pm U_{TH}$，在调试电路时，一般先调节 R_1 或 R_2，使输出的三角波幅值满足设计要求后，再调节 R_3 或 C，使方波和三角波的周期达到设计要求。

9.2.3 锯齿波发生电路

如果三角波是不对称的，即上升时间不等于下降时间，则成为锯齿波。图9-22a 为矩形波-锯齿波发生器。图中积分器设有两条积分支路 $R_3 - VD_1 - R_{RP1} - C$ 与 $R_3 - VD_2 - R_{RP2} - C$，当 u_{O1} 为 $+U_Z$ 时，电容 C 通过二极管 VD_1 及电阻 R_3、R_{RP1} 正向充电，当 u_{O1} 为 $-U_Z$ 时，电容 C 通过 VD_2 及 R_3、R_{RP2} 反向充电。如图9-22b 所示为矩形波锯齿波发生器的波形图。

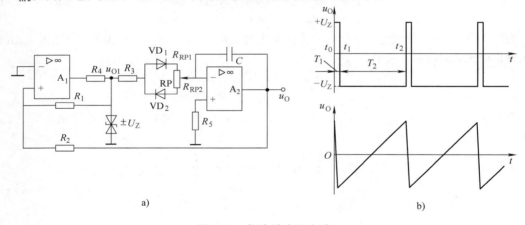

a)

b)

图9-22 锯齿波发生电路

a) 电路 b) 波形图

设二极管导通电阻忽略不计。当 $u_{O1} = +U_Z$ 时，二极管 VD_1 导通，二极管 VD_2 截止，输出电压为

$$u_O = -\frac{1}{(R_3 + R_{RP1})C}U_Z(t_1 - t_0) + u_O(t_0) \quad (9\text{-}37)$$

u_O 随时间线性下降。当 $u_{O1} = -U_Z$ 时，二极管 VD_1 截止，二极管 VD_2 导通，输出电压为

$$u_O = +\frac{1}{(R_3 + R_{RP2})C}U_Z(t_2 - t_1) + u_O(t_1) \quad (9\text{-}38)$$

u_O 随时间线性上升。

通过计算，可以得到电路的振荡周期为

$$T = \frac{2R_2 \ (2R_3 + R_{\mathrm{RP}})}{R_1} C \qquad (9\text{-}39)$$

9.3　应用电路介绍

应用一：带 AGC 稳幅的正弦波振荡电路

带 AGC 稳幅的正弦波振荡电路如图 9-23 所示。该电路有主振荡电路和振幅稳定电路。

电路中，运算放大器 A_1 构成 RC 串并联正弦波振荡电路，但采用 V_1 作为可调电阻进行自动增益控制（AGC），确保电路的持续振荡条件。上电时，由于场效应晶体管栅极电压为零，因此导通，JFET 的导通电阻 R_{DS} 为低阻，运放增益此刻大于 3，保证电路起振。一旦电路开始振荡，运放有输出信号，通过 A_2 组成的积分器把一个负电压输入到 JFET 的栅极，使其 V_1 呈高阻，使运放 A_1 增益降低，从而使振荡电路进入稳定状态。由输出波形幅度大小取决于两个串联二极管的正向导通电压和提供给 JFET 的栅极电压。

由稳压管产生负基准电压 $-U_Z$，振荡电路的输出电压通过 VD_1 构成的半波整流电路

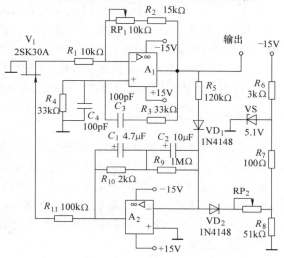

图 9-23　带 AGC 稳幅的正弦波振荡电路

之后与该电压相比较，其误差经积分器 A_2 放大，并进行控制，使基准电压与 A_1 输出电压的平均值相等。二极管 VD_2 的作用是温度补偿，它抵消了二极管 VD_1 正向电压降的温度系数。

应用二：具有三角波和方波输出的压控振荡器

如图 9-24 所示为具有三角波和方波输出的压控振荡电路。它具有很好的稳定性和线性，并且有较宽的频率范围。电路有两个输出端，一个是 A_3 的方波输出端，另一个为 A_2 的三角波输出端。图中，A_1 为倒相器，A_2 为积分器，A_3 为比较器。场效应晶体管 V 用来变换积分方向。比较器的基准电压是由稳压管 VS_1、VS_2 提供，积分器的输出和基准电压进行比较产生方波输出。电阻 R_5、R_6 用来降低 V 的漏极电压，以保证大输入信号时 V 能完全截止。电阻 R_7、R_8 和二极管

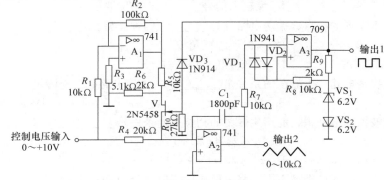

图 9-24　具有三角波和方波输出的压控振荡电路

VD$_1$、VD$_2$ 是为了防止 A$_3$ 发生阻塞。按图中所标元件数值，电源电压用 + 15V，则变换系数为 1kHz/V。

本 章 小 结

1. 产生正弦波振荡，要同时满足幅度和相位平衡条件，即
$$\begin{cases} |\dot{A}\dot{F}| = 1 \\ \varphi_A + \varphi_F = 2n\pi, \ n \ 为整数 \end{cases}$$

2. 按选频网络不同，正弦波振荡电路主要有 RC、LC 和石英晶体振荡电路。通过改变选频网络的参数，即可改变振荡频率。

3. RC 桥式振荡电路的振荡频率较低，$f_0 = 1/(2\pi RC)$。

4. LC 振荡电路有变压器反馈式、电感三点式和电容三点式 3 种，其振荡频率较高，通常由 LC 谐振回路决定，$f_0 = \dfrac{1}{2\pi\sqrt{LC}}$。

5. 石英晶体振荡电路是利用石英谐振器来选频，主要用于频率稳定度要求高的场合。利用石英晶体可以构成串联型和并联型正弦波振荡电路。

6. 方波发生电路由滞回电压比较器和 RC 充放电回路组成。改变电路中的充放电支路，使充放电经过不同的回路，即构成矩形波发生电路。三角波发生电路由滞回电压比较器和积分器组成，其中集成运算放大器构成的积分器代替 RC 充放电回路。当三角波电压上升时间不等于下降时间时，即成为锯齿波。

思考题与习题

9-1 填空题

(1) 根据石英晶体的频率特性，当 $f = f_s$ 时，石英晶体呈_____性，在 $f_s < f < f_p$ 很窄频率范围内石英晶体呈_____性；当 $f < f_s$ 或 $f < f_p$ 时，石英晶体呈_____性。

(2) 正弦波振荡电路主要由_____、_____、_____、_____组成。

(3) 正弦波振荡电路需要非线性环节，用于_____、_____。

9-2 选择题

(1) 自激振荡是电路在_____的情况下，产生了有规律的、持续存在的输出波形的现象。

A. 外加输入激励信号　　　 B. 无输入信号　　　 C. 无反馈信号

(2) 根据输出波形的特点，振荡电路分为_____两种类型。

A. 方波和矩形波　　　　　 B. 锯齿波和三角波

C. 矩形波和正弦波　　　　 D. 正弦波和非正弦波

(3) 正弦波振荡电路产生振荡的条件是_____，为使电路起振应满足_____。

A. $\dot{A}\dot{F} < 1$　　 B. $\dot{A}\dot{F} = 1$　　 C. $\dot{A}\dot{F} = -1$　　 D. $\dot{A}\dot{F} > 1$

(4) 在正弦波振荡电路中，能产生振荡的相位平衡条件是_____。

A. $\varphi_A + \varphi_F = n\pi$　　　　　 B. $\varphi_A + \varphi_F = (2n+1)\pi$

C. $\varphi_A + \varphi_F = 2n\pi$　　　　 D. $\varphi_A + \varphi_F = (n+1)\pi$

(5) 根据_____的元件类型不同，将正弦波振荡电路分为 RC、LC 和石英晶体振荡电路。

A. 放大电路　　　　　 B. 反馈网络　　　　　 C. 选频网络　　　　 D. 稳幅环节

（6）产生低频正弦波一般可用_____振荡器；产生高频正弦波可选用_____振荡器；产生频率稳定度很高的正弦波可选用_____振荡器。

A. RC B. LC C. 石英晶体

（7）LC 并联网络在谐振时呈_____，在信号频率大于谐振频率时呈_____，在信号频率小于谐振频率时呈_____。

A. 容性   B. 阻性   C. 感性

（8）石英晶体振荡器的频率稳定度很高是因为_____。

A. 低的 Q 值   B. 高的 Q 值   C. 小的接入系数   D. 大的电阻

9-3 判断图 9-25 所示各电路是否可能产生正弦波振荡？说明不能产生振荡的理由。

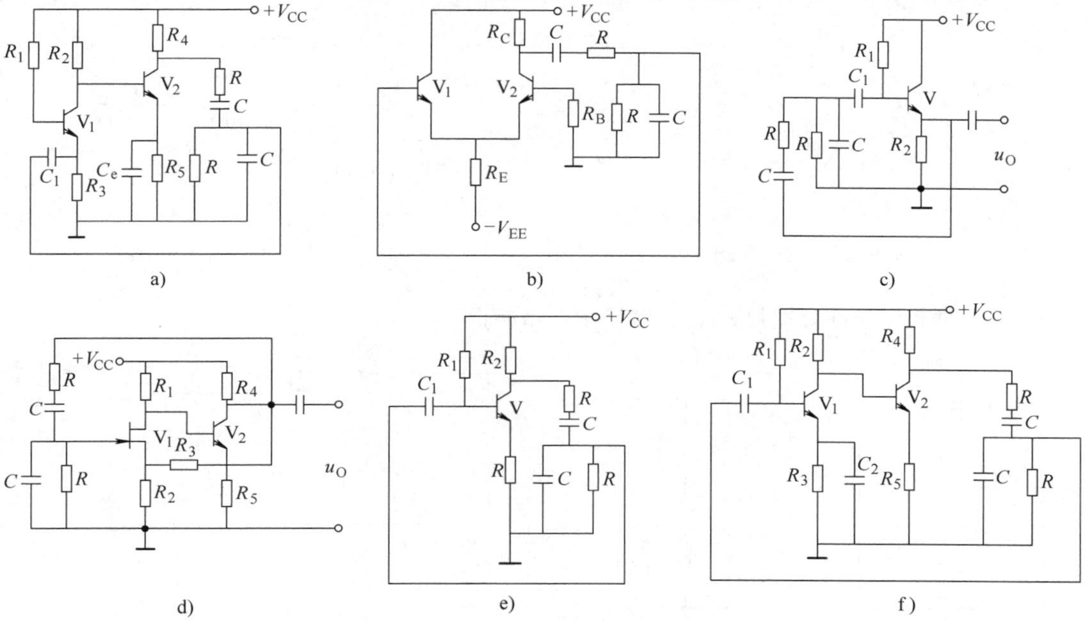

图 9-25 题 9-3 图

9-4 电路如图 9-26 所示。

（1）为使电路产生正弦波振荡，标出集成运放的"＋"和"－"，并说明电路是哪种正弦波振荡电路。

（2）若 R_1 短路，则电路将产生什么现象？

（3）若 R_1 断路，则电路将产生什么现象？

（4）若 R_f 短路，则电路将产生什么现象？

（5）若 R_f 断路，则电路将产生什么现象？

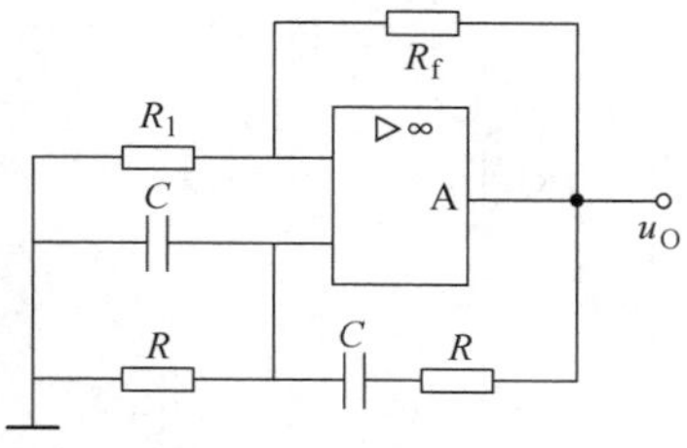

9-5 如图 9-27 所示电路要组成一个正弦波振荡电路，试组建电路并回答下列问题：

（1）电路的连接①—____；②—____；③—____；④—____。（⑤；⑥；⑦；⑧）

（2）若要提高振荡频率应调节哪个元件？如何调节？

（3）若振荡器输出正弦波失真应调节哪个元件？如何调节？

图 9-26 题 9-4 图

9-6 正弦波振荡电路如图 9-28 所示，已知 $R_1 = 2\text{k}\Omega$，$R_2 = 4.5\text{k}\Omega$，R_{RP} 阻值在 0～5kΩ 范围

内可调，设运放 A 是理想的，振幅稳定后二极管的动态电阻近似为 $r_d = 500\Omega$。

（1）计算 RP 的阻值；（2）计算电路的振荡频率 f_0。

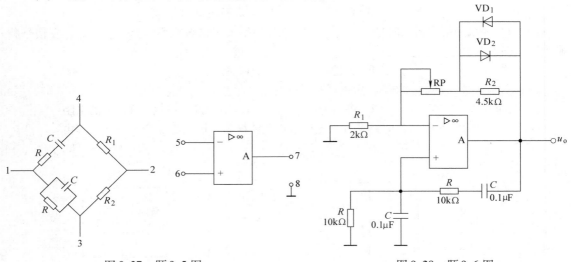

图9-27　题9-5图　　　　　　　　　图9-28　题9-6图

9-7　根据相位条件分别判断图9-29所示电路能否振荡。

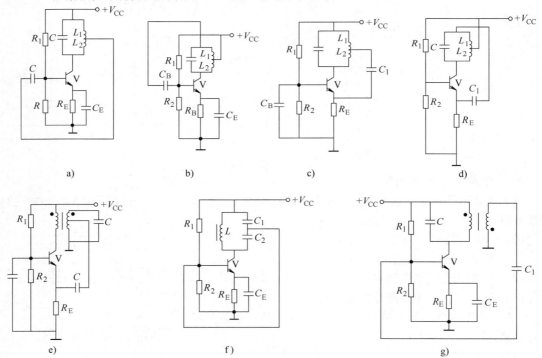

图9-29　题9-7图

9-8　分别标出图9-30所示各电路中变压器的同名端，使之满足正弦波振荡的相位条件。

9-9　试用相位平衡条件判断图9-31所示的各个电路是否可能产生自激振荡。对不能产生自激振荡的电路进行改接，使之满足相位平衡条件，请画出改进后的电路。

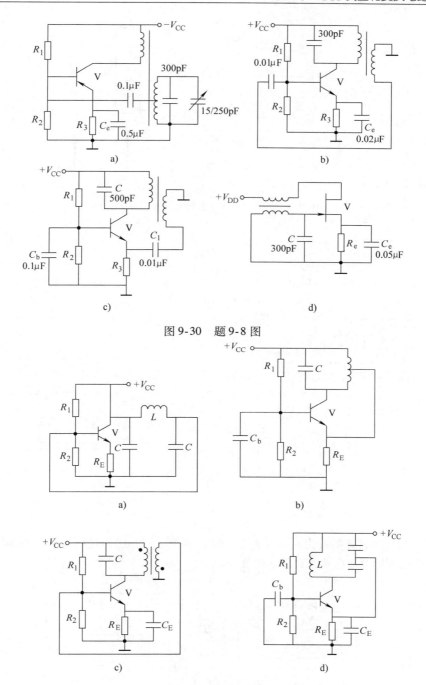

图 9-30　题 9-8 图

图 9-31　题 9-9 图

9-10　在图 9-32 所示电路中，如何合理连线才能构成振荡电路？

9-11　电路如图 9-33 所示，分别判断各电路是否可能产生正弦波振荡，如可能产生正弦波振荡，则说出石英晶体在电路中呈容性、感性还是纯阻性。

9-12　电路如图 9-34 所示。

（1）分别说明 A_1 和 A_2 各构成哪种基本电路；（2）求出 u_{O1} 与 u_O 的关系曲线 $u_{O1} = f(u_O)$；

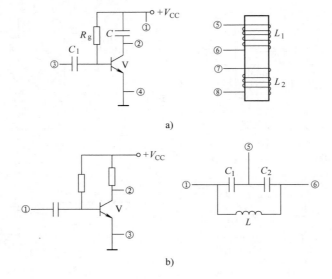

图 9-32 题 9-10 图

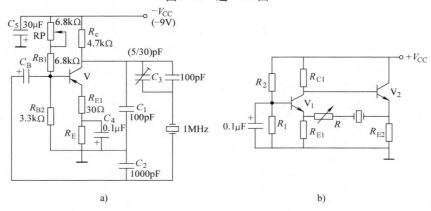

图 9-33 题 9-11 图

（3）求出 u_o 与 u_{o1} 的运算关系式 $u_o = f(u_{o1})$；（4）画出 u_{o1} 与 u_o 的波形；（5）说明若要提高振荡频率，则可以改变哪些电路参数，如何改变。

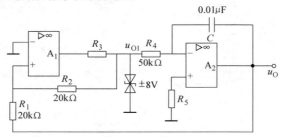

图 9-34 题 9-12 图

9-13 图 9-35 所示电路是一低成本函数发生器，画出 u_{o1}、u_{o2}、u_{o3} 的波形，并写出振荡频率的表达式。

9-14 电路如图 9-36 所示。

（1）试说明 A_1、A_2 分别构成什么电路；（2）定性画出 u_{o1}、u_o 的波形；（3）若要调整输出

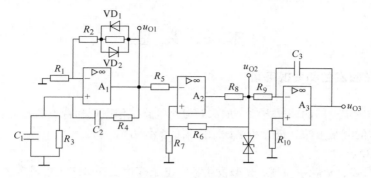

图 9-35　题 9-13 图

波形，则可以改变哪些电路参数？如何改变？

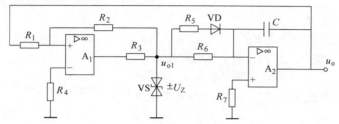

图 9-36　题 9-14 图

9-15　电路如图 9-37 所示，已知集成运放的最大输出电压幅值为 ±12V，U_I 的数值在 u_{O1} 的峰峰值之间。

（1）求解 u_{O3} 的占空比与 U_I 的关系式；（2）设 $U_I = 2.5\text{V}$，画出 u_{O1}、u_{O2} 和 u_{O3} 的波形。

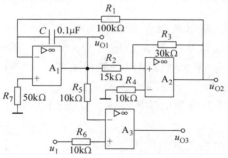

图 9-37　题 9-15 图

本 章 实 验

实验9 正弦波发生和变换电路

1. 实验目的

1）掌握波形发生电路的调试方法，加深对振荡电路工作原理和特点的理解。

2）学习频率的测量方法，进一步掌握示波器的操作方法。

2. 实验仪器和器材

电子电路实验箱；双踪示波器；函数发生器；电子毫伏表；LM324集成运放一块；其余元器件参照电路中要求。

3. 实验内容

（1）正弦波振荡电路

1）按照图9-38所示电路连接好。

2）检查无误后，接上运算放大器工作电源±6V。

调节电位器RP，用示波器观察输出电压 u_0 直到出现正弦波，记录波形在图9-39中，并标上波形的幅度和周期。

3）测算出输出正弦波的振荡频率 f，理论计算的正弦波振荡频率 f_0。

4）调节电位器RP，观察其对输出波形的影响。

5）改变 $R = 100\text{k}\Omega$，重新测量输出电压幅值 U_{om}、波形的周期 T。

6）测量频率。将输出 u_0 接示波器Y轴输入端，标准信号源（正弦波）输出端接示波器X轴输入端，示波器改为"X-Y"显示方式，用李沙育图形法测量频率。即调节信号源频率，使在示波器上出现圆或椭圆图形，这时读出标准信号源的频率即是振荡器的输出频率。记录结果并与理论计算值进行比较。

7）观察增加稳幅二极管改善失真的作用。断开一个二极管，观察输出电压的波形能否稳定且不失真。

通过运放的非线性应用电路——波形发生器的连接和测试，进一步熟悉运放的非线性特性及应用，掌握其测试方法。

（2）方波发生电路

1）组建运放的非线性应用电路——方波发生器，如图9-40所示。

2）检查无误后，接上运算放大器工作电源±6V。用示波器观察输出电压 u_0，记录波形在图9-41中，并标上波形的幅度、周期并计算频率。

（3）方波、三角波发生电路

1）组建方波、三角波发生器电路，如图9-42所示。

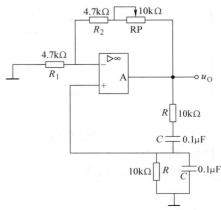

图9-38 正弦波振荡电路

图9-39 正弦波振荡电路输出电压

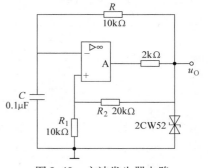

图9-40 方波发生器电路

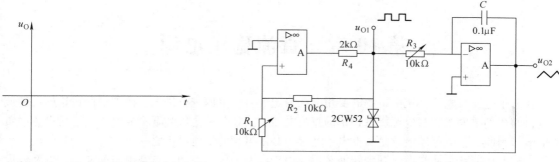

图 9-41 方波振荡电路输出电压　　　　图 9-42 方波、三角波发生器电路

2）检查无误后，接上运算放大器工作电源 ±6V。在 $R_3 = 2k\Omega$ 时用示波器观察输出电压 u_{O1}、u_{O2}，记录波形在图 9-43 中，并标上波形 u_{O1}、u_{O2} 的幅度和周期，测算出输出方波的频率 f，理论计算的方波频率 f_0。

3）观察并记录 $R_3 = 2 \sim 10k\Omega$ 时输出电压波形的变化情况。

4）观察并记录 $R_1 = 4.7 \sim 10k\Omega$ 时输出电压波形的变化情况。

自拟表格记录 3）、4）的波形和测量结果。

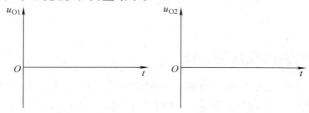

图 9-43 方波、三角波发生器电路输出电压

4. 实验报告和思考题

1）写出你对本次实验内容中一个最有收获的实验报告。（能自己设计一个实验，并写出报告更好。）

2）图 9-38 所示电路中的运算放大器组成什么电路？RP 取何值时，电压 u_0 的波形为正弦波。

3）分析输出正弦波的幅度和周期，实验结果与理论计算不一致的原因。

4）在图 9-42 方波、三角波发生器电路中的运算放大器 A_1 和 A_2 分别组成什么电路？简述该电路的工作原理。

5）总结在本实验中所观察到的现象。

第10章 直流稳压电源

在电子电路及电子系统中，都需要用电压稳定的直流电源进行供电。例如前面讨论的各种放大电路均用到单电源或双电源提供稳定的直流电压，又如各种电气装置都需要直流稳压电源向负载供电。因此，直流稳压电源是电气电子装置中必不可少的供电设备之一。

直流电压通常是从交流电网中转换获得，由于电网电压的波动、负载电流的变化，以及温度等环境因素的改变，往往使直流电压不稳定。因此，在实际应用中，就存在着供电为交流电而需要的则是直流电，要求电压稳定而实际电压不稳定这两个问题。直流电源正是为了解决这两个问题而设置的，所以直流电源的功能是将交流电网电压转换为稳定的直流电压，故称之为直流稳压电源。直流稳压电源一般由电源变压器、整流、滤波和稳压电路等4部分组成。

本章首先讨论小功率整流、滤波和稳压电路，然后介绍三端集成稳压器和串联式开关稳压电源，最后简单介绍直流变换型稳压电源。

10.1 概述

10.1.1 直流稳压电源的组成和分类

直流稳压电源的基本功能是为电子电路提供稳定且合适的直流电能。这里所介绍的是小功率直流稳压电源，它以公共供电网为能量来源（即供电网是220V、50Hz的交流市电），输出电压等级较低、功率较小的直流电压，一般在 ±3 ~ ±24V、200W 以下。图 10-1 给出了直流稳压电源的基本结构及其各部分的波形图。由图可见，直流稳压电源包含如下几个部分：

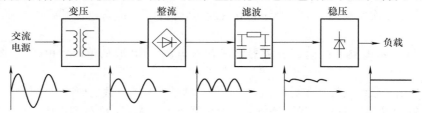

图 10-1 直流稳压电源框图

（1）电源变压器 采用降压变压器，其作用是将 220V 的电网交流电压变换为符合实际要求的交流电压。

（2）整流电路 利用二极管的单向导电性，将正弦交流电压变换为单方向（直流）的脉动电压。它仍为周期性的变化电压，含有直流成分和各种频率的交流成分。这种单向脉动电压脉动性很大，距离理想的直流电压还差得很远。

（3）滤波电路 利用电容、电感等储能元件的特性，滤除直流脉动电压中的交流成分，使输出电压变为比较平滑的直流电压。负载电流较小的大多采用电容滤波电路，负载电流较大的大多采用电感滤波电路，对滤波效果要求高的采用电容、电感和电阻组成的多级滤波电路。由于滤波电路是无源电路，其带负载能力较差。

（4）稳压电路 各种电子电路都要求用稳定的直流电源供电，经整流滤波电路后的电压仍然有一定大小的波动，而且当电网电压波动或负载改变时将会引起输出端电压的改变，导致电压不稳定。稳压电路可使直流输出电压保持稳定，尽量不受上述因素的影响。

工程实际中常采用的稳压电源有多种形式，主要包括串联型稳压电源和并联型稳压电源，前者应用更为广泛。它们的区别在于调整晶体管（以下简称调整管）与负载电阻是串联还是并联。串联型稳压电源根据起调节作用的晶体管工作状态又可分为两种：当调整管工作在线性放大状态时，称为线性串联型稳压电源；而当调整管工作在开关状态时，称为开关式串联型稳压电源。

常用的直流稳压电源有硅稳压管并联稳压电源、串联式稳压电源、线性集成稳压电源、开关型稳压电源等。

10.1.2 直流稳压电源的性能指标

电源的技术指标包括使用指标、非电气指标和性能指标。

使用指标是从功能角度来说明电源的容量大小、输出电压、输出电流、电压调节范围、过电压保护、过电流保护、效率高低等指标。非电气指标主要有外观、体积和重量等指标。性能指标是衡量电源的稳定度、质量高低的重要技术指标。常用性能指标有以下几种。

1. 稳压系数 S_r

S_r 反映了电网电压的波动对直流输出电压的影响，通常定义为负载和环境温度不变时，直流输出电压的相对变化量与稳压电路输入电压的相对变化量之比，即

$$S_r = \frac{\Delta U_o / U_o}{\Delta U_I / U_I}\bigg|_{\substack{R_L = 常数 \\ T = 常数}} \tag{10-1}$$

S_r 越小，则稳压电源的稳定性越好。为了准确地测出输入、输出电压的变化，可用数字式直流电压表来测量。

2. 输出电阻 R_o

R_o 反映了负载的变化对输出电压的影响，定义为在输入电压和环境温度不变时，输出电压的变化量与输出电流的变化量之比的绝对值，即

$$R_o = \frac{\Delta U_o}{\Delta I_o}\bigg|_{\substack{U_I = 常数 \\ T = 常数}} \tag{10-2}$$

R_o 越小，输出电压的稳定性能越好，带负载能力越强。

3. 负载调整系数

负载调整系数又称电流调整率 S_i。工程中通常把负载电流由 0 变到额定值时输出电压的相对变化量定义为电流调整率，即

$$S_i = \frac{\Delta U_o}{U_o}\bigg|_{U_I = 常数} \times 100\% \tag{10-3}$$

4. 电压调整率

工程实际中把电网电压波动为 ±10% 时，输出电压的相对变化量作为性能指标，称为电压调整率 S_u。

$$S_u = \frac{\Delta U_o / U_o}{\Delta U_I}\bigg|_{\substack{I_o = 常数 \\ T = 常数}} \tag{10-4}$$

除此以外，稳压电源还有其他性能参数：最大波纹电压，指在输出端存在的 50Hz 或 100Hz 交流分量，通常以有效值或峰值表示；温度系数，指电网电压和负载都不变时，由于温度变化而

引起的输出电压漂移等。

稳压电源的性能指标与电路形式和电路参数密切相关。通常情况下是通过实际测试得到稳压性能指标，来表征稳压电源的性能优劣。

10.2 稳压管稳压电路

10.2.1 稳压电路及工作原理

在前面已介绍了稳压管的工作原理和正、反向伏安特性。如图 10-2 所示为硅稳压管的伏安特性。稳压管工作在反向击穿状态时，其特性在反向击穿区很陡，反向电流 I_Z 在较大范围内变化，稳压管两端的电压变化量 ΔU_Z 变化却很小，利用这种特性可以在稳压管两端得到较稳定的电压 U_Z。

如图 10-3 所示为由硅稳压管组成的稳压电路，其中 R 起限流作用，负载电阻 R_L 与稳压管 VS 并联。

图中整流滤波后的直流电压是稳压电路的输入电压 U_I，稳压管的稳定电压即为稳压电路的输出电压 U_O，R 是限流电阻。由图可知，负载上的输出电压为

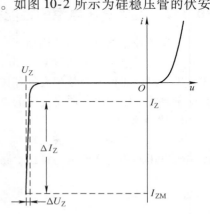

图 10-2　硅稳压管的伏安特性

$$U_O = U_Z = U_I - I_R R \qquad (10\text{-}5)$$

$$I_R = I_Z + I_O$$

引起稳压电路输出电压波动的原因是输入电压的波动和负载的变化。现分别从这两个方面来分析电路的稳压情况。

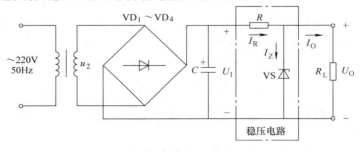

图 10-3　硅稳压管稳压电路

（1）负载变化　设输入电压 U_I 保持不变，当负载电阻 R_L 减小，使 I_O 增大时，电流 I_R 增大，进而引起电阻 R 上的电压降升高，使输出电压 U_O 下降。由稳压管的伏安特性可知，当稳压管两端电压略有下降时，电流急剧减小。于是，由 I_Z 的减小来补偿的 I_O 增大，最终使 I_R 基本保持不变，因而输出电压也将保持不变。上述稳压过程可表示如下：

$$R_L \downarrow \; \rightarrow I_O \uparrow \; \rightarrow I_R \uparrow \; \rightarrow U_O \downarrow (U_Z \downarrow) \rightarrow I_Z \downarrow \; \rightarrow I_R \downarrow$$

$$U_O \uparrow \; \longleftarrow$$

（2）输入电压波动　设负载电阻 R_L 保持不变，当电网电压升高使输入电压 U_I 升高时，输出电压 U_O 也将随之增大。根据稳压管的伏安特性，I_Z 将急剧增加，使得流过限流电阻 R 上的电流急剧增加，R 上的电压降亦增大，由此抵消了 U_I 的增加，从而使输出电压 U_O 基本维持不变。上

述稳压过程可表示如下：

$$电网电压 \uparrow \rightarrow U_I \uparrow \rightarrow U_O \uparrow (U_Z) \uparrow \rightarrow I_Z \uparrow \rightarrow I_R \uparrow \rightarrow U_R \uparrow$$

$$U_O \downarrow \longleftarrow$$

10.2.2　稳压管并联稳压电路的设计

稳压管稳压电路的设计要求是：选定输入电压和稳压管，再确定限流电阻 R。

（1）输入电压 U_I 的确定　输入电压 U_I 一般可在下式范围内选择

$$U_I = (2 \sim 3)U_O \tag{10-6}$$

（2）稳压管电压 U_Z 的选定　稳压管的参数可按下式选择：

$$U_Z = U_O \tag{10-7}$$

$$I_{ZM} = (2 \sim 3)I_{Omax} \tag{10-8}$$

动态电阻 r_Z 越小的稳压管其特性曲线就越陡，稳压电源的输出电阻 $R_o = r_Z /\!/ R \approx r_Z$ 就较小，稳压效果就越好。

（3）确定限流电阻 R　当电网电压最高、负载电流最小时，I_Z 不至于超过稳压管最大允许电流，即

$$\frac{U_{Imax} - U_Z}{R} - I_{Omin} < I_{ZM}$$

所以可以得到

$$R_{min} > \frac{U_{Imax} - U_Z}{I_{ZM} + I_{Omin}}$$

当电网电压最低、负载电流最大时，I_Z 不允许小于稳压管的最小值，即

$$\frac{U_{Imin} - U_Z}{R} - I_{Omax} > I_{Zmin}$$

所以可以得到

$$R_{max} < \frac{U_{Imin} - U_Z}{I_{Zmin} + I_{Omax}}$$

故 R 取值应满足：

$$\frac{U_{Imax} - U_Z}{I_{ZM} + I_{Omin}} < R < \frac{U_{Imin} - U_Z}{I_{Zmin} + I_{Omax}} \tag{10-9}$$

因为电网电压一般允许波动是 $\pm 10\%$，因此式中的 $U_{Imax} = 1.1U_I$，$U_{Imin} = 0.9U_I$。R 阻值还要取电阻标称系列值，并保证限流电阻的额定功率：

$$P_R \geqslant \frac{(U_{Imax} - U_Z)^2}{R} \tag{10-10}$$

这种稳压电源电路很简单，在输出电压不需调节、负载电流比较小的情况下可取得较好的稳压效果。但稳压管在稳压范围内允许电流的变化有一定的范围，输出电阻较大，稳压精度也不够高，且输出电压不能调节，效率也较低，通常用在电压不需调节、输出电流及稳压要求不高的场合。硅稳压管稳压电路是其他各种形式稳压电路的基础。

例 10-1：设计一个采用桥式整流、电容滤波的硅稳压管并联稳压电源，具体参数指标为：输出电源 $U_O = 6V$，负载电阻 R_L 范围为 $1k\Omega$ 至 ∞，电网电压波动范围为 $\pm 10\%$。

解：（1）电路如图 10-3 所示，先确定输入电压。

$$U_I = (2 \sim 3)U_O = (2 \sim 3) \times 6V = (12 \sim 18)V$$

可以选取 16V。

则变压器二次电压有效值为

$$U_2 = \frac{16}{1.2}V \approx 13V$$

（2）选定稳压管的型号

根据计算：

$$U_Z = U_O = 6V$$

$$I_{ZM} = (2 \sim 3)I_{Omax} = (2 \sim 3)I_{Omax} = (2 \sim 3) \times \frac{6}{1}mA = (12 \sim 18)mA$$

查元器件手册可知，稳压管 2CW54，其 $U_Z = 5.5 \sim 6.5V$，$I_Z = 10mA$，$r_Z < 30\Omega$，$I_{ZM} = 38mA$ 符合要求，也可选稳压管 IN753，其 $U_Z = 5.88 \sim 6.12V$，$r_Z \leq 8\Omega$。

$$P_{ZM} = U_Z I_Z \approx 6 \times 0.018W < 0.5W \text{ 均能满足要求。}$$

（3）确定限流电阻 R　见式（10-9）

$$\frac{U_{Imax} - U_Z}{I_{ZM} + I_{Omin}} < R < \frac{U_{Imin} - U_Z}{I_{Zmin} + I_{Omax}}$$

得

$$\frac{16 \times 1.1 - 6}{38}k\Omega < R < \frac{16 \times 0.9 - 6}{6 + 10}k\Omega$$

$$0.31k\Omega < R < 0.53k\Omega$$

取系列标称值 $R = 470\Omega$。

计算限流电阻功率：

$$P_R \geq \frac{(16 \times 1.1 - 6)^2}{470}W = 0.286W$$

选用 470Ω 金属膜电阻器（额定功率 0.5W），即型号为 RJ470Ω(1/2)W 的电阻。

10.3　线性稳压电路

线性稳压电路从稳压电路的主回路来看，起电压调整作用的晶体管与负载相互串联，故把这种电路称为串联型稳压电路。

10.3.1　基本串联型电路

如图 10-4 所示为一基本串联型稳压电路，V 是调整管，稳压管 VS 提供基准电压 U_Z，R 是限流电阻，R_L 是负载。由于 V 基极电压被 VS 固定在 U_Z，晶体管 V 发射结电压在 V 正常工作时基本是一个固定值（一般硅管为 0.7V，锗管为 0.3V），所以输出电压 $U_O = U_Z - U_{BE}$。

假设由于某种原因引起输出电压 U_O 降低，即 V 的发射极电压降低，由于 U_Z 保持不变，从而造成 V 发射结电压 U_{BE} 上升，引起 V 基极电流上升，发射极电流被放大 β 倍上

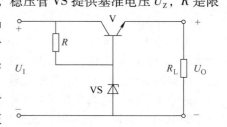

图 10-4　基本串联型稳压电路

升，由晶体管的负载特性可知，这时 V 导通更加充分，管电压降 U_{CE} 将迅速减小，输入电压 U_I 更多的加到负载上，输出电压 U_0 得到快速回升。当输出电压上升时，整个分析过程与上面过程的变化相反，这里我们就不再重复。

由上述分析可知，管电压降 U_{CE} 的变化总是与输出电压 U_0 的变化方向相反，使输出电压保持稳定。晶体管起到了调节的作用，故称之为调整管。由于在电路中调整管与负载相串联，故称该电路为串联型稳压电路，又由于调整管工作在放大区（线性区），故又称该电路为线性稳压电路。

由于使用固定的基准电压源，所以当需要改变输出电压时只能更换稳压管，这样调整输出电压非常不方便。另外由于直接通过输出电压的变化来调节 V 的管电压降，这样控制作用较小，稳压效果还不够理想。因此这种稳压电源仅仅适合一些比较简单的应用场合。

10.3.2　串联反馈型稳压电路

1. 电路的组成

串联反馈型稳压电源可用图 10-5 的框图表示。

串联反馈型稳压电源主要由调整元件、比较放大、基准电压、取样电路等 4 部分电路组成。在线性串联型稳压电源中，核心部分是比较放大环节。通常，比较放大环节由单管放大电路、分立元件组成的差动放大电路或者集成运放等构成，如图 10-6 所示。

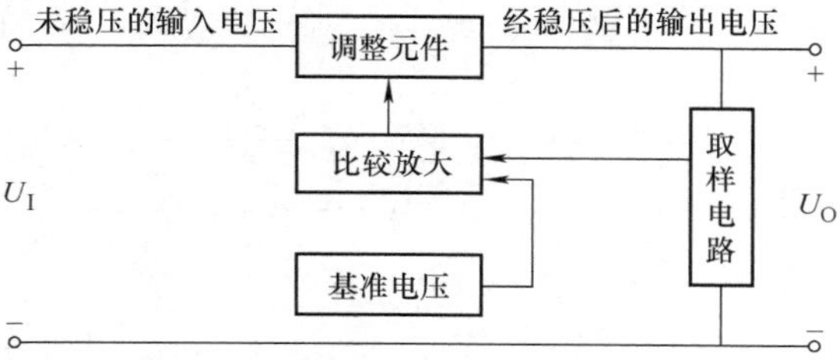

2. 稳压原理

图 10-6a 中，调整管 V_1 与负载 R_L 串联，

图 10-5　串联反馈型稳压电源框图

它的作用是当输出电压 U_0 发生变化时，其 c-e 极的电压降要随之变化，从而使输出电压 U_0 基本稳定。V_2 为比较放大器，R_4 既是 V_2 的集电极电阻，又是 V_1 的基极上偏置电阻。稳压管 VS 和电阻 R_3 提供了基准电压 U_z。R_1、RP 和 R_2 组成的是输出取样电路。

串联反馈型稳压电路是一种典型的电压串联负反馈电路。利用电压串联负反馈可以稳定输出电压的原理来调节电路使输出电压稳定。图 10-6a 在输入电压升高或负载电流减少而导致输出电压 U_0 增大时，输出电压 U_0 经取样电路 RP 的滑动臂上的电压使 U_{B2} 升高，与比较放大器 V_2 的发射极基准电压 U_z 进行比较，其差值使 U_{BE2} 增加，经 V_2 放大引起 I_{C2} 增加，并使 V_1 基极对地电压 U_{B1} 减小，导致 U_{BE1} 减小，使 U_{CE1} 增大（相当于串联电阻增大），从而使输出电压 U_0 下降，趋于稳定。

上述稳压过程表示为

$$U_I \uparrow (\text{或} I_0 \downarrow) \to U_0 \uparrow \to U_{B2} \uparrow \to U_{C2} \downarrow (U_{B1} \downarrow) \to U_{BE1} \downarrow \to U_{CE1} \uparrow$$

$$U_0 \downarrow \longleftarrow$$

串联反馈型稳压电路由于采用电压调整晶体管，有取样比较放大器，所以输出电流较大，稳压精度较高，并且输出电压可以连续调节，但电路较复杂，这是目前采用较多的直流稳压电源的形式。要求输出电流大的稳压电源，为了提高控制灵敏度，往往采用复合管作调整管。为确保调整管工作在放大状态，要求 $U_I > (U_0 + U_{CES1})$，要使调整管输出电压降 $U_{CE1} > U_{CES1}$，否则调整管会失去调节能力。因此，线性串联反馈型稳压电路属于降压型稳压电路。

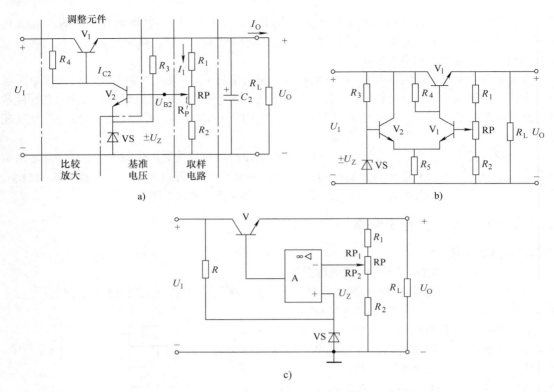

图 10-6 串联反馈型稳压电路

a）单管放大电路的构成 b）差动放大电路的构成 c）集成运算放大电路的构成

3. 输出电压

由图 10-6a 可知，输出电压为

$$U_O \approx \frac{R_1 + R_2 + R_{RP}}{R_P' + R_2} U_Z \tag{10-11}$$

该电路的输出电压 U_O 在一定的范围内可以用取样电位器 RP 来调节。当电位器 RP 滑动端的位置处于最上端时，输出电压 U_O 达到最小值为

$$U_{Omin} = \frac{R_1 + R_2 + R_{RP}}{R_{RP} + R_2} U_Z \tag{10-12}$$

当电位器 RP 滑动端的位置处于最下端时，输出电压 U_O 达到最大值为

$$U_{Omax} = \frac{R_1 + R_2 + R_{RP}}{R_2} U_Z \tag{10-13}$$

即输出电压 U_O 的调节范围为

$$\frac{R_1 + R_2 + R_{RP}}{R_{RP} + R_2} U_Z \leqslant U_O \leqslant \frac{R_1 + R_2 + R_{RP}}{R_2} U_Z \tag{10-14}$$

4. 调整管的选择

在串联型稳压电路中，调整管承担了全部负载电流和相当的管电压降，因此管子的功耗较大，须采用大功率晶体管。为了保证调整管安全地工作，必须对管子的各项极限参数进行讨论，其中包括集电极最大允许电流 I_{CM} 和集电极最大允许耗散功率 P_{CM}、反向击穿电压 $U_{(BR)CEO}$。

流过调整管集电极的电流有负载电流和反馈采样电阻上的电流，因此要求 I_{CM} 必须大于最大

负载电流 I_{Omax} 和采样电路电流 I_{R1} 之和，即

$$I_{\mathrm{CM}} > I_{\mathrm{Omax}} + I_{\mathrm{R1}} \tag{10-15}$$

由于电网电压的波动会使稳压电路的输入电压产生相应的变化，输出电压又有一定的调节范围，所以调整管在稳压电路输入电压最高且输出电压最低时管电压降最大。要求调整管最大管电压降必须小于调整管的反向击穿电压 $U_{\mathrm{(BR)CEO}}$，即

$$U_{\mathrm{CEmax}} = U_{\mathrm{Imax}} - U_{\mathrm{Omin}} < U_{\mathrm{(BR)CEO}} \tag{10-16}$$

当调整管管电压降最大且负载电流最大时，调整管功耗达到最大，要求其值必须小于集电极最大允许耗散功率 P_{CM}，即

$$P_{\mathrm{Cmax}} = (I_{\mathrm{Omax}} + I_{\mathrm{R1}})(U_{\mathrm{Imax}} - U_{\mathrm{Omin}}) < P_{\mathrm{CM}} \tag{10-17}$$

5. 稳压电路的保护措施

在串联型稳压电路中，当电路过载或输出端短路时，调整管会因电流过大，导致管耗剧增而损坏。因此，在实用的稳压电路中必须对调整管例行保护，使调整管安全工作。保护电路的功能是当稳压电路正常工作时，保护电路不工作，一旦电路发生过载或短路故障时，保护电路立即动作，限制输出电流的大小或使输出电流下降为零，以达到保护调整管的目的。

（1）限流型保护电路　典型的限流型保护电路如图 10-7 所示。保护电路由电阻 R 和保护管 V_2 组成，电阻 R 的阻值大小由额定负载电流确定。对输出电流 I_{O} 进行检测，其电压降 U_{R} 即为 V_2 发射结正偏电压。在正常情况下，U_{R} 较小，不足以使保护管 V_2 导通，因而保护电路对稳压电路没有影响。当输出电流 I_{O} 过电流时，I_{O} 使 U_{R} 增大到足以使保护管 V_2 导通，此时将调整管的基极电流分流，从而限制了调整管中电流的增大，限制了输出电流 I_{O} 的增大，保护了调整管。I_{O} 越大，V_2 管导通程度越大，对调整管基极电流的分流作用也就越强。当过电流保护电路起作用时，被限制的调整管的发射极电流为

$$I_{\mathrm{Omax}} \approx I_{\mathrm{E1max}} \approx \frac{U_{\mathrm{BE2}}}{R} \tag{10-18}$$

故称之为限流型保护电路。

（2）截流型保护电路　如图 10-8 所示为截流型保护电路。保护电路由电阻 R、R_1、R_2 和保护管 V_2 组成。这种保护电路一旦动作，在输出电压 U_{O} 下降的同时使输出电流 I_{O} 也下降到接近于零。

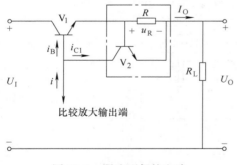

图 10-7　限流型保护电路

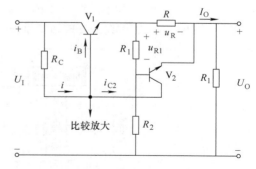

图 10-8　截流型保护电路

当稳压电路正常工作时，V_2 管截止，保护电路对稳压电路没有影响。当输出电流过大时，V_2 管导通，保护电路启动。此时由于 I_{C2} 的分流作用使 V_1 管的基极电流减小，从而使得输出电流 I_{O} 减小，输出电压 U_{O} 下降。

与限流型保护电路不同，U_{O} 下降使电阻 R_1 上的电压降 U_{R1} 也下降，U_{BE2}（$U_{\mathrm{BE2}} = U_{\mathrm{R}} - U_{\mathrm{R1}}$）

进一步增大，该管的导通程度加深，I_{C2} 的增大使 V_1 的基极电流被更多地分流，I_0 和 U_0 进一步减小，形成一个正反馈过程，最终使 V_1 管完全截止。此时 I_0 和 U_0 均趋于零，起到了截流保护的作用。

10.3.3 线性集成稳压电路

随着集成电路工艺的发展，集成化的串联型稳压器应用越来越广泛，集成稳压器具有性能好、体积小、重量轻、价格便宜、使用方便，并有过热、短路电流限流保护和调整管安全区等保护措施，使用安全可靠等优点。

线性（串联型）集成稳压器有输出电压不可调的集成稳压器和输出电压可调的集成稳压器两大类，从输出电压极性来划分，可分为正输出电压和负输出电压两大类。

1. 固定式三端集成稳压器

（1）固定式三端集成稳压器的外形、型号及组成　这种集成稳压器的输出电压不可调。其中 7800 系列为正电压输出，最后两位数表示输出电压值，常用的有 5V、6V、9V、12V、15V、18V 和 24V，如 7805 为 + 5V 输出，7812 为 + 12V 输出；7900 系列为负电压输出，如 7908 为 − 8V 输出，7924 为 − 24V 输出。输出电流常见的有 0.1A（78L00 及 79L00 系列）、0.5A（78M00 及 79M00 系列）、1.5A（7800 及 7900 系列）、3A（78T00 及 79T00 系列）、5A（78H00 及 79H00 系列）等。

三端集成稳压器的外形及电路符号如图 10-9 所示。

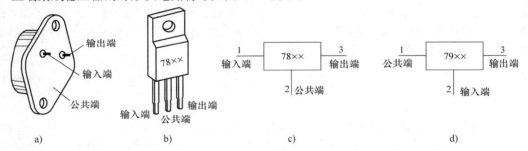

图 10-9　三端集成稳压器的外形及电路符号

a）金属外壳封装外形图　b）塑料封装外形图　c）7800 系列符号　d）7900 系列符号

如图 10-10 所示为 7800 系列的结构原理图。

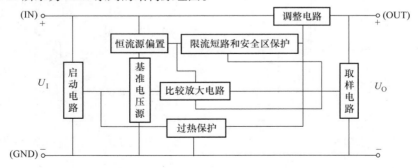

图 10-10　7800 系列的结构原理图

（2）固定式三端集成稳压器的基本应用　固定输出集成稳压器的典型应用电路如图 10-11 所示。

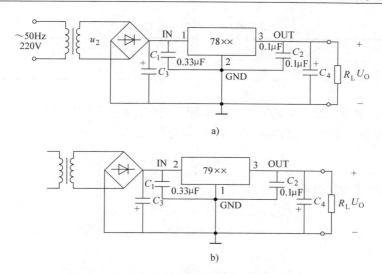

图 10-11　固定输出集成稳压器的典型应用电路
a) 78××系列稳压电路应用　b) 79××系列稳压电路应用

在如图 10-11a 中，交流电网电压经变压、桥式整流、电容滤波后的不稳定的直流电压加至7800 系列集成稳压器的输入端（IN）和公共端（GND）之间，则在输出端（OUT）和公共端（GND）之间可得到固定的稳定电压输出。其中，C_1、C_2 是高频旁路以及为防止自激振荡用的，最好采用钽电容或瓷介电容。C_1、C_2 焊接时要尽量靠近集成稳压器的引脚。

例 10-2：采用 220V，50Hz 的交流电网电压供电。试设计一个固定输出的集成稳压电源，其指标要求为：$U_O = +12V$，$I_{Omax} = 800mA$，$\Delta U_{OPP} \leqslant 8mV$，$S_r \leqslant 3 \times 10^{-3}$。

解：1）选集成稳压器型号，确定电路形式。查器件手册选三端固定式稳压器 LM7812，特性参数在手册中查得：输出电压 $U_O = 11.5 \sim 12.5V$，$I_{Omax} = 1A$，最小输入电压 $U_{Omin} = 14V$，最大输入电压 35V。均能满足稳压电路的要求，电路如图 10-12 所示。

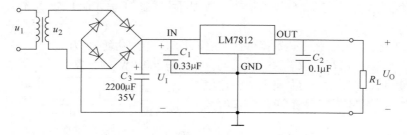

图 10-12　例 10-2 的电路图

2）确定电源变压器。LM7812 的输入电压范围为 $14V < U_I < 35V$，取 $U_I = 18V$（U_I 取得太高集成稳压器消耗功率大，造成电源效率低；U_I 取得太低，在电网电压降低时对稳定输出电压不利）。本电路采用桥式整流、电容滤波，得变压器二次侧输出有效值电压

$$U_2 \geqslant \frac{U_I}{1.2} = \frac{18}{1.2}V = 15V$$

$$I_2 > I_{Omax} = 0.8A，取 I_2 = 1A$$

变压器二次侧功率 $P_2 \geqslant I_2 U_2 = 15V \cdot A$。

小型变压器的效率如表 10-1 所示。

表 10-1 小型变压器的效率

二次侧功率 $P_2/\text{V} \cdot \text{A}$	< 10	10 ~ 30	30 ~ 80	80 ~ 200
效率 η_T	0.6	0.7	0.8	0.85

考虑变压器的效率，选功率 20V·A，二次电压、电流有效值分别为 18V、1A 的变压器。

3）选整流二极管及滤波电容 C。每个整流二极管流过的平均电流为

$$I_\text{D} = \frac{1}{2} I_\text{Omax} = \left(\frac{1}{2} \times 0.8 \right) \text{A} = 0.4\text{A}$$

整流二极管承受的反向峰值电压

$$U_\text{DM} = \sqrt{2} U_2 = (1.41 \times 18)\text{V} = 25.4\text{V}$$

考虑到安全系数，查器件手册整流二极管选 1N4002，其极限参数为 $U_\text{RM} \geq 100\text{V}$，$I_\text{F} = 1\text{A}$，能满足要求。

由 S_r 的定义

$$S_\text{r} = \left. \frac{\Delta U_\text{O}}{U_\text{O}} \middle/ \frac{\Delta U_\text{I}}{U_\text{I}} \right|_{R_\text{L} = 常数}$$

把 $U_\text{O} = 12\text{V}$，$U_\text{I} = 18\text{V}$，$\Delta U_\text{OPP} = 8\text{mV}$，$S_\text{r} \leq 3 \times 10^{-3}$ 代入上式得

$$\Delta U_\text{IPP} = \frac{\Delta U_\text{OPP} U_\text{I}}{U_\text{O} \times S_\text{r}} = \frac{0.008 \times 18}{12 \times 3 \times 10^{-3}}\text{V} \approx 4\text{V}$$

滤波电容 C_3 可代入下式得

$$C = \frac{I_\text{C} t}{\Delta U_\text{IPP}} = \frac{0.8 \times 0.01}{4}\text{F} = 2000\mu\text{F}$$

式中，I_C 为电容放电电流，取 $I_\text{C} \approx I_\text{Omax} = 0.8\text{A}$；$t$ 为电容 C 放电时间，$t = \frac{T}{2} = \frac{1}{f \times 2} = \frac{1}{50 \times 2}\text{s} = 0.01\text{s}$；$\Delta U_\text{IPP}$ 为稳压器输入端等效的纹波电压峰峰值。

电容 C 的耐压应大于 $\sqrt{2} U_2 = 25.4\text{V}$，查器件手册可选 CD11 型电解电容，标称值 $2200\mu\text{F}/35\text{V}$。

4）LM7812 上的功耗，按上述数据可估算出 LM7812 上的功耗 P_x 为

$$P_\text{x} = (U_\text{I} - U_\text{O}) I_\text{Omax} = (18 - 12) \times 0.8\text{W} = 4.8\text{W}$$

为了不使 LM7812 的结温超过规定值（125℃），必须将 LM7812 安装在符合要求的散热片上。

（3）三端固定输出集成稳压器的扩展应用

1）提高输出电压电路：如果需要略高于三端稳压器的输出电压，可采用图 10-13 所示的电路。

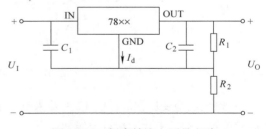

图 10-13 提高输出电压的电路

其输出电压为

$$U_\text{O} = U_{\times\times} \left(1 + \frac{R_2}{R_1} \right) + I_\text{d} R_2 = U_{\times\times} + \left(\frac{U_{\times\times}}{R_1} + I_\text{d} \right) R_2$$

式中，$U_{\times\times}$ 是稳压器的标称输出电压，I_d 是稳压器的静态工作电流。一般约为几毫安，当 $\frac{U_{\times\times}}{R_1} > 5I_\text{d}$ 时，可忽略 I_d 的影响，则有

$$U_{\mathrm{O}} \approx U_{\times\times}\left(1 + \frac{R_2}{R_1}\right) \tag{10-19}$$

若 R_2 采用电位器，则可微调输出电压。但须注意的是，稳压器输入电压有变化时，I_{d} 也发生变化，所以在提高输出电压后，稳压精度有所降低。

2）扩展输出电流电路：当负载所需的电流大于集成稳压器的最大输出电流时，可外接大功率晶体管来扩展输出电流，其典型电路如图 10-14 所示。

R_1 是 78×× 输出电流较大时为大功率晶体管 V_1 提供导通所需的偏置电压的电阻，电阻值根据下式来计算：

$$R_1 = \frac{U_{\mathrm{BE1}}}{I_2 - \dfrac{I_{\mathrm{C1}}}{\beta_1}} \tag{10-20}$$

I_2 是 78×× 稳压器的输出电流，I_1 为流入稳压器的电流，一般 I_3 很小，在忽略时，$I_2 \approx I_1$。U_{BE1} 由外接功率晶体管来定，锗管取 0.3V，硅管取 0.7V，β 是 V_1 的电流放大系数。

扩展电流后的稳压电路最大输出电流 $I_{\mathrm{O}} = I_{\mathrm{C1}} + I_2$。$I_{\mathrm{O}}$ 主要由大功率晶体管 V_1 的 I_{CM} 来决定。上述电路中采用了 2N6287 做扩展管，在电路不加限流时，最大输出电流 $I_{\mathrm{Cmax}} \approx I_{\mathrm{CM}} = 20\mathrm{A}$。

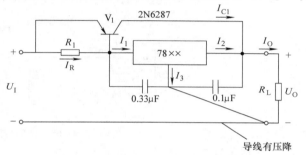

图 10-14　扩展输出电流的电路

2. 三端可调集成稳压器

三端可调集成稳压器有正电压稳压器 317（117、217）系列，负电压稳压器 337（137、237）系列。输出电压能在 1.2 ~ 37V 范围内连续可调，可输出 1.5A 的负载电流。该正负电压稳压器系列内部同样具有过热、限流和安全工作区保护电路。使用安全可靠，比三端固定输出稳压器有更好的电压调整率和电流调整率指标。其常用的基本应用电路如图 10-15 所示。

LM317 的 I_{d} 值很小，约为 50μA 左右，若忽略 I_{d}，则输出电压为

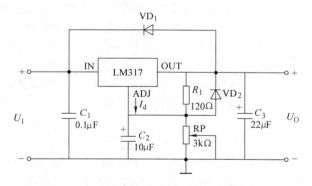

图 10-15　三端可调集成稳压器基本应用电路

$$U_{\mathrm{O}} = U_{\mathrm{REF}}\left(1 + \frac{R_{\mathrm{RP}}}{R_1}\right) \approx 1.25\left(1 + \frac{R_{\mathrm{RP}}}{R_1}\right) \tag{10-21}$$

式中，1.25V 是集成稳压器输出端（OUT）与调整端（ADJ）之间的固定参考电压 U_{REF}。R_1 一般取值 120 ~ 240Ω（此电阻保证稳压器在空载时也能正常工作）。调节 RP 可改变输出电压大小。

电路中 VD_1 用于防止出现输入端短路时，输出端电容 C_3 的电荷会通过稳压器反向向输入端放电而损坏稳压器。VD_2 的作用是防止输出端对地短路时，C_2 上的电压会通过调整端 ADJ 放电，有可能损坏稳压器。C_1 起消振作用，C_2 用来提高纹波抑制比，C_3 用来减小容性负载产生的阻尼振荡。

3. 正负可调集成稳压器

4194 只需调整一个电阻的阻值，可以使输出电压由 ±0.05V 变到 ±42V 的正、负相等的对称电压。电路内部有正、负电压跟踪电路，快速启动电路，能够在外界电压的波动及负载发生变化时都有较好的正、负跟踪特性和优良的稳定度，能够保证正、负输出电压始终是平稳的，它的中点始终为地电位。其优良性能是用早期生产的三端稳压集成器件 78××和 79××系列组成的正、负电源无法达到的。

它还具有非对称输出电压的功能，平衡端 BAL 即第 4 引脚，在该端加上必要的外电路就可以获得非对称输出功能，即正、负输出电压成一定的比例的稳压电源。稳压器具有过热、输出过电流和短路保护电路，有 0.2A 的输出电流能力。

典型应用电路如图 10-16 所示。

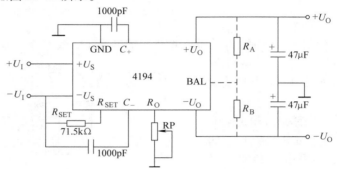

图 10-16 典型应用电路

4. 集成基准电压源

基准电压源在传感器电路、模拟电路、数字电路及单片微机应用系统中有广泛应用。基准电压源最重要的性能是保持很高的电压稳定性，其输出电压基本不随温度和时间的变化而变化。为了提高基准电压的精确性，一般用激光校准工艺保证基准电压源允许的容差值。

（1）微功耗基准电压二极管　此类电压基准的应用电路如图 10-17 所示。型号有 LM385 - 1.2、LM385 - 2.5、LM386 等，引脚图见有关手册。它们的稳压值分别为 1.235V、2.50V 和 5.0V，工作电流范围可以从 $10\mu A$ 到 20mA，平均温度系数可达到 $20 \times 10^{-6}/℃$，动态输出电阻为 1Ω，比常规的硅稳压管性能提高许多。

图中的 R 可根据公式 $\dfrac{U_{Imin} - U_O}{I_{Zmin} + I_{Omax}} \geq R \geq \dfrac{U_{Imax} - U_O}{I_{Zmax}}$ 来计算。

（2）精密低压基准电源　MC1403 是常用的精密电压基准，其输入电压能在 4.5~40V 范围内工作，输出电压为 2.5V ±25mV，最大负载电流为 100mA，平均温度系数为 $10 \times 10^{-6}/℃$，采用标准双列直插（DIP）8 引脚塑料封装。图 10-18 是 MC1403 的典型应用电路。

（3）精密可调基准稳压电路　TL431 输出电压可调范围为 2.5~36V，输出负载电流达 100mA，等效全程温度系数 $50 \times 10^{-6}/℃$，动态输出电阻典型值为 0.22Ω。可广泛应用于高精度基准电压源、稳压电源、高速比较器、过电压保护器等电路中。图 10-19a 是 TL431 组成的基准电压源。

图 10-19b 为可调基准电压源，输出电压可在 2.5~36V 间连续调节，输出电压 U_O 由电阻 R_1 和 R_{RP} 的分压比决定，即

$$U_O = 2.5 \times \left(1 + \frac{R_{RP}}{R_1}\right) \qquad (10-22)$$

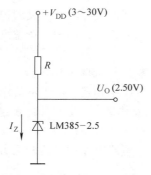
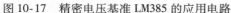

图 10-17 精密电压基准 LM385 的应用电路

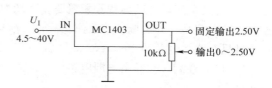

图 10-18 MC1403 的典型应用电路

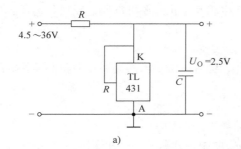
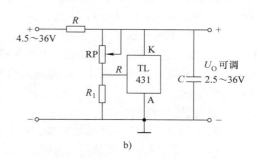

图 10-19 TL431 组成的基准稳压电路

a) TL431 作基准电压源 b) TL431 作可调基准电压源

10.4 开关型稳压电路

串联型稳压电路是连续调整控制方式的稳压电源，电路结构简单，输出纹波小，稳压性能好，但调整管工作在线性放大区，并与负载串联，流过较大的负载电流。同时，由于输入电压和负载电流的波动以及纹波电压的存在，故调整管集射电压 U_{CE} 较大。因此，调整管的集电极功耗相当大，功率调整管发热严重，稳压电源的效率较低，一般只能达到 30% ~ 50%。为此，将调整管改为开关工作方式，它主要工作在饱和导通和截止两种状态。当管子饱和导通时输出电流很大，但调整管管电压降 U_{CE} 很小；而当管子截止时，调整管电流很小。这样，调整管在任一开关状态下的管耗都非常小，只有在发生状态变化时的瞬间功耗较大。开关型稳压电源（switching regulator）中的调整管正是工作在开关状态，因此而得名。开关型稳压电源的效率可提高到 80% ~ 90%。

开关型稳压电源是一种断续控制方式的稳压电源，它是靠改变调整元器件的导通时间或截止时间的长短来维持输出电压稳定的。随着半导体技术的进步，电子设备开始从分立元件进入集成电路时代，体积越来越小，装机密度不断提高，要求电源效率高、体积小、发热小。开关电源的发展推动了电子产品的小型化、轻便化，在节约能源及保护环境方面都具有重要的意义，开关电源已是当今电子信息技术发展不可缺少的一种电源。

10.4.1 开关型稳压电路的特点和分类

1. 开关型稳压电路的特点

与串联调整型稳压电路相比，开关型稳压电路具有如下特点：

1）允许电网电压变化范围宽。当电网电压在 110~270V 范围内变化时，开关型稳压电源仍能获得稳定的直流输出电压，其直流输出电压的变化率保持在 2% 以下，而串联调整型稳压电源允许电压变化范围一般为几十伏。

2）开关电源功耗低，效率约为 80%~90%，线性电源只能达到 30%~50%。

3）开关稳压电源的体积和重量要比同功率的串联型稳压电源小和轻。由于不使用工频变压器，滤波电容小，开关调整管工作在截止、饱和两种状态，其发热量小，散热片体积也小，体积和重量只有线性电源的 20%~30%。

4）可靠性高。在开关电源电路中，加入过电流、过电压、短路等保护电路较为方便，既灵敏又可靠。

5）容易实现多路电压输出和遥控。开关电源可借助储能变压器多个不同匝数的二次绕组获得不同数值的输出电压，而且不同的电压之间不会产生相互干扰。还可以通过控制调整管的开关状态，来实现对电源的遥控。

6）开关电源的主要缺点是输出电压中含有较大的纹波。

开关型稳压电源的高频化使开关电源趋向小型化，随着电子技术的发展和创新，开关电源有着广泛的发展空间。

2. 开关型稳压电路的分类

开关型直流稳压电源的电路形式很多，有多种分类方法。

1）按照开关管与负载之间的连接方式，可分为串联型、并联型和脉冲变压器耦合型等。

2）按照开关管的启动方式，可分为它激型（即由附加振荡器产生的开关脉冲来控制开关管）和自激微型（即内开关管通过脉冲变压器构成正反馈，形成自激振荡来控制开关管）等。

3）按照所用的开关器件，可分为功率晶体管开关型、功率 MOS 管开关型和晶闸管开关型等。

4）按照稳压控制方式，可分为脉冲宽度调制（Pulse Width Modulation，PWM）、脉冲频率调制（Pulse Frequency Modulation，PFM）和混合型调制等（同时改变脉宽和频率的调制方式）。它们都是占空比控制方式，又称时间比率控制方式。图 10-20 是用占空比控制方式控制脉冲。

T_{on} 可变　　　　　　　　　　　　　T_{on} 不变

T 不变　　控制输出电压增大　　　　　　T 可变　　控制输出电压增大

a)　　　　　　　　　　　　　　　b)

图 10-20　用占空比控制方式控制脉冲

a）脉冲宽度（PWM）控制　b）脉冲频率（PFM）控制

脉冲宽度控制是在电源的开关工作频率固定的情况下，通过改变 T_{on} 宽度从而控制输出的一种方式。频率控制是固定输出脉冲宽度，通过改变工作频率（改变单位时间的脉冲数）来实现控制输出电压和稳定输出电压的另一种方式。目前采用脉冲宽度调制型的较为普遍。

5）按照变换器电路分类，常有高频变换器式开关电路和电容式开关电路等。

如图 10-21 所示为高频变换器的基本功能框图。控制电路产生高频脉冲信号驱动功率开关器件 V，将脉动直流电压转换成高频的交流脉冲电压，再经脉冲变压器升压或降压，经二极管及电容器高频整流滤波后，形成直流电压。由于脉冲变压器的工作频率很高，根据电学知识可知其体积和重量比工频变压器小得多。这种开关电源的直流输出电压是从变压器二次绕组的高频脉冲电压整流滤波得到的。它把输出与输入电网进行了隔离，并且可通过多个变压器二次绕组得到多个输出。

　　电感、电容式开关电路是由直流供电，经过电感、电容和二极管、晶体管不同组合的功率变换后，得到单向脉冲波，再经滤波得到直流输出电压的。此种方式又分为升压、降压和反转 3 种电路结构。

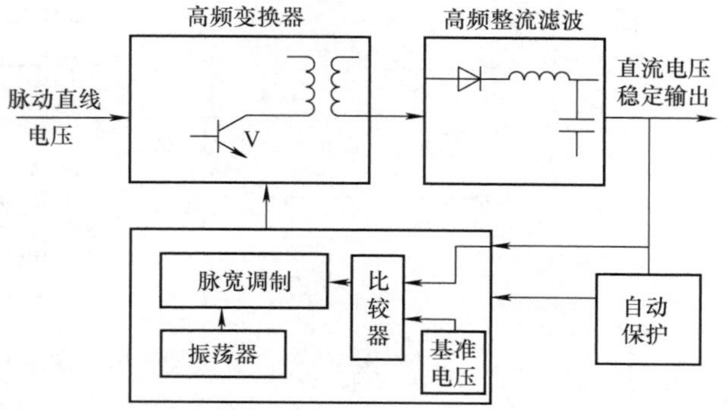

10.4.2　开关型稳压电路的组成和工作原理

图 10-21　高频变换器的基本功能框图

1. 开关型稳压电路的组成结构

图 10-22 是交流供电时的一种常用开关电源结构图。

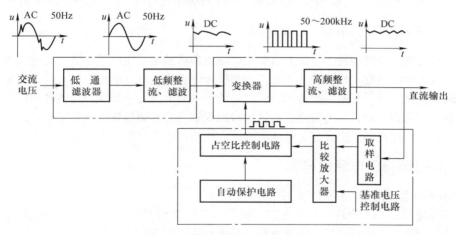

图 10-22　开关电源电路结构图

　　从图 10-22 中可看出，无论是来自工频电网或经过变压器降压的交流输入电压，首先经过低通滤波器把工频以上不需要的干扰电压滤掉，防止开关电源内部的高频信号窜到交流供电回路，干扰其他用电设备或仪表。再经整流滤波电路变成含有一定脉动成分的没有经过稳压的直流电压，然后进入高频变换电路。高频变换部分的核心是有一个高频功率开关元件，它将脉动直流电压变换成高频矩形脉冲交流电压。最后再将此交流电压经过整流、滤波后得到所需的直流电压。控制电路是将直流输出电压通过比较电路和基准电压进行比较，其误差电压通过占空比控制电路，通过变换器部分的高频功率开关元件的占空比来调整输出电压并达到稳定输出电压的目的。在开关电源发生过电压、过电流或短路时，保护电路使开关电源停止工作，以保护负载和开关电源本身。

　　控制电路内部由基准电压产生、比较放大、振荡、脉宽调制等电路组成，是开关电源的关键部分，目前已有许多集成电路供用户选用。

2. 开关型稳压电路的工作原理

图 10-23a 为开关型稳压电源主回路的工作原理图。

　　当图中开关 S 闭合时，输出电压 $U_o = U_I$。当开关断开时，$U_o = 0$，负载上的电压波形如图 10-23b所示。由此可计算出输出电压的平均值：

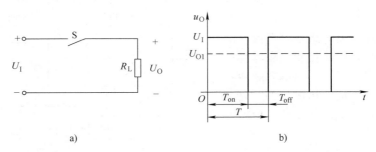

图 10-23　开关型稳压电源主回路的工作原理图

a）工作原理示意图　b）输出电压波形

$$U_O = \frac{T_{on}}{T_{on} + T_{off}} U_I = \delta U_I \tag{10-23}$$

式中，T_{on} 为 S 闭合时间；T_{off} 为 S 断开时间；T 为开关动作的周期，$T = T_{on} + T_{off}$；δ 为脉冲占空比（Duty Cycle），$\delta = \dfrac{T_{on}}{T_{on} + T_{off}}$。

在同一开关周期 T 的前提下，改变占空比，即可调节输出电压的平均值。这种工作方式称为斩波。开关电源中的调整工作在开关状态。当调整管饱和导通时，电流是较大的，但管电压降很小；而当调整管截止时，管电压降很大，但此时管子中的电流几乎为零。调整管的功耗为管电压降与流过电流的乘积，而且导通与截止的转换时间很短。这样调整管在开关工作状态下虽然输出电流很大，但管耗却很低。因此开关电源的效率要比线性串联型稳压电源高得多。

10.4.3　开关型稳压电源的电路

1. 串联开关型稳压电路

（1）换能电路的基本原理　串联开关型稳压电路调整管与负载串联，输出电压总是小于输入电压，故称为降压型稳压电路。换能电路的基本原理如图 10-24 所示，输入电压为未经稳压的直流电压，晶体管 V 为调整管（即开关管），u_B 为矩形波，用于控制开关管的工作状态，电感 L 和电容 C 组成低通滤波电路，VD 为续流二极管。电路将输入直流电压转换成脉冲电压，再利用 LC 储能作用将脉冲电压经 L 滤波转换成直流电压，其工作原理如下。

当 u_B 为高电平时，V 饱和导通，VD 因承受反偏电压而截止，电流如图 10-24b 所示，输入电压使电感和负载电流增大，电感 L 存储能量，电容 C 充电；发射极电位 $u_E = U_I - U_{CES} \approx U_I$，$U_{CES}$ 为开关管 V 的饱和管电压降。

当 u_B 为低电平时，V 截止，此时虽然发射极电流为零，但是电感 L 两端的感应电压极性反转，该电压使二极管 VD 导通，电感 L 将其所储能量通过二极管 VD 释放给负载，电流减小，二极管 VD 称为续流二极管。与此同时 C 放电，负载电流方向不变，$u_E = -U_D \approx 0$ 如图 10-24c 所示。

由于 u_{O1} 的基波频率等于开关频率（u_B 的频率），为了有效地滤除交流分量，通常开关频率高达 50kHz 左右。因此，可用较小的电感和电容有效地滤除 u_{O1} 的交流分量，电容电压近似恒定。

对于 u_{O1} 的直流分量，电感相当于短路，电容相当于开路。因此输出电压直流分量为

$$U_O = U_{O1} = \frac{T_{on}(U_I - U_{CES}) + T_{off}(-U_D)}{T} \approx \frac{T_{on}}{T} U_I = q U_I \tag{10-24}$$

由上述分析可见，负载上得到的输出直流电压与开关管 V 的导通时间有关。在 u_B 的一个周

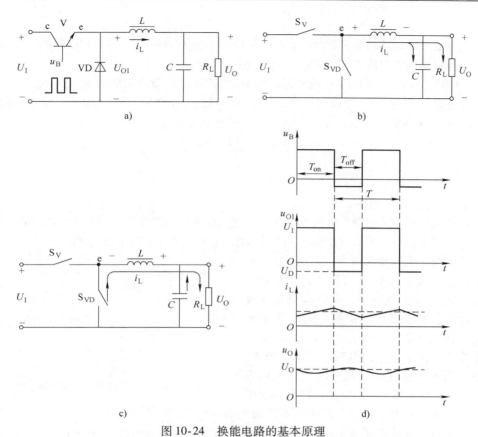

图 10-24　换能电路的基本原理

a）换能电路　b）V 导通时的等效电路　c）V 截止时的等效电路　d）工作波形

期 T 内，T_{on} 为调整管导通时间，T_{off} 为调整管截止时间，占空比为 $q = \dfrac{T_{on}}{T}$。改变占空比 q，即可改

变输出电压的大小。因此，可以引入负反馈环路，使开关管控制脉冲 u_B 的占空比能随着负载和

输入电压的变化自动调节。

（2）PWM 串联开关型稳压电路　PWM 串联开
关型稳压电源电路如图 10-25 所示。它是由调整管
V、滤波电路 LC、续流二极管 VD、脉宽调制
（PWM）电路以及采样电路等组成。其中 A_1 为比
较放大器，将基准电压 U_{REF} 与 U_F 进行比较；A_2 为
比较器，将 U_P 与三角波 U_S 进行比较，得到控制脉
冲 u_B。当 $U_S > U_P$ 时，比较器输出 u_B 为高电平，开
关管 V 饱和导通，输入电压经滤波电感 L 加在滤波
电容 C 和负载 R_L 两端，在此期间，i_L 增大，L 和 C
储能，二极管 VD 反偏截止；当 $U_S < U_P$ 时，比较
器输出 u_B 为低电平，V 由导通变为截止，流过电
感线圈的电流 i_L 不能突变，i_L 经 R_L 和续流二极管
VD 衰减而释放能量，此时 C 也向 R_L 放电，因此
R_L 两端仍能获得连续的输出电压。U_P 越大，T_{on}

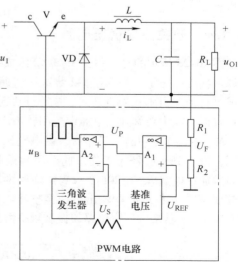

图 10-25　PWM 串联开关型稳压电源电路

越大。

当输入电压波动或负载电流改变时，将引起输出电压 U_O 的改变，在图 10-25 中由于负反馈作用，电路能自动调整而使 U_O 基本维持不变，稳压过程如下：

当 U_I 降低时，U_O 将降低，U_F 也降低，使 U_P 增高，比较器输出脉冲 u_B 的高电平变宽，即 T_{on} 变长，于是使输出电压 U_O 增高。反之，当 U_I 增高时，U_O 增高，U_F 也增高，使 U_P 降低，比较器输出脉冲 u_B 的高电平变窄，即 T_{on} 变短，于是使输出电压 U_O 降低。

$$U_I\downarrow \rightarrow U_O\downarrow \xrightarrow{\text{取样}} U_F\downarrow \xrightarrow{U_F - U_{REF}} U_P\uparrow \rightarrow T_{on}\uparrow$$
$$U_O\uparrow \longleftarrow$$

2. 并联开关型稳压电路

并联开关型稳压电路中开关管与负载并联，它通过电感的储能作用，将感应电动势与输入电压相叠加后作用于负载，因而输出电压大于输入电压，也称为升压型稳压电路。

并联开关型稳压电路如图 10-26 所示。当 u_B 为高电平时，开关晶体管 V 饱和导通，U_I 通过开关管 V 给电感 L 充电储能，充电电流几乎线性增大，续流二极管 VD 因承受反向电压而截止，滤波电容 C 对负载电阻放电。当 u_B 为低电平时，开关晶体管 V 截止，电感 L 产生电动势，其方向阻止电流的变化，因此与输入电压同方向，这两个电压使二极管 VD 导通，给负载提供电流，同时对电容 C 充电。当负载电压下降时电容再放电，这时输出可获得高于输入的稳定输出电压。工作波形如图 10-27 所示。

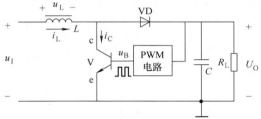

图 10-26　并联开关型稳压电路

由图 10-27 波形图分析可知，只有当 L 足够大时，才能升压；只有当 C 足够大时，输出电压的脉动才可能足够小；当 u_B 的周期不变时，其占空比越大，输出电压将越高。

10.4.4　开关集成稳压电源

图 10-28 所示的是一种由 MC3842 组成的开关稳压电源。核心电路是一块 MC3842 集成脉宽调制器电路，集成电路为 8 引脚双列直插式。电路外接元器件较少，成本较低，在小功率开关电源中应用较为广泛。

MC3842 脉宽调制器工作后，供电电压在 10 ~ 30V 之间，低于 10V 时停止工作。此电压起振前由输入直流高压通过电阻 R_5（120kΩ、1W）降压供电，起振后

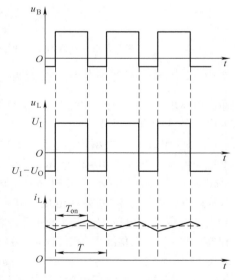

图 10-27　并联开关型稳压电路的工作波形

高频变压器反馈线圈 N_2 输出电压经整流二极管 VD_5 整流滤波后实现自给供电。MC3842 的 8 引脚能输出 5V 基准电压。电路的振荡频率由外接定时电阻 R_4 及定时电容 C_7 决定：

$$f = \frac{1.8}{R_4 C_7} = \frac{1.8}{10 \times 10^3 \times 4700 \times 10^{-12}}\text{Hz} \approx 38\text{kHz}$$

因此本电路的工作频率为 38kHz，3 引脚是电流检测端，用于检测晶体管发射极的电流，它

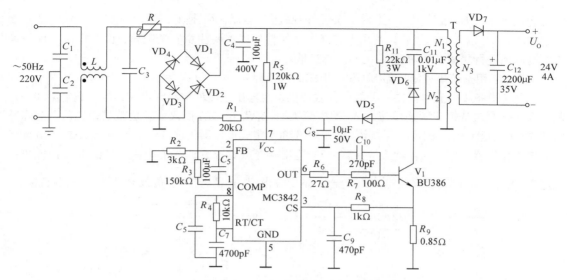

图 10-28　MC3842 组成的开关稳压电源

通过开关管 V_1 发射极采样电阻 R_9（0.85Ω），对脉冲变压器一次侧进行采样，将脉冲变压器的电流转换成电压。当电源发生异常，如开关功率晶体管 V_1 电流激增等情况，只要这个电压达到 1V，脉宽调制器就立即停止，这样就有效地保护了电源和负载。在这个电路中 V_1 选用高频电压晶体管 BU386，管子要承受两倍的输入直流电压峰值，耐压要求大于 700V。

10.5　应用电路介绍

应用一：用电容降压的电源电路

图 10-29 是利用电容对交流电压的降压作用组成的电容降压的电源电路。

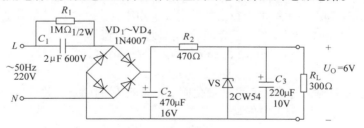

图 10-29　电容降压的电源电路

　　电容器具有体积小、重量轻、功耗低、连续工作不易发热等特点，所以，在小电流并且负载电流基本上是恒定的场合可以代替电源变压器达到降压的目的。图中电网电压 220V 经 C_1 降压后，由 $VD_1 \sim VD_4$ 组成桥式整流，C_2、C_3、R_2 组成 π 形滤波，输出电压 U_0 由稳压器的稳压值决定。降压电容 C_1 的选取按下式来计算：

$$I_C = \frac{U_1}{Z} \approx \frac{U_1}{X_C} = 2\pi f C_1 U_1$$

式中，C_1 的单位为 μF，电容电流 I_C 的单位为 mA。I_C 由流经稳压管 VS 的电流 I_Z 和负载电流 I_L 叠加而成，即 $I_C = I_{R2} = I_Z + I_L$。由于 I_C 近似恒定，所以当 I_L 增大时，流过稳压管的电流 I_Z 就相应减小，当 I_Z 减小到接近于零时，稳压管就无法起稳压作用，U_0 开始下降，所以该电路的负载电流变化不能太大。此例中 C_1 为耐压 630V 的高压电容器，R_1 是 C_1 的泄放电阻，$VD_1 \sim VD_4$ 要选用耐压 600V 以上的二极管。使用电容降压来代替变压器要注意安全问题，因为电源电路没有与电网电源进行隔离，U_0 的负端也不允许接地。

应用二：用三端集成稳压器 LM7805 组成的恒流源

在电子设备中，有时需要一种能向负载提供恒定输出电流的恒流源电路，当负载电阻在一定范围内变化时，从恒流源输出流过 R_L 的电流 I_0 不随 R_L 的改变而改变。也就是说，从负载短路以及 R_L 变到最大允许值时 I_0 保持恒定。由 LM7805 集成稳压器组成的恒流源电路如图 10-30a 所示。集成稳压器工作在悬浮状态，在其 +5V 输出端与公共端之间接有电阻 R，由于 R 两端电压稳定在 5V 上，所以流经 R 的电流 $I_R = \dfrac{5V}{R}$，是十分恒定的。I_R 再经过负载 R_L 后回到电源负极。

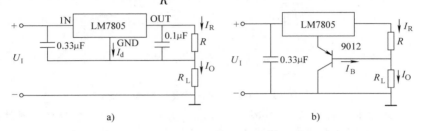

图 10-30　用三端集成稳压器组成的恒流源
a) 基本电路　b) 改进电路

从图 10-30a 可以看出，调节电阻 R 的大小，可以控制要求的输出恒流值，负载电阻 R_L 实际电流为

$$I_0 = \frac{5V}{R} + I_d$$

式中，I_d 是稳压器的静态电流，一般为几毫安，此电流在稳压源工作过程中会上下波动，因此当 I_0 输出较小时，I_d 不能忽略，它将会影响恒流精度，而且此电路不能提供小于 I_d 的恒流输出。它的改进电路如图 10-30b 所示。由于在公共端增加了晶体管，这样流过负载电阻的电流 I_B 仅为集成稳压器静态电流 I_d 的 $1/(1+\beta)$，负载电阻 R_L 上实际电流为

$$I_0 \approx \frac{(5+0.6)V}{R} + \frac{I_d}{1+\beta} \approx \frac{(5+0.6)V}{R}$$

此电路克服了 I_d 随输入电压及负载的变化而变化影响 I_0 的稳定，并可以提供小于 I_d 的稳流输出，但有一定的温漂。R_L 的上限值为

$$R_{Lmax} = \frac{(U_I - U_{OUT} - 2V)}{I_0}$$

应用三：数显稳压电源

随着数字技术的发展，用数字量控制的稳压电源得到了广泛的应用。这里介绍一种数字控制并且具有 LED 数码管显示的可调集成稳压电源，输出电压有 3V、6V、…、21V、24V 共 8 档（其步进值为 3V），性能稳定、显示直观醒目、电压选择可任意换挡。

如图 10-31 所示为数显稳压电路。其主要由直流稳压电源的输出电路、数字控制电压选择电路及数字显示 3 部分组成。W317 是三端可调式集成稳压器，为悬浮式电路结构，输出电压为 1.2 ~ 35V 连续可调，最大输出电流达 1.5A。R_1 接在 W317 的输出端脚与调整端脚之间，其输出电压 $U_0 = 1.25\left(1 + \dfrac{R_2}{R_1}\right)V$，因此改变电阻 R_1 就能改变输出电压，电阻 R_2 增大，U_0 也增大。

　　5G673 是 PMOS 电子开关集成电路 IC_1，$P_1 \sim P_8$ 是 8 片触摸金属片。用手触摸任一金属片，该输入端变为低电平，与该输入端相对应的输出端变为高电平，其余 7 个输出端由于 5G673 内部电路的互锁复位作用，均为低电平。因此，采用该电子触摸开关能任意选档。

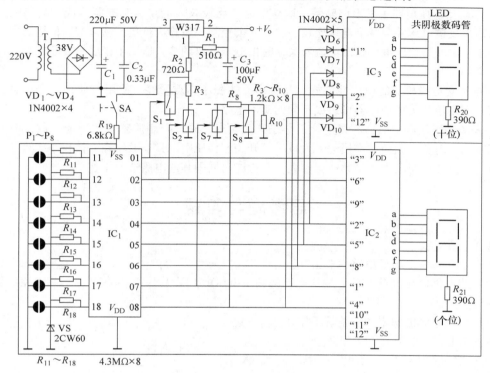

图 10-31　数显稳压电路

　　IC_2、IC_3 是两片彩色电视机频道指示专用集成电路 CH208，它输出驱动电流大，可直接点亮 LED 数码管。CH208 有 "1～12" 共 12 个输入端，和与其连接的 LED 数码管的显示的数字一一对应。例如：当 IC_1 的 01 端为高电平 "1"，IC_2、IC_3 的不同的输入端为 "1"，IC_2 的 "3" ＝ "1"，显示数字 "1"。同理，触摸金属片 P_1，使 IC_2、IC_3 的不同的输入端为 "1"，LED 数码管则显示出所选中的数字。

　　在 5G673 的 8 个输出端还分别接有 $S_1 \sim S_8$ 共 8 个模拟开关，当某一输出为高电平时，相应的开关闭合，一定数值的电阻就被接入串联电路。例如，触摸 P_1，IC_1 的 01 端为高电平，S_1 触发闭合，电阻 R_2 接入电路，W317 输出电压为 3V，同时数码管显示 "3"；又如，触摸 P_4，IC_1 的 04 端为高电平，S_4 闭合，电阻 R_2、R_3、R_4、R_5 串联接入电路，W317 输出电压为 12V，数码管显示数字 "12"。当开机闭合开关 SA 时，电阻 $R_2 \sim R_9$ 全部串入电路，W317 输出 27V 电压，但由于此时 IC_1 全部输出为低电平，所以此时 LED 数码管显示为 "00"。

本 章 小 结

　　1. 小功率的直流稳压电源一般由电源变压器、整流、滤波和稳压等部分组成。

　　2. 电网电压的波动或负载电流等因素变化时，直流电源的输出电压也会发生变化。稳压电路的作用是保证输出电压稳定，使输出电压变化减少到允许的程度。稳压电源的性能指标是衡量电源的稳定度的重要技术指标，主要有稳压系数、输出电阻等。

3. 硅稳压管并联稳压电路利用硅稳压管的稳压特性来稳定负载电压，由稳压管和限流电阻组成，其中，稳压管需反偏，限流电阻起限流作用，也起到电压调节的作用，稳定输出电压。硅稳压管并联稳压电路适用于输出电流较小，输出电压固定，稳压要求不高的场合。

4. 串联型稳压电路主要由调整管、取样电路、比较放大电路和基准源组成。输出电压经取样电路取出反馈电压并与基准电压比较、放大后去控制调整管进行负反馈调节，使输出电压达到基本稳定。串联型稳压电路输出电流较大，输出电压可以调节，适用于稳压精度要求高、对效率要求不高的场合。

5. 单片集成稳压器的稳压性能好、品种多、体积小、重量轻、使用方便、安全可靠，但效率不高。利用单片集成稳压器可组成不同的实用电路。

6. 开关型稳压电源电路的调整管工作在开关状态，通过控制调整管的导通、截止时间的比例来调节输出电压，因而功率损耗大大减小。开关型稳压电源具有效率高、体积小、重量轻等优点，但它的纹波电压较大，高频泄漏较大，有可能对周围其他电路造成干扰。

思考题与习题

10-1　填空题

（1）小功率直流稳压电路一般由_____、_____、_____和_____等4部分组成。

（2）当电网电压上升10%，稳压电路的输出电压由10V上升到10.02V时，则电路的稳压系数 S_r 为_____。

（3）线性直流电源中的调整管工作在_____，开关型直流电源中的调整管工作在_____。

（4）在图 10-32 所示电路中，调整管为_____，采样电路由_____组成，基准电压电路由_____组成，比较放大电路由_____组成，保护电路由_____组成；输出电压最小值的表达式为_____，最大值的表达式为_____。

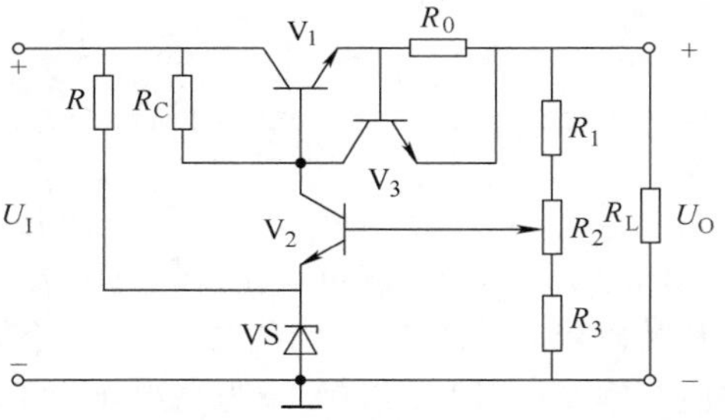

图 10-32　填空题（4）图

10-2　选择题

（1）串联型稳压电路中的放大环节所放大的对象是_____。

A. 基准电压

B. 取样电压

C. 基准电压与取样电压之差

（2）开关型直流电源比线性直流电源效率高的原因是_____。

A. 调整管工作在开关状态　　B. 输出端有 LC 滤波电路　　C. 可以不用电源变压器

（3）在脉宽调制式串联型开关稳压电路中，对调整管基极控制信导的要求是_____。

A. 周期不变，占空比增大

B. 频率增大，占空比不变

C. 在一个周期内，高电平时间不变，周期增大

（4）现有4个稳压电源，请根据以下要求，选取合适的稳压电源。

1） $U_o = 6V$，$I_{Omax} = 10mA$，$R_o < 15\Omega$，应选用_____。

2） $U_o = 12V$，$I_{Omax} = 1A$，应选用_____。

3）$U_O = 1.25\text{V}$，$I_{O\max} = 10\text{mA}$，要求温度系数达到 $20 \times 10^{-6}/℃$，应选用_____。

4）$U_O = 18\text{V}$，$I_O = 200\text{mA}$，效率达到 90% 左右，应选用_____。

5）$U_O = 3 \sim 24\text{V}$，$I_{O\max} = 50\text{mA}$，应选用_____。

6）$U_I = 1.5\text{V}$（直流），$U_O = 5\text{V}$（直流），输出电压温度系数 $\leq 0.1\text{mV}/℃$（直流），应选用_____。

A. 三端可调集成稳压器　　　　　　B. 单片三端稳压器

C. 硅稳压管并联稳压电路　　　　　D. 直流/直流变换器

E. 微功耗基准电压二极管稳压电路　F. 开关型稳压电源

（5）固定式三端稳压电路 78L06 的输出电压、输出电流为_____。

A. 5V、100mA　　　B. 6V、100mA　　　C. 6V、100mA　　　D. 5V、600mA

10-3　电路如图 10-33 所示，已知稳压管的稳定电压为 6V，最小稳定电流为 5mA，允许耗散功率为 240mW，动态电阻小于 15Ω。试问：

（1）当输入电压为 20 ~ 24V、R_L 为 200 ~ 600Ω 时，限流电阻 R 的选取范围是多少？

（2）若 $R = 390Ω$，则电路的稳压系数 S_r 为多少？

10-4　图 10-34 是简单的串联型稳压电路，求：（1）试用射极输出器原理分析电路的稳压原理，并说明 U_O 为多少伏；（2）C 的作用有哪些？

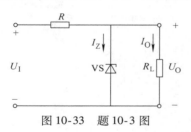

图 10-33　题 10-3 图

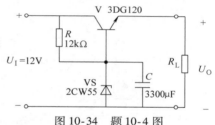

图 10-34　题 10-4 图

10-5　如果有一片 LM7805 集成稳压器和一个发光二极管（正向电压降 $U_D = 1.7\text{V}$），一个 1kΩ 电阻，现欲将它们组成一个输出电压 U_O 约有 6 ~ 7V 的稳压电路，请画出电路图。

10-6　一般电路中的电源不能接反，如有瞬间反接会立即烧毁电路。为确保安全，试设计两个简单的附加电路，要求：（1）使外接电源无论正、反接均可安全工作；（2）正接时正常工作，反接时不工作，且由发光二极管报警。

10-7　请找一个家用电器电路图，将图中的电源电路描绘下来，并分析其工作原理和电路特点；说明输出电压大小与哪些元器件有关。

10-8　某仪器需要一组直流输出电压，请根据学过的知识画出正确的电路。具体要求：输入电压 220V、50Hz，输出电压和电流分别是 + 12V/400mA、 - 5V/10mA。

10-9　由三端集成稳压电路 7805 组成的电路如图 10-35a、b 所示，设图中 $I_d = 5\text{mA}$。

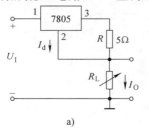

a)

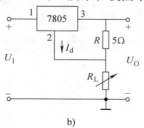

b)

图 10-35　题 10-9 图

（1）计算图 10-35a 所示电路中输出电流 I_0 的值；（2）写出图 10-35b 所示电路中输出电压 U_0 的表达式；（3）指出这两个电路各具何种功能。

10-10　由理想运放 A 组成的稳压电路如图 10-36 所示，$U_{BE} = 0.7V$，$U_Z = 5.6V$。

（1）说明 V_2 和 R_3 电路的作用；（2）改变 RP，求输出电压 U_0 的变化范围；（3）求输出电流的最大值及 V_1 的集电极最大允许功耗。

10-11　请将图 10-37 中的元器件正确连接起来组成一个电压可调的稳压电源。

10-12　试分别求出图 10-38 所示各电路输出电压的表达式。

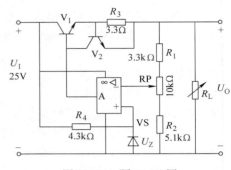

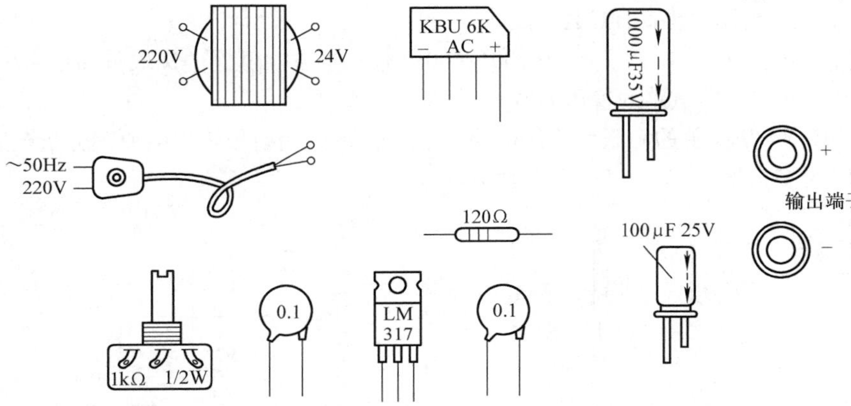

图 10-36　题 10-10 图

图 10-37　题 10-11 图

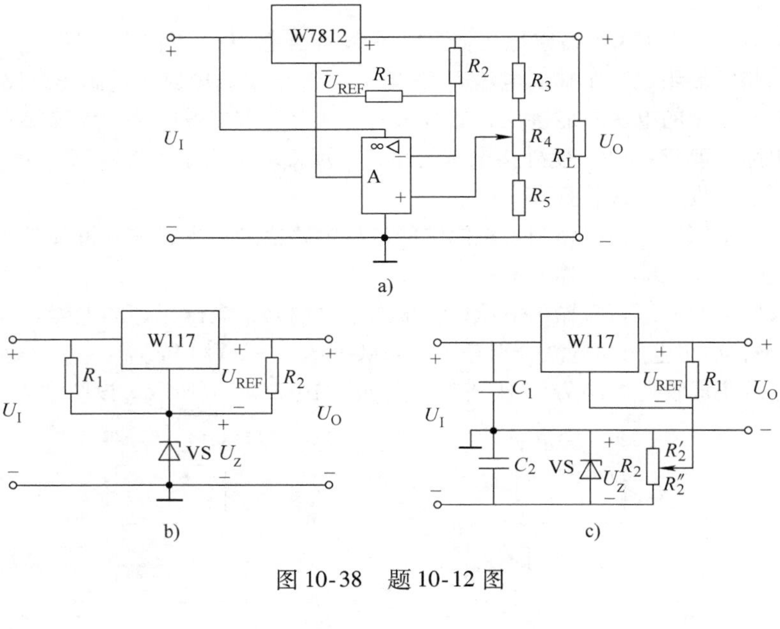

a)

b)

c)

图 10-38　题 10-12 图

本 章 实 验

实验 10 直流稳压电源和性能指标测试

1. 实验目的

1）熟悉直流稳压电源的性能、质量指标的含义及其测量方法。

2）掌握三端可调稳压器构成典型应用电路的方法并测试其性能。

2. 实验仪器和器材

电子电路实验箱；双踪示波器；万用表；单相变压器（220V/6V×2）；LM317 集成稳压器一块，其余元器件参照电路中要求。

3. 实验内容

1）按照图 10-39 连接实验电路。

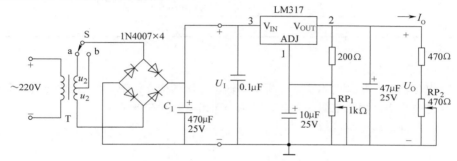

图 10-39 三端可调稳压器构成典型应用电路

2）检查电路接线无误后，开关 S 置于 b 处，加入变压器二次绕组电压 u_2，测量整流滤波输出电压，输出电压正常后并联到稳压电路中的输入电压 U_I。

3）调节电位器 RP_1，若观察到稳压电路输出电压 U_o 有大小变化，说明电路基本正常，可进行下面的测量，否则检查故障。

4）测量输出电压的范围。保持输入 u_2 不变，调节 RP_1，分别测量电路的输入电压 U_I、最小输出电压 U_{Omin}、最大输出电压 U_{Omax}，将结果记录在表 10-2 中。

表 10-2 输入及输出电压的范围

U_I/V	U_{Omin}/V	U_{Omax}/V

5）测量电压调整率 S_U。将电位器 RP_1 调到某一位置不变，开关 S 分别置于 a 处和 b 处，改变输入电压，并将测量结果记录在表 10-3 中。

表 10-3 电压调整率测量和计算

输入电压	测量值	测量值	计 算
开关 S 在 a 处	$U_{I1} =$	$U_{O1} =$	$S_U = \dfrac{\Delta U_O}{\Delta U_I} =$
开关 S 在 b 处	$U_{I2} =$	$U_{O2} =$	

6）测量输出电阻 R_0。测量结果填入表10-4中。

表10-4　输出电阻

RP$_2$ 阻值最小时	最大 $I_{O1}=$	$U_{O1}=$	计算
RP$_2$ 阻值最大时	最小 $I_{O2}=$	$U_{O2}=$	$R_0=\dfrac{\Delta U_0}{\Delta I_0}=$

7）测量输出纹波电压。调节电位器 RP$_1$、RP$_2$ 使 $U_0=4V$，$I_0=500mA$ 时（用3W、8Ω 大功率电阻），用示波器测量稳压电路输入电压 U_1 的纹波电压 ΔU_{IPP}（交流分量的峰峰值）和稳压电路输出电压 U_0 的 ΔU_{OPP} 的大小及波形记录于表10-5中。

表10-5　输出纹波电压

输入电压	测量值	测量值	纹波电压波形
开关S在a处	$\Delta U_{IPP1}=$	$\Delta U_{OPP1}=$	
开关S在b处	$\Delta U_{IPP2}=$	$\Delta U_{OPP2}=$	

4. 实验报告和思考题

1）改变电位器 RP$_1$ 阻值的大小，分析电路输出电压的变化情况。（从理论上进行分析）

2）如何进一步提高稳压电源的性能，如减小输出电阻和纹波电压？

3）为什么线性稳压电源的效率低？

附　　录

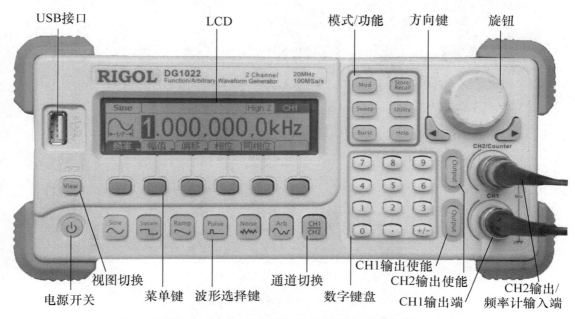

附录图 1　DG1022 双通道函数/任意波形发生器前面板

USB接口　　LCD　　模式/功能　　方向键　　旋钮

视图切换　　菜单键　　波形选择键　　通道切换　　CH1输出使能　　CH2输出使能　　CH1输出端　　CH2输出/频率计输入端

电源开关　　数字键盘

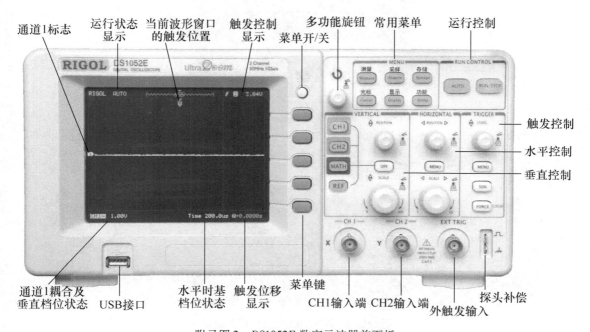

附录图 2　DS1052E 数字示波器前面板

通道1标志　　运行状态显示　　当前波形窗口的触发位置　　触发控制显示　　菜单开/关　　多功能旋钮　　常用菜单　　运行控制

触发控制　　水平控制　　垂直控制

通道1耦合及垂直档位状态　　USB接口　　水平时基档位状态　　触发位移显示　　菜单键　　CH1输入端　　CH2输入端　　外触发输入　　探头补偿

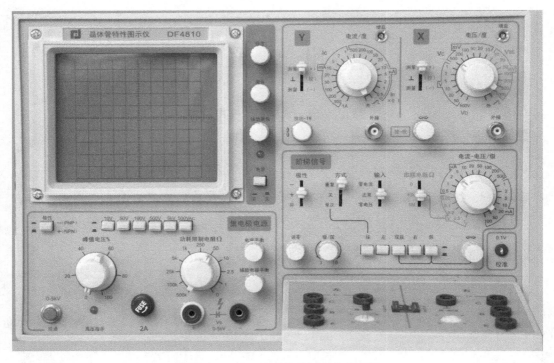

附录图3　DF4810 晶体管图示仪前面板

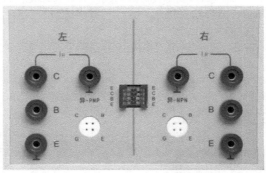

附录图4　DF4810 晶体管图示仪操作台面板

附录图5　ZC4120A 失真度仪前面板

参 考 文 献

［1］ 华成英. 模拟电子技术基本教程［M］. 北京：清华大学出版社，2006.

［2］ 21 世纪电气信息学科立体化系列教材编委会. 模拟电子技术［M］. 武汉：华中科技大学出版社，2007.

［3］ 劳五一. 模拟电子学导论［M］. 北京：清华大学出版社，2011.

［4］ 成立，杨建宁. 模拟电子技术［M］. 南京：东南大学出版社，2006.

［5］ 陶桓齐，张小华，彭其圣. 模拟电子技术［M］. 武汉：华中科技大学出版社，2007.

［6］ 江小安. 模拟电子技术［M］. 西安：西北大学出版社，2006.

［7］ 沈任元. 模拟电子技术基础［M］. 北京：机械工业出版社，2009.

［8］ 王海群. 电子技术实验与实训［M］. 北京：机械工业出版社，2005.

［9］ 陈大钦. 模拟电子技术基础问答·例题·试题［M］. 武汉：华中科技大学出版社，2007.

［10］ 周良权，傅恩锡，李世馨. 模拟电子技术基础［M］. 北京：高等教育出版社，2009.

［11］ 廖惜春. 模拟电子技术基础［M］. 武汉：华中科技大学出版社，2008.

［12］ 稻叶保. 振荡电路的设计与应用［M］. 北京：科学出版社，2004.

［13］ 李霞. 模拟电子技术基础［M］. 武汉：华中科技大学出版社，2009.

［14］ 唐治德. 模拟电子技术基础［M］. 北京：科学出版社，2009.

［15］ 施智雄，胡放鸣. 实用模拟电子技术［M］. 成都：电子科技大学出版社，2006.

［16］ 王淑娟，蔡惟铮，齐明. 模拟电子技术基础［M］. 北京：高等教育出版社，2009.

［17］ 梅开乡，梅军进. 电子电路设计与制作［M］. 北京：北京理工大学出版社，2010.

［18］ 王公望. 模拟电子技术基础［M］. 西安：西北工业大学出版社，2005.